KB090399

제4판

관광학개론

최기종 지음

Introduction to TOURISM

달팽이

錦堂 최기종

여가와 문화의 시대에
촉각을 곤두세우는 빠른 빛
까닭 없다
깡마른 길 위를
느릿느릿 기어가는 달팽이 한 마리
가다가 멈칫 쉬는 몸 위에도
여지없이 햇볕의 너그러움이 함께 한다
하늘 아래인데
나에게만 평생 그늘일리야
등껍질 버거워 혼신으로 업고도
유유히 햇볕 즐기는 작은놈을 보자니
웃음이 난다
아하! 사는 거란 저런 거로구나
쉬어 가면서
염치없이 힘을 충전 하는 일
그래야 끝까지
기어갈 수 있다는.

–『어머니와 인절미』 중에서

머리말

관광은 세계에서 가장 성장속도가 빠른 산업 중 하나이다. 관광은 개발도상국을 선진국으로 근접시킬 수 있을 뿐만 아니라 급속한 경제성장을 이룰 수 있는 기회를 만들어낼 수 있다. 최근 신종 코로나 바이러스(COVID-19) 감염증으로 잠시 관광객의 증가세가 감소했지만, 관광이란 사회현상은 여전히 국민의 삶과 더욱 밀접한 관계로 나타나고 있다.

산업사회가 발전하고 경제구조가 고도화되면 서비스산업이 발전하는 경향이 있게 마련이다. 이러한 서비스산업은 산업분류상으로 제3차 산업에 속하며, 이 가운데 관광산업(tourism industry)이 포함된다. 즉 관광은 '굴뚝 없는 공장', '보이지 않는 무역' 등으로 비유된다.

관광산업은 타산업에 비해 경제성이 높고 자원소모율이 낮은 무공해산업으로 외국과의 문화교류 및 국제친선에 유용하고, 자연과 문화재의 보호 · 보존과 균형 있는 국토개발에도 기여하고 있다.

관광은 우리들의 시야를 넓게 해주고 사색을 깊게 해주며 감정을 풍부하게 해준다. 그리고 다른 지역의 역사 · 문화 · 자연과 접촉할 수 있는 기회가 될 뿐만 아니라 국민 여가활동의 중추를 이루고, 여유와 풍요로운 사회를 지향하는 데 있어 중요한 역할을 담당하고 있다.

따라서 본서(本書)는 한국관광의 미래를 열어갈 대학의 관광관련 학생들, 그리고 관광업계의 중추적 역할을 수행하게 될 관광통역안내사(시험과목 : 관광학개론) 및 국제의료관광 코디네이터(시험과목 : 관광서비스지원관리) 국가자격시험을 준비하는 응시생들, 그리고 관광업무를 전문적으로 수행하는 분들을 위해 집필하였다.

또한 본서는 新관광학의 입문서로서 총 15장으로 구성하였으며, 장별 주요 내용은 ① 관광의 개념, ② 관광사, ③ 관광연구, ④ 관광행동, ⑤ 관광자원, ⑥ 관광개발, ⑦ 문화관광, ⑧ 의료관광, ⑨ 생태관광, ⑩ 관광사업, ⑪ 여행업, ⑫ 항공업, ⑬ 호텔업, ⑭ 외식산업, ⑮ MICE산업을 중심으로 집필하였다.

특히 각 단원별로 '연습문제'를 수록함으로써 관광통역안내사, 국내여행안내사 자격시험에 대비하고, 관광업무 수행에 자신감을 가지고 공부할 수 있도록 하였다. 모쪼록 본서가 관광학의 폭넓은 학문연구와 국가자격시험 대비, 관광업무를 수행하는 데 다소나마 도움이 되었으면 하는 마음 간절하다.

끝으로 본서를 연구하는 데 많은 도움을 준 최재우 군을 비롯해서 모든 분들께 감사드리며, 또한 원고를 집필하는 데 조언을 아끼지 않으신 백산출판 진욱상 대표님과 편집부 직원 분들께 감사드린다.

錦堂 최 기 종

차 례

제3장 관광연구 73

제4장 관광행동 101

제1장

관광의 개념

학습 포인트

- 제1절에서는 동 · 서양 관광용어의 기원 및 유래에 대해 학습한다.
- 제2절에서는 관광의 의미와 여러 학자들이 주장한 관광의 정의에 대해 학습한다.
- 제3절에서는 관광의 유사개념인 레저 · 레크리에이션 · 놀이 · 바캉스 · 리조트에 대한 의미와 학자들이 주장한 정의, 그 밖에 관광의 유사개념에 대해 학습한다.
- 제4절에서는 다양한 관광형태와 새로운 트렌드의 관광형태에 대해 학습한다.
- 연습문제는 관광의 개념을 총체적으로 학습한 후에 풀어본다.

제1절 관광의 어원

1. 관광의 어원

1) 중국

인간은 자연과 노동과의 부단한 교호작용(交互作用 : 둘 이상의 사물이나 현상이 서로 원인과 결과가 되는 작용)을 통해 삶을 영위하고, 자신이 속한 사회를 형성하기 위하여 끊임없이 이동한다.

이를 통하여 인간행동의 욕망과 사회발전을 이루게 되는데, 여기서 이동(移動)의 개념을 관광의 시발점으로 보고 있다. 관광은 인간의 본능으로서 어디론가 떠나려는 욕망은 우리 유전자 안에 각인되어 있으며, 인류문명사는 이동의 역사라고 해도 과언이 아닐 것이다.

인간의 이동에는 두 가지 형태가 있다. 즉 생활의 기반인 ① 자신의 거주지를 떠나 타지역에 정착하는 이주(移住)의 경우와 ② 타지역을 방문하여 둘러보고 다시 돌아오는 관광(觀光)의 경우로 나눌 수 있다.

관광(觀光)이라는 용어의 기원은 『역경(易經)』에서 찾아볼 수 있다. 『역경』은 중국 고대의 복희씨(伏羲氏)로부터 문왕(文王)과 주공(周公)을 거쳐 춘추시대의 공자(孔子)에 의해서 완성된 것으로 보고 있다. 또한 『역경』은 중국 고대의 다섯 가지 경서(經書)인 『시경(詩經)』·『서경(書經)』·『예기(禮記)』·『춘추(春秋)』 중 하나이다.

『역경』의 20번째 「풍지관괘(風地觀卦)」의 '觀國之光 利用賓于王(관국지광 이용빈우왕)'이라는 글귀에서 관광이라는 용어가 동양에 처음 등장하였고, 교양을 높인다는 뜻의 관광이라는 용어는 관국지광(觀國之光)의 줄인 말이다.

① 觀國之光은 '타국을 순례해서 그 지역의 풍속 · 제도 · 문물을 시찰하는 것'을 뜻한다. 즉 일국이 가지고 있는 관광자원을 모두 포함한다는 뜻이고, ② 利

用賓于王은 '국왕을 찾아뵙는 손님은 덕과 지혜를 겸비하고 있어 국왕으로부터 내빈으로서의 접대를 받을 것이며, 그로 인해 국왕을 도와 나라의 번영에 크게 공헌하게 될 것이다'라고 해석하고 있다. 즉 ③ 觀國之光 利用賓于王은 '나라의 우수한 문물과 제도를 돌아보고 학식과 의견을 펴면, 왕에게 귀빈으로 우대를 받는다'는 의미로 볼 수 있다.

참고로 중국의 유교 경전인 사서(四書)와 삼경(三經), 그리고 다섯 가지 경서인 오경(五經)을 정리하면 다음 〈표 1-1〉, 〈표 1-2〉, 〈표 1-3〉과 같다.

〈표 1-1〉 사서(四書)

사서(四書)	내용
논어(論語)	–사서오경(四書五經)의 하나이며 공자와 그의 제자들의 언행을 적은 7권 20편의 유교 경전을 말함. 책의 내용은 공자의 말, 공자와 제자 사이의 대화, 공자와 당시 사람들의 대화, 제자들의 말, 제자들 간의 대화 등으로 구성
맹자(孟子)	–유교 경전인 사서(四書)의 하나이며 맹자의 제자가 맹자의 언행을 기록한 것으로, 「양혜왕(梁惠王)」·「공손추(公孫丑)」·「등문공(籐文公)」·「이루(離婁)」·「만장(萬章)」·「고자(告子)」·「진심(盡心)」의 7편으로 분류
중용(中庸)	–중국 유교(儒教)의 경전으로 사서(四書)의 하나임. 공자의 손자인 자사(子思)가 지었다고 하며, 중용의 덕과 인간의 본성인 성(誠)에 관한 내용을 담음
대학(大學)	–중국 사서(四書)의 하나이며 학문의 근본 의의를 제시한 것으로 원래 『예기(禮記)』의 한 편(篇)이었으나, 주자(朱子)의 교정을 거쳐 현재의 형태로 고정. 명명덕(明明德)·지지선(止至善)·신민(新民)의 세 강령 위에 그에 이르는 격물(格物)·치지(致至)·성의(誠意)·정심(正心)·수신(修身)·제가(齊家)·치국(治國)·평천하(平天下)의 여덟 조목을 차례로 설명

〈표 1-2〉 삼경(三經)

삼경(三經)	내용
시경(詩經)	-중국 최고(最古)의 시집으로 오경(五經)의 하나임. 공자(孔子)가 편찬하였다고 전해지나 그 편찬자는 확실히 알 수 없음
서경(書經)	-공자가 중국 요순(堯舜) 때부터 주(周)나라 때까지의 정사(政事)에 관한 문서를 모아 지은 책
주역(周易)	-유교의 경전인 삼경(三經)의 하나이며 주(周)나라 시대에 나온 역(易)이라는 말인데, 천지만물이 끊임없이 변화하는 자연현상의 원리를 설명하고 풀이한 점서(占書) -세상 만물을 음양(陰陽)의 이원론(二元論)으로 설명하여 그 으뜸을 태극(太極)이라 하였고 거기에서 육십사괘를 만들었는데, 이에 맞추어 철학 · 윤리 · 정치상의 해석을 덧붙임 -중국 상고시대에 복희씨(伏羲氏)가 그린 팔괘(八卦)에 대하여 주(周)나라 문왕(文王)이 괘사(卦辭)를 짓고, 주공(周公)이 이의 육효(六爻)를 풀이하고 효사(爻辭)라 했는데, 공자(孔子)가 십익(공자가 지었다고 전해지는 역경 가운데 십전. 易의 뜻을 알기 쉽게 설명한 책)을 붙인 것으로 전해짐

〈표 1-3〉 오경(五經)

오경(五經)	내용
시경(詩經)	-중국 최고(最古)의 시집이며 오경(五經)의 하나임. 공자(孔子)가 편찬하였다고 전해지나 그 편찬자는 확실히 알 수 없음
서경(書經)	-공자가 중국 요순(堯舜) 때부터 주(周)나라 때까지의 정사(政事)에 관한 문서를 모아 지은 책
역경(易經)	-유교의 교전(教典) 중 오경(五經)의 하나로 점을 보는 책
예기(禮記)	-유교(儒教) 오경(五經)의 하나이며 예(禮)의 이론과 실제를 기술한 책
춘추(春秋)	-중국 춘추전국시대 노(魯)나라의 역사서이며 오경(五經)의 하나임. 공자(孔子)가 편집한 것이라 전해짐

2) 한국

한국에서는 신라시대 최치원의 시문집인 『계원필경(桂苑筆耕)』에서 '관광육년(觀光六年 : 중국에 가서 선진문물을 살피며 체류한 지 6년)'이라는 용어를 사용하였다. 여기서 사용된 관광이란 말은 과거(科擧)라는 뜻으로, 즉 '과거를 보러 가는 일을 이르던 말', '과거를 볼 목적의 관광'으로 풀이되고 있다.

고려시대에 관광이란 용어를 사용한 문헌을 살펴보면, 고려 예종 11년(1115)에 송나라에 갔던 사신의 조서(詔書)에 있는 기록으로 국역 『고려사절요(高麗史節要)』의 '관광상국 진손숙습(觀光上國 盡損宿習 : 상국(중국)을 관광하여 낡은 관습을 모두 버리도록 하고…)'에서 관광이란 어휘가 사용되었다.

최해(1272~1340)의 『칠언율시(七言律詩)』에서 사용된 관광은 과거(科擧)의 뜻과 같이 사용된 것으로 여겨지며, 1385년 정도전의 여행기인 『삼봉집(三峰集)』에서는 중국 북경 신년 가정사의 여행기 제목을 「관광집(觀光集)」으로 소개하고 있다.

조선 예종 때 성현(1439~1504)은 1473년, 1475년, 1485년에 3차에 걸쳐 중국을 다녀왔는데, 1차로 중국 북경을 다녀오는 길에 지은 기행시집 『관광록(觀光錄)』에서도 관광이란 단어를 찾아볼 수 있다.

조선 중종 6년(1511)에 편찬된 『중종실록(中宗實錄)』의 을사제(乙巳祭)에서는 '양반 부녀자의 관광을 엄히 금지하였다'는 기록이 있는 것으로 보아, 1511년 이전에 양반과 부녀자들이 관광을 많이 하였음을 알 수 있다.

조선 정조 4년(1780)에 연암 박지원(1737~1805)이 지은 『열하일기(熱河日記)』에 나오는 위관광지상국래(爲觀光地上國來)라는 표현은 '상국(중국)의 문물과 제도 등을 시찰하고 배우러 왔다'는 뜻으로 명승지와 자연경관을 구경하러 갔다는 의미를 담고 있다.

조선 헌종 10년(1844)에 발표된 『한양가(漢陽歌 : 작자 미상)』에 관광과 구경이라는 말이 나오는데, 즉 '남녀노소가 급제행렬을 구경한다', '한양에 구경가자'는 것으로 관광과 구경이 같은 뜻으로 사용되고 있다.

유길준(1856~1914)의 『관광약기(觀光略記)』는 1910년 4월 일본국 나고야 박람회를 답사하고 쓴 기행문으로 당시 일본의 실정을 소개하고 관광단원들의 시찰 소감 등을 기록한 것이다. 또한 미국 유학 중에 유럽을 여행하며 보고 느낀 것을 기록한 『서유견문(西遊見聞)』은 1896년에 간행되었다.

〈표 1-4〉 한국의 관광유래

작가	저서 (발행연도)	내용
최치원	계원필경 (신라시대)	관광육년(觀光六年)이라는 용어 사용. 여기서 사용된 관광이란 말은 과거(科擧)라는 뜻으로, 즉 '과거를 볼 목적의 관광'으로 풀이
최해	칠언율시 (고려말기)	과거(科擧)의 뜻과 같이 사용
	고려사절요 (조선초기)	관광이란 어휘 사용, 김종서 등이 왕명을 받아 편찬한 고려왕조의 역사책
정도전	삼봉집 (조선시대)	중국 북경 신년 가정사의 여행기 제목을 관광집(觀光集)으로 소개
성현	관광록 (조선시대)	1차로 중국 북경을 다녀오는 길에 지은 기행시집
	중종실록 (조선시대)	중종의 재위39년 동안의 실록. 을사제(乙巳祭)에서는 '양반 부녀자의 관광을 엄히 금지하였다'는 기록이 있는 것으로 보아, 1511년 이전에 양반과 부녀자들이 관광을 많이 했음을 알 수 있음
박지원	열하일기 (조선시대)	위관광지상국래(爲觀光地上國來)라는 표현은 '상국(중국)의 문물 · 제도 등을 시찰하고 배우러 왔다'는 뜻으로 명승지와 자연경관을 구경하러 갔다는 의미
	한양가 (조선시대)	관광과 구경이라는 말이 나오는데, 즉 '남녀노소가 급제행렬을 구경한다', '한양에 구경가자'는 것으로 관광과 구경이 같은 뜻으로 사용

작가	저서 (발행연도)	내용
유길준	서유견문 (조선시대)	미국 유학 중에 유럽을 여행하며 보고 느낀 것을 기록한 책(1896년 간행)
	관광약기 (조선시대)	1910년 4월 일본국 나고야 박람회를 답사하고 쓴 기행문으로서, 당시 일본의 실정을 소개하고 관광단원들의 시찰소감 등을 기록

3) 서양

서양에서의 관광은 영어의 투어리즘(tourism)이라 할 수 있다. 이는 '여러 나라를 순회여행한다', '각지를 여행하고 돌아온다'는 뜻으로 1811년 *The Sporting Magazine*이라는 잡지에서 처음 사용되었다.

처음에는 이민(emigrant · emigration · immigration)에 상대되는 의미로 비이민자(nonimmigrant)로 사용되었으나, 지역 간의 왕래가 빈번해짐에 따라 '회귀를 전제로 한 이동'의 의미로 관광이란 말이 널리 보급되었다.

tourism은 tour(짧은 기간 동안의 여행)의 파생어이며, 어원은 그리스어 토노스(tornos)가 라틴어 토누스(tornus : 순회, 도르래의 의미)를 거쳐 영어의 tour(周遊)로 발전하였다. 또한 tour와 tourism은 '즐거움을 위한 여행(travelling for pleasure)'으로 설명하고 있다.

tourism은 'tour+ism'의 합성어로서 tourism(관광)과 tourist(관광객)의 용어가 탄생되었다. tourism은 주로 산업 · 공공 · 학문 분야에서 사용된다.

한편 여행(旅行)을 뜻하는 영어단어로 journey, travel, trip, tour 등이 있다. journey는 '일 지점에서 타 지점까지의 이동을 표현하는 의미'로 단순한 이전을 포함하는 개념인 데 비해, travel은 '일반적인 여행'을, trip은 '1박 정도의 짧은 여행'을 가리킨다. 특히 travel은 trouble(걱정 · 노고 · 고생), toil(고통 · 힘든 일)과 같은 어원인 travail(업무)에서 파생되었다.

그 밖에 독일어로 관광을 뜻하는 용어는 'Fremdenverkehr'를 사용하고 있는데, 여기서 Fremden은 '외국인' · '외국의'를 의미하고, verkehr는 '왕래' · '교통'을 의미하고 있다.

제2절 관광의 정의

관광은 시대변천 · 지역특성 · 사회통념상 일반적으로 수용되는 개념 속에서 그 본질적 의미를 파악할 수 있다. 그러므로 보편적인 시각으로 볼 때 관광은 '즐거움을 위한 여행(travelling for pleasure)'이라고 하는 즐거운 기분 · 만족 · 행복을 느끼기 위한 여행의 의미로 이해될 수 있다.

관광은 관광여행의 일종이며 관광행동과 유사한 개념이다. 관광은 관광행동을 일으키는 각종 사업 활동이나 관광객을 수용하는 지역의 관련 사상을 염두에 둔 광범위한 관광현상을 의미한다. 또한 관광은 국내외를 불문하고 그 내용도 유람 · 위락 · 휴양 등도 포함하는 매우 광범위한 개념이다.

관광의 사전적 의미는, '다른 지방이나 나라의 풍경 · 풍물 따위를 구경하고 즐김', '예전에 과거(科擧)를 보러 가는 일을 이르던 말 또는 그 길이나 과정을 이르던 말', '보양이나 유람 등의 위락적 목적으로 여행하는 것', '즐거움을 위한 여행'이라고 할 수 있다.

관광에 대한 정의는 국가나 학자마다 다양하지만, 내용에 있어서는 매우 유사하면서도 서로 다른 면이 있다. 원래는 경제학자들이 국제관광을 무형의 수출(invisible export)로써 주목함에 따라 관광연구가 시작되었는데, 최초의 과제는 관광에 의한 경제효과를 측정하는 데 있었다.

관광의 개념적 정의를 최초로 주장한 학자는 독일의 슐레른(Schulern, 1911)이다. 그는 관광을 "일정한 지역 또는 타국을 여행하면서 체재하고, 다시 돌아가는 형태를 취하는 모든 현상과 그 현상에 직접 관련된 현상, 그 가운데서도 경제적인 모든 현상"이라고 주장하였다.

보르만(Bormann, 1931)은 관광을 "휴양 목적이나 기분전환 · 유람 · 상용 또는 행사 참여, 기타 사정 등에 의하여 거주지에서 일시적으로 떠나는 여행"이라 하였고, 오길비(Ogilvie, 1933)는 관광을 "일시적으로 거주지를 떠나지만, 1년 이상을 초과하지 않고, 여행 중 소비하는 비용은 거주지에서 취득한 것이어야 한다"고 하였다. 또한 그는 관광의 본질은 "타지역에서 취득한 수입은 일시적으로 체재하는 곳에서 소비하는 것"에 있다고 보았다.

글뤽스만(Glücksmann, 1935)은 관광객이 체재지에 미치는 경제적 · 사회적 영향에 주목하여 관광을 "체재지에서 일시적으로 머무르고 있는 사람과 그 지역 주민과의 모든 관계의 총체"라 하였고, 훈지커와 크라프(Hunziker & Krapf, 1942)는 "외국인 관광객이 그곳에 체재하는 동안 계속 또는 일시적이든 간에 중요한 영리활동을 실행할 목적으로 정주하지 않는 한, 그 외국인 관광객의 체재로 인하여 발생하는 모든 관계 또는 모든 현상의 총체적 개념"이라고 하였다.

이노우에 만주조(井上万壽藏, 1961)는 관광을 "인간이 다시 돌아올 예정으로 일상생활권을 떠나 이동하여 정신적 위안을 얻는 것"이라 주장하였고, 베르네커(Bernecker, 1962)는 관광을 "상업 활동 혹은 직업상의 여러 이유와 관계없이 일시적 또는 자유의사에 따라 타지역으로 이동한다는 사실과 결부된 모든 관계 및 결과"라고 하였다.

메드생(Mēdecin, 1966)은 관광을 "사람의 기분을 전환시키고 휴식을 취하며, 또한 인간 활동의 새로운 상황이나 미지의 자연경관에 접촉함으로써 그 경험과 교양을 넓히기 위한 여행을 한다든가, 거주지를 떠나 체재하는 등으로 이루어지는 여가활동의 한 유형"이라고 주장하였다.

쓰다 노보루(津田昇, 1969)는 관광을 "일상생활권을 떠나 다시 귀환할 예정으로 타국 또는 타지역의 문물 · 제도 등을 시찰하거나 풍광 관상 및 유람을 목적으로 여행하는 것"이라고 정의하였다.

1980년대 카스파(Kaspar)는 관광을 "체재지가 주요 거주지 또는 노동의 장소가 아닌 사람의 여행 및 체재지에서 일어나는 모든 관계 또는 현상의 총체"를 의미한다고 주장하였다.

매킨토시(McIntosh, 1986)는 관광을 "관광객을 유치 · 접대하는 과정에서 관광객 · 관광사업자 · 정부 · 지역사회 간의 상호작용으로 야기되는 현상과 관계의 총체"라고 하였다.

자파리(Jafari, 1989)는 "일상생활권을 떠나 있는 인간에 관한, 그리고 인간의 욕구에 대응하는 산업에 관한 또 인간과 산업이 관광대상지의 사회적 · 문화적 · 경제적 · 물리적 환경에 미치는 영향에 관한 연구"라고 주장하였다.

UNWTO(UN World Tourism Organization : 세계관광기구)는 "즐거움 · 위락 · 휴가 · 스포츠 · 사업 · 친구 · 친척방문 · 업무 · 회합 · 회의 · 건강 · 연구 · 종교 등을 목적으로 하여 방문국가를 적어도 24시간 이상 1년 이내 체류하는 행위"라고 하였다.

관광에 대한 일반적인 정의는 '관광객의 욕구를 충족시키는 행위로서 일상생활권을 떠나 다시 돌아올 예정으로 타국의 아름다운 풍광 · 진귀한 풍물 · 역사적 유물을 보는 것 또는 그 지역의 풍속 · 제도 · 문물을 시찰하는 것', '보양 · 유람 · 체험 · 활동 등의 목적으로 여행하는 것', '즐거움을 위한 여행'이라고 할 수 있다. 학자들의 정의를 정리하면 〈표 1-5〉와 같다.

〈표 1-5〉 관광의 정의

학 자	정 의
슐레른 (Schulern)	– 일정한 지역 또는 타국을 여행하면서 체재하고, 다시 돌아가는 형태를 취하는 모든 현상과 그 현상에 직접 관련된 현상, 그 가운데서도 경제적인 모든 현상
보르만 (Bormann)	– 휴양 목적이나 기분전환 · 유람 · 상용 또는 행사 참여, 기타 사정 등에 의하여 거주지에서 일시적으로 떠나는 여행

학 자	정 의
오길비 (Ogilvie)	– 일시적으로 거주지를 떠나지만, 1년 이상을 초과하지 않고, 여행 중 소비하는 비용은 거주지에서 취득한 것이어야 함
글뤽스만 (Glücksmann)	– 어떤 지역에서 일시적으로 머무르고 있는 사람과 그 지역 주민과의 모든 관계의 총체
훈지커와 크라프 (Hunziker & Krapf)	– 외국인 관광객이 그곳에 체재하는 동안 계속 또는 일시적이든 간에 영리활동을 실행할 목적으로 정주하지 않는 한, 그 외국인 관광객의 체재로 인하여 발생하는 모든 관계 현상의 총체적 개념
유엔 (UN)	– '관광은 평화를 상징하는 여권'이며, 모든 사람은 합리적인 노동시간의 단축과 정기 유급휴가를 포함하여 휴식과 여가의 권리를 가진다고 선언
이노우에 만주조 (井上万壽藏)	– 인간이 다시 돌아올 예정으로 일상생활권을 떠나 이동하여 정신적 위안을 얻는 것
베르네커 (Bernecker)	– 상업활동 혹은 직업상의 여러 이유에 관계없이 일시적 또는 자유의사에 따라 타지역으로 이동한다는 사실과 결부된 모든 관계 및 결과
메드생 (Medecin)	– 사람의 기분을 전환시키고 휴식을 취하며, 또한 인간활동의 새로운 국면이나 미지의 자연경관에 접촉함으로써 그 경험과 교양을 넓히기 위한 여행을 한다든가, 거주지를 떠나 체재하는 등으로 이루어지는 여가활동의 한 유형
쓰다 노보루 (津田昇)	– 일상생활권을 떠나 다시 귀환할 예정으로 타국 또는 타 지역의 문물 · 제도 등을 시찰하거나 풍광 관상 및 유람을 목적으로 여행하는 것
카스파(Kaspar)	– 체재지가 주요 거주지 또는 노동의 장소가 아닌 사람의 여행 및 체재지에서 일어나는 모든 관계 또는 현상의 총체
매킨토시 (Mclntosh)	– 관광객을 유치 · 접대하는 과정에서 관광객 · 관광사업자 · 정부 · 지역사회 간의 상호작용으로 야기되는 현상과 관계의 총체
자파리 (Jafari)	– 일상생활권을 떠나 있는 인간에 관한, 그리고 인간의 욕구에 대응하는 산업에 관한 또 인간과 산업이 관광대상지의 사회적 · 문화적 · 경제적 · 물리적 환경에 미치는 영향에 관한 연구

학 자	정 의
UNWTO (세계관광기구)	- 즐거움 · 위락 · 휴가 · 스포츠 · 사업 · 친구 · 친척방문 · 업무 · 회합 · 회의 · 건강 · 연구 · 종교 등을 목적으로 하여 방문국가를 적어도 24시간 이상 1년 이내 체류하는 행위

제3절 관광의 유사개념

1. 레저

관광은 레저(leisure) · 레크리에이션(recreation) 등의 분야와 기본적인 특성 및 이론적 성립을 공유하고 있다. 레저의 사전적 의미는 '여가시간 또는 그 시간을 이용한 놀이나 오락, 즉 생계를 위한 필요성이나 의무가 따르지 않고 스스로 즐거움을 얻기 위한 활동이나 그 시간을 이르는 말'이다.

레저의 어원은 라틴어 리케레(licere), 프랑스어의 루아지르(loisir)에서 파생된 것으로 '허락된다', '자유스러워진다'는 뜻으로 인간의 사회생활 중 노동과 생리적 필수시간을 제외한 완전한 자유시간을 의미한다.

또한 레저는 자유의 의미로 다른 제약을 받지 않는 인간이 가진 가장 기본적인 욕구로서 '자기 임의로 사용할 수 있는 자유재량시간(time at one's own disposal)' 또는 '자신의 자유의지에 의해 처리 가능한 시간'을 뜻한다.

레저를 시간의 관점에서 보면, 하루의 생활시간에서 생활필수시간(수면 · 식사)과 사회생활시간(일 · 공부 등)을 제외한 자유활동시간을 말한다. 그리고 활동의 관점에서 보면, 자유시간의 활동을 총칭하는 것으로서 레크리에이션과 관광을 포괄하는 개념이다.

레저에 대한 고전적 또는 규범적 견해는 아리스토텔레스(Aristoteles : 고대 그리스의 철학자)에 의해 가장 명확히 정립되었다. 그는 "각 개인이 레저를 향유함으로써 이상과 사고를 공유할 수 있는 친구를 가질 수 있으며, 레저를 향유하는 사람만이 진정으로 행복하다"고 주장하였다.

점피덤피는 레저를 "내가 레저라는 용어를 사용할 때, 그것은 내가 하고 싶은 그 무엇을 선택하는 것을 의미한다"라고 주장하였고, 뒤마즈디에(Dumazedier)는 레저를 "휴식 · 기분전환 · 지식의 확대 등을 위해 임의대로 하는 활동이다"라고 정의하였다.

따라서 레저는 '개인의 노동과 가사활동 · 생리적 필수활동, 기타 사회적 의무와 책임으로부터 자유로운 상황 아래서 소비되는 활동과 수면 · 식사 · 휴식 · 기분전환 · 자기계발 등 생존을 위한 필수시간을 제외한 잔여시간 또는 자유시간'이라고 정의할 수 있다.

레저의 세 가지 요소로는 ① 생활의 필수적인 일들을 행한 후에 남는 시간, ② 레저를 갖는 사람에 대한 호의적인 태도, ③ 레저 그 자체를 위해 즐겨 행할 수 있는 가능한 활동 등을 들 수 있다.

2. 레크리에이션

관광과 레크리에이션(recreation)의 개념을 명확하게 구별하기란 쉽지 않다. 실제 일본의 국토교통성에서는 관광과 레크리에이션을 구별하지 않고, '관광 레크리에이션'으로 사용하고 있다. 즉 ① 오랫동안 관람 · 학습 · 보양 등을 목적으로 숙박하는 여행을 관광, ② 심신의 휴양을 위한 스포츠나 놀이를 레크리에이션이라고 부른다.

레크리에이션의 사전적 의미는 '심신의 피로를 풀고 새로운 힘을 북돋기 위해 여가시간에 놀이나 오락 등을 즐기는 일 또는 그 놀이나 오락 · 보수를 목적으로 하지 않는 자유로운 활동이나 그 형태'를 뜻한다.

레크리에이션은 라틴어 레크래아(recreare)에서 유래되었으며, '재창조' 또는 '새로운 것을 창조하고 나아가 회복과 재생'이라는 의미로 육체적 · 지적 · 심미적 · 창조적 · 사교적 등 폭넓게 사용되고 있다.

즉 레크리에이션은 레저의 일종으로 휴식과 수양 또는 즐거움을 추구하기 위하여 자발적으로 이루어지는 활동으로서 육체적으로 심신을 회복하고, 정신적으로는 기분전환을 하여 자신을 재창조한다는 뜻이다.

버틀러(Butler)는 레크리에이션을 "위락 자체에 대한 어떤 보상을 위해 의식적으로 수행되어지는 것이 아니며, 어떤 의미 있는 활동을 뜻한다"고 보았고, 시버스(Shivers)는 "레크리에이션 활동을 통해 불균형을 이룬 감각이나 욕구 충족의 정도가 다시금 균형을 회복하게 된다"고 주장하였다.

댄포드(Danford)는 레크리에이션을 "개인의 욕구에 대한 만족과 인간관계를 통하여 생활을 풍족케 하고 개인의 능력에 따라 자유롭게 선택한 활동"이라고 정의하였다.

3. 놀이

놀이(play)란 '여러 사람이 모여서 즐겁게 놀거나 인간이 재미와 즐거움을 얻기 위해 행하는 모든 활동'을 말한다. 또한 놀이는 '우리나라의 전통적인 연회를 통틀어 이르는 말로 굿 · 풍물 · 인형극 따위를 이르는 말'이다.

놀이는 '갈증'을 뜻하는 라틴어 플라가(plaga), 독일어 슈필(Spiel)에서 유래하였으며, 인간의 본능적이며 무조건적인 욕구를 반영하는 행동, 즉 이성적이라기보다는 본능적이거나 자발적인 행동을 뜻한다.

또한 놀이는 자유롭고 임의적이거나 자발적이며, 그 자체를 위해 추구되는 활동으로 정의되고 있다. 놀이하는 사람은 일상의 규칙인 외적 환경에 의해 강요받지 않는다는 점에서 놀이는 선택의 자유를 의미한다. 그리고 놀이는 자신이 스스로 선택한 활동으로부터 나오는 즉각적인 만족으로 인해 즐거울 수 있다. 피아제(Piaget)는 "놀이를 정복하는 것은 즐거움을 추구할 때 가능하다"

라고 주장하였다.

호이징가(Huizinga)는 놀이를 "일상적인 인간생활의 외부에서 의식적으로 존재하는 동시에 놀이하는 사람이 마음속 깊은 곳까지 강하게 흔들어주는 자유로운 행위"라고 정의하였다.

놀이현상(phenomenon of play)을 연구하는 것은 인간행동을 이해하는 하나의 수단이다. 놀이는 인간의 보편적인 활동으로 다른 문화권에 속한 어린이도 유사한 놀이형태와 공통적인 리듬을 사용하고 있는 것으로 나타났다.

놀이의 공통된 특징은 동물의 놀이와 탐험행동에서도 나타나는데 그 특징은 첫째, 색다른 자극이 있을 때 동물의 관심 수준은 증가한다. 둘째, 고조된 관심에 계속적으로 노출되어 익숙해짐에 따라 감소되어진다. 셋째, 일정기간 동안 자극받지 않으면 시간이 경과함에 따라 그 자극에 대한 동물의 반응은 회복되어진다. 넷째, 자극에 대한 관심 · 익숙함 · 회복의 과정은 여러 동물 사이에 일관되게 나타나고 있으나, 동물에 따라 특별히 싫어하거나 좋아하는 자극이 있다.

4. 바캉스

바캉스(vacance, vacation)는 원래 공백 · 공석을 의미하며, 현대에는 유급휴가라는 의미로 사용되고 있다. 프랑스에서는 바캉스를 이용하여 봄의 부활절, 여름의 성모마리아 승천제, 겨울의 그리스도 성탄절 등 3계절에 휴가여행을 행한다. 여름 바캉스는 '레 그랑 바캉스(Les grandes vacances)'라 부르며, 사람들은 산이나 바다로 나간다.

바캉스의 사전적 의미는 '주로 여름에 피서나 휴양을 위해 떠나는 휴가'를 말한다. 관광분야에서는 프랑스의 vacance와 영어의 vacation이라는 용어를 자주 사용하는데, '비우다'라는 의미가 내포되어 있다. 이들 용어는 1~2일 정도의 여행으로는 몸과 마음을 비우기 부족하므로 자연히 '장기휴가'를 의미하는 것으로 받아들여지고 있다.

원래 바캉스는 라틴어 바티오(vatio : 휴가) 또는 바칸티아(vacantia : 공간)에서 유래되었으며, 오늘날에는 장기휴가로 이해되고 있다. 또한 집에서 여름휴가를 보내도 바캉스이지만, 프랑스 · 독일 · 이탈리아에서는 바캉스 여행과 같은 의미로 사용하고 있다. 특히 바캉스 여행이 바다나 산 중 한곳에 체류하여 활동하는 것에 비해, 관광여행은 여러 곳을 순회하면서 활동하므로 바캉스 여행과는 다르다고 할 수 있다.

참고로 2020년 코로나 바이러스 19 확산으로 호텔에서 휴가를 즐기는 ① 호캉스, 모텔에서 휴가를 즐기는 ② 모캉스가 유행하고 있다.

5. 리조트

리조트(resort)는 프랑스어 리조티(resortir)에서 파생되었으며, 이 말은 '바캉스 여행의 목적지'를 의미하고, 또한 '피서 · 피한의 지역'을 뜻하기도 한다. 여기서 여행의 목적지는 관광지(tourist area)를 말한다. 1970년 이후 훈지커를 비롯해 많은 학자가 여행을 관광에 포함하고 있는데, 그렇게 되면 바캉스의 목적지인 리조트도 관광지의 하나가 되는 것이다.

리조트의 사전적 의미는 '비교적 오랜 기간 동안 머물면서 다양한 놀이와 운동을 즐기기 위해 만든 장소', '사람이 모이는 곳', '종종 어디로 가다', '어느 장소에서 체류하다' 등의 뜻을 가지고 있다.

리조트는 '양호한 자연조건을 가지고 있는 스포츠 · 레크리에이션 · 문화활동 · 집회 · 휴양 등의 다양한 활동을 할 수 있도록 종합적인 기능이 정비된 지역'을 말한다. 즉 리조트는 체류성 · 자연성 · 휴양성 · 다기능성 · 광역성 등의 요건을 겸비하고 있어야 한다.

특히 리조트는 관광지 중에서도 체류성 또는 반복성이 높은 보양지를 칭하기도 한다. 따라서 관광지에서는 비일상성을 연출함으로써 수요를 자극하였지만, 리조트에서는 쾌적한 일상공간을 형성하는 것이 중요하다.

레저(leisure) · 레크리에이션(recreation) · 놀이(play)에 대한 학자들의 정의와 관광의 유사개념도는 〈표 1-6〉, 〈그림 1-1〉과 같다.

〈표 1-6〉 레저 · 레크리에이션 · 놀이에 대한 학자들의 정의

구분	학자명	정의
레저	아리스토텔레스 (Aristoteles)	- 각 개인이 레저를 향유함으로써 이상과 사고를 공유할 수 있는 친구를 가질 수 있으며, 레저를 향유하는 사람만이 진정으로 행복
	점피덤피	- 내가 레저라는 용어를 사용할 때, 그것은 내가 하고 싶은 그 무엇을 선택하는 것을 의미
	뒤마즈디에 (Dumazedier)	- 휴식 · 기분전환 · 지식의 확대 등을 위해 임의대로 하는 활동
레크리에이션	허친슨 (Hutchinson)	- 활동에 자발적으로 참여하는 개인에게 즉각적이고도 본원적인 만족감을 제공해 주는 사적으로 수용할 수 있는 레저 경험으로 가치 있는 어떤 활동
	버틀러 (Butler)	- 위락 자체에 대한 어떤 보상을 위해 의식적으로 수행되는 것이 아니며, 어떤 의미있는 활동
	시버스(Shivers)	- 레크리에이션 활동을 통해 불균형을 이룬 감각이나 욕구충족의 정도가 다시금 균형을 회복
	댄포드 (Danford)	- 개인의 욕구에 대한 만족과 인간관계를 통하여 생활을 풍족하게 하고 개인의 능력에 따라 자유롭게 선택한 활동
놀이	피아제(Piaget)	- 한마디로 놀이를 정복하는 것은 즐거움을 추구할 때 가능
	호이징가 (Huizinga)	- 일상적인 인간생활의 외부에서 의식적으로 존재하는 동시에 놀이하는 사람이 마음속 깊은 곳까지 강하게 흔들어 주는 자유로운 행위

〈그림 1-1〉 관광의 유사개념

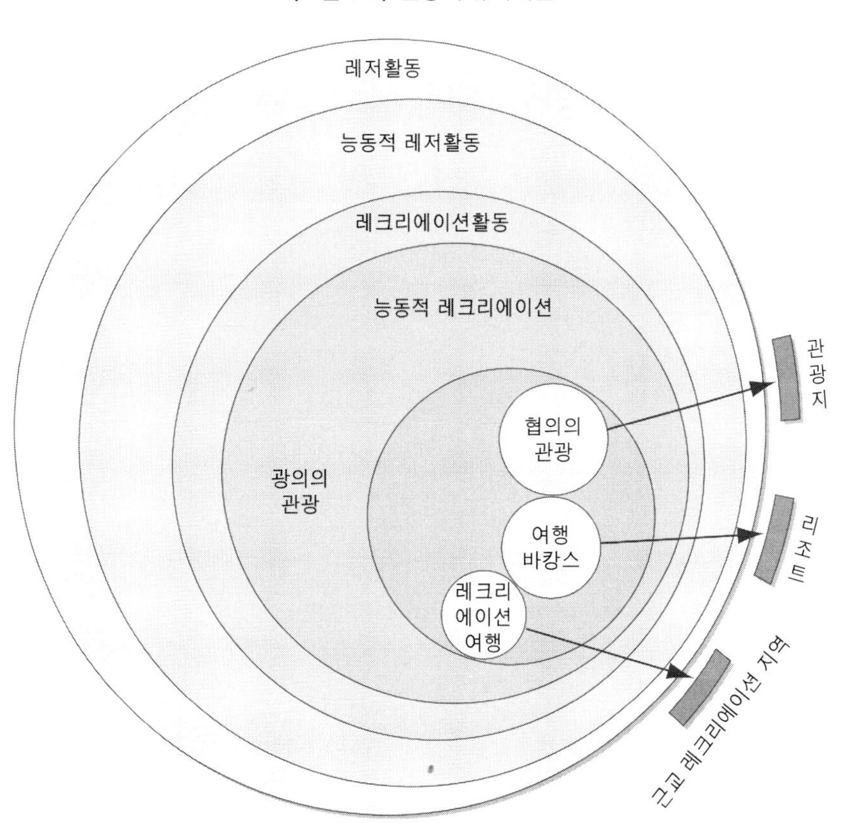

자료 : 塩田正志 · 長谷政弘(1999), 『觀光學』, 同文館, p. 9.

6. 동서양의 관광관련 유사용어

동서양의 관광관련 유사용어를 사전적인 의미로 풀이해 보면 〈표 1-7〉과 같다.

〈표 1-7〉 동서양의 관광관련 유사용어

용어	사전적 의미
구경(求景)	- 어떤 것에 흥미나 관심을 가지고 봄. 흥미나 관심을 갖게 하는 대상
기행(紀行)	- 여행하며 보고 듣고 느낀 것을 적음. 또는 그 글
나들이	- 잠시 집을 떠나 가까운 곳을 다녀오는 일. 어떤 곳을 드나듦
답사(踏査)	- 실제로 어떤 일이나 사건이 일어났거나 일어나고 있는 곳에 가서 보고 조사함
만유(漫遊)	- 한가로이 이곳저곳을 돌아다니며 구경하고 노닒. 목적 없이 마음 내키는 대로 여러 지역을 놀러 다님
방랑(放浪)	- 정한 곳이 없이 이리저리 떠돌아다님
소요(逍遙)	- 마음 내키는 대로 슬슬 거닐며 돌아다님
소풍(逍風)	- 학교에서 운동이나 자연관찰, 역사유적 따위의 견학을 겸하여 야외로 갔다 오는 일, 기분을 돌리거나 머리를 식히기 위해 바깥에 나가 바람을 쐬는 일
순람(巡覽)	- 여러 곳으로 돌아다니며 봄
순례(巡禮)	- 종교상의 여러 성지나 의미가 있는 곳을 찾아다니며 참배함
순유(巡遊)	- 여러 곳을 돌아다니며 놂
야영(野營)	- 천막, 텐트 따위를 치고 야외에서 먹고 잠. 또는 그렇게 하는 생활
위락(慰樂)	- 위로와 안락을 아울러 이르는 말
유관(遊觀)	- 두루 돌아다니며 구경하여 놂
유락(流落)	- 고향을 떠나서 타향에서 삶
유람(遊覽)	- 아름다운 경치나 이름난 장소를 돌아다니며 구경함
유랑(流浪)	- 일정한 거처가 없이 떠돌아다님
원유(遠遊)	- 멀리 가서 놂. 공부를 하기 위해 먼 곳으로 감
원정(遠征)	- 연구 · 조사 · 탐험 등의 목적으로 먼 길을 떠남
탐상(探賞)	- 경치가 좋은 곳을 찾아다니며 구경하고 즐김
탐승(探勝)	- 경치가 좋은 곳을 찾아다님
탐방(探訪)	- 명승지나 유적지 따위를 구경하기 위하여 찾아감. 어떤 사실이나 소식 따위를 알아내기 위하여 인물이나 장소를 찾아감

용어	사전적 의미
탐춘(探春)	–봄의 경치를 찾아다니며 구경함
탐험(探險)	–위험을 무릅쓰고 찾아가 잘 알려지지 않은 어떤 곳을 살피고 조사함
피서(避暑)	–시원한 곳으로 옮겨 더위를 피함
피한(避寒)	–따뜻한 곳으로 옮겨 추위를 피함
천렵(川獵)	–냇물에서 고기를 잡음
행락(行樂)	–재미있게 놀고 즐김
회유(回遊)	–두루 돌아다니며 놂
휴양(休養)	–편안히 쉬면서 지치거나 병든 몸과 마음을 회복하고 활력을 되찾음
camping	–천막 · 텐트 따위를 치고 야외에서 먹고 잠. 또는 그런 생활
cruise	–유람선 등이 순항하는 것
excursion	–짧은 여행(보통 당일치기 짧은 여행을 말함)
expedition	–원정 · 조사여행 · 탐험 등 일정한 목적을 가진 여행
exploration	–탐사 · 탐험 · 개발 · 조사 · 탐구여행
hiking	–도보여행
holiday	–휴일 · 휴가 · 명절 · 공휴일 · 축제일
jaunt	–소풍 · 산책 등의 짧은 여행
journey	–여정 · 행로 · 육상의 긴 여행
junket	–공금으로 하는 유람 · 시찰여행 · 정치가 등의 초대여행
picnic	–식사를 지참한 소풍이나 들놀이, 꽃구경처럼 즐기기 위해서나 놀이를 위하여 근교까지 나가는 것
pilgrimage	–순례 · 성지여행
ramble	–소요 · 산책
rove	–유랑 · 방랑
sightseeing	–명소 · 명물관광 · 구경 · 유람
tramp	–도보여행 · 소풍
traverse	–횡단여행
trip	–짧은 여행

용어	사전적 의미
vacation	– 방학 또는 휴양 · 보양 · 여행을 위한 휴가
vagrancy	– 방랑 · 유람
voyage	– 먼 나라 · 땅으로의 긴 항해 · 선박여행 · 우주여행 · 육로여행
wandering	– 여행 · 만유 · 방랑 · 일탈

제4절 관광의 형태

1. 다양한 관광형태

1) 문화관광

문화관광(cultural tourism)은 문화수준의 향상과 새로운 지식 · 경험 · 만남을 증가시키고, 인간의 다양한 욕구를 충족시키는 관광활동이다. 즉 개인의 문화적 욕구를 충족시키기 위해 거주지를 벗어나 새로운 정보와 경험획득을 목적으로 한 문화자원으로서의 개인이동을 의미한다. 또한 거주지와 외부의 유산 · 유적 · 예술적이고 문화적인 표현, 미술이나 드라마와 같은 특수한 문화자원에로의 개인의 모든 이동을 뜻한다.

2) 생태관광

생태관광(ecotourism)은 자연환경의 보전을 강조하고 있는 관광형태이다. 대중관광(mass tourism)의 폐해를 반성하여, 자연환경의 보전이라는 점을 강력하게 주장하는 것이 특징으로 1980년대 후반에 제창되었다. 생태 또는 자연환경이라는 의미의 머리말과 관광을 조합하여 만든 용어이다. 관광대상이 되는 자연자원의 보전을 위하여 사용되는 관광형태를 가리키는 경우가 많다.

3) 도시관광

도시관광(urban tourism)은 매력 있는 근대적 · 현대적 도시기능 등을 향유하기 위해 일상생활권을 떠나 행하는 여가활동이다. 도시에는 숙박(호텔 · 모텔 등) · 면세점 · 백화점 · 토산품점 · 음식점을 비롯하여 도시건축 · 구조물의 시찰, 예술의 감상, 박물관 및 미술관의 관람, 전시회 · 축하회 등의 참여, 스포츠 관람 등을 할 수 있는 여러 가지 시설이 있다. 도시관광은 주로 인공적인 관광대상을 지향한다.

4) 산업관광

산업관광(technical tourism)은 1950년에 프랑스의 경영자협회가 수출진흥을 도모하기 위해 외국인의 산업시찰에 편의를 제공하고자 업계에 건의하여, 그 수용태세의 정비와 선전 · 알선하는 제도를 시작한 데서 유래되었다. 이 제도는 '테크니컬 투어리즘'으로 기술관광이라고 하지만, 기술목적에만 그치지 않고 널리 일반 관광객에게도 보급되었다.

5) 복지관광

복지관광은 소셜 투어리즘(social tourism)이라고도 불린다. OECD (Organization for Economic Corporation and Development : 경제협력개발기구)에서는 여행자금이 없거나 관광에서 소외된 국민층을 관광에 참여시키기 위해 필요한 수속과 이에 대한 구체적인 조치를 마련하여 보다 많은 사람을 관광에 참여케 하는 복지차원의 관광장려정책이다. 대표적인 사례로 스위스 여행금고(REKA : Schweizer Reisekasse)가 있으며, 국내의 경우 문화누리카드(소외계층에게 문화예술 · 여행 · 스포츠 관람 등을 지원) 등이 있다.

6) 종교관광

종교관광(sightseeing at religious places)은 성지(聖地)나 종교적인 장소를

방문하거나 종교행사의 참가를 목적으로 행하는 관광을 말한다. 때로는 성스러운 것이 사람을 두렵게 만들지만, 반면에 매료시키는 면도 있다. 따라서 성지는 이러한 특성 때문에 관광의 대상이 된다. 대표적인 곳으로 사찰 · 성인의 유적지 · 유명한 교회 등을 들 수 있다.

7) 보양관광

보양관광(health tourism)은 심신의 휴양에 의하여 건강의 회복 · 유지 · 증진 및 활력을 도모할 목적으로 거주지 · 근무지 등 일상생활권에서 떨어진 장소에서 행하는 여가활동을 말한다. 주로 보양지로 선정되는 장소는 풍광이 아름다운 지역, 기후가 온난한 지역, 온천지나 해수욕장 등이 위치한 곳이다. 특히 피서지 · 피한지의 별장이 각광받는 경우가 있다.

8) 교육관광

넓은 의미의 교육관광(educational tourism)은 그랜드 투어리즘(grand tourism)이나 수학여행처럼 교육의 일환으로 실시되는 관광활동의 총칭이다. 좁은 의미로는 관광객의 교양이나 자기계발을 주목적으로 하는 관광형태를 말한다. 어떤 특별한 관심이나 흥미에 의거하여 행하여지는 관광[SIT(Special Interest Tourism)는 관광 이외의 특별한 목적을 위한 여행으로서 특정한 관심을 충족시키기 위한 여행형태]의 한 형태로 간주되고 있다.

9) 스포츠 관광

스포츠 관광(sport tourism)은 스포츠를 주목적으로 하는 관광형태를 말한다. 또는 스포츠와 관련된 시설이나 스포츠 기회를 제공함으로써 스포츠 관광객의 유치를 도모하는 관광사업을 뜻하기도 한다. 월드컵 · 동계올림픽 등의 행사 개최로 인해 스포츠 관광은 세계적으로 인기가 높아져 향후 성장이 기대되는 분야이다.

10) 체험관광

체험관광(experience tourism)은 체험을 주목적으로 하는 관광형태이다. 과거에는 정적(靜的 : 보는 관광)인 관광이 주를 이루었으나, 최근에는 동적(動的 : 체험하는 관광)인 관광으로 크게 변화되었다. 대표적인 사례는 도자기 제작 · 종이 만들기 · 모심기 · 벼 베기 · 과일 수확하기 등 지역특성을 반영한 비일상적인 체험을 하는 경우가 늘고 있다.

11) 이벤트 관광

이벤트 관광(event tourism)은 일과성 또는 주기적인 개최로 추진하는 관광을 말한다. 이벤트의 목표는 관광시즌의 연장 · 관광수요의 확대 · 관광객의 유치 및 지역의 이미지 조성 등에 있다. 기타 투자 · 인프라 정비 · 지명도 향상 · 주민의 단합 · 자신감 향상 등의 지역 활성화 효과가 생기므로 지역개발의 방법으로서도 중요시되고 있다.

12) 그린 투어리즘

그린 투어리즘(green tourism)은 농촌에 체재하는 형태의 여가활동을 가리킨다. 또한 이러한 이용자에게 숙박 서비스를 제공하는 민박경영 등 농가가 행하는 관광활동도 지칭하여 사용된다. 서유럽에서는 이미 오랜 역사를 가지고 있으며, 바캉스의 한 형태로서 사회적으로 정착되고 있다. 지역자원을 활용하는 소프트 투어리즘(soft tourism)의 하나라고 할 수 있다.

13) 유산관광

유산관광(heritage tourism)은 역사적 유산이나 문화유산에 한하지 않고 자연유산까지도 포함하여 인류의 유산을 답사하는 관광형태이다. 즉 유네스코(UNESCO : United Nations Educational, Scientific and Cultural Organization, 국제연합전문기구)의 세계유산 · 국보 · 보물 · 천연기념물 등 공적기관에 의한 인증(허가)이 관계된다.

14) 사파리

사파리(safari)는 스와힐리어로 동부 · 중부 아프리카에서 사냥하면서 겪는 모험을 말한다. 즉 야생동물을 대상으로 하는 관광을 사파리라고 부른다. 케냐에서는 그 역사가 1920년대까지 거슬러 올라가지만, 본격화된 것은 비치리조트(beach resort)와 결부된 1960년대부터이다. 케냐 이외에 탄자니아 · 남아프리카공화국 등이 유명하다.

15) 갬블 투어리즘

갬블 투어리즘(gamble tourism)은 갬블을 목적으로 여행하는 관광형태를 말한다. 카지노(casino)식 갬블의 합법화가 세계의 관광지에서 주목받고 있다. 그러한 관광지로는 이탈리아의 베네치아 · 산레모, 오스트레일리아의 골드코스트, 독일의 바덴바덴, 프랑스의 니스 · 칸, 미국의 라스베이거스 · 애틀랜틱시티, 마카오 및 모나코의 몬테카를로 등이 유명하다.

2. 뉴 트렌드의 관광형태

1) 대안관광

대안관광(alternative tourism)은 대량관광을 의미하는 매스 투어리즘(mass tourism)에 대한 또 하나의 관광 내지 다른 형태로서의 관광을 말한다. 관광의 대중화에 따라 관광지에서 생긴 관광의 폐해(자연 · 문화재 · 경관 등의 파괴 · 소음 · 교통체증 등)를 될 수 있는 대로 적게 하여, 관광의 경제적 효과를 그 지역에 미치게 함으로써, 관광객도 충분히 만족할 수 있는 관광형태의 총칭으로 사용되는 경우가 많다.

2) 지속가능한 관광

지속가능한 관광(sustainable tourism)은 지속가능한 개발(sustainable development)이라는 개념에 의거한 관광형태를 말한다. 1992년의 지구 서밋(summit : 미국 · 영국 · 독일 · 프랑스 · 이탈리아 · 캐나다 · 일본 등 서방 7개 선진공업국의 연례 경제정상회담)의 중심적인 사고방식으로 채택된 '미래세대의 요구를 충족시키는 능력을 상실함 없이 현세대의 요구를 충족시키는 개발'을 뜻하는 것이다. 환경과 관광개발은 서로 상반되는 것이 아니라 상호 의존적인 것으로 파악하여, 환경을 보전함으로써 미래에 이르는 관광개발을 실현시킬 수 있다고 하는 개념이다.

3) 적정관광

적정관광(appropriate tourism)은 사회적 · 문화적 · 자연적 환경의 마이너스 영향을 피하고 플러스의 영향을 촉진할 수 있는 관광형태를 말한다. 즉 소그룹 또는 적은 인원 수의 사람에 의한 관광으로 대규모 관광개발을 억제하고 호스트(host) 사회의 가치관과 문화의 존중 · 유지를 위하여 노력할 수 있는 관광을 말한다. 넓은 의미로는 대안관광(alternative tourism)에 포함될 수 있는 개념이다.

4) 공정관광

공정관광(fair tourism)은 생산자와 소비자가 대등한 관계를 맺는 공정무역(fair trade)에서 유래된 개념으로 '아름다운 여행의 대가는 오랫동안 그 땅을 지켜온 현지인에게 돌려야 한다'는 생각에서 출발되었다. 이는 여행에서 초래된 환경오염 · 문명파괴 · 낭비 등을 반성하고, 어려운 나라의 주민들에게 조금이라도 도움을 주자는 취지에서 21세기에 들어서면서 유럽을 비롯한 영미(英美)권에서 추진되어 왔다.

5) 서포팅 투어리즘

서포팅 투어리즘(supporting tourism)은 빈곤과 기아, 환경파괴와 역사유적의 퇴화 · 파괴된 지역을 단순히 견학만 하는 것이 아니라, 그 개선과 보전을 도모하는 관광이다. 사막녹화를 위한 식수작업이나 사적지의 수복작업 등에 참여하는 투어로서 작업에는 참여하지 않지만, 여행대금의 일부가 야생생물의 보호나 사적보전을 위한 기금이 되는 투어 등이 있다. NGO(non-governmental organization : 비정부조직) 주최의 투어가 많으며, 볼런티어 투어리즘(volunteer tourism)이라고도 한다.

6) 로 임팩트 투어리즘

로 임팩트 투어리즘(low impact tourism)은 대중관광에 대한 반성으로 자연환경의 과도한 부담이나 자연자원을 남용하지 않고, 유한한 자연환경과 자연자원을 유효하게 지속적으로 이용한다는 생각에서 제기된 개념이다. 기본적으로는 대안관광에 포함될 수 있는 개념이다.

7) 애그리 투어리즘

애그리 투어리즘(agri-tourism)은 서유럽의 독일 · 오스트리아 · 이탈리아 농가의 민박경영 등의 관광활동을 의미한다. 서유럽 제국에서는 도시 생활자가 도시에서 잃은 자연이나 쾌적한 농촌환경 · 전통적 문화유산 · 신선한 농산물과 향토요리 등을 찾아서, 농가에 체재하는 것이 바캉스의 한 형태가 되고 있다. 농가는 새로운 사업의 기회가 되기 때문에, 농산촌의 활성화 대책으로서 정책적인 진흥이 도모되고 있다.

8) 루럴 투어리즘

루럴 투어리즘(rural tourism)은 도시생활자가 농촌지역에서 즐기는 여가관광 활동을 의미한다. 도시생활에서 잃은 자연 · 전통문화와 농촌자연 · 전통문화 등 국민에게 즐거움이나 쾌적함을 제공하는 농촌 어메니티(amenity)를 찾아, 농가 등 농촌에 머무르면서 여가를 보내는 것이 주된 활동이다. 애그리 투어리즘 · 그린 투어리즘과 거의 같은 뜻으로 사용되며, 소프트 투어리즘(soft tourism)의 한 형태라고 할 수 있다.

9) 스터디 투어리즘

스터디 투어리즘(study tourism)은 발전도상국의 사회문제 등 일반적인 관광에서는 볼 수 없는 사회현실의 모습을 보고자 하는 목적으로 이루어지는 대안관광의 한 가지이다. 비정부조직 · 종교단체 · 학교 등에서 주최하여 슬럼(slum) · 재해지 · 난민캠프를 대상으로 하는 경우가 많다. 빈곤이나 비참함을 강조하는 스테레오 타입(stereotype : 창의성 없이 판에 박은 듯한 생각)이 생기게 되는 위험성도 지적되고 있다.

10) 소프트 투어리즘

소프트 투어리즘(soft tourism)은 넓은 의미로는 대안관광에 속하며, 지역주민과 찾아온 손님(guest) 간의 상호 이해, 호스트 지역의 문화적 전통을 존중하여, 가능한 한 환경보전을 달성하도록 하는 관광을 가리킨다.

11) 메디컬 투어리즘

메디컬 투어리즘(medical tourism)은 “개인이 자신의 거주지를 벗어나 다른 지방이나 외국으로 이동하여 현지의 의료기관이나 요양기관 · 휴양기관 등을 통해 본인의 질병을 치료하거나 건강의 유지 · 회복 · 증진 등의 활동을 하는 것으로 본인의 건강상태에 따라 현지에서의 요양 · 관광 · 쇼핑 · 문화체험 등의 활동을 겸하는 것”을 의미한다.

12) 비대면 관광

코로나 바이러스 19로 최근에는 다른 사람들과 접촉하지 않는 언택트(untact) 시대라고 부를 정도로 비대면 관광이 붐을 일으키고 있다.

언택트(untact)란 사람과 사람이 직접 접촉하지 않음을 뜻하는 신조어. 서비스나 상품의 제공 과정에서 무인기술이나 인공지능, 로봇배송과 같은 첨단 기술과 기기가 개입하여 직접적인 대면없이 재화와 서비스가 제공되는 상황이나 그런 사회적 트렌드를 가리키는 용어로 사용된다.

2017년 처음 발표된 이후 2020년 코로나 바이러스 19 사태를 맞아 주목을 받고 있다.

연습문제

01. 관광이라는 용어가 처음 등장한 중국 상고시대의 철학서는?

① 춘추(春秋) ② 역경(易經)
③ 예기(禮記) ④ 서경(書經)

02. 다음 설명에 해당하는 중국의 유교 경전은?

> 세상 만물을 음양(陰陽)의 이원론(二元論)으로 설명하여 그 으뜸을 태극(太極)이라 하였고 거기에서 육십사괘를 만들었는데, 이에 맞추어 철학 · 윤리 · 정치상의 해석을 덧붙임

① 논어(論語) ② 중용(中庸)
③ 주역(周易) ④ 대학(大學)

03. 작가와 저서의 연결이 옳지 않은 것은?

① 유길준–관광약기 ② 최치원–계원필경
③ 박지원–서유견문 ④ 최해–칠언율시

04. 다음 설명에 해당하는 작품은?

> 을사제(乙巳祭)에서는 '양반 부녀자의 관광을 엄히 금지하였다'는 기록이 있는 것으로 보아, 1511년 이전에 양반과 부녀자들이 관광을 많이 하였음을 알 수 있음

① 고려사절요 ② 중종실록
③ 한양가 ④ 열하일기

05. 서양의 관광어원을 잘못 설명한 것은?

① 여행을 뜻하는 travel은 trouble, toil과 같은 어원인 tornus에서 파생되었다.
② tourism은 '짧은 기간 동안의 여행'을 뜻하는 tour의 파생어이다.
③ tourism은 'tour+ism'의 합성어로서 tourism과 tourist의 용어가 탄생되었다.
④ tourism이란 용어는 The Sporting Magazine이라는 잡지에서 처음 사용하였다.

06. 다음 설명에 해당하는 학자는?

관광의 개념적 정의를 최초로 역설한 학자로, 그는 관광을 '일정한 지역 또는 타국을 여행하며 체재하고, 다시 돌아가는 외래객의 유입, 체재 및 유출이라는 형태를 취하는 모든 현상과 그 현상에 직접 관련된 모든 현상, 그 가운데서도 특히 경제적인 모든 현상'이라고 주장

① Bormann ② Medecin
③ Mclntosh ④ Schulern

07. 관광은 '1년 이상을 초과하지 않고, 여행 중 소비하는 비용은 거주지에서 취득한 것'이어야 한다고 정의한 학자는?

① Glücksmann ② Ogilvie
③ Jafari ④ Bernecker

08. 다음 설명에 해당하는 학자 또는 기구는?

'관광은 평화를 상징하는 여권'이며, 모든 사람은 합리적인 노동시간의 단축과 정기 유급휴가를 포함하여 휴식과 여가의 권리를 가진다고 선언

① Mclntosh ② UNWTO
③ UN ④ Bernecker

09. 다음 설명에 해당하는 용어는?

> 개인의 노동 · 가사활동 · 생리적 필수활동, 기타 사회적 의무와 책임으로부터 자유로운 상황 아래서 휴식 · 기분전환 · 자아실현 · 자기계발 등 사회적 성취를 위해 이루어지는 모든 활동과 시간

① journey ② holiday
③ leisure ④ recreation

10. 다음 설명에 해당하는 용어는?

> 휴식과 수양 또는 즐거움을 추구하기 위하여 자발적으로 이루어지는 활동으로서 육체적으로 심신을 회복하고, 정신적으로는 기분전환을 하여 자신을 재창조한다는 뜻

① recreation ② play
③ vacance ④ leisure

11. 다음 설명에 해당하는 학자는?

> 놀이를 '일상적인 인간생활의 외부에서 의식적으로 존재하는 동시에 놀이하는 사람이 마음속 깊은 곳까지 강하게 흔들어주는 자유로운 행위'라고 정의

① Hutchinson ② Bormann
③ Danford ④ Huizinga

12. 다음 설명에 해당하는 용어는?

> 빈곤과 기아, 환경파괴와 역사유적의 퇴화 · 파괴를 단순히 견학만 하는 것이 아니라, 그 개선과 보전을 도모하는 관광이다. 사막녹화를 위한 식수작업이나 사적의 수복작업 등에 참여하는 투어로서, 작업에는 참여하지 않지만 여행대금의 일부가 야생생물의 보호나 사적보전을 위한 기금이 되는 투어 등

① green tourism　　② supporting tourism
③ study tourism　　④ low impact tourism

13. 다음 설명에 해당하는 용어는?

도시생활자들의 농촌지역에서의 여가관광 활동을 의미한다. 도시생활에서 잃어버린 자연 · 전통문화와 농촌 어메니티(amenity)를 찾아서, 농가 등 농촌에 머무르면서 여가를 보내는 것이 주된 활동

① rural tourism　　② post−tourism
③ fair tourism　　④ event tourism

14. 다음 설명에 해당하는 용어는?

지역주민과 찾아온 손님 간의 상호이해, 호스트 지역의 문화적 전통을 존중하여, 가능한 한 환경보존을 달성하도록 하는 관광

① study tourism　　② agri−tourism
③ soft tourism　　④ fair−tourism

정답

01 ②, **02** ③, **03** ③(서유견문 : 유길준), **04** ②, **05** ①(tornus→travail), **06** ④, **07** ②, **08** ③, **09** ③, **10** ①, **11** ④, **12** ②, **13** ①, **14** ③

제2장

관광사

학습 포인트

- 제1절에서는 tour 시대 · tourism 시대 · mass tourism과 social tourism 시대 · new tourism 시대의 관광객층 · 관광동기 · 조직자 · 조직동기와 시대별로 관광의 특성을 학습한다.
- 제2절에서는 고대 그리스 · 고대 로마 · 중세 · 근세 · 현대의 관광특성과 발전과정에 대해 학습한다.
- 제3절에서는 한국관광의 역사적 배경인 태동기 · 기반 조성기 · 성장기 · 도약기 · 재도약기 · 선진국 도약기 등 시대별로 추진실적에 대해 학습한다.
- 연습문제는 국내외 관광의 역사를 총체적으로 학습한 후에 풀어본다.

제1절 관광사

1. Tour 시대

tour 시대는 여행의 자연발생적 단계로서 고대 이집트 · 그리스 · 로마시대로부터 19세기의 30년대 말까지(1830년)를 말한다.

관광객층은 귀족 · 승려 · 기사 등의 특권계급과 일부의 평민이었고, 관광동기는 종교심이 강했다. 조직자는 교회가 중심이 되었으며, 조직동기는 신앙심의 향상에 있었다. 이 시기는 원시적인 관광의 시대라 할 수 있다.

그리스시대는 ① 체육, ② 요양, ③ 종교의 세 가지가 관광의 주류를 이루었다. 로마시대에는 탐구여행 및 종교 · 예술 활동을 위한 여행, 식도락 여행 등의 형태로 발전하였고, 중세시대는 십자군전쟁(十字軍戰爭 : 1096~1365. 회교도에 빼앗긴 예루살렘을 탈환하기 위해서 유럽의 그리스도 교회가 주도한 원정전쟁) 이후 동방에 관한 풍물과 귀향담을 통해 동방(東方)에 대한 여행의 동경을 한층 더 불러일으켰다.

르네상스시대(중세와 근세 사이인 14세기부터 16세기 사이에 일어난 문예 및 학예부흥 운동)는 그랜드 투어(grand tour : 17세기 중반부터 영국을 중심으로 유럽 상류층 귀족 자제들이 사회에 나가기 전에 프랑스나 이탈리아를 돌아보며 문물을 익히는 여행을 일컫는 말)가 성행하여 문예부흥에 대한 열망이 싹트기 시작하면서 여행을 자극했다. 이 시대는 새로운 문화를 창출해 내려는 시기로 그 범위는 사상 · 문학 · 미술 · 건축 등 다방면에 걸친 것이었다.

2. Tourism 시대

tourism 시대는 19세기의 40년대 초부터(1840년) 제2차 세계대전(1939~45 : 세계 경제공항 후 모든 강대국들이 참여한 전쟁) 전까지를 말한다. 이 시대는 영국의 산업혁명 이후 귀족과 부유한 평민의 지식욕을 충족시키기 위한 형태로 발전하여 단체여행이 생성되었다.

관광객층은 특권계급과 일부 중산계급의 시민(bourgeois)에 의해 이루어졌고, 지식욕이나 호기심이 주된 관광동기였다. 관광 조직자는 기업이었고, 조직동기는 이윤추구를 목적으로 하는 기업이 등장함으로써 중간 매체적인 서비스산업이 태동하게 되었다.

특히 tourism 시대는 '여행업의 아버지'라 불리는 영국의 토마스 쿡(Thomas Cook)의 여행업 출현을 기점으로 하고 있는데, 쿡은 1841년에 전세열차를 운행하면서 단체여행을 처음으로 기획하고 인솔하였다. 이후 교통과 통신의 발달로 기차 · 자동차 · 선박여행이 시작되어 관광의 대중화를 구축하는 데 중요한 역할을 하였다.

3. Mass Tourism 시대

mass tourism과 social tourism 시대는 제2차 세계대전 이후부터 현재까지의 시대로 대중관광 · 대량관광 시대라고 한다. 이 시대는 대규모의 조직적인 관광사업의 시대로서 관광객층은 대중을 포함한 전 국민 · 전 계층의 여가선용과 재충전 등을 위한 활동으로 관광이 사회현상으로 받아들여지는 시대이다.

관광은 보양 · 오락 등이 주된 동기였고, 관광 조직자는 기업 · 공공단체 · 국가가 적극적으로 지원함으로써 국민복지 증진이라는 목적으로 복지관광(social tourism)을 실시하여 적극적인 관광정책을 추진하기에 이르렀다.

조직동기는 이윤추구와 복지증진에 있다. 즉 과거의 관광은 특수층이나 부유층에 국한되어 향유되는 경우가 대부분이었으나, 오늘날의 관광은 일반인 모두가 참여하는 국민관광(national tourism)으로 탈바꿈되었다.

4. New Tourism 시대

1990년대 이후 관광은 다품종 소량생산의 新관광(new tourism) 시대를 맞이하게 되었다. 생산력의 증가로 인해 인간의 욕구는 자아실현이나 문화를 향유하려는 고차원적인 욕구로 변해왔다. 관광공급자의 측면에서도 고객을 단순히 만족시키는 차원에서 벗어나 욕구를 만족시키고, 그에 부응한 서비스를 제공하기 위해 부단히 노력하고 있다.

新관광시대의 관광객층은 일반대중과 전 국민으로 확대되어 시행되고 있고, 관광동기는 관광의 생활화가 주된 동기이다. 관광 조직자는 개인 · 가족 중심이고, 조직동기는 개성추구 · 특정한 주제가 중심을 이루고 있다.

최근 관광을 통해 개성과 자기표현을 추구하려는 계층이 늘어남으로 인해 새로운 관광형태가 등장하였다. 기존의 획일화된 패키지여행(packge tour)보다는 새로운 관광지, 색다른 여행상품을 탐색하며 개성을 추구하고 질적인 관광을 선호하는 관광객이 증가하는 추세이다.

新관광시대의 특징으로 관광의 다양성과 개성추구에 따른 특별관심관광(special interest tourism)을 들 수 있다. 즉 단순히 욕구를 충족하려던 일반적인 관광에서 벗어나 이제는 전형적으로 어떤 특수한 주제관광이 관광의 중심을 이루고 있다. 예를 들면 문화관광 · 대안관광 · 공정관광 · 적정관광 · 생태관광 · 요양관광 · 의료관광 등 고차원적인 다양한 형태의 관광을 추구하게 되었다.

전술한 바와 같이 관광의 역사적 변천을 정리해 보면, ① 토마스 쿡(Thomas Cook) 이전을 tour 시대, ② 제2차 세계대전까지를 tourism 시대, ③ 제2차 세계대전 이후부터 1990년 전까지를 mass tourism(social tourism) 시대, ④ 1990

년 이후부터 현재까지를 new tourism 시대라 부르고 있다. 관광의 발전사를 정리하면 〈표 2-1〉과 같다.

〈표 2-1〉 관광의 발전사

시대구분	시기	관광객층	관광동기	조직자	조직동기
tour 시대	고대로부터 19세기의 30년대 말까지	귀족 · 승려 · 기사 등의 특권계급과 일부의 평민	종교심	교회	신앙심
tourism 시대	19세기의 40년대 초부터 제2차 세계대전 전까지	특권계급과 일부의 부유한 평민(부르주아)	지식욕	기업	이윤추구
mass tourism 시대 (social tourism)	제2차 세계대전 이후부터 1990년 전까지	대중을 포함한 전 국민	보양 · 오락	기업 · 공공단체 · 국가	이윤추구 · 복지증진
New Tourism 시대	1990년대 이후부터 현재까지	일반대중과 전국민	관광의 생활화	개인 · 가족	개성추구 · 특정한 주제

자료 : 鈴木忠義(1974), 『現代觀光論』, 有裴閣.

제2절 세계관광사

1. 고대

유럽에 있어 고대(古代)라 하면 이집트 · 그리스 · 로마시대를 말한다. 이들 국가는 교역에 필요한 수단과 도구를 발전시킴으로써 사람의 이동을 용이하게 하고 여행 또한 활발하게 진행되는 계기를 만들었다.

이 시대는 ① 상용목적의 여행이나 ② 신앙 · 순례를 위한 여행, 그리고 ③ 군사목적의 여행 등이 주류를 이루었다. 당시의 여행은 치안상태가 좋지 못했고, 숙박시설 또한 충분치 않았다. 특히 화폐경제가 발달하지 않아 여행에 필요한 물자를 휴대해야 하는 불편함이 있었다. 따라서 고대시대의 여행은 시련과 단련의 의미가 강했다고 볼 수 있다.

또한 고대 이집트시대에는 신전의 순례라고 하는 형태로 단편적인 관광이 존재한 것으로 보고 있다. 기원전 5세기 헤로도토스(Herodotos : 고대 그리스의 역사가. 역사학의 아버지)도 이집트인의 관광에 대한 기록을 남겼지만, 이 시대의 관광에 관한 기록은 결코 많지 않아 상세한 것은 알 수 없다.

2. 그리스

관광이 유럽에서 본격적인 형태로 나타난 것은 그리스시대로 볼 수 있는데, 이 시대는 관광에 대한 많은 기록이 남아 있다. 그리스에서는 기원전 8세기(800~701)경부터 신전참배(神殿參拜)를 위한 여행이 성행하였는데, 그 중에서도 최고의 신(神)으로 알려진 제우스신전이 참배지로써 가장 인기가 있었다.

특히 기원전 776년에 제우스신(고대 그리스 종교의 최고신)의 신역(神域)인 올림피아(Olympia : 그리스 펠로폰네소스 반도 북서부에 있는 고대 도시유적, 고대 그리스의 종교상의 중심지로 고대 올림픽경기의 발상지)에서는 4년에 한 번씩 고대 올림픽이라 불리는 스포츠 축전인 올림피아제(祭)가 개최되었다.

이때 각지의 많은 사람이 경기대회에 참가하거나 요양을 목적으로 관광한 것으로 전해지고 있다. 또한 그리스 신화에서 알 수 있듯이 종교적인 목적으로 신전에 참배하기 위해 많은 사람이 운집하기도 했다. 이 시대의 관광은 ① 종교, ② 체육, ③ 보양이 주류를 이루었다.

한편 현대관광에 있어 중요한 개념의 하나인 호스피탤리티(hospitality)의 기원은 그리스 여행에서 찾을 수 있다. 당시 여행자들은 숙박시설의 부족으로 민가에 머무르게 되었는데, 이들은 제우스신의 보호를 받는 '신성한 사람'으로 간주되어 따뜻한 환대를 받았다고 한다.

3. 고대 로마

고대 로마시대는 공화정(共和政) · 제정(帝政)의 양 시대를 통해 관광이 한층 번성하였다. 즉 '즐거움을 위한 여행'이 본격적으로 실현되었다. 이 시대는 ① 종교, ② 요양, ③ 식도락, ④ 예술 감상, ⑤ 등산이 관광동기 내지는 목적이었는데, 이는 관광 활성화를 도모하는 데 기여하였다.

당시 로마에는 미식가가 많았다. 그들은 포도주를 마시며 식사를 즐기는 식도락가를 가스트로노미아(Gastronomia)라 불렀는데, 이는 하나의 관광형태가 되었다. 가을에는 술의 신 바커스(Bacchus)를 주신으로 하는 제례가 행해져 많은 사람이 몰려들었다. 이와 같은 미식으로 인해 비만인이 생겨나 온천을 찾는 병자가 늘어났으며, 오늘날의 요양관광이라는 새로운 관광형태를 낳게 하였다.

특히 이 시대는 ① 도로망의 정비와 교통기관의 발달, ② 숙박시설의 증가, ③ 화폐경제의 정착, ④ 치안의 유지, ⑤ 군사목적으로 정비된 도로가 많아 여행이 한층 발전하였다. 당시 교통기관은 마차(馬車)였지만, 공용 및 사용의 여객마차 노선이 운행되어 번성하였다.

그러나 고대 로마시대에 여행을 자유롭게 누릴 수 있었던 계층은 왕족이나 귀족 등 특권계급에 한정되었다. 즉 여행을 실현할 수 있는 계층은 일부 극소수의 사람에게만 해당되었다. 그리고 476년 로마제국이 붕괴되면서 특권계급의 여행도 이후 6백년에 걸친 '공백의 시기'를 맞이하게 되었다.

이로 인해 교역을 위한 여행이 침체되고, 여행의 안정성 확보 및 화폐경제의 정지 · 치안의 악화 · 교통의 황폐화 등 여행에 필요한 서비스가 적절하게 이루어지지 않는 등 여행의 제반 활성화 요인들이 급격히 사라지게 되었다.

4. 중세

중세 유럽에서는 8~11세기경에 비잔틴제국(Byzantine帝國 : 4세기 무렵 로마제국이 동 · 서로 분열할 때 아르카디우스가 콘스탄티노플을 중심으로 하여 세운 나라)의 세력이 확대되고, 서유럽에서 신흥제국이 일어나는 등 유럽 전체가 급격하게 변화하였는데, 이 시기는 '여행의 공백기(600년 소요)'라 할 수 있다.

하지만 11~13세기에 들어오면서 유럽의 봉건제도가 정착되고, 그리스도교 세계가 형성되면서 여행의 역사는 순례의 시대를 맞이하게 되었다. 유럽 전역에 걸쳐 교류를 가능케 하는 도로망이 11세기의 100년간에 정비되었다. 특히 성지순례를 목적으로 하는 도로가 건설되었고, 이들 도로망은 12세기에 들어오면서 상업목적용 도로로 이용되었다.

중세 유럽의 관광부활은 1096년부터 1365년까지 250여 년간 계속된 십자군 전쟁을 들 수 있다. 십자군전쟁은 열광적인 종교심 · 호기심 · 모험심의 산물로서 원정에서 귀국한 병사들이 들려준 동방의 풍물에 대한 정보는 유럽인들에게 동방세계에 대한 관심을 가지게 함으로써 동서(東西) 문화교류의 계기가 되었다.

또한 동방과의 교섭으로 교통과 무역이 발달하고 자유도시의 발생을 촉진하였으며, 동방의 비잔틴문화 · 회교문화가 유럽인의 견문에 자극을 주어 근세 문명의 발달을 이루었다. 중세 유럽의 관광은 중세 시대가 로마법왕(교황)을 중심으로 한 기독교 문화공동체였던 탓으로 종교관광이 성황을 이루었다. 또한 이 시대의 관광은 성지순례(聖地巡禮)의 형태를 취하였고, 그들은 수도원에서 숙박하고 승원기사단의 보호를 받으면서 가족단위로 장거리의 관광을 즐길 수 있었다.

5. 근세

근세(近世)란 중세와 근대의 사이, 혹은 중세와 현대의 사이를 지칭하는 용어를 말한다. 즉 근세는 중세의 억압적 분위기를 극복하고 자유주의와 합리주의가 성장한 시기라 할 수 있으며, 여행의 역사에서 관광의 역사로 전환하는 시기라고도 할 수 있다.

16세기에 들어와서 종교개혁의 영향으로 성지순례는 감소되고, 게다가 르네상스(Renaissance : 14~16세기에 이탈리아에서 시작된, 인간성 해방을 위한 문화혁신 운동)의 영향으로 지식욕을 위한 관광이 성행하게 되었다. 이 시대는 대부분 개인여행자 · 학자 · 작가 등의 지식인이 여행에 참가하였다.

특히 근세 유럽은 사람들이 이동하는 데 필요한 기초적인 조건이 갖추어졌으며, 산업혁명이 가져온 철도의 발달은 관광산업 발전을 더욱 가속화시켰다. 19세기 후반에는 관광의 부흥기를 맞이하게 되는데, 이와 같은 상황에서 등장한 사람이 영국의 토마스 쿡(Thomas Cook)이다.

쿡은 대중의 즐거움을 위해 새로운 형태의 여행을 전개시켰다. 그의 최초의 업적은 금주운동 참가를 위한 단체여행의 주최였다. 쿡은 인쇄업을 운영하면서 전도사 · 금주운동가로서 활동하고 있었는데, 1841년 철도회사와의 교섭을 통해 단체할인 특별열차를 임대하여 570명의 관광객을 인솔해 모든 여정을 관리하였다.

1845년에는 영리사업으로서 여행업에 착수하여 여행관련 사업인 숙박과 교통 등의 대행업무와 야간열차 운행, 여행자수표 발행, 여행전문잡지 발간 등 많은 업적을 남겼다. 또한 1865년에는 그의 아들과 함께 토마스 쿡 앤 선(Thomas Cook & Son)'이라는 회사를 설립하여 근대여행업의 창시자가 되었다.

한편 미국은 독립 이후 급속한 근대화를 이루어 19세기 말에는 영국을 제치고 세계경제를 주도하였다. 경제발전으로 인한 중산층의 탄생은 20세기 들어 호화 대형여객선의 등장으로 관광의 붐을 일으켜 1910~1920년에 걸쳐 미국인의 유럽여행 붐을 조성하였다.

6. 현대

제2차 세계대전(1939~1945) 이후 유럽관광의 특징은 관광의 대중화 · 대량화, 그리고 바캉스 여행의 보급을 들 수 있다. 관광이 대중화되고, 대량화되어 이른바 대중관광(mass tourism : 관광이 대중화되어 대량의 관광객이 발생하는 현상으로 미국, 일본, 서유럽의 국가를 중심으로 시작됨)의 시대가 도래한 배경에는 여가시간의 증가, 소득수준 향상 등의 사회적 · 경제적 요인을 들 수 있지만, 그 밖에 많은 나라에서 국가나 지방공공단체가 대중관광과 바캉스 여행에 편의를 제공했기 때문이다.

또한 현대에는 민간항공기 · 대형버스 · 마이카 · 렌터카 등 교통기관의 설비와 수송능력이 대폭 개량되어 대량관광 수송조건이 갖추어졌다. 즉 1960년대부터 본격적인 대중관광의 시대를 맞이하게 되었다. 초기의 대중관광은 패키지 투어(package tour : 여행사에서 일정 · 교통편 · 숙식비용 등을 미리 정한 뒤, 여행자를 모집하여 여행사의 주관하에 행하여지는 단체여행)에 의한 단체여행으로 실현되었다.

1969년에는 점보제트 여객기가 정기항공 노선에 취항하면서 국제관광의 대량화 및 고속화가 급속도로 진행되어 관광이 더욱 확대되었다. 현대사회의 한 특징인 대량 수송수단을 이용한 여가활동으로서의 관광대중화가 널리 확산되게 되었다. 즉 오늘날의 관광은 그 규모나 활동 범위가 광범위하고 대규모의 형태로 변하고 있다.

대중관광은 여가선용과 자기창조의 활동으로 활용할 수 있는 기회를 제공했지만, 1970년대에 들어오면서 대중관광의 확대에 따른 문제점이 나타나기 시작하였다. 자연환경과 인류 문화유산의 파괴가 급속도로 늘어났기 때문이다. 즉 관광지의 문화 변모나 범죄 및 매춘 발생, 환경오염 및 파괴 등이 대표적인 문제점으로 대두되고 있다. 따라서 이러한 대중관광의 문제에 의문을 던진 것이 바로 새로운 관광의 모색이다.

1990년대 이후에도 대중관광은 계속 확대되어 가고 있지만, 일부 북미 및 서유럽에서는 새로운 관광이 실현되고 있다. 대중관광의 폐해를 최소화하여, 관광의 경제적 효과를 그 지역에 미치게 함으로써 관광객도 충분히 만족할 수 있는 관광형태를 추구하게 되었는데, 이것을 대안관광(alternative tourism : 소규모집단으로 이루어지며, 경제적인 편익도 적절하게 제공하는 동시에 자연환경에 부정적 영향을 적게 주는 바람직한 관광으로 관광객의 수와 유형 및 행동, 자원에 미치는 영향, 수용력 및 경제 누수효과, 지역참여 측면에서 기존의 대중관광과는 다른 특성을 지닌 관광)이라고 한다.

대표적인 예로는 ① 그린 투어리즘(green tourism), ② 루럴 투어리즘(rural tourism), ③ 에코 투어리즘(eco-tourism), ④ 홀리데이 비즈니스(holiday business)이며, 이는 모두 '인간과 자연이 조화를 이루는 관광을 통해 자연환경을 보존하고, 현세대뿐만 아니라 미래세대의 필요성을 모두 충족시키는, 이른바 ⑤ 지속가능한 관광(sustainable tourism)의 방식'을 말한다. 그리고 ⑥ 에스닉 투어리즘(ethnic tourism)은 이문화(異文化) 존속 및 교류를 지향하는 여행형태이고, ⑦ SIT(Special Interest Tourism)는 관광객 스스로의 목적에 따라 자유로이 실시하는 여행을 말한다.

제3절 한국관광사

1. 태동기

전술한 바와 같이 관광의 발전단계를 Tour 시대 · Tourism 시대 · Mass Tourism 시대 등으로 구분하지만, 한국의 여행이나 관광환경은 서양의 관광역사와는 많은 차이점을 보이고 있다. 1960년대부터 한국의 산업화가 일어났기 때문에 그 이후를 한국의 관광시대로 볼 수 있다. 즉 산업화 이전 단계를 관광의 태동기, 산업화 이후는 기반조성기 · 성장기 · 도약기 · 재도약기 등으로 구분해 보기로 한다.

한편 선사시대의 관광은 자신과 종족의 생존을 위한 이동이었다. 특히 신석기시대에 들어와 원시농경사회가 정착되면서 공동사회생활의 터전을 마련하기 시작했다. 이러한 생활양식의 변화는 새로운 도구의 제작 · 가축의 이용 · 배 또는 바퀴를 발명함으로써 새로운 형태의 이동이 가능하게 되었다.

삼국시대는 불교의 봉축행사나 사찰을 참배하는 신도들의 종교여행이 주를 이루었고, 그 밖에 신라 화랑도의 전국 명소 순례여행, 시인 · 묵객의 풍류여행, 지방의 각종 민속행사 참가, 신체단련과 활쏘기, 수렵 및 말 타기에서 관광의 근원을 찾아볼 수 있다. 통일신라시대는 불교가 크게 발전하여 산중의 사찰을 찾는 종교적인 목적에서 순례관광이 생겨났다. 이 시대는 고대 유럽의 성지순례와 유사한 성격을 띤 원시적인 관광형태라고 할 수 있다.

고려시대는 교역의 범위가 넓어져 아리비아 상인들까지 드나들었다. 이 시대에는 귀족계급을 중심으로 한 중국 유학이나 교역활동은 여행행동을 구성하는 대표적인 예라고 할 수 있다. 특히 통일신라시대 이후 주요 도시와 사찰을 연결하는 도로가 건설되고, 고려시대에 들어와서는 전국에 22개의 도로망과 528개의 역참(驛站 : 관원이 공무로 다닐 때 숙식을 제공하고 빈객을 접대하기 위해 각 주와 현에 둔 객사)이 생겨나면서 사람의 이동이 점점 증가하였다. 그러나 신분차별로 인해 여행을 할 수 있었던 계층은 귀족과 특권계층에 한정되었다.

조선시대는 전국에 50개의 역(驛), 1천2백 개의 원(院 : 고려와 조선시대 역과 역 사이에 설치되어 공무를 보는 벼슬아치가 묵던 국영여관)이 설치되어 서울을 중심으로 각지에 방사성으로 교통망이 크게 발달되어, 지역 간 원활한 교류와 지역 민속행사에 참가하는 등 여행현상이 많이 나타나게 되었다. 조선시대의 교통수단은 소 · 말을 이용한 우마차나 유선(遊船) 등에 불과하여 많은 사람이 여행에 참여하지 못했다.

한국의 본격적인 관광의 출발은 19세기(1801~1900) 말부터이다. 갑오개혁 이후 일본인에 의한 철도개통과 경영의 일환으로 철도국이 관광업무를 주관하였고, 1888년에는 인천에 대불호텔(우리나라 최초의 서양식 개념의 호텔)이 세워졌고, 1902년에는 서울 정동에 손탁호텔(Sontag Hotel)이 프랑스계 독일 태생인 손탁(Sontag)에 의해 건립되었다.

1912년에는 서구식 숙박시설의 효시라 할 수 있는 부산 · 신의주의 철도호텔을 시작으로 일본여행업협회(JTB)가 조선지사를 설립하였고, 1914년에는 서울에 조선호텔, 1915년에는 금강산에 금강산호텔 · 장안사호텔이 각각 세워져 한국관광이 본격화되었다.

그러나 일본은 러 · 일전쟁의 승리로 대륙진출이 활발해지자 1914년에 재팬투어리스트뷰로(JTB : Japan Tourist Bureau)의 한국지사를 개설하여 일제강점시기 동안(1910~1945) 주로 일본인의 여행편의를 제공하였다. 이 시기의 관광시설은 주로 외국인을 위한 것이었다.

1945년 이후 계속되는 국가의 혼란으로 관광은 관심의 대상이 될 수 없었으나, 세계 각국과의 외교관계 수립 등으로 외국인 관광객을 맞이하기 위한 숙박시설의 건설, 철도의 국유화, 대한민국항공사(KNA) 설립 등의 관광개발이 이루어졌다.

2. 기반 조성기

기반 조성기(1950~60년대)의 한국관광은 꾸준히 발전하지 못하고 비지속적이면서 불균형적인 성장과정을 거쳤다. 특히 일제강점기(1910년의 국권강탈 이후 1945년 해방되기까지 35년간의 시대)와 1950년 한국전쟁으로 인해 자연 및 문화유산의 파괴 등으로 관광이 어려운 여건에 처하게 되었다.

한편 1948년 우리나라를 방문한 최초의 외국인관광단(Royal Asiatic Society) 70명이 2박 3일의 일정으로 경주를 비롯하여 국내 주요 관광지를 여행하였으며, 같은 해 미국의 노스웨스트 항공사(NWA)와 팬아메리칸 항공사(PANAM) 등이 서울 영업소를 차리고 영업을 개시하였다.

1953년 이후 기존의 철도호텔이 관광호텔로 개칭되면서 온양 · 서귀포 · 대구 등지에 호텔이 들어섰다. 1953년에는 「근로기준법」이 제정되어 연간 12일의 유급휴가가 보장되었으며, 1954년에는 교통부 육운국에 관광과가 신설되었다.

1957년 11월에는 교통부가 IUOTO(국제관설관광기구, UNWTO 전신)에 가입하여 국제관광기구와의 유대를 갖게 되었으며, 1959년 10월에는 IUOTO 상임이사국으로 피선되었다. 1958년 3월에는 '관광위원회 규정'을 제정하여 교통부장관의 자문기관으로 중앙관광위원회를, 도지사의 자문기관으로 지방관광위원회를 각각 설치하여 관광행정기능을 보강하였다.

1960년대는 우리나라 관광사업의 기반조성과 체제정비기로 정부가 관광진흥에 본격적인 관심을 가지면서, 우리나라 최초의 관광법규인 「관광사업진흥법」을 제정하는 등 관광관련 법령을 정비하였다. 또한 국제관광공사가 신설되고 교통부의 관광과가 관광국으로 승격되었다. 1965년에는 국제관광회의인 태평양지역관광협회(PATA) 제14차 총회가 서울에서 개최되었다.

1960년대 이후는 고도 경제성장과 사회간접자본시설의 확충 등으로 관광사업이 크게 성장하였다. 1961년 8월에 우리나라 최초의 관광법규인 「관광사업진흥법」이 제정 · 공포되어 관광정책의 기틀을 마련하였고, 1963년에는 대한관광협회 중앙회(현 : 한국관광협회 중앙회)가 설립되면서 협회와 업계가 상호협력 발전하는 계기가 되었다.

1962년 4월에는 「국제관광공사법」이 제정되어 국제관광공사(현 : 한국관광공사의 전신)가 설립되었다. 관광공사는 관광선전을 비롯하여, 관광객에 대한 제반 편의제공, 외국인 관광객의 유치와 관광사업 발전에 필요한 선도적 사업경영, 관광종사원의 양성과 훈련을 주된 임무로 하였다.

1963년 9월에는 교통부의 육운국 관광과가 관광국(기획과 · 업무과)으로 승격되어 관광행정의 범위가 넓어지게 되었고, 문화재의 발굴 · 보수 · 정비사업에 국비와 지방비를 투입, 본격적으로 관광개발을 추진하였으며, 1967년 3월에는 공원법(公園法)이 공포되어 동년 12월에 지리산이 국내 최초의 국립공원으로 지정되었다. 따라서 1960년대는 관광사업이 정착 · 발전하기 시작하였고, 종합산업으로서 체계적인 발전의 초석을 놓은 시기라 할 수 있다.

3. 성장기

1970년대 관광의 성장기에 들어와 국립공원과 도립공원이 늘어나고, 국제관광기구 등을 비롯한 각종 국제관광기구에 가입해 국제협력의 기반을 다지기 시작하였다. 특히 경제개발의 가속화에 따라 국민소득이 늘어나고 여가시간도 증가되어 국내관광을 중심으로 한 국민관광의 여건이 조성되었다.

이 시기의 주요 사항으로는 관광산업을 국가전략 산업화하려는 정부의 시책에 따라 관광지 지정 및 개발, 국외관광시장 개척 및 외국인 관광객 유치사업의 본격화, 관광종사원의 양성교육 시행, 한국관광종합계획의 수립, 자연보호운동의 전개를 들 수 있다.

1971년에는 경부고속도로의 개통으로 관광권이 확대되고 다양화되었으며, 또한 국민관광지 개념이 도입 · 지정되었다. 그리고 전국을 수도권 · 부산권 ·

경주권 · 제주권 · 부여권 · 한려수도권 · 속리무주권 · 설악산권 · 지리산권 · 내장산권 등 10대 관광권으로 조성하였다.

1972년 12월에 정부는 관광사업의 육성을 위해 「관광진흥개발기금법」을 제정하여 제도금융으로 관광기금을 설치 · 운용하기로 하였다. 그리고 1972년 하반기부터 외국인 관광객이 급증함으로써 관광법규의 재정비에 착수하였고, 1975년 12월에는 우리나라 최초의 관광법규인 「관광사업진흥법」을 폐지하고, 동법의 성격을 고려하여 「관광기본법」과 「관광사업법」으로 분리 제정하였다.

1974년부터 경주보문단지를 시작으로 제주중문단지 등 대규모 관광휴양지 개발에 착수하였다. 1975년 이래 정부는 관광산업을 국가전략산업으로 지정하고 교통부와 국제관광공사 등을 주축으로 적극적인 관광진흥시책과 각종 지원정책을 펼쳤다.

1978년에는 외국인 관광객 100만 명을 돌파하는 기록을 세웠고, 1979년에는 제28차 PATA(Pacific Area Travel Association : 태평양지역관광협회) 총회가 서울에서 개최되었으며, WTO(World Tourism Organization : 세계관광기구)에서는 9월 27일을 '세계관광의 날'로 지정하였다. 또한 관광진흥의 방향과 시책의 기본을 규정한 「관광기본법」과 「관광진흥개발기금법」을 제정하는 등 관계법령을 정비하였다.

4. 도약기

1980년대는 우리나라 관광의 도약기라 할 수 있다. 그러나 1979년 제2차 석유파동(oil shock : 2차례에 걸쳐 일어난 국제석유가격의 급상승과 그 결과로 나타난 세계의 경제적 위기와 혼란을 총칭하는 말)과 국내 정세의 불안 등으로 한때 여가생활이 위축되기도 하였으나, 경제성장의 가속화로 다시 국민의 관심을 여가생활에 집중시켜 여가생활 속에서 생활의 만족을 느끼게 하는 경향으로 이어져갔다.

또한 국민의 의식구조는 양적인 물질충족의 단계에서 질적인 생활전반의 향상 추구로 이행되었으며, 그 수단으로 여가의 중요성이 더욱 강조되었다. 1983년에는 50세 이상 국민의 국외여행이 자유화되었으며, 그해 9월 서울에서 제53차 ASTA(아시아관광협회) 총회가 열렸다.

1985년에는 IBRD(International Bank for Reconstruction and Development : 국제부흥개발은행)와 IMF(International Monetary Fund : 국제통화기금) 세계총회가, 1986년에는 제5차 ANOC(Association of National Olympic Committees : 국가올림픽위원회 총연합회) 행사가 개최되었다. 특히 86아시안게임 · 88서울올림픽 경기의 개최에 힘입어 한국의 국제적 위상이 강화됨에 따라 외국인 관광객 유치기반이 강화되었다.

대중관광시대의 개막은 1989년 1월 1일부터 실시된 국민의 국외여행 연령제한의 폐지가 그 기점이 된다고 할 수 있다. 이때부터 국외여행의 전면적인 자유화로 우리나라에 입국하는 외국인 관광객 수도 크게 증가하였다.

5. 재도약기

관광의 재도약기인 1990년 7월 13일 정부는 전국을 5대권 24개 소권의 관광권역으로 설정한 정부계획을 확정하면서 관광선진국 대열에 진입할 수 있도록 관광산업의 성장잠재력을 구축해 나가는 시점에 이르렀다.

1988년 이후 불어닥친 국제화 · 개방화의 물결은 관광부문에도 많은 변화를 가져왔다. 1990년대 초반은 지난 1989년 국민의 국외여행 전면 자유화 조치의 여파로 과거 어느 때와는 다른 새로운 국면을 맞이하였다.

그러나 1990년부터 여행수지 면에서는 적자를 기록하게 되었다. 1992년에는 5억 2천만 달러, 1993년에는 5억 9천만 달러, 1996년에는 15억 3천만 달러 이상의 적자를 초래하는 사태에 이르게 됨으로써 국민의 국외여행 완전자유화의 문제점이 제기되기도 하였다.

한편 국민관광도 1990년대에는 관광서비스 지원체계가 빠른 속도로 확충되어 그야말로 복지관광시대를 구가하였고, 국제관광의 지속적인 발전이 향상되었다. 특히 교통부는 1992년 '관광진흥탑' 제도를 신설하고 관광외화획득 우수업체를 선정하여 매년 관광의 날(9월 28일)에 포상을 하였다.

1991년에는 외국인 관광객이 330만 명을 넘어섰고, 1991년 10월 제9차 UNWTO 총회에서 한국이 UNWTO 집행이사국으로 선임되어 국제관광협력의 기반을 다졌다.

이와 같이 1990년대에 들어와서도 한국관광산업의 중흥을 위하여 범정부적인 노력을 기울였다. 1993년에는 대전EXPO가 국내외 관광객 1천4백만 명이 참가한 가운데 성공리에 치러졌으며, EXPO 전후 기간 중 일본인 관광객에게 무사증(no visa : 출입국을 허락한다는 표로서, 여권에 찍어주는 보증 없이 해당 국가에 드나들 수 있는 것) 입국을 허용하여 일본인 관광객 유치증대에 크게 기여하였다.

게다가 '94한국방문의 해'를 계기로 기존의 관광진흥정책과 관광산업의 구조적 문제, 국내의 외래관광객 수용태세의 미비점, 국외관광시장 개척을 위한 관광마케팅 전략, 종합적인 한국관광의 발전을 위한 중장기 계획수립 및 추진전략개발 등에 대해 재검토하여 새출발을 할 수 있도록 하였다.

1994년에는 PATA(Pacific Area Travel Association : 아시아태평양지역관광협회)의 연차총회, 관광교역전 및 세계지부회의 등 3대 행사를 개최하였다. 이 중 제43차 연차총회(4.17~4.21)에서는 총회 기간 동안 46개국 1천350명의 회원국 관련 인사가 참석한 가운데 성황리에 개최되었다.

1996년 4월 17일 관광진흥을 위한 규제완화와 관광서비스 질 개선을 위한 「관광진흥법 시행규칙」을 개정하였다. 1997년에는 우리나라가 세계에서 29번째로 OECD(Organization for Economic Corporation and Development : 경제협력개발기구)에 가입함으로써 국내의 관광산업 발전을 위하여 서방 선진국의 국제관광정책기구들과 협력할 수 있는 체제를 마련하였다. 특히 통계 면에 있어서 국제관광통계 수준과 대등한 국내 통계자료의 질적 수준향상을 기대할 수 있게 되었다.

또한 2002년의 한 · 일 월드컵과 아시안게임 등 대형 국제회의의 성공적인 개최를 위하여 부족한 관광숙박시설을 확장하고자 1997년 1월 13일 법률 제5296호로 「관광숙박시설지원 등에 관한 특별법」을 제정 · 공포하였다.

따라서 1990년대에는 국민의 국외여행 자유화 및 보편화를 통해 국제관광의 상호방문에 의한 쌍방관광(two-way tourism)으로 관광의 활성화를 도모하는 계기가 되었다.

6. 선진국 도약기

한국관광의 선진국 도약기인 2000년대에는 뉴 밀레니엄(New Millenium) 시대를 맞이하여 21세기 관광선진국으로의 힘찬 도약을 준비하는 시기라고 할 수 있다. 이때는 국내외관광 교류증진 및 수용태세 개선에 주력하였다.

특히 제1회 APEC(Asia Pacific Economic Cooperation : 아시아태평양경제협력 각료회의) 관광장관회의와 제3차 ASEM(Asia–Europe Meeting 아시아–유럽 정상회의) 회의를 성공적으로 개최하여 국제적 위상을 한층 제고하였다. 2001년에는 동북중심의 허브공항 구축의 일환으로 인천국제공항이 개항하였으며, 또한 '2001년 한국방문의 해' 사업으로 관광의 선진화를 위한 제반 사업이 수행되었다.

특히 2002년에는 한 · 일 월드컵대회를 공동으로 개최하여 성공적으로 치러냄으로써 세계 각국에 한국의 위상과 이미지를 높여 관광한국의 토대를 마련하는 데 크게 기여하였다.

관광산업의 국제화를 위하여 2001년 제14차 UNWTO 총회의 일본과 공동개최는 관광산업의 경쟁력을 강화하기 위한 획기적인 조치였고, 2011년엔 제19차 총회를 단독으로 개최한 바 있다. 또한 관광진흥 확대회의의 정기적인 개최로 법제도 개선, 유관부처와 협력모델을 도출하고 관광수용태세 개선에 만전을 기하였다.

그러나 2004년에 국제환경의 악영향으로 한때 큰 위기를 맞이했던 관광산업은 곧 회복세로 접어들어, 외국인 관광객 입국자 수 582만 명, 관광수입 57억 달러를 기록하였다. 또 정부는 급증하는 국민관광수요를 선도 · 대비할 수 있는 관광진흥 5개년계획(2004~2008)을 수립 · 추진하였다.

2004년 4월에 개통된 고속철도는 전국을 2시간대 생활권으로 연결시켜 국민생활에 큰 변혁을 가져왔다. 특히 2008년에 들어와서는 관광산업의 국제경쟁력 강화를 위해서 2008년을 '관광산업의 선진화 원년'으로 선포하고, '서비스산업 경쟁력 강화 종합대책' 등 범정부 차원의 대책을 추진하였다.

따라서 2008년 4월에는 서비스산업선진화(PROGRESS-I) 방안의 일환으로 「관광진흥법」·「관광진흥개발기금법」·「국제회의산업 육성에 관한 법률」 등 '관광 3법'을 제주특별자치도로 일괄 이양하기로 결정하는 등 적극적이고 지속적인 노력이 추진되었다.

그리고 2011년 의료관광 활성화 법적 근거 마련(2009.3), MICE산업, 의료관광 등 고부가가치를 창출할 수 있는 새로운 관광여건을 개선하였다. 또한 2016년에는 1,724만 명을 유치하였으나, 2017년에는 중국인 관광객 감소로 1,600만 명의 외국인 관광객을 유치하였다. 그러나 2019년에는 다시 1,750여 만 명을 유치하였다. 2024년에는 2,000만 명 유치 목표를 세우고 있다.

최근 한국을 찾는 주요 국가는 중국 · 미국 · 대만 · 홍콩 · 필리핀 · 태국 · 인도네시아 · 말레이시아 · 러시아 등이며, 특히 관광시장에 동남아 바람이 불고 있다. 이 중 인도네시아 · 베트남 · 태국 등 경제가 고속 성장하는 동남아 국가에서 한국을 찾는 관광객이 급증하고 있다. 2020년에는 코로나바이러스(COVID-19) 확산으로 인해 3년 동안 국제관광객이 감소하였지만, 다시 회복세를 보이고 있다.

연습문제

01. tourism 시대의 관광동기는?

① 종교심 ② 지식욕
③ 사향심 ④ 교유심

02. 그리스시대에 관광의 주류를 이룬 3가지 중 올바르지 않은 것은?

① 체육 ② 요양
③ 종교 ④ 예술

03. 다음 설명에 해당하는 용어는?

> 17세기 중반부터 영국을 중심으로 유럽 상류층 귀족 자제들이 사회에 나가기 전에 프랑스나 이탈리아를 돌아보며 문물을 익히는 여행을 일컫는 말

① package tour ② soft tour
③ grand tour ④ rural tour

04. 다음 설명에 해당하는 사람은?

> '여행업의 아버지'라 불리며, 1841년에 전세열차를 운행하면서 단체여행을 처음으로 기획하고 전 여정을 관리 · 인솔하였고, 이후 교통과 통신의 발달로 기차 · 자동차 · 선박여행이 시작되어 관광의 대중화를 구축

① Glücksmann ② Aristoteles
③ Medecin ④ Thomas Cook

05. 국민의 복지증진 수단으로 저소득층과 소외계층을 대상으로 관광 참여의 기회를 제공하는 관광형태는?

① mass tourism ② rural tourism
③ social tourism ④ ethnic tourism

06. mass tourism 시대의 관광동기는?

① 종교와 예술 ② 보양과 오락
③ 체육과 등산 ④ 문학과 지식

07. 고대 로마시대에 관광활성화를 도모하는 데 기여한 것으로 옳지 않은 것은?

① 화폐경제의 발달 ② 치안의 안정
③ 도로 · 교통의 발달 ④ 여행업의 발달

08. 다음 설명에 해당하는 답은?

> 열광적인 종교심과 호기심, 모험심의 산물로서 여행이나 타국에 대한 정보를 보급시켜 유럽인들에게 동방 세계에 대한 관심을 가지게 함으로써 동 · 서(東西) 문화교류의 계기가 됨

① 십자군전쟁 ② 남북전쟁
③ 크림전쟁 ④ 아편전쟁

09. 다음 설명에 해당하는 용어는?

> 소규모집단으로 이루어지며, 경제적인 편익도 적절하게 제공하는 동시에 자연환경에 부정적 영향을 적게 주는 바람직한 관광으로 관광객의 수와 유형, 행동, 자원에 미치는 영향, 수용력, 경제 누수효과, 지역참여 측면에서 기존의 대중관광과는 다른 특성을 지닌 관광

① 사회적 관광(social tourism) ② 대중관광(mass tourism)

③ 단체관광(package tour) ④ 대안관광(alternative tourism)

10. 다음 설명과 관련이 없는 용어는?

인간과 자연이 조화를 이루는 관광을 통해 자연환경을 보존하고, 현세대뿐만 아니라 미래세대의 필요성을 모두 충족시키는 이른바 지속가능한 관광

① rural tourism ② ethnic tourism
③ eco-tourism ④ green tourism

11. 관광객 스스로의 목적에 따라 자유로이 실시하는 여행은?

① holiday business ② SIT
③ alternative tourism ④ soft tourism

12. 한국관광의 도약기는?

① 1950년대 ② 1960년대
③ 1970년대 ④ 1980년대

13. 다음 설명에 해당하는 용어는?

자신의 거주지를 떠나 다른 지방이나 외국으로 이동하여 현지의 의료기관이나 요양기관 등을 통해 본인의 질병치료 및 건강회복 등을 목적으로 활동을 하는 여행

① medical tourism ② interrest tourism
③ soft tourism ④ rural tourism

정답

01 ②, **02** ④, **03** ③, **04** ④, **05** ③, **06** ②, **07** ④, **08** ①, **09** ④, **10** ②, **11** ②, **12** ④, **13** ①

제3장

관광연구

학습 포인트

- 제1절에서 관광학의 과학성을 새겨보고, 관광연구의 성격 및 역사에 관한 내용을 학습한다.
- 제2절에서는 미스의 학문적 접근방식과 관광연구의 방법에 대해 학습한다.
- 제3절에서는 관광주체 · 객체의 중심, 관광개발계획의 중심, 관광산업영역의 중심, 지리적 영역의 중심, 구성요인 중심의 관광연구의 기본 틀을 학습한다.
- 제4절에서는 관광연구와 관련된 학문은 어떤 것이 있는지 살펴보고, 관광연구와의 관계를 학습한다.
- 연습문제는 관광연구를 총체적으로 학습한 후에 풀어본다.

제1절 관광연구의 역사

1. 관광의 과학성

관광은 다른 학문에 비해 역사가 매우 짧은 편이지만, 오랜 세월 동안 끊임없는 시행착오를 겪으면서 과학적인 지식을 축적해 왔다. 관광이 과거 특권계층의 소유물이었던 시대에는 연구의 필요성을 느끼지 못했지만, 경제성장에 따른 사회인식 및 가치관의 변화와 자유시간의 증대 등으로 관광수요 및 활동이 증대되면서 시작되었다.

학문(learning)이란 '지식을 배워서 익힘 또는 그 지식', '일정한 이론을 바탕으로 전문적으로 체계화된 지식 또는 ① 인문과학, ② 자연과학, ③ 사회과학을 통틀어 이르는 말'이다. 즉 학문은 '인류가 예로부터 경험과 사고에 의해 쌓아온 지식을 정리하여 통일한 체계'라는 의미로 받아들여지고 있다. 여기에는 과학 · 철학 · 종교 · 예술 등에 관한 모든 지식체계가 포함되지만, 좁은 의미로는 과학과 동의어로 사용된다.

자연과학 특히, 천문학이나 물리학은 이미 고대에 그 체계를 제대로 갖추었지만, 사회과학의 경우에는 칸트(Kant : 독일의 계몽주의 사상가. 개요 철학사를 통틀어 가장 위대한 철학자 중 한 사람)에 이르러서야 비로소 지식의 체계를 갖추게 되었다.

칸트가 '어떠한 학설이나 이론이든지 그것이 하나의 체계, 모든 원리에 입각하여 체계화된 인식의 전체'를 학문, 즉 과학으로 정의한 이후부터 비로소 지식체계라는 의미를 가지게 되어 오늘날과 같은 과학의 개념이 사회과학에서 형성되었기 때문이다.

사회과학(social science)은 '인간 사회의 여러 현상을 과학적 · 체계적으로 연구하는 경험과학을 통틀어 이르는 말'이다. 즉 사회과학으로서의 과학은 인간의 본성을 파악하고, 인간의 사회현상에 대한 심리를 알아내는 방법으로서 과학이라는 용어를 사용한다.

사회과학은 경험적 연구방법에 따라 얻어진 체계화된 지식의 대부분이 실증과학적 방법을 채택하고 있다. 역사적 조건이나 현실적 제약에 깊이 관련되어 있어 실제로 사회문제 해결에 필요한 학문으로 발전하였다. 또한 고도산업의 발달로 인해 과학이 해결해야 할 연구과제와 대상이 다양화되어 학제 간 연구가 필요한 시점에 있다.

베버(Weber)는 사회과학을 '경험적 현실을 사유하는 형태이므로 실제과학이다. 그러므로 경험적 현실을 대상으로 하고 있다는 점에서 사회과학은 하나의 경험과학'이라고 주장하였다.

관광학은 과학성과 기법성을 동시에 수용하고 있지만, 그것이 과학이 되기 위해서는 무엇보다도 과학적 방법을 따라야 한다. 이때의 과학은 여러 가지 사실 또는 진리를 다루는 통일되고 체계적으로 정리된 지식체계이고 일반적인 법 또는 원칙의 적용을 의미하는 것이다. 그리고 기법은 훈련된 기능(skill)을 뜻한다.

관광학이란 '관광자원을 개발하고 보존하며, 관광객을 유치하고 서비스를 제공하는 보다 합리적이고 경제적인 방법을 연구하는 학문'이다. 즉 관광학은 관광의 ① 주체(관광객), ② 객체(관광대상), ③ 매체(관광시설 등)를 연구하는 학문으로서 관광객을 유치하고 수요자의 관광욕구를 충족시키기 위한 관광자원 및 관광시설 확충과 관광산업, 그리고 정부의 역할과 지역주민 간의 상호작용을 연구하는 학문이라고 할 수 있다. 따라서 관광을 새로운 인식의 틀로서 일관성 있게 체계화할 필요가 있다.

2. 관광연구의 성격

관광학의 본격적인 연구는 최근에 이루어졌으며, 관광에 대한 개념의 해석이 다양하므로 이를 연구대상으로 하는 관광학의 내용과 성격에 관해 완전한 일치를 보지 못하고 있다.

새로운 과학으로서의 관광학은 학문적 체계가 아직은 만족스럽게 이루어졌다고 할 수는 없으나, 개별과학(個別科學 : 어떤 특정 분야를 연구대상으로 하여 각각의 영역에 성립하는 법칙을 탐구하는 갖가지 과학)으로서 보는 ① 단일 학문체계로 접근하는 방법과 ② 종합사회과학으로서 접근하는 2가지 방법이 있다.

기계문명의 발달과 경제성장 등으로 인한 소비사회로의 전환은 여가비용의 지출을 증대시켰고, 그로 인해 관광이 사회적 관심사로 자리매김하게 되었다. 이렇듯 관광이 사회의 관심사로 변화하면서부터 관광연구가 필요하게 된 것이다.

관광연구의 학문적 성격에 대한 논의는 관광학이 성립된 때부터 논의되어 왔다. 그와 같은 논의를 통해서 볼 때, 관광은 관광현상에 대한 탐구를 기초로 그에 대한 이해와 단순한 지적 유희가 아닌 실천적이며, 실용적이고 또한 실증을 통한 과학적이고 객관적인 학문이라는 사실에 귀결된다고 할 수 있다.

관광의 생성배경을 기존 학문의 분화나 이론의 진화에 기인된 것으로 보기보다는 사회와 관련하여 인간의 새로운 생활양식에 근거하며, 사회의 요구에 기초하고 있으므로 관광학은 현실적 · 실천적인 학문분야로 다각적인 접근이 이루어지고 있다.

오늘날에는 ① 이론과학(理論科學 : 순수한 지식의 원리를 연구하는 과학), ② 실천과학(實踐科學 : 현실에 실제로 응용되는 과학)으로서의 성격을 함께 지닌 관광학은 과학이자 기법이라는 논리적 귀결에 이르게 된다. 즉 '지식(과학)이 없는 기능(기법)은 맹목적인 것이며, 기능이 없는 지식은 무의미한 것'이라는 주장은 이를 잘 대변해 주고 있다.

또한 관광은 이론적인 지식을 매개로 하고 있다. 관광이란 학문은 관광현상, 즉 존재하는 것을 연구대상으로 하고 있기 때문에 현실을 설명하는 것이어야 하고, 또한 합리적인 실천을 목적으로 하는 것이라야 한다. 다시 말해서 관광의 연구대상은 '존재하는 것을 실증주의적(positive science ; empirical science)'으로 접근하는 것이다.

결국 학문은 현실을 설명하는 것이어야 하고 그것은 궁극적으로 합리적인 목적으로 하는 것이어야 한다면, 관광학 역시 실천(현실)에서 출발해서 이론(과학)을 거쳐 다시 실천으로 회귀(回歸)하는 학문으로써 과학성(科學性)과 기법성(技法性)은 매우 깊이 관련된 개념이 된다. 이처럼 관광학은 과학성과 기법성의 양면을 함께 중시하게 되면서 점차 과학화되어 가고 있다.

3. 관광연구의 역사

관광이라는 사회현상에 관한 최초의 연구는 관광통계에서 시작되었다. 1899년 이탈리아 정부통계국 잡지에 보디오(Bodio)가 발표한 "이탈리아에 있어서 외국인 이동 및 그에 따른 금전적 소비에 관한 연구(Sul movimento dei forestieri in Italia e sul denaro che vi spendono)"라는 논문이 오늘날 남아 있는 가장 오래된 관광연구로 기록되고 있다.

또한 이탈리아의 니체포로(Niceforo)가 1923년에 "이탈리아에 있어서의 외국인의 이동(Il movimento dei forestieri in Italia)"이라는 논문을 발표하였고, 베니니(Benini)는 1926년 "관광객 이동의 계산방법 개선에 대해(Sulla riforma dei metodi calcolo dei movimento turistico)"라는 논문을 발표하였다.

관광통계 및 학술서적에 관한 많은 논문과 저서가 유럽의 여러 나라에서 발표되었다. 이렇듯 유럽이 중심이 되어 시작된 관광연구의 사회적 배경은 19세기 말부터 20세기 초까지 유럽과 미국의 관광객 이동이 증가하면서부터 시작되었다. 관광통계에 관한 논문에는 관광객 수 · 체재기간 · 소비금액에 관한 내용이 주를 이루었으며, 다양한 조사방법으로 연구가 이루어졌다.

이와 같이 관광통계를 중심으로 관광을 단편적으로 이해하던 것이 1927~28년에 걸쳐 출판된 마리오티(Mariotti)의 저서 『관광경제강의(Lezioni di economia turi-stica)』로 관광흡입 중심지의 이론 · 관광균형의 이론 등의 독창적인 가설이 풍부한 세계 최초의 관광경제서이며, '밑에서부터의 길'의 실천이었다.

그 후 1931년에 보르만(Bormann)이 『관광론』을 간행하였으며, 1935년에는 글뤽스만(Glücksmann)이 『관광론(Fremdenverkehrslehre)』을 저술하였다. 마리오티는 관광의 본질을 경제현상으로 파악하였지만, 글뤽스만은 관광의 개념을 '체재지에서 일시적으로 머물고 있는 사람과 그 지역에 살고 있는 사람과의 모든 관계의 총체'로 규정하고, 그 연구의 대상과 관광의 원인을 규명하려 하였다.

또한 보르만의 관광연구의 주요 관심거리는 관광객의 개인적인 여행이 아니라 관광객의 이동이 어떻게 발생되며, 관광객의 이동에 영향을 미치는 관광지의 상태, 경제적 · 정치적 상태와 여러 가지 정책, 그리고 관광산업의 조직이나 관리를 고찰하는 것을 관광의 주요 과제로 인식하였다.

1930년대에는 유럽을 축으로 관광에 대한 연구가 시도되었지만, 관광의 순수이론을 중심으로 체계화되었다기보다는 관광연구에 대한 목적성이 강하게 부각되어 관광의 이론적 정비가 아직 미비하다고 할 수 있다.

1930년대에 관광에 대한 연구을 집대성한 학자는 훈지커와 크라프(Hunziker & Krapf)이며, 1942년에 『일반관광론개요(Grundriss der allgemeinen Fremdenverkehrslehre)』를 간행했다. 그들은 "관광이란 강의에서 외국인이 일시적 또는 지속적으로 체재함에 있어 영리활동을 목적으로 하지 않으며, 그 외국인의 체재로부터 발생되는 모든 관계 및 모든 현상의 총체적 개념이다"라고 정의함으로써 관광을 경제외적인 개념과 현상의 복합체로 인식하였다.

또한 훈지커는 1940년경에 『관광론』을 『과학적 관광론(die wissenschaftliche Fremdenverkehrslehre)』으로 변경하였고, 그 후 다시 『관광학(Fremden-verkehrswissenschaft)』 등으로 변천시켜 왔다.

베르네커(Bernecker)는 1962년 『관광연구』에서 관광학을 '개별과학에 기초를 두지 않고 종합학문으로서의 체계화'를 시도하였고, 시오다 세이지(鹽田正志)는 1974년 『관광학연구』에서 관광을 '일반사회과학으로서의 접근과 응용사회과학으로서의 접근을 병행해 연구하는 것이 바람직하다'고 주장하였다.

따라서 관광은 경제학을 중심으로 한 개별과학의 유용성을 인정하면서 이념적으로는 사회학을 중심으로 자연과학의 여러 부문들을 종합함으로써 비로소 관광이 종합사회과학으로 학문적 체계를 구체화하고 있다. 학자들의 관광연구의 논문 및 저서를 정리하면 〈표 3-1〉과 같다.

〈표 3-1〉 관광연구에 관한 논문 및 저서

학자	내용
보디오(Bodio)	–이탈리아에 있어서 외국인 이동 및 그에 따른 금전적 소비에 관한 연구
니체포로(Niceforo)	–이탈리아에 있어서 외국인의 이동
베니니(Benini)	–관광객 이동에 대한 새로운 계산방법
마리오티(Mariotti)	–『관광경제강의』에서 외국인 관광객의 이동을 관광이라 규정하고, 그 이동이 지니는 경제적 의미를 이해하려고 시도
훈지커와 크라프 (Hunziker & Krapf)	–『일반관광론개요』에서 관광이란 강의에서 외국인이 일시적 또는 지속적으로 체류함에 있어, 영리활동을 목적으로 하지 않으며, 그 외국인의 체재로부터 발생되는 모든 관계 및 모든 현상의 총체적 개념으로 보고, 관광을 경제외적인 개념과 현상의 복합체로 인식
베르네커(Bernecker)	–『관광연구』에서 관광학을 개별과학에 기초를 두지 않고 종합학문으로서 체계화를 시도
시오다 세이지 (鹽田正志)	–『관광학연구』에서 일반사회과학으로서의 접근과 응용사회과학으로서의 접근을 병행해 연구하는 것이 바람직

제2절 관광연구의 방법

1. 미스의 접근방식

미스(Meeth, 1978)는 학문적인 통합 정도에 따라 종합과학으로서의 학문적 연계방법으로 ① 교차학문적 접근방식, ② 다학문적 접근방식, ③ 간학문적 접근방식, ④ 범학문적 접근방식의 4가지를 제시하였다.

1) 교차학문적 접근방식

교차학문적 접근방식(Cross-disciplinary Studies)은 특정학문의 시각에서 어떤 사상이나 연구대상 학문을 관찰하는 접근방식이다. 이 방식은 두 개의 학문을 상호 연계시켜 관찰하면서도 모(母)학문의 근간은 그대로 유지되는 것을 말한다. 이런 분류방식에는 관광심리학 · 인구경제학 · 사회심리학 · 법사회학 등이 있다.

2) 다학문적 접근방식

다학문적 접근방식(Multi-disciplinary Studies)은 어떤 연구대상을 놓고 여러 학문 분야를 도입 · 적용하여 문제를 규명하는 방식을 말한다. 이 방식은 각각의 모(母)학문의 주체성이나 사상을 그대로 유지하면서 각 학문별로 그 분야의 지식만큼 기여한다. 이런 분류방식에는 경제학 · 사회학 · 역사학 · 심리학 등이 있다.

3) 간학문적 접근방식

간학문적 접근방식(Inter-disciplinary Studies)은 각 학문의 개념과 사상 등을 새로운 분야로 통합시켜 인접학문의 독립성을 소멸시켜 버리는 접근방식을 말한다. 즉 학문의 개념과 사상을 통합했기 때문에 인접학문의 독립성은 찾아볼 수 없다. 이런 분류방식에는 국제관광학 등이 있다.

4) 범학문적 접근방식

범학문적 접근방식(Trans-disciplinary Studies)은 학문의 영역을 초월한 방식으로서 문제의 해결을 위해 도움이 되는 여러 학문적 지식을 수용한다. 위의 어떠한 방식보다 최고도로 통합된 방식이다. 이런 분류방식에는 에너지연구 · 교통학 · 환경학 · 조경학 등이 있다.

미스(Meeth)가 학문적인 통합 정도에 따라 설명한 종합과학으로서의 학문적 연계방법을 제시한 내용을 정리하면 〈표 3-2〉와 같다.

〈표 3-2〉 미시의 학문적 접근방식

구분	내용
교차학문적 접근방식	-특정학문의 시각에서 어떤 사상이나 연구대상 학문을 관찰하는 방식으로, 두 학문을 상호 연계시켜 관찰하면서도 모(母)학문의 근간은 그대로 유지
다학문적 접근방식	-어떤 연구대상을 놓고 여러 학문분야를 도입 · 적용하여 문제를 규명하는 방식으로, 각각의 모(母)학문의 주체성 · 사상을 유지하면서 각 학문별로 그 분야의 지식만큼 기여
간학문적 접근방식	-각 학문의 개념과 사상을 교육내용 자체에 의도적으로 통합시켜 인접학문의 독립성을 소멸시켜 버리는 접근방식
범학문적 접근방식	-학문의 영역을 초월한 방식으로, 문제나 이슈의 해결을 위해 도움이 되는 여러 학문적 지식을 수용

2. 관광연구의 방법

1) 개별과학

학문은 일반적으로 ① 과거학, ② 현재학, ③ 미래학으로 구분되며, 사회과학인 관광학도 과거와 현재 그리고 미래를 시계열적(시간의 흐름에 따라 관측된 통계량을 벌여놓은 열)으로 대응하는 인식목적(대상)에 따라 역사 · 이론 · 정책으로 구분되며 광의(廣義)의 관광학은 경제학 · 사회학 · 심리학 · 지리학 · 인류학 · 경영학 · 생태학 등을 포함하고 있다.

즉 개별과학을 응용한 연구방법은 관광의 초기단계 연구에서 나타난 것으로 마리오티(Mariotti) 등에 의해 사용된 연구방법으로 보르만(Bormann)이 대표적인 학자로 꼽힌다.

특히 시오다 세이지(鹽田正志)는 이러한 연구분야를 〈그림 3-1〉과 같이 ① 위로부터의 관광학(상위개념의 관광학), ② 아래로부터의 관광학(하위개념의 관광학)이라는 두 가지 방법으로 주장하였다.

개별과학으로서의 관광연구를 위한 학문적 접근에 있어 가장 대표적 학문인 '위로부터의 관광학'은 종합사회과학으로서의 관광학을 의미하며, 관광에 철학적 측면을 가미한 종합사회과학방식을 추구하고 있다. 따라서 경제학 ·

〈그림 3-1〉 시오다 세이지(鹽田正志)의 관광학 체계

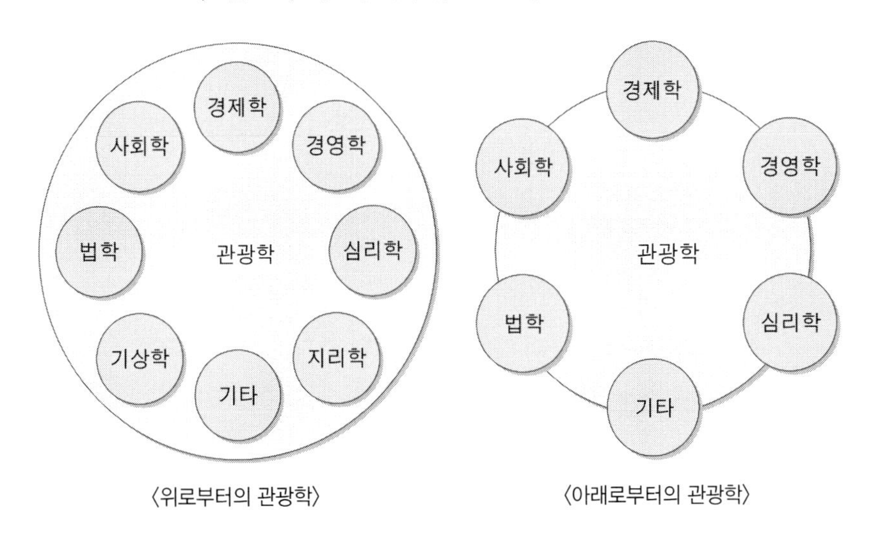

자료 : 塩田正志 · 長谷政弘(1999), 『觀光學』, 同文館, p. 12.

경영학 · 심리학 · 지리학 · 기타 · 기상학 · 법학 · 사회학 등의 범위를 ① 자연과학, ② 사회과학, ③ 인문과학의 3분야로 대별하였다.

그리고 '아래로부터의 관광학'은 실증중심의 연구를 목적으로 하고 있으며, 경제학 · 경영학 · 심리학 · 기타 · 법학 · 사회학 등의 범위로 ① 경제학과 ② 사회학의 응용이 중심이 되고 있다. 이들 학문의 문제인식 · 인식대상 · 발달된 연구방법 등이 관광학의 이론 형성에 근간이 되고 있다.

2) 응용 · 실천과학

경제학 · 사회학 · 심리학 등은 이론과학의 성격을 지니고 있으나, 관광학은 이들 이론을 실천목적에 응용한 ① 응용과학(應用科學 : 의학 · 농학 · 공학 따위처럼 인류의 생활에 직접 쓰이는 것을 목적으로 하는 학문)이며 ② 실천과학(實踐科學 : 현실에 실제로 응용되는 과학)이다.

응용과학적 연구는 현실문제 해결에 관해 그의 실천적 처방을 제공함으로써 실증적인 유용성을 검증할 수 있게 된다. 기법성을 지닌 관광은 인간의 삶의 질을 풍요롭게 하기 위한 효과적인 처방들이 존재하는데, 이것이 바로 관광에 주어진 실천적 요구이다.

이 같은 응용 · 실천과학으로서의 관광의 성격은 연구대상인 기업과 현실적인 사회, 그리고 인간의 생활 속에서 파악된다. 이러한 관광조직체는 사회간, 또는 사회 내에서 움직이는 유기체이다. 관광학은 현실의 사회현상에서 사실을 관찰하고 가설을 설정하여 검증하는 학문적 과정을 거쳐 실천적 · 이론적인 과학으로 자기완성을 기하고 있다.

또한 관광은 직접 또는 간접적으로 사실화된 과거의 연구자료에 기초를 두고 있다. ① 인식의 소재는 과거에 속하고 과거성에 속한 것만이 인식된다는 점에서 보면 과거학(過去學)이다. 그리고 ② 인식하는 주체는 현재에 서 있으며, 인식목적은 현재성에 있어 현재학(現在學)이며, ③ 실천론은 미래를 지향하는 미래학(未來學)이라 할 수 있다.

3) 종합학문성

관광은 연구대상이 인간 · 사회 간의 상호작용적 시스템이라는 측면에서 이들 행동을 종합적으로 규명하기 위해서는 ① 경제학, ② 사회학, ③ 심리학, ④ 인류학, ⑤ 지리학 등의 종합학문성(interdisciplinary approach)을 지니고 있다.

이 방식은 인접학문을 근간으로 하여 관광과 관련한 문제를 종합학문 또는 범학문 지향적 접근에 의해 관광학을 하나의 독립적인 학문으로 정립해 놓는 것이지만, 관광학으로서의 이론이 성립되기 어려운 문제점을 내포하고 있다.

관광연구에 종합학문적인 접근방법이 요구되는 이유는 상호작용적 시스템인 관광에는 경제적 · 물리적 · 인간적 · 사회적 측면 등 많은 측면이 있으며, 관광학은 이제까지 축적되어 온 이들 여타 과학(학문)의 성과와 업적을 지적재산으로 공유함으로써 내용을 풍부하게 하고, 학문으로서 비약적인 발전을 계속할 수 있기 때문이다.

4) 순수인문 · 경험과학

순수인문과학에서는 보통 원인과 결과 사이에 타당한 관계가 존재한다고 전제하고, 그 같은 법칙의 발견과 체계화를 학문의 과제로 한다. 순수인문과학은 가치판단을 하지 않으므로 객관적이라고 할 수 있다.

관광학은 관광행동과 같은 사회 · 심리적 사상에 관해 보편타당한 일의적 관계를 발견 · 정립하기보다는 하나의 원인에서 복수의 결과가 파생되는 다의적 관계가 많아 순수인문과학의 색채가 강하다고 할 수 있다.

관광학은 추상과학이 아니고 관광현상을 인식대상으로 하는 구체적인 경험과학이다. 경험과학은 언제나 현실적인 경험 이후의 소산이 되며, 이런 의미에서 관광학은 현실묘사의 학문이고 앞서서 경험한 현실을 사후에 인식하는 논리적 체계이며 학문인 것이다.

관광학은 경험대상으로부터 선택원리에 관련하는 사상을 인식대상으로 다루며, 인식대상 가운데 내재하는 인과관계(因果關係 : 한 사물 현상은 다른 사물 현상의 원인이 되고, 그 다른 사물 현상은 먼저 사물 현상의 결과가 되는 관계)를 기술 · 해석하며 법칙화하려 한다.

5) 규범과학

규범적 연구(normative analysis)는 어떤 가치관에 의거하여 좋은 것과 나쁜 것의 구별을 이론적으로 계통을 세워 연구하는 방법이다. 규범은 사회구성원의 의식 속으로 내화되거나(외적인 보상이나 처벌 없이 순종하도록 개인에게 통합되는 경우), 실제적 또는 부정적인 제재수단에 의해 강제되기도 한다. 즉 규범이라는 말에는 여러 가지 의미가 있으나 칸트(Immanuel Kant) 철학에는 다음과 같은 두 가지 종류가 있다.

첫째, 주어진 목적 수단에 관한 명령인 가설적 규범이며, 둘째, 목적 그 자체를 문제로 하는 무조건적, 즉 정언적 규범이다. 이들 중 전자에 근거하는 관광학은 주어진 목적에 대한 수단이나 방법의 적합성을 문제로 하며, 기술적 가치판단을 통해서 규범적 원리를 설정한다.

또한 실제와 관련된 문제를 규명하며, 주어진 사실을 확정하여 사실적 연관성을 해명하며, 더 나아가 현실의 사태를 비판할 수 있을 정도로 요청되는 가치규범 및 당위성을 발견하고 이를 통해 존재와 당위, 즉 사실과 규범의 합치 여부를 최종적인 인식목표로 한다. 이와 같은 학문적 접근방법을 적용하는 까닭은 과학이 항상 인류의 생활에 유익한 것이 되어야 하며, 목적론과 과학은 실제 분리할 수 없다는 인식 때문이다.

제3절 관광연구의 기본 틀

1. 관광주체 · 객체 중심

베르네커(Bernecker)는 관광을 〈그림 3-2〉와 같이 ① 관광주체, ② 관광객체 ③ 관광매체 등으로 대별한 초기의 관광연구를 수행하였다. 그는 "관광의 주체는 인간이다. 인간이 관광의 욕구와 소망, 기대와 생각에 따라 관광객으로 참여하면서 관광이라는 총체적인 경제현상의 중심에 있게 된다"라고 주장하였다.

즉 관광주체(tourism subject)는 관광객을 의미한다. 관광객의 존재와 행동은 관광현상의 기본적인 구성요소로서 그 배후에는 관광행동을 규정하는 여러 가지 요인이 있다. 중요 요인으로는 가처분소득 · 여가시간 · 여가의 가치관을 들 수 있다.

관광객체(tourism object)는 관광대상, 즉 관광자원을 의미한다. 관광객을 관광지로 이끌어내는 많은 환경적 · 물리적 · 문화적 · 역사적인 것에서부터 각종 행사 · 국제회의 · 비즈니스 등도 포함되는 광범위한 영역이다.

〈그림 3-2〉 베르네커의 연구

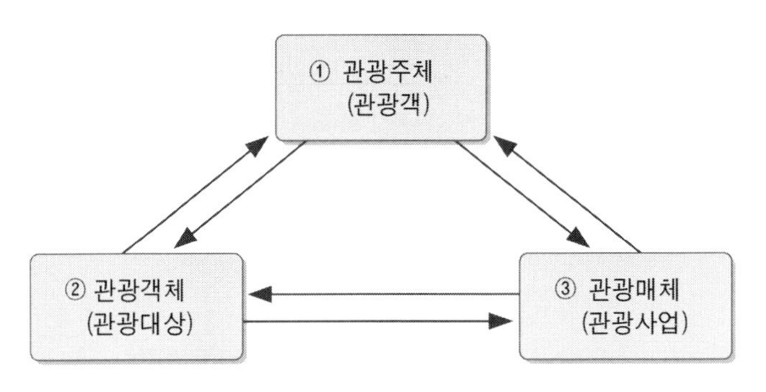

자료 : Bernecker, P.(1962), Grundlagenlehre des Fremdenverkehr.

관광매체(tourism media)는 관광사업을 의미한다. 관광주체와 관광객체를 연결시켜 주거나 기타 관광서비스 등의 역할을 한다. 관광매체는 숙박 · 관광객이용시설 · 관광편의시설 · 교통기관 · 도로 · 운송시설 · 관광알선 · 관광안내 · 통역안내 · 관광정보 · 관광기념품 판매업 등이 있다.

2. 관광개발계획 중심

관광개발계획에 중점을 둔 건(Gunn, 1979)은 〈그림 3-3〉과 같이 관광현상을 기능적 체계로 인식하고 체계의 구성요소로서 ① 관광객(특성 및 거주지 · 활동관심 · 문화유형 · 계절성), ② 교통기관(관광지 및 거주지까지 · 관광지 내), ③ 매력물(볼거리 및 놀거리 · 유인성 · 만족 정도), ④ 서비스 및 시설(숙박시설 · 식음료시설 ·

〈그림 3-3〉 건(Gunn)의 연구

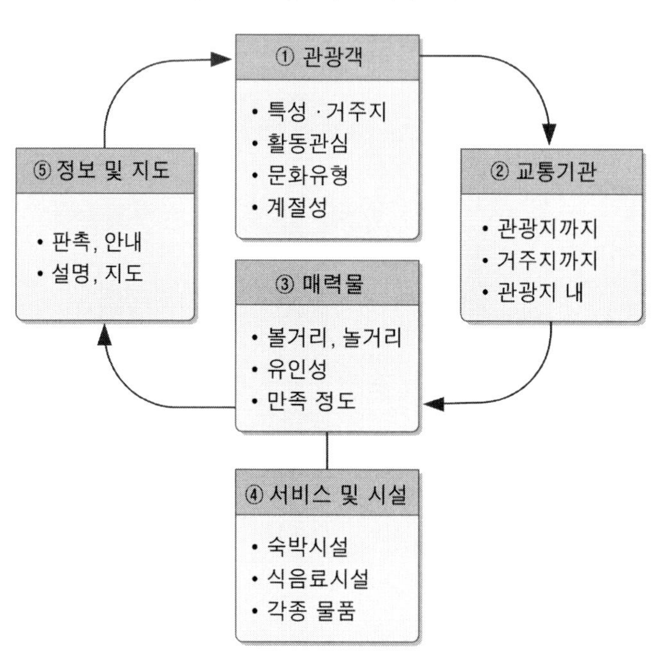

자료 : Gunn, C. A.(1972), Vacationscope : Designing Tourist Regions, University of Texas.

각종 물품), ⑤ 정보 및 지도(판촉 및 안내 · 설명 및 지도) 등 5가지 요인을 제시하고 있다.

관광현상에 큰 영향을 미치는 요소로 정부 · 기업 등을 제시하고 역할에 대해서 설명하고 있다. 이들을 통해 발생하는 정치 · 사회 · 경제 · 문화적 측면 등에 관한 상호관계는 간과하고 있으나, 관광체계의 구성요소와 인자 간의 기능이 원활하게 이루어지도록 관광개발계획을 어떻게 수립할 것인가에 초점을 맞추고 있다.

3. 관광산업영역 중심

관광산업영역에 중점을 둔 밀과 모리슨(Mill & Morrison)은 관광현상의 요소로 ① 관광시장, ② 마케팅, ③ 목적지, ④ 여행 등의 4가지를 들었다. 특징은 시장분석 · 시장세분화 · 표적시장선정 · 마케팅목표결정 · 상품개발 · 유통정책 · 가격정책 · 판촉전략구상 등을 들어 마케팅에 활용할 수 있도록 한 것이다. 밀과 모리슨의 연구는 〈그림 3-4〉와 같다.

〈그림 3-4〉 밀과 모리슨의 연구

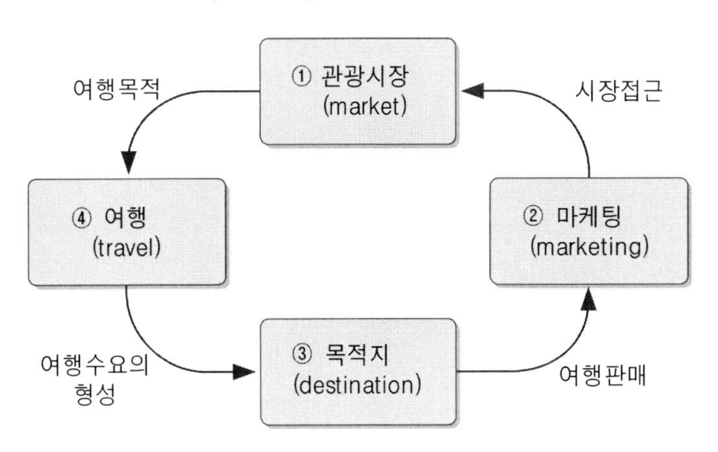

자료 : Mill, R. C. & Morrison, A. M.(1985), The Tourism System.

4. 지리적 영역 중심

지리적 영역에 중점을 둔 레이퍼(Leiper)는 관광현상의 구성요소로 ① 관광발생지역, ② 출발 관광객 및 귀환 관광객, ③ 관광경로, ④ 관광지 도착 및 체재, ⑤ 관광목적지, ⑥ 관광산업(교통 · 숙박 · 서비스 등)의 주요 영역 등을 들었다. 이들 구성요소는 공간 및 기능적으로 상호작용하며, 관광을 거시환경, 즉 정치 · 경제 · 사회 · 문화 · 물리 · 공학적 환경과도 상호작용하는 것으로 보고 있다. 레이퍼의 연구는 〈그림 3-5〉와 같다.

〈그림 3-5〉 레이퍼의 연구

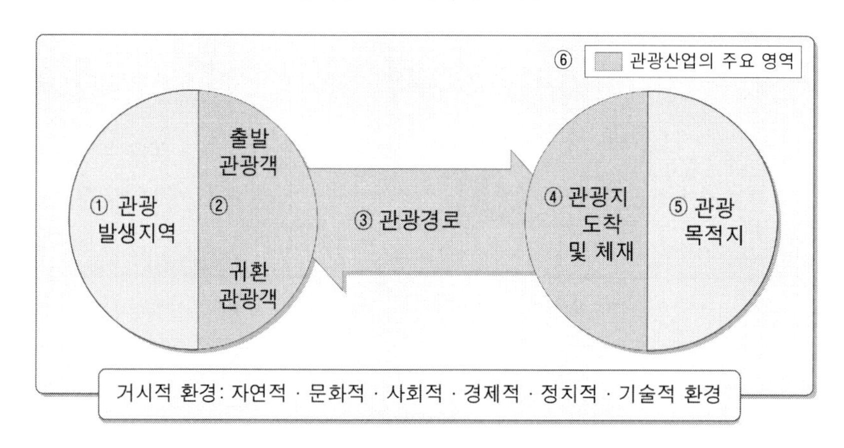

자료 : Leiper, N.(1979), "The Framework of Tourism", Annals of Tourism Research, 6(4).

5. 구성요인 중심

매티슨과 월(Mathieson & Wall)은 관광현상의 기본 틀을 ① 동태적 요소(관광객의 성격 : 목적지 선정의 의사결정과 관련된 특성으로 체류기간 · 활동유형 · 이용수준 · 만족수준 · 사회 및 경제적 특성 등), ② 정태적 요소(목적지의 성격 : 관광객의 목적지에서 체류하는 것으로 목적지의 환경변화 · 경제구조 · 정치조직 · 관광개발수준 · 사회구조와 조직 등), ③ 결과적 요소(관광으로 인해 직간접적으로 영향을 받는 사회적 · 물리적 · 경제적인 효과와 하부 시스템들이 받게 되는 결과) 등으로 구분하고, 이 요소들은 상호 관련성을 지닌 하위 시스템으로 이루어진다고 하였다. 매티슨과 월의 연구는 〈그림 3-6〉과 같다.

〈그림 3-6〉 매티슨과 월의 연구

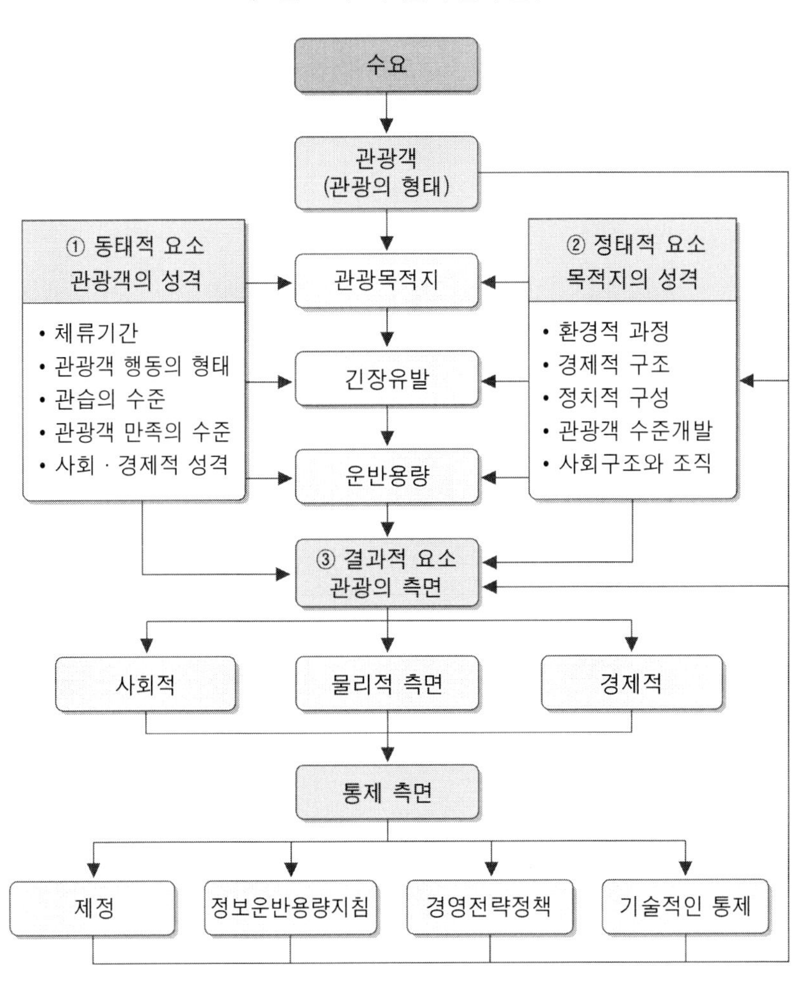

자료 : Mathieson, A. & Wall, G.(1982), "Tourism Economic", Physical and Social Impact.

제4절 관광연구 관련학문

관광현상 연구와 관련해 학문과의 관계를 생태학 · 지리학 · 정책학 · 행정학 · 인류학 · 사회학 · 심리학 · 교육학 · 경제학 · 경영학 · 법학 · 마케팅 · 교통학 · 지역개발학 · 조경학 · 농학으로 분류하고 있다. 자파리와 리치(Jafari &

〈그림 3-7〉 관광연구 관련학문과의 관계

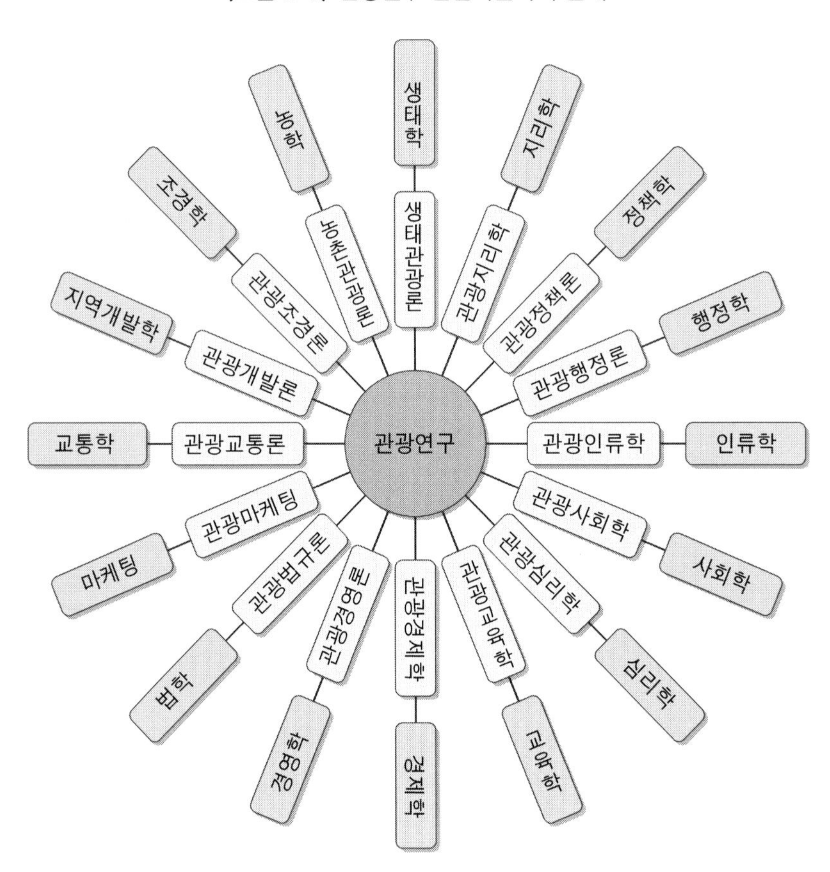

자료 : Jafari, J. & Ritchi, J. B. R.(1981), "Toward a Framework for Tourism Education : Problem and Prospects", Annals of Tourism Research, Vol. 8.

Ritchi, 1981)의 관광연구의 관련 학문과의 관계를 도시(圖示)하면 〈그림 3-7〉과 같다.

1. 생태학 · 지리학

① 생태학(ecology)은 생물과 그들의 환경 간의 관계에 대한 과학적 학문이다. 생태학은 집안 살림(family household)을 의미하는 그리스 문자 oikos와 학문을 의미하는 logy에서 유래하였다. 즉 생태학은 '생물들 간의 관계 및 생물의 생활상태, 환경과의 관계를 과학적으로 연구하는 생물학의 한 분야'로서, '생물과 그 환경의 상호관계를 연구하는 학문'을 말한다. 관광연구분야에서 생태에 대한 연구는 상대적으로 뒤늦게 출발하였으나, 최근에는 열대우림이나 멸종 위기에 처한 식물 등 환경과 관광이 상호이익을 도출하면서 생태관광이 새로운 분야로 부상하게 되었다.

② 지리학(geography)은 가장 오래된 학문 중의 하나이다. '지구의 표면에서 일어나는 자연과 인문 현상의 공간적 다양성과 이들 간의 상호 관련성, 주요 지역적 유형 따위를 연구하는 학문' 또는 '지표를 연구하는 학문'이다. 연구대상에 따라 자연지리학 · 인문지리학 · 지지학 등으로 나뉜다. 따라서 지리에는 경관 · 기후 · 정치 · 사회 · 문화 등 모든 환경이 폭넓게 포함되어 있다. 관광지의 분포와 입지 및 관광자원 · 관광산업 · 관광객의 지역적 특성파악 및 관광권, 관광루트의 실태에서 본 관광 공간구조의 변용과정과 현상파악이 과제가 되며, 또한 관광지역의 환경보존도 큰 주제가 된다.

2. 정책학 · 행정학

① 정책학(policy science)은 '산업 · 노동 · 금융 · 교통 · 정치 · 교육 · 외교 · 군사 따위에 관한 정책 실시의 합리적이고 효율적인 방법에 관하여 연구

하는 학문'을 말한다. 그 주된 연구관심 대상과 흐름에 따라 정책과정 · 정책형성 · 정책집행 · 정책분석 · 정책평가 등의 세부 분야로 발전해 왔다. 최근 각 국가마다 중앙정부 차원에서 관광문제를 종합적으로 관장하는 관광행정기관을 설치하고 있으며, 또한 지방정부 차원에서도 관광행정조직의 설치가 확대되고 있어, 정책학은 관광정책연구와 관련이 깊다고 할 수 있다.

② 행정학(public administration)은 '사회과학의 한 분과 학문으로 사회현상 중 행정현상을 대상으로 연구하는 학문'이다. 관광행정 및 정책은 관광과 관련한 행정활동을 원활히 하기 위하여 만들어진 제반 정책이다. 즉 정부의 행정활동을 종합적으로 조종 · 추진하기 위한 방책이다. 관광의 현상을 설명하고 해결하기 위한 정부의 정책으로서 국가기관이나 조직이 국가 또는 지역의 관광과 관련된 문제와 사안을 해결하고 관광사업을 통해 관광진흥을 촉진하기 위해 수행하는 모든 목표지향적인 정책활동으로서 행정학 또한 정책학과 함께 관광연구와 관련이 깊다고 할 수 있다.

3. 인류학 · 사회학

① 인류학(anthropology)은 '인간과 동물의 연구'이며, 또한 '시간과 공간을 초월하여 사회적 존재로서의 인간을 연구'한다. 그리하여 인류학은 총체적 사회과학(holistic social science)이라고 불린다. 즉 인류학은 '인류에 관하여 그 문화의 기원이나 특질을 연구하는 학문'으로서, 인류 발생으로부터 현재에 이르기까지의 과정 · 분포 · 인종 · 겨레 · 체질 · 말 · 풍속 따위에 관한 것을 계통적으로 연구한다. 인류학적 접근에서는 주로 관광으로 인하여 이를 수용하는 지역사회에 직접 미치게 되는 영향 및 관광을 수용하는 지역사회에 의해서 관광객이 받는 영향에 관한 연구와 관계된다고 할 수 있다.

② 사회학(sociology)은 '사회적 관계의 성격 · 원인 · 결과 및 개인과 집단 간의 상호작용을 연구하는 사회과학의 한 분야'를 말한다. 또한 이러한 상호

작용에서 비롯되는 풍습 · 구조 · 제도에 대한 연구와 그것들을 서로 결합시키거나 약화시키는 모든 세력 · 집단 · 조직에 대한 참여가 개인의 행동과 성격에 미치는 영향에 대해서도 연구한다. 사회구조인 인구 수 · 연령 · 성별 · 가족규모 · 지리적 인구분포의 특성은 시간이 지남에 따라 변하게 되며, 그것이 관광발생에 영향을 미치게 된다. 따라서 관광사회학은 관광을 둘러싼 인간의 행동을 사회현상으로 인식하고, 사회학의 여러 가지 방법을 적용하여 분석 · 이해하는 연구영역이다.

4. 심리학 · 교육학

① 심리학(psychology)은 '행동과 심적 과정에 대한 과학적 연구'로 정의한다. 즉 '생물체 의식의 내면적인 움직임이나 개별적 및 사회적 환경에 적응하는 상호작용을 연구하여 의식의 작용 및 현상을 밝히는 학문'을 말한다. 오늘날 심리학은 실험과학의 경향을 띠고 있으며, 발달심리학 · 개인심리학 등으로 다양하게 나뉘어, 군사 · 산업 · 교육 등에 널리 이용된다. 관광객 행동에는 관광욕구나 동기가 있고, 또 그 행동의 양면에는 행위자의 태도 · 기대 · 열망 · 욕구 · 가치 · 경험 등이 있다. 특히 태도나 신념 · 의도는 관광객의 의사결정에 따라 달라질 수 있으며, 추구하는 방향도 다르게 나타날 수 있다. 관광객의 심리연구는 관광연구와 관련이 깊다고 할 수 있다.

② 교육학(pedagogy)은 '교육행위와 교육현상에 관한 여러 영역을 체계적으로 탐구하는 학문'을 말한다. 즉 교육학은 인간은 왜 배워야 하는가와 어떻게 하면 올바르게 가르치는가를 연구하는 것이다. 또한 교육은 본질적으로 사회적 과정이며 조직화된 거대 사업이기 때문에, 교육학은 사회학적 · 행정학적 · 정책적 질문에도 많은 관심을 갖고 있다. 교육은 학생들의 국제회의 및 교육 프로그램의 참여와 서로 다른 인종과 국적을 가진 사람 간의 접촉으로 인해 가져다주는 것 모두가 교육효과(教育效果)에 영향을 미치게 된다. 관

광을 통해 견문을 넓히고 새로운 지식을 얻게 되면, 변화에 대한 욕구를 충족할 수 있다.

5. 경제학 · 경영학

① 경제학(economics)은 '인간사회의 경제현상, 특히 재화와 서비스의 생산 · 교환 · 소비의 법칙을 연구하는 사회과학의 한 분야'이다. 연구목적과 방법에 따라 실증경제학과 이론경제학, 연구대상의 범위와 방법에 따라 미시경제학과 거시경제학으로 나뉜다. 경제학의 이론을 토대로 이루어진 관광의 효과에 대한 분석의 주류로는 무역수지의 효과 · 승수효과 · 고용창출효과 · 외화획득효과 · 소득창출효과 · 지역개발 및 촉진효과 등을 들 수 있다. 특히 관광연구에 대한 경제학적 접근은 관광수요 및 공급, 관광소비의 지출 등을 설명함에 있어 관련이 깊은 학문이다.

② 경영학(business administration)은 '기업의 행동을 연구대상으로 하는 학문 분야'이다. 자본주의 경제를 바탕으로 하고 있는 일반적인 기업은 사적(私的) 영리를 목적으로 한 조직체이다. 이러한 연구대상과 관련해서 기업행동의 의사결정, 부서 간 및 외부 이해단체 간의 상호작용이나 합리적 경영을 위한 제반문제의 관찰과 분석 등 다양한 측면의 연구가 필요하다. 특히 관광분야에 있어서 관광사업의 영역이 점점 확대되고 기업의 규모가 대형화됨에 따라 경영학적 접근의 비중은 더욱 증대되고 있다.

6. 법학 · 마케팅

① 법학(law)은 '법률의 이론과 그 적용에 대하여 연구하는 학문', '법률을 연구 대상으로 하는 학문'이다. 즉 헌법 · 민법 · 상법 · 형법과 같은 법률의 해석을 다루는 법해석학이라고 할 수 있다. 법학에서는 법의 개념을 정리하고

법률의 종류를 분류하며 법의 효력, 적용과 해석 등을 연구한다. 1960년대 우리나라는 관광사업의 기반조성과 체제정비를 위해 정부가 관광진흥에 본격적인 관심을 가지면서, 「관광사업진흥법」의 제정 등 관광관련 법령을 정비하였다 함은 전술한 바 있다. 즉 관광분야의 질서유지와 관광과 관련된 여러 현상을 규율하는 법이 필요하게 된 것이다.

② 마케팅(Marketing)은 새로운 기회를 찾아내어 개발하고, 그 기회를 통해 수익을 창출하는 과학이자 혁신기술이다. 즉 '소비자에게 상품이나 서비스를 효율적으로 제공하기 위한 체계적인 경영활동'을 뜻한다. 그리고 소비자에게 상품이나 서비스를 효율적으로 제공하기 위한 체계적인 경영활동 · 시장조사 · 상품계획 · 홍보 · 판매 등이 이에 속한다. 관광마케팅에 학문적인 관심이 높아진 것은 구미에서는 1960년대 후반, 일본에서는 1970년대 말부터이다. 앞으로는 사회지향적인 관광마케팅에로 진전할 것으로 예측되고 있어 관광마케팅의 확립을 서두를 필요가 있다.

7. 교통학 · 지역개발학

① 교통(transportation)은 사람이나 물자를 한 장소에서 다른 장소로 이동시키는 모든 활동 · 과정 · 절차를 말하며, 고대나 현대를 막론하고 인류문명의 모든 분야에 걸쳐 핵심적인 역할을 수행해 왔다. 인간의 의식주를 해결하기 위한 모든 경제 · 사회 활동은 전적으로 교통수단에 의해 이루어졌다. 관광은 도로망의 정비와 교통기관의 발달로 인해 한층 발전하였다. 특히 교통은 관광산업에 있어서 가장 기본적인 요소이며, 관광객의 이동을 촉진시키는 기능을 수행하고 있다.

② 지역개발(regional development)은 '지역의 활성화를 도모하기 위하여 후생적(厚生的)이고 효율적인 개발을 추진하기 위한 이론'이다. 즉 '특정한 지역사회가 교통 · 주택 · 산업시설 등을 종합적으로 개발하는 일'로서, 지역사

회의 기반이 되는 물리적 환경자원 · 경제적 자원 · 사회적 자원을 총괄적으로 배치해서 개발하는 것을 말한다. 특히 관광개발은 기본적으로 관광객의 관광욕구를 충족시키기 위한 시설과 공간으로 원시상태의 자원을 정비하여 놀이시설 · 숙박시설 · 편의시설을 추가함으로써 관광활동을 다양하게 하고, 지역관광자원의 가치를 증대시키는 역할을 한다.

8. 조경학 · 농학

① 조경(landscape architecture)이라는 용어를 환경 · 녹지 · 생태라는 개념과 조합하여 환경조경 · 녹지조경 · 생태조경이라는 복합어로 사용하고 있다. 조경학은 '쾌적하고 아름다운 환경을 조성하기 위하여 외부공간의 계획 및 설계 등을 연구하는 학문'을 말한다. 즉 조경은 '경관을 꾸민다는 뜻이며, 자연과 인간의 주위환경에 대한 인간의 효과적인 이용'이라는 의미를 내포하고 있다. 조경은 관광지나 관광단지 · 관광숙박 · 관광객이용시설 · 공원 및 유원시설 · 관광편의시설 등 미적인 경관 조성의 필요성 인식과 조경공사 수요가 증대되고 있는 추세이다. 따라서 조경은 관광산업에 광범위하게 적용되는 분야로 볼 수 있다.

② 농학(agronomy)은 '식물학의 하부 분야로서, 음식 · 연료 · 먹이 · 재생이용 등을 위해 식물을 생산하고 이용하는 과학기술의 학문'이다. 이는 농업상의 생산기술과 경제와의 원리 및 응용을 연구하는 학문으로 정의할 수 있다. 1990년대 이후 대중관광의 확대로 인한 폐해를 최소화하고, 관광의 경제적 효과를 그 지역에 미치게 함으로써 관광객도 충분히 만족할 수 있는 관광형태를 추구하게 되었다. 이것을 대안관광(alternative tourism)이라고 하는데, 대표적인 예로는 그린 투어리즘(green tourism)을 들 수 있다. 따라서 농학도 관광연구와 관련이 깊은 학문이라고 할 수 있다.

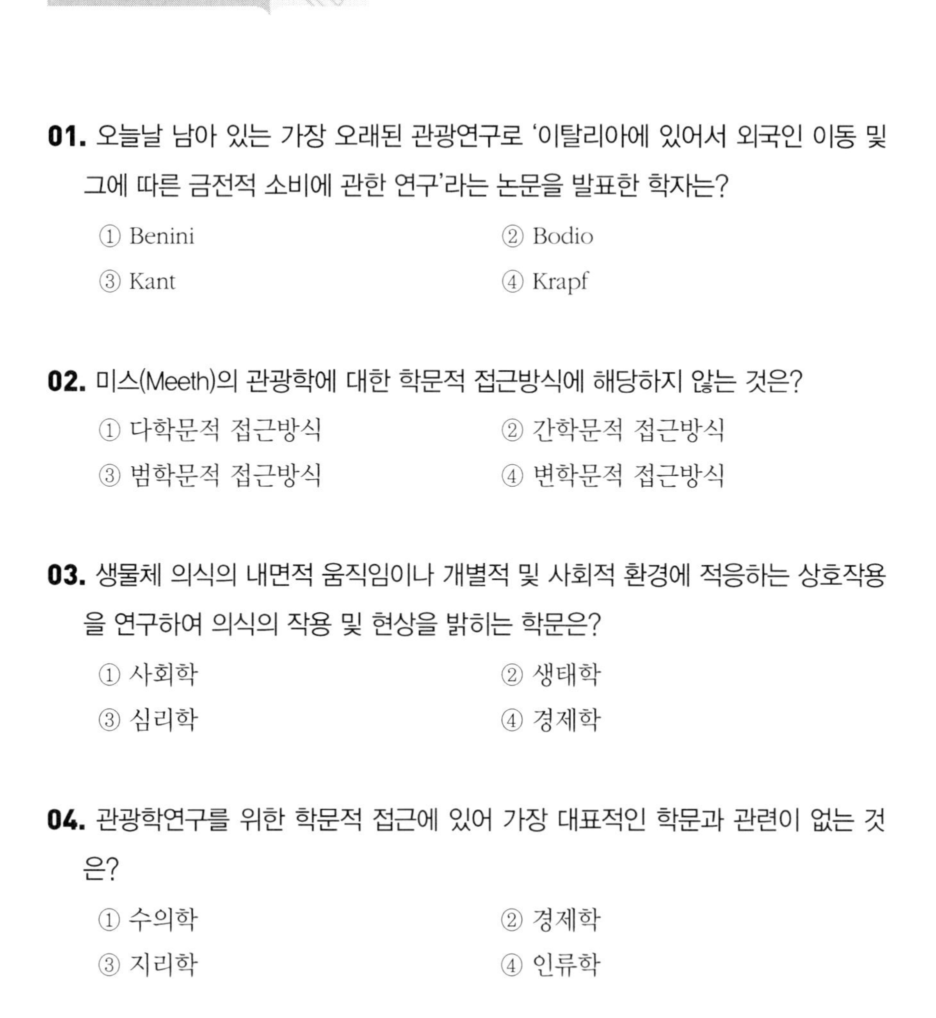

연습문제

01. 오늘날 남아 있는 가장 오래된 관광연구로 '이탈리아에 있어서 외국인 이동 및 그에 따른 금전적 소비에 관한 연구'라는 논문을 발표한 학자는?

① Benini　　② Bodio

③ Kant　　④ Krapf

02. 미스(Meeth)의 관광학에 대한 학문적 접근방식에 해당하지 않는 것은?

① 다학문적 접근방식　　② 간학문적 접근방식

③ 범학문적 접근방식　　④ 변학문적 접근방식

03. 생물체 의식의 내면적 움직임이나 개별적 및 사회적 환경에 적응하는 상호작용을 연구하여 의식의 작용 및 현상을 밝히는 학문은?

① 사회학　　② 생태학

③ 심리학　　④ 경제학

04. 관광학연구를 위한 학문적 접근에 있어 가장 대표적인 학문과 관련이 없는 것은?

① 수의학　　② 경제학

③ 지리학　　④ 인류학

정답

01 ②, **02** ④, **03** ③, **04** ①

제4장

관광행동

학습 포인트

- 제1절에서는 관광객의 의미와 관광관련 기구(단체) 및 UNWTO에서 연구한 관광객의 정의와 분류를 학습한다.
- 제2절에서는 사이코그래픽스 · 코헨 · 플로그 · 스미스의 관광객 유형과 특징을 학습한다.
- 제3절에서는 관광욕구의 의미와 매슬로(Maslow)의 욕구 5단계설, 관광동기의 의미와 유형을 학습한다.
- 제4절에서는 관광행동의 의미와 관광행동의 3요소, 관광객 심리와 행동, 관광행동의 기본 분류 등을 학습한다.
- 연습문제는 관광행동을 총체적으로 학습한 후에 풀어본다.

제1절 관광객의 개념

1. 관광객의 정의

관광하는 사람을 총체적으로 관광객(觀光客, tourist)이라 칭한다. 또한 관광객(tourist)과 여행자(traveler)는 일반적으로 동의어로 사용되며, 여행자는 관광객과 동일한 범주에 속한다. 관광객은 타지역 혹은 외국의 풍경 · 풍물 등을 구경하러 다니는 사람'을 가리킨다.

관광객에 대한 최초의 정의는 1937년 ILO(International Labor Organization : 국제노동기구)에 의해 이루어졌다. ILO는 관광객을 '24시간 이상 또는 그 이상의 기간 동안 거주지가 아닌 타지역 혹은 국가를 여행하는 사람'으로 규정하였다.

OECD(Organization for Economic Cooperation and Development : 경제협력개발기구)는 관광객을 국제관광객 · 일시방문객으로 구분하여 규정하면서, '인종 · 성별 · 언어 · 종교와 관계없이 자국을 떠나 외국의 영토 내에서 24시간 이상 3개월 이내 체류하는 자'로 정의하였다.

IUOTO(International Union of Official Travel Organizations : 관설관광기관국제동맹)는 관광객을 '관광을 목적으로 여행하는 자'로 해석하고, '위안 · 가정사정 · 건강상의 이유로 국외를 여행하는 자', '회의에 참석하기 위해 또는 과학 · 행정 · 스포츠 등의 대표자 또는 수행원 자격으로 여행하는 자', '회사의 소용이나 용무 목적으로 여행하는 자', '선박으로 각지를 주유(周遊) 중에 입국하는 자', '한 나라의 교육기관을 견학 및 시찰목적으로 입국하는 자'로 정의하였다.

IMF(International Monetary Fund : 국제통화기금)는 여행자의 유형을 '업무여행자 · 학생 및 연수생 · 당일관광객 · 기타 여행자 등으로 구분하고 있으며, 출입국 여행을 분류함에 있어서 그 기준을 방문의 제1차적 목적에 두어야 한다'고 하였다. 즉 여행목적이 한 가지 이상일 경우에는 그 여행을 있게 하는 직접적인 동기를 파악하여 그것을 여행목적으로 한다는 것이다.

UN(United Nations : 국제연합=제2차 세계대전 후 평화와 안전의 유지, 국제우호관계의 증진, 경제적 · 사회적 · 문화적 · 인도적 문제에 관한 국제협력을 목적으로 창설된 국제기구)은 관광객을 '방문국가에서 최소한 24시간을 체재하는 일시 방문객으로 여가 · 위락 · 휴가 · 건강 · 학습 · 종교 · 스포츠 · 가족 · 친지 · 사업 등의 목적을 가지고 여행하는 자'로 정의하였다.

UNWTO(World Tourism Organization : 세계관광기구)는 관광객을 '국경을 넘어 유입된 관광객이 24시간 이상 체재하며 위락 · 휴가 · 스포츠 · 종교 · 연수 · 친지방문 · 사업 · 스포츠 행사 참가 등의 목적으로 여행하는 자'로 정의하고 있다. 단체들이 연구한 관광객의 정의를 정리해 보면 〈표 4-1〉과 같다.

〈표 4-1〉 관광객의 정의

단체	정의
ILO	-24시간 이상 또는 그 이상의 기간 동안 거주지가 아닌 타지역 혹은 국가를 여행하는 사람
OECD	-국제관광객 · 일시방문객으로 구분하여 규정하면서, 인종 · 성별 · 언어 · 종교와 관계없이 자국을 떠나 외국의 영토 내에서 24시간 이상 3개월 이내 체류하는 자
IUOTO	-관광을 목적으로 여행하는 자, 위안 · 가정사정 · 건강상의 이유로 국외를 여행하는 자, 회의에 참석하기 위해 또는 과학 · 행정 · 스포츠 등의 대표자 또는 수행원 자격으로 여행하는 자, 회사의 소용이나 용무 목적으로 여행하는 자, 선박으로 각지를 주유 중에 입국하는 자, 한 나라의 교육기관을 견학 및 시찰목적으로 입국하는 자
IMF	-업무여행자 · 학생 및 연수생 · 당일관광객 · 기타 여행자 등으로 구분하고 있으며, 출입국 여행을 분류함에 있어서 그 기준을 방문의 제1차적 목적에 둠

단체	정의
UN	-방문국가에서 최소한 24시간을 체재하는 일시방문객으로 여가 · 위락 · 휴가 · 건강 · 학습 · 종교 · 스포츠 · 가족 · 친지 · 사업 등의 목적을 가지고 여행하는 자
UNWTO	-국경을 넘어 유입된 관광객이 24시간 이상 체재하며 위락 · 휴가 · 스포츠 · 종교 · 연수 · 친지방문 · 사업 · 스포츠 행사 참가 등의 목적으로 여행하는 자

2. 관광객의 분류

1) UNWTO의 분류

UNWTO에서는 관광객을 다음과 같이 규정하고 있다. 관광객(tourist)은 '방문국가에서 24시간 이상 1년 미만 체재하며, 그 방문목적이 휴양 · 휴가 · 스포츠 · 사업 · 친척 및 친지 방문 · 파견 · 회의참가 · 연수 · 종교 등에 참가하는 자'를 말하고, 당일관광객(excursionists)은 '방문국가에서 2시간 미만 체재하는 자(승무원 포함)'를 말한다.

방문객(visitor)은 '자신의 거주지가 아닌 국가를 방문하되, 그 목적이 방문국가 내에서의 유상 취업활동을 고려하지 않는 사람'을 말한다. 참고로 통상거주지(usual place of residence)는 '방문객이 출 · 입국 이전에 최소한 1년 동안 거주한 국가'를 말한다.

국경통근자(border workers)는 '국경에 인접하여 거주하면서 다른 나라로 통근하는 자'를 말하고, 통과여객(transit passengers)은 '공항의 지정지역에 잠시 머무는 항공 통과여객이나 상륙이 허가되지 않았거나 여권심사를 통해 공식적으로 입국하지 아니한 자'를 말한다.

무국적자(stateless persons)는 '항공권 등의 운송티켓(transport ticket)만 소지하고 있는 자로서, 방문하고자 하는 국가에서 국적불명으로 인정하는 자'를 말하고, 장기이주자는 '1년 이상 체류하되, 체류국가에서 보수를 받는 취업목적 입국자와 그 가족 및 동반자'를 말한다.

단기이주자는 '1년 미만 체재하되, 체재국가에서 보수를 받는 취업목적 입국자와 그 가족 및 동반자'를 말하고, 외교관 및 영사 · 군인(members of the armed forces)은 '대사관 · 영사관에 상주하는 외교관 · 영사 및 그 가족과 동반자'를 말한다.

망명자(refugees)는 '여러 가지 사건의 결과로 종래의 상주국을 벗어나 있으면서 모국으로 돌아갈 수도 없는 두려움 때문에 돌아가지 않는 자'를 말하고, 유

〈그림 4-1〉 UNWTO에서 규정한 관광객

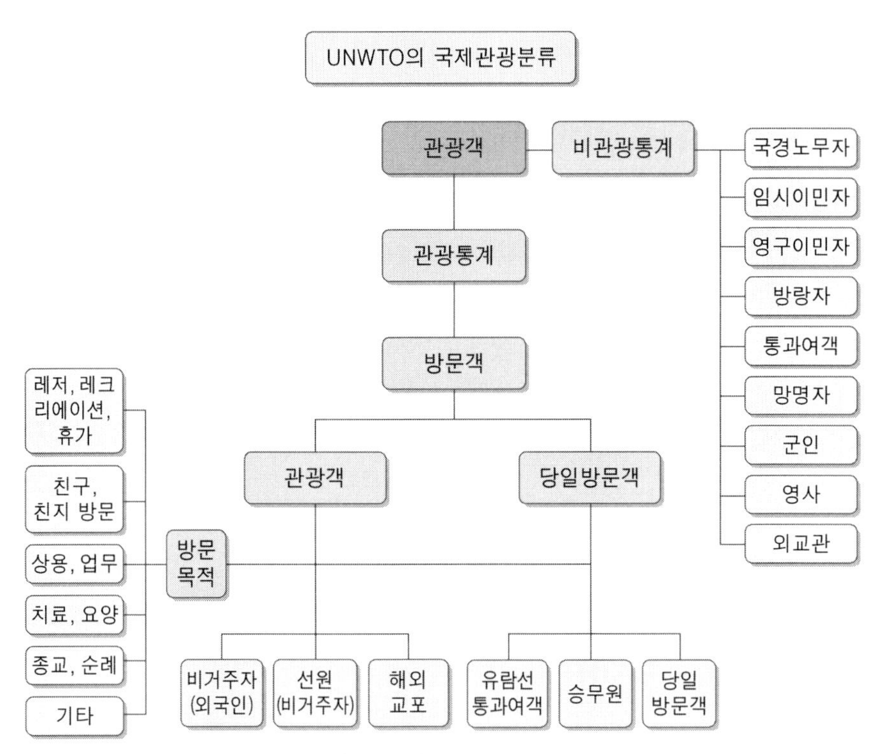

자료: World Tourism Organization(UNWTO), Tourism Policy and International Tourism in OECD Countries, 1997에서 재인용.

랑자(nomads)는 '거의 정기적으로 입국 또는 출국하여 상당 기간 체류하는 자 및 국경에 인접해 생활하는 관계로 짧은 기간 동안 빈번하게 넘나드는 자'를 말한다. UNWTO에서 규정한 관광객을 정리하면 〈그림 4-1〉, 〈표 4-2〉와 같다.

〈표 4-2〉 UNWTO에서 규정한 관광객

구분	내용
관광객	-방문국에서 24시간 이상 1년 미만 체재하며, 그 방문목적이 휴양·휴가·스포츠·사업·친척 및 친지 방문·파견·회의참가·연수·종교 등에 참가하는 자
당일관광객	-방문국가에서 2시간 미만 체재하는 자(승무원 포함)
방문객	-자신의 거주지가 아닌 국가를 방문하되, 그 목적이 방문국 내에서의 유상 취업활동을 고려하지 않는 사람
국경통근자	-국경에 인접하여 거주하면서 다른 나라로 통근하는 자
통과여객	-공항의 지정지역에 잠시 머무는 항공 통과여객이나 상륙이 허가되지 않았거나 여권심사를 통해 공식적으로 입국하지 아니한 자
무국적자	-항공권 등의 transport ticket만 소지하고 있는 자로서 방문하고자 하는 국가에서 국적불명으로 인정하는 자
장기이주자	-1년 이상 체재하되, 체재국가에서 보수를 받는 취업목적 입국자와 그 가족 및 동반자
단기이주자	-1년 미만 체재하되, 체재국가에서 보수를 받는 취업목적 입국자와 그 가족 및 동반자
외교관·영사	-대사관·영사관에 상주하는 외교관·영사 및 그 가족과 동반자
군인	-주둔하는 외국 군대의 구성원 및 그 가족과 동반자
망명자	-여러 가지 사건의 결과로 종래의 상주국을 벗어나 있으면서 모국으로 돌아갈 수도 없는 두려움 때문에 돌아가지 않는 자
유랑자	-거의 정기적으로 입국 또는 출국하여 상당 기간 체재하는 자 및 국경에 인접해 생활하는 관계로 짧은 기간 동안 빈번하게 넘나드는 자

제2절 관광객의 유형

1. 사이코그래픽스에 따른 관광객의 유형과 특징

개인의 일상생활 · 활동 · 취미 · 의견 · 가치 · 욕구 · 지각 등과 같은 라이프스타일(life-style) 특성에 의한 사이코그래픽스(Psychographics : 개인의 라이프스타일 · 습관 · 태도 · 신념과 가치체계를 연구하는 분야)는 개인의 성격적 특징을 잘 설명해 준다. 성격분석에서 사이코그래픽스나 라이프스타일 접근방법은 관광객의 유형과 그들의 행동을 이해하는 데 있어 가치 있는 단서를 제공해 준다.

1) 라이프스타일에 따른 관광객의 유형과 특징

메이요(Mayo)와 자비스(Jarvis)는 라이프스타일(life-style)에 따라 관광객의 유형을 ① 정태지향형 관광객, ② 국외지향형 관광객, ③ 역사지향형 관광객으로 분류하였다.

첫째, 정태지향형 관광객은 조용한 호숫가 통나무집에서 가족과 함께 캠핑 · 사냥 · 낚시 등 자연을 즐기는 야외지향적인 사람으로 성격은 정적이며, 관광목적지 선택도 소극적이고 안전하고 가까운 곳을 선호한다.

둘째, 국외지향형 관광객은 활동적이고 외향적이며, 새로운 경험을 추구하는 사람으로 휴양 · 휴식보다는 장거리 여행을 통하여 타국의 사람을 만나고 문화를 접촉하는 등 신기성(novelty)을 추구하고, 자극적이고 복합성을 제공해 주는 여행목적지를 선호한다.

셋째, 역사지향형 관광객은 교육은 많이 받지 못했지만, 휴가는 교육적이어야 한다는 강한 신념을 가진 사람으로 타지역의 관습 · 문화에 관심이 많고, 아이와 가족에 대한 강한 연대감을 가진다. 라이프스타일에 따른 관광객의 유형과 특징을 정리하면 〈표 4-3〉과 같다.

〈표 4-3〉 라이프스타일에 따른 관광객의 유형과 특징

유형	특징
정태지향형 관광객	- 호숫가 통나무집에서 가족과 함께 캠핑 · 사냥 · 낚시 등 자연을 즐기는 야외지향적인 사람으로 성격은 정적이며, 관광목적지 선택도 소극적이고 안전하고 가까운 곳을 선호
국외지향형 관광객	- 활동적이고 새로운 경험을 추구하는 사람으로 휴양 · 휴식보다는 타국의 사람들을 만나고 문화를 접촉하는 등 신기성을 추구하고, 자극적이고 복합성을 제공해 주는 여행목적지를 선호
역사지향형 관광객	- 휴가는 교육적이어야 한다는 강한 신념을 가진 사람으로 타 지역의 관습 · 문화에 관심이 많고, 아이와 가족에 대한 강한 연대감을 가짐

2) 활동지향형과 가정지향형 관광객의 유형과 특징

앞에서 분류한 국외지향형 관광객의 라이프스타일(life-style)을 버네이(Berney)는 다시 ① 활동지향형 관광객과 ② 가정지향형 관광객으로 분류하고 그들의 특성을 다음과 같이 설명하고 있다.

첫째, 활동지향형 관광객은 생활환경을 적극적으로 변화시키려 애쓰며 정치적인 문제도 적극성을 나타내는 사람으로 국외여행을 즐기고, 휴가여행의 참여빈도도 높은 편이다. 또한 그들은 여행을 통하여 생활의 변화를 추구하며, 여행활동을 매우 중요시한다.

둘째, 가정지향형 관광객은 보금자리 지향형의 사람으로 정적이고 소극적이며, 집에서 소일하는 경우가 많다. 주로 TV를 보거나 신문 읽는 일에 시간을 할애한다. 활동지향형과 가정지향형 관광객의 유형과 특징을 정리하면 〈표 4-4〉와 같다.

〈표 4-4〉 활동지향형과 가정지향형 관광객의 유형과 특징

유형	특징
활동지향형 관광객	- 생활환경을 적극적으로 변화시키려 애쓰며 국외여행이나 휴가여행의 참여빈도도 높은 편이다. 여행을 통하여 생활의 변화를 추구하며 여행활동을 매우 중요시함

유형	특징
가정지향형 관광객	-소극적이며 집에서 소일하는 경우가 많으며, 주로 TV를 보거나 신문 읽는 일에 시간을 할애

2. 코헨의 관광객의 유형 및 특징

코헨(Cohen, 1972)은 관광객의 유형을 크게 ① 조직(제도)화된 대량관광객, ② 비조직(비제도)화된 관광객으로 분류하였다. 또한 그는 관광이 신기함과 친숙함이 조합되어 구성되고, 관광객은 가능한 한 신기함과 친숙함이 조합된 연속체 내에 존재한다고 강조하였다.

특히 관광객은 자신과 상이한 관습, 문화에 흥미를 가지고 있으며, 신기하고 특이한 체험을 선호한다고 주장하였다. 코헨이 주장한 관광객의 유형 및 특징은 〈표 4-5〉와 같다.

〈표 4-5〉 코헨의 관광객 유형 및 특징

유형	특징
조직(제도)화된 대량관광객	-조직화된 대량관광객(친밀성 최대, 신기함 최소, 패키지 여행 선호) -개별적 대량관광객(여행일정에 재량권 있음, 신기함은 약간 커짐)
비조직(비제도)화된 관광객	-탐험가(관광코스를 피함, 몰입 최소, 편안한 교통수단 및 숙박 선호) -표류자(현지 문화에 완전히 몰입, 신기함 최고, 친밀성 최소, 지역주민과 함께 거주)

3. 플로그의 관광객의 유형 및 특징

플로그(Plog, 1974)는 미국인의 자기중심적 · 타인중심적인 심리적 특성에 따라 사이코센트릭-올센트릭(psychocentric-allcentric)의 연속체로 규정하고, 이 두 가지 성격유형 사이에는 여행에서 나타나는 모험성의 정도에 따라 ① psychocentric(자기중심적 : 내향성), ② mid-centric(중간형 : 양향성), ③ allcentric(타인중심적 : 외향성)으로 구분하였다. 플로그의 사이코센트릭과 올센트릭 유형은 〈그림 4-2〉, 〈표 4-6〉과 같다.

〈그림 4-2〉 플로그의 사이코센트릭과 올센트릭 유형

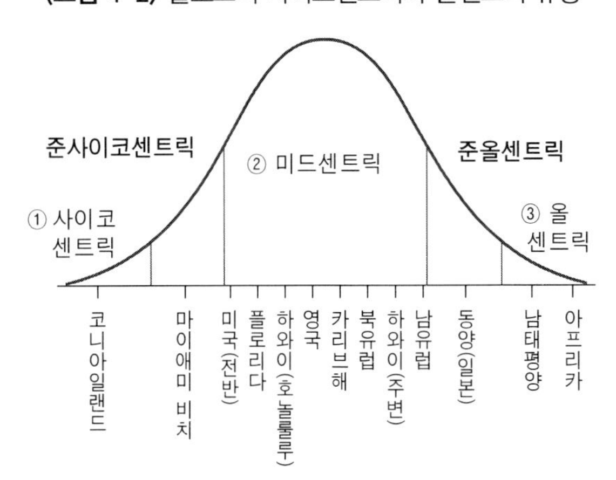

자료: 長谷政弘(1997), 『觀光學辭典』, 同文館, p. 71.

〈표 4-6〉 플로그의 사이코센트릭과 올센트릭 유형

psychocentric	allcentric
모험을 싫어함, 패키지여행 선호, 잘 알려진 여행지 선호, 평범한 여행 선호, 친숙한 숙박시설 선호, 여행 자주 가지 않음, 단기간의 여행, 안전지향적 여행, 자신감 결여, 내성적, 근심과 걱정 많음, 자가용 이용, 친숙하고 안전한 관광지 선호, 최소 여행비 지출 등	변화탐구적, 새롭고 특별한 곳 여행, 활동량 많음, 미지의 세계 동경, 특별한 숙박시설 선호, 여행 자주함, 장기간 여행, 모험적인 여행, 자신감 충만, 외향적, 불안과 근심 걱정 없음, 다양한 교통수단 이용, 이국적 관광지 선호, 과다 여행비 지출 등

자료 : Fridge, J. D.(1991), Dimensions of Tourism, p. 62. 인용 후 재구성.

4. 스미스의 관광객의 유형 및 특징

스미스(Smith, 1977)는 관광의 유형을 ① 민족적 관광(ethnic tourism), ② 문화적 관광(cultural tourism), ③ 역사적 관광(historical tourism), ④ 환경적 관광(environmental tourism), ⑤ 휴양적 관광(recreational tourism), ⑥ 업무적 관광(business tourism) 등 6가지 형태를 들었다.

또한 그는 인원과 목적, 지역규범에 대한 적응을 바탕으로 ① 탐험가, ② 엘리트 관광객, ③ 자유관광객, ④ 유별난 관광객, ⑤ 초기 대중관광객, ⑥ 대중관광객, ⑦ 전세관광객 등 7개의 관광객 유형으로 분류 · 제시하였다.

제3절 관광 욕구 · 동기

1. 관광욕구의 개념

현대의 관광은 '즐거움을 위한 여행'으로서 의도를 가지고 행동하고, 그 밖에 많은 행동과 동시에 무엇인가 욕구에 기인한 것으로 이해된다. 일반적으로 ① 관광행동을 일으키는 데 필요한 심리적 원동력을 관광욕구(tourist's want)라 하고, ② 관광욕구와 더불어 실제 관광행동으로 옮기게 하는 심리적인 힘을 관광동기(tourist's motive)로 정의하고 있다.

관광욕구나 관광동기는 모두 관광행동의 원인이나 구조를 설명하는 데 필요한 용어이며, 다소 추상적인 개념이라 명확한 구별 없이 서로 호환적(互換的)으로 사용하고 있다.

인간행동의 저변에 깔려 있는 욕구를 어떠한 기준으로 분류하는 것은 가능하지만, 어떤 행동에 특정한 욕구가 대응하고 있는 것으로 생각하는 것은 잘못이다. 즉 욕구는 기본적으로 일반성을 중시한 개념이다.

관광욕구는 관광행동을 일으키는 데 필요한 인간이 가진 심리적 내부구조 요인을 가지고 있다. 또한 관광욕구는 무의식적인 것과 관광행동 욕구라고 하는 의식적인 것이 있다. 즉 관광욕구는 ① 견문을 넓히고 싶거나, ② 쉬고 싶거나, ③ 휴가를 가야겠다는 등 관광의 필요를 느끼는 상태를 말한다.

1935년 글뤽스만(Glücksmann)은 그의 저서 『일반관광론』에서 관광의 원인을 분석하고 여행자 측면의 동기를 ① 심정적 동기(心情的 動機), ② 정신적 동기(精神的 動機), ③ 육체적 동기(肉體的 動機), ④ 경제적 동기(經濟的 動機)의 4개로 구별하여 제시하였다.

즉 ① 욕구(欲求)는 '무엇을 얻고자 하거나 무슨 일을 하고자 하는 바람', 또는 '마음속으로 필요를 느끼는 상태'를 말하고, ② 욕망(慾望)은 '무엇을 가지거나 하고자 간절하게 바라는 것'으로 구체적인 대상이 생기고, 그 대상을 강렬하게 원하는 경우를 말한다. 현대의 관광행동에는 여러 가지 욕구가 관계하고 있으므로 관광의 성립에 영향을 주는 욕구의 총체를 관광욕구로써 이해하는 것이 필요하다.

매슬로(Maslow)는 욕구 5단계설로 대표되는 인간의 욕구구조를 설명하는 이론을 제기하였는데, 그는 인간의 욕구가 5단계의 계층적 구조로 되어 있다고 생각하고, ① 생리적인 수준, ② 사회적 수준, ③ 자아실현 수준을 설정하였다.

또한 매슬로는 먼저 저차원의 욕구가 만족되면 다음 단계의 욕구가 현재화되고, 그 욕구가 만족되면 고차원의 욕구를 의식하기 시작하며, 최종적으로는 자기의 잠재능력 발휘를 의미하는 자아실현 욕구가 큰 힘을 가지게 된다고 주장하였다. 따라서 관광은 이들 각 단계의 욕구로부터 생길 수 있는 것으로 보고 있다. 매슬로의 욕구 5단계설은 〈그림 4-3〉과 같다.

〈그림 4-3〉 매슬로의 욕구 5단계설

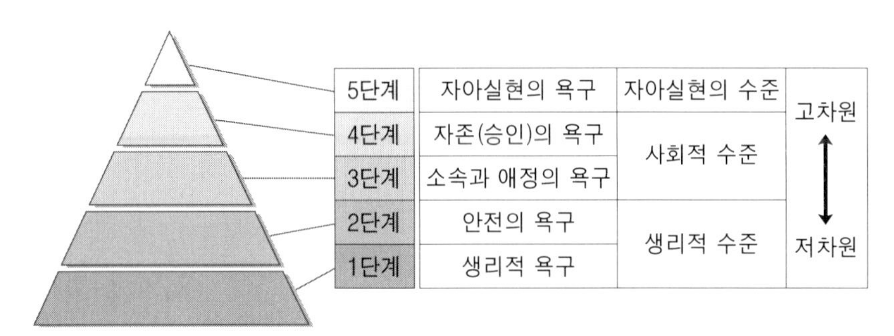

최규환(2010), 『관광학입문』, 백산출판사, p. 82. 인용 후 일부 재구성.

2. 관광동기의 개념

동기(motivation)는 '요구 · 목표 · 필요'로 정의할 수 있다. 동기의 사전적 의미는 '어떤 일이나 행동을 일으키게 하거나 마음을 먹게 하는 원인이나 계기'를 뜻한다. 즉 동기는 어떤 구체적인 행동을 불러일으키는 개인 내부의 심리적인 에너지와 그것의 강도 · 작용과정 · 방향을 통칭하는 개념이라고 말할 수 있다.

전술한 바와 같이 관광동기는 관광욕구와 더불어 관광행동을 유발하는 심리적 원동력을 의미한다. 또한 동기는 심리학에 있어서도 행동의 내적 발동원인으로서 일괄하여 다루는 경우도 있으나, 욕구가 행동을 일으키게 하는 잠재적인 힘인 데 비해, 동기는 욕구에 의거하여 특정한 행동에로 향하게 하는 심리적 에너지를 의미한다.

또한 관광동기는 관광행동을 일으키는 직접적인 원인으로 한 가지 또는 여러 가지 요인들이 복잡하게 작용하여 관광행동을 일으킨다. 일반적으로 관광욕구와 관광동기는 명확히 구별하지 않고 사용하는 경우가 많다. 그것은 관광욕구가 관광행동을 일으키는 심리적 원동력으로서 동기적(動機的)으로 작용하기 때문이다.

이것은 매슬로에 의한 욕구구조의 설명 3가지 차원에 대응해서 생각할 수 있으며, 관광이 인간의 여러 가지 욕구와 관계가 있다고 볼 수 있다. 따라서 이러한 연구는 관광에 있어 인간의 다양한 욕구와 관련하여 관광행동이 유발되고 있음을 알 수 있다. 또한 관광욕구는 보편적으로 존재하며, 관광행동에 의해서 욕구를 충족한다고 생각될 때 관광욕구는 관광동기가 되어 뚜렷하게 나타나는 것을 알 수 있다.

글뤽스만(Glücksmann, 1935)은 '사람이 왜 관광을 하느냐'라는 관점에서 관광의 원인을 분류하여 여행자 측의 원인으로서, 관광동기 유형을 크게 ① 관념적 동기(심적 · 정신적), ② 물질적 동기(육체적 · 경제적)로 분류하였다.

다나카 기이치(田中喜一, 1950)는 글뤽스만의 구상에 증거하여 관광동기를 ① 심정적 동기(사향심 · 교우심 · 신앙심), ② 정신적 동기(지식욕구 · 견문욕구 · 환락욕구), ③ 신체적 동기(치료욕구 · 보양욕구 · 운동욕구), ④ 경제적 동기(쇼핑목적 · 상용목적)로 세분류하였다.

이마이 쇼고(今井省吾, 1960)는 사람들이 여행하는 동기를 ① 긴장해소의 동기(기분전환 · 피로회복 · 자연과의 접촉 등), ② 사회적 존재동기(친구와의 친목도모 · 다들 가니까 등), ③ 자기확대 달성동기(미지의 세계동경 · 견문확대 등)의 3가지 요인을 들었다.

토마스(Thomas, 1984)는 관광동기 유형을 ① 교육 및 문화적 동기(타국의 견문확대 · 명소감상 등), ② 휴양 및 오락적 동기(일상탈출 · 즐거운 시간 등), ③ 종족지향적 동기(조상의 묘지 및 생활터전 방문 등), ④ 기타 동기(건강 · 스포츠 등)로 분류하였다.

매킨토시(McIntosh, 1997)는 ① 신체적 동기(심신의 즐거움), ② 문화적 동기(음악 · 예술 종교에 흥미), ③ 대인적 동기(새로운 우정 · 친구와의 만남), ④ 명예와 지위동기(인정 · 평가 등)로 분류하였다. 여러 학자들의 관광동기 유형을 정리하면 〈표 4-7〉과 같다.

〈표 4-7〉 관광동기의 유형

학자	관광동기의 유형
글뤽스만 (Glücksmann)	관념적 동기(심적 : 질병 · 불안 등, 정신적 : 교육 · 실천 등), 물질적 동기(육체적 : 질병예방 · 반응 등, 경제적 : 사용여행 등)
다나카 기이치 (田中喜一)	심정적 동기(사향심 · 교우심 · 신앙심), 정신적 동기(지식욕구 · 견문욕구 · 환락욕구), 신체적 동기(치료욕구 · 보양욕구 · 운동욕구), 경제적 동기(쇼핑목적 · 상용목적)
이마이 쇼고 (今井省吾)	긴장해소의 동기(기분전환 · 피로회복 · 자연과의 접촉 등), 사회적 존재동기(친구와의 친목도모 · 다들 가니까 등), 자기확대 달성동기(미지의 세계동경 · 견문확대 등)
토마스 (Thomas)	교육 및 문화적 동기(타국의 견문확대 · 명소감상 등), 휴양 및 오락적 동기(일상탈출 · 즐거운 시간 등), 종족지향적 동기(조상의 묘지 및 생활터전 방문 등), 기타 동기(건강 · 스포츠 등)
매킨토시 (McIntosh)	신체적 동기(심신의 즐거움), 문화적 동기(음악 · 예술 종교에 흥미), 대인적 동기(새로운 우정 · 친구와의 만남), 명예와 지위동기(인정 · 평가 등)

제4절 관광행동

1. 관광행동의 개념

심리학에서는 인간의 행동을 주체 측의 요인과 환경적 요인과의 함수관계로 보고 있다. 주체 측의 조건이 동일해도 환경적인 조건이 다르면 행동에 차이를 보이며, 반대로 환경적인 조건이 동일해도 주체 측의 조건이 다르면 행동 역시 차이를 보인다는 것을 의미한다.

일반적으로 관광사업이 대상으로 하는 관광객의 이동 · 체재 · 레크리에이션 등의 행동을 관광행동(tourist's behavior)이라 총칭하고 있다. 관광행동은 관광을 인간행동의 한 형태로써 파악하는 입장에서 보면 관광, 즉 관광행동인 것이다.

사회사상(社會思想)은 인간행동을 어떤 시각에서 '집합체'로 파악한 것이며, 그 밑에 있는 것은 언제나 개인적인 행동이다. 이러한 관점에서는 관광이 다른 여러 가지 행동과 어떤 점에서든 구별될 수 있는 행동인 것이다. 기본적으로 개인적 행동이라고 봄으로써 행동의 이유나 구조를 해명하는 의미가 있다.

관광욕구와 동기는 관광여행을 일으키게 하는 주체의 요인이 된다. 행동이 구체적으로 성립되기 위해서는 ① 비용, ② 시간, ③ 정보 등의 조건이 갖춰져야 하는데, 이것은 관광행동 성립의 기본조건이라 볼 수 있다. 이러한 조건과 연계되었을 때 처음으로 구체화된 관광의욕이 생기게 되는 것이다.

또한 행동의 목적이 되는 관광대상과 주체와 대상을 매개하는 기능이 없으면 관광행동이 존재할 수 없게 된다. 관광행동의 경우 일반 행동과 같이 관광에 대한 의욕이 강해지면 비용이나 시간 등의 조건을 갖추려는 정도가 높아지며, 소득이 증가한다든지 자유시간이 증가하게 되면 관광에 대한 의욕 역시 높아지게 되는 것이다.

관광행동이란 관광객이 자신의 욕구를 충족시킬 것으로 기대하는 관광상품을 탐색 · 구매 · 사용 · 평가 · 처분하는 과정을 말한다. 또한 관광행동은 관광객이 관광과 관련하여 비용 · 시간 · 노력 등의 제한된 자원을 어떻게 배분하기로 결정하는가를 다루는 것이며, 계획단계에서의 ① 기대, ② 이동, ③ 행동, ④ 귀가, ⑤ 회상 등의 5단계에 걸쳐서 일어나는 일련의 모든 행동을 포함한다.

한편 관광행동은 ① 관광객의 심리, ② 관광객의 사회환경, ③ 관광기업의 마케팅 전략 등의 3요소가 상호작용하는 것을 말한다. 첫째, 관광객은 관광상품을 지각 · 기억 · 평가하는 인지작용을 거쳐 상품에 대한 선호도를 결정짓게 되며, 형성된 태도는 곧 행동으로 표출된다.

둘째, 관광객의 외부환경을 둘러싸고 있는 사회환경, 즉 다른 사람의 행동이나 준거집단(개인이 소속하고 싶은 집단), 개인영향 및 가족, 집단, 각자가 속해 있는 지역, 사회계층, 인종, 문화 등의 영향을 받는다.

셋째, 기업의 마케팅 전략은 소비자의 인지작용과 태도형성에 영향을 주기 위해 마케팅 믹스 요소(제품 · 가격 · 촉진 · 유통)를 적절히 조정하고 배합한다. 또한 관광객을 겨냥한 마케팅 전략은 관광객 구매행동에 영향을 주는 데 궁극적 목적이 있다. 관광행동의 3요소를 도시(圖示)하면 〈그림 4-4〉와 같다.

〈그림 4-4〉 관광행동의 3요소

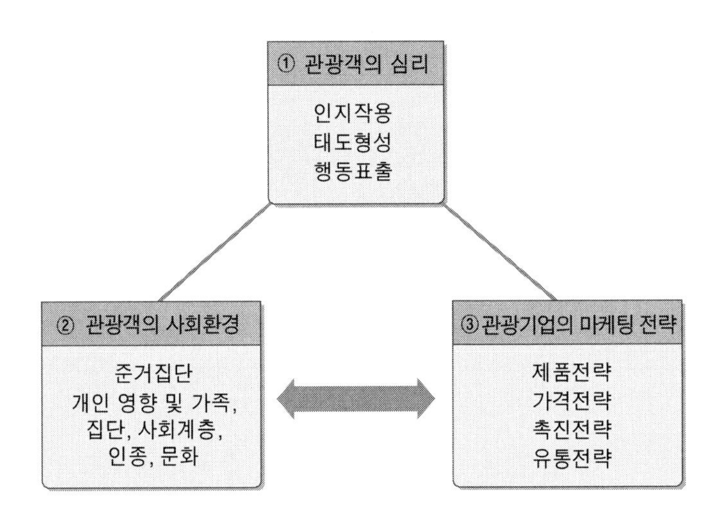

2. 관광객 심리와 관광행동

관광객 심리의 일반적인 특징은 '긴장감과 해방감이 상반되어 동시에 고조되는 것'이라 설명하고 있다. 사람은 일상생활권을 떠나 타지역을 여행할 때 불안감을 느끼게 된다. 이러한 상황에서 외부환경의 변화에 대응할 수 있도록 심신을 유지하려는 의식이 긴장감(緊張感)이다.

관광지에서 육체적 · 정신적 피로를 느끼게 되는 것은 긴장감에 의한 것이다. 긴장감이 생기면 감수성이 예민해지기 때문에 쾌 · 불쾌, 좋고 · 싫음 등의 인상이 마음에 새겨지게 되며 '낯선 것'에 대해 쉽게 흥미를 갖게 된다.

관광은 일시적으로 해방감을 맛보게 해주며 편안한 느낌을 준다. 이러한 상황이 바로 해방감이며 신체적으로 피로감을 느끼게 하지만, 여행으로 인한 즐거움을 맛보게 되는 것도 해방감 때문이다. 해방감의 고조는 충동구매를 증대시키는 경향이 있다.

한편 관광객의 심리는 관광행동 유형에 따라 긴장감 · 해방감이라는 감정의 조합 정도가 달라진다. 즉 개인 혹은 단체여행인지의 형태에 따라 차이가 난다. 개인여행자는 색다른 환경의 영향을 직접 받음으로써 자기 자신의 책임하에 모든 행동을 취해야 하므로 긴장감을 느끼기 쉽다. 하지만 단체여행자는 주위의 동료, 현지 가이드 등 언어가 통하는 사람에게 의지할 수 있어 긴장감이 경감되고 해방감이 우위를 점하게 된다.

여행목적에 따라 심리적 상황도 달라진다. 교육목적으로 떠나는 교양형 여행은 일반적으로 긴장감이 고조되는 경향이 있으나, 반대로 기분전환이나 즐거움을 목적으로 하는 위락목적형 여행은 해방감이 심리적 우위를 점하게 된다.

관광여행은 일상생활권을 벗어남으로써 해방감을 가지기 때문에 자기중심적으로 판단하거나 무책임하게 행동하기 쉽다. 이러한 해방감의 고조가 '관광지에서 떠나면 그만이라는 생각으로 부끄러운 행동도 거리낌 없이 한다'는 유형의 행동으로 이어지거나, '충동적 구매'를 증대시키는 경향으로 이어지기 쉽다.

더욱이 김장감과 해방감이 한데 합쳐지는 비율은 행동형태나 여행목적 등에 따라서도 달라지며, 여행기간 중 시간의 경과에 의해서도 변화한다는 것이 분명하게 밝혀지고 있다. 따라서 관광여행을 할 때에는 타인에게 폐를 끼치거나 관광대상을 손상시키거나 하는 행동은 삼가야 한다. 관광행동 유형과 관광객의 심리를 도시(圖示)하면 〈그림 4-5〉와 같다.

〈그림 4-5〉 관광행동 유형과 관광객의 심리

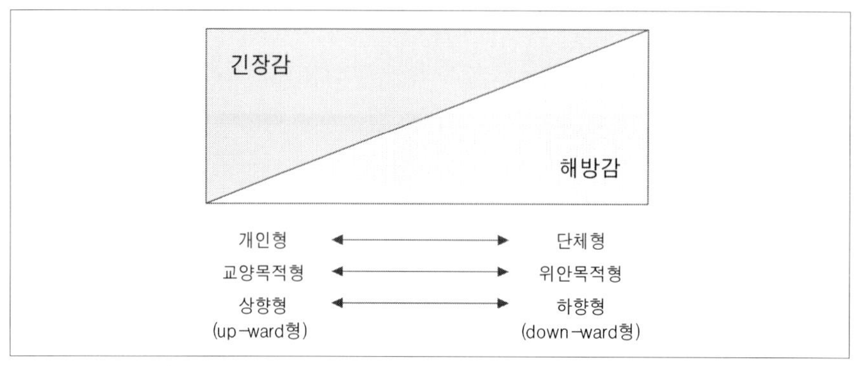

자료 : 前田編(1995), p. 88.

3. 심리상태와 관광행동

성격은 '하나의 복잡한 심리적 현상'이다. 관광행동은 여행자의 성격에 따라 다르게 나타나며, 여행기간 중 긴장감과 해방감은 시간의 경과에 따라 변하게 된다. 긴장감은 여행 초기에 고조되는 경우가 많다. 장거리 여행의 경우 얼마 안 있어 긴장감이 절정에 달해 몸 상태가 악화되는 경우가 발생한다. 해방감은 중 · 장기 여행의 경우 후반으로 갈수록 고조되는 경향이 있으며, 이 시기에는 긴장감의 해소가 원인이 되어 사고가 발생할 수도 있다.

관광행동은 행동주체 측에서 보면, '일상생활을 벗어나 즐거움을 위해 떠나는 여행'으로 설명할 수 있다. 이것은 ① 일상생활을 일시적으로 벗어남, ② 즐거움을 위한 여행이라는 2가지 내적 조건을 기준으로 한 설명이다. '일상생활을 일시적으로 벗어난다'는 조건은 관광행동에 있어 중요하지만, 일상생활에서 '벗어난다'는 것은 관광주체의 의식의 문제이며 객관성이 결여되어 있다.

관광행동인지 아닌지를 판정하기 위해서는 객관성 있는 외적 조건을 별도로 설정할 필요가 있는데, 이러한 의미에서 관광행동을 결정짓는 명확한 근거로서 '관광사업의 대상여부'가 있다. 관광사업자 측에서 보면 관광객의 내적 기준에 관계없이 교통기관이나 숙박시설을 이용하면 관광행동으로 간주하게 되는 것이다. 관광행동의 패턴 구분은 〈표 4-8〉과 같다.

〈표 4-8〉 관광행동의 패턴 구분

패턴	관광의 의도	관광사업의 이용	의도의 달성
1	有	有	有
2	有	有	無
3	有	無	有
4	有	無	無
5	無	有	경험有
6	無	有	無

4. 관광행동의 기본분류

1) 관광목적과 이동패턴

관광행동을 파악할 수 있는 방법은 행동목적에 의한 분류이다. 베르네커(Bernecker)는 관광목적에 따른 유형화를 시도하였다. 즉 ① 보양적 관광(치료 · 치유 · 회복여행), ② 문화적 관광(수학여행 · 견학여행 · 종교행사 참가), ③ 사회적 관광(친목여행 · 신혼여행), ④ 스포츠 관광(스포츠관람 포함), ⑤ 정치적 관광(정치관련 견학여행 포함), ⑥ 경제적 관광(전시회 · 견본시 참가) 등을 들었다.

관광행동을 이동 패턴에 따라 분류하면, '복수의 관광지 내지 관광대상을 둘러보는 형태'와 '특정 관광지에 일정기간 머무르면서 보내는 형태'로 구분할 수 있다. 전자를 ① 주유형 관광, 후자를 ② 체재형 관광이라 부른다. 첫째, 주유형은 관광대상을 '보는 행위'가 중심이 되는데, 복수의 관광대상을 연결하는 이동 프로세스가 중요한 요소가 된다. 둘째, 체재형은 한곳에 머무르면서 그곳에서의 활동에 주안점을 두게 된다.

2) 쾌락관광 · 안락관광

관광행동을 심리학적으로 분석하면, 그것은 자극과 인간의 각성수준과의 관계에 의하여 설명된다. 최적각성수준을 넘고도 더욱 자극을 구하여, 쾌락을 계속해서 구하는 관광행동을 쾌락관광(pleasurable tourism : 탐험여행이나 흥분과 스릴을 동반하는 라스베이거스 등의 카지노)이라고 한다.

관광행동을 심리학적으로 분석하면, 그것은 신기한 것에의 추구(자극)와 인간의 각성수준과의 관계에 의하여 설명된다. 사회적 긴장이나 업무의 고통 등에 의한 너무 강한 각성수준을 최적한 수준으로 끌어내리기 위한 관광을 안락관광(comfortable tourism : 아름다운 자연경관을 보거나, 온천여행을 즐기는 행동 등)이라고 한다.

3) 순관광 · 겸관광

업무나 비즈니스 등으로 여행할 때 방문지역 주변의 관광지를 찾는 경우가 종종 있는데, 이러한 관광형태를 일반적으로 관광을 의도한 행동, 즉 순관광(純觀光 : 새로운 풍물 등을 즐기는 여행)과 구분하여 겸관광(兼觀光)이라 부르고 있다.

겸관광은 처음부터 행동주체의 의도가 관광과 일 · 연구 · 학습 등의 양쪽 모두에 해당하는 경우와 관광의 의도와는 관계없이 결과적으로 관광객으로서의 행동을 취하게 되는 2가지 형태로 볼 수 있다. 향후 겸관광(업무 · 가사 · 귀향 등에 뒤이어 1박 이상의 관광을 실시하는 것) 수요가 증가할 것으로 본다.

4) 관광지 이미지

관광지 이미지(image of tourist destination)는 사람이 관광지에 대해 지니고 있는 이미지를 말한다. 관광지 이미지는 관광선전으로서 미디어에 의하여 널리 사회에 제공된 대상지역의 이미지와 관계가 있다. 이들 이미지는 그에 대한 체험을 요청하는 사람에게 관광행동을 야기하는 유인이 되는 동시에, 실제의 관광체험을 통하여 사람에 의하여 바뀌거나 확인되고 강화된다.

이와 같은 일련의 과정에 의하여 관광지 이미지는 사회에 보급되어, 경제적인 가치를 낳게 한다. 그러나 다른 한편 특정한 이미지는 되풀이 사용됨으로써 스테레오 타입(stereo type : 창의성 없이 판에 박은 듯한 생각)화하여 급속하게 진부화한다. 이미지가 진화한 관광지는 미디어에 의해 새로운 이미지의 차별화와 함께 자리매김된다.

5) 관광행동의 장애요인

관광활동을 제약하는 장애요인은 ① 여행비용의 부담, ② 시간의 부족, ③ 건강상의 제약, ④ 가족주기, ⑤ 관심부족, ⑥ 두려움 등을 들 수 있다.

첫째, 여행비용의 부담이다. 비용에는 왕복여행에 소요되는 화폐적 경비, 여행시간의 기회비용, 심리적 부담까지 포함된다.

둘째, 시간의 부족이다. 사업자나 직장인은 시간 부족으로 인해 여행에 쉽게 참여할 수 없게 된다.

셋째, 건강상의 제약이다. 장애인이나 노약자는 신체적 조건으로 인해 여행의 제약을 받는다.

넷째, 가족주기(family cycle)이다. 나이 어린 자녀를 양육하고 있는 부모는 이동 및 활동의 불편함으로 인해 가족여행을 기피한다.

다섯째, 관심부족이다. 여행 자체를 시간 낭비라고 여기는 경우이다. 평소 여행에 마음이 끌리지 않거나 관심이 없는 경우를 말한다.

여섯째, 두려움이다. 현지의 정치 및 사회문제 등 낯선 세계에 대한 도전을 두려워하는 경향이 있다.

연습문제

01. 관광객의 정의를 최초로 규정한 단체는?

① UNWTO ② UN
③ ILO ④ OECD

02. 다음 설명에 해당하는 단체는?

> 관광객을 국제관광객, 일시방문객으로 구분하여 규정하면서, 인종이나 성별 · 언어 · 종교와 관계없이 자국을 떠나 외국의 영토 내에서 24시간 이상 3개월 이내 체류하는 자

① OECD ② UN
③ IMF ④ IUOTO

03. 다음 설명에 해당하는 관광객은?

> 여러 가지 사건의 결과로 종래의 상주국을 벗어나 있으면서 모국으로 돌아갈 수도 없는 두려움 때문에 돌아가지 않는 자

① 유랑자 ② 망명자
③ 관광객 ④ 방문객

04. 다음 설명에 해당하는 관광객은?

> 호숫가 통나무집에서 가족과 함께 캠핑 · 사냥 · 낚시 등 자연을 즐기는 야외지향적인 사람으로 성격은 정적이며, 관광목적지 선택도 소극적이고 안전하고 가까운 곳을 선호

① 국외지향형 관광객　　② 역사지향형 관광객
③ 문화지향형 관광객　　④ 정태지향형 관광객

05. 관광객의 유형을 조직화된 관광객, 비조직화된 관광객으로 분류한 학자는?

① Mayo　　② Plog
③ Cohen　　④ Smith

06. 다음 설명에 해당하는 학자는?

관광의 유형으로 민족적 관광, 문화적 관광, 역사적 관광, 환경적 관광, 휴양적 관광, 업무적 관광 등의 6가지 형태를 들고, 또한 인원과 목적, 지역규범에 대한 적응을 바탕으로 탐험가, 엘리트 관광, 자유 관광객, 유별난 관광객, 초기 대중관광객, 대중관광객, 전세관광객 등 7개의 관광객유형으로 분류 · 제시

① Smith　　② Hunziker
③ Benini　　④ Bodio

07. 관광객의 심리적 특성에 따라 관광객의 유형을 분류한 학자는?

① Jafari　　② Plog
③ Krapf　　④ Mariotti

08. 매슬로(Maslow)의 욕구 5단계설 중 관광동기와 관련이 있는 것은?

① 소속과 애정의 욕구　　② 생리적 욕구
③ 안전의 욕구　　④ 자아실현의 욕구

09. 관광동기의 유형을 관념적 동기와 물질적 동기로 분류한 학자는?

① Glücksmann　　② Thomas
③ Maslow　　④ McIntosh

10. 관광동기의 유형을 교육 및 문화적 동기, 휴양 및 오락적 동기, 종족지향적 동기로 분류한 학자는?

① Mariotti　② Thomas
③ Benini　④ Maslow

11. 관광행동의 3요소로 옳지 않은 것은?

① 관광객의 사회적 환경　② 관광객의 심리
③ 관광객의 교육적 환경　④ 기업의 마케팅 전략

12. 관광행동의 장애요인으로 옳지 않은 것은?

① 여행비용의 부담　② 시간의 부족
③ 두려움　④ 정보부족

정답

01 ③, **02** ①, **03** ②, **04** ④, **05** ③, **06** ①, **07** ②, **08** ④, **09** ①, **10** ②, **11** ③, **12** ④

제5장

관광자원

학습 포인트

- 제1절에서는 자원의 의미와 학자들이 주장한 관광자원의 정의, 관광자원의 특성 및 요건을 중심으로 학습한다.
- 제2절에서는 관광자원의 가치 중 매력성 · 접근성 · 이미지 · 관광시설 · 관광기반설에 대해 학습한다.
- 제3절에서는 학자들이 분류한 관광자원을 살펴보고, 국립공원현황 및 자연적 · 문화적 · 사회적 · 산업적 · 위락적 관광자원에 대해 구체적으로 학습한다.
- 연습문제는 관광자원을 총체적으로 학습한 후에 풀어본다.

제1절 관광자원의 이해

1. 관광자원의 정의

자원(resources)의 사전적 의미는 '인간의 생활 및 경제 생산에 이용되는 물적 자료 및 노동력 · 기술 등을 통틀어 이르는 말'이다. 즉 자원이라 하면 석탄 · 석유 · 철광석 같은 천연자원(natural resources) 만을 연상하기 쉬운데, 자원의 개념은 상당히 포괄적이다.

자원이란 인간에게 가치와 효용성(value and utility)이 있다고 간주되는 모든 것을 의미한다. 그러나 인간에게 이용가치가 없는 것은 사물 그 자체에 해당하기 때문에 자원이라고 할 수 없다. 이러한 개념에서 볼 때 자원의 범주에는 천연자원뿐만 아니라 ① 문화자원(cultural resources), ② 인적자원(human resources)까지 포함된다.

자원은 자연물과 목적 · 인간 사이의 동적상호작용(動的相互作用)에 의해 만들어지는 것이다. 즉 자원은 자연이 준 것을 인간이 기술적으로 이용할 수 있을 때 그 목적물이 비로소 자원으로 바뀌게 된다.

현대관광의 특징은 관광자원의 종류가 더욱 다양해지고 있다는 점과 인위적인 관광자원의 발굴 및 역할이 높아지고 있다는 점이다. 따라서 관광객은 보다 가치 있고 매력 있는 관광자원을 접하고자 하며, 또한 관광지는 매력 있는 관광자원을 발굴해 많은 관광객을 유치하기 위해 노력하고 있다.

관광자원(tourism resources)이란 '관광객이 관광욕구를 가지고 일부러 찾아올 만큼의 목적물'을 말한다. 즉 관광자원은 ① 관광산업에 있어서는 경제적 가치를, ② 관광객에게는 위락적 · 문화적 가치를 지닌 관광대상물이다. 그러나 관광자원은 종래 관광지의 발전을 위해 경제적인 측면을 강조해 왔지만, 금후는 ① 문화적, ② 교육적인 의식을 전면에 내세울 필요가 있다.

관광자원은 관광객의 욕구나 기대와는 관계없이 존재하기도 하지만, 실제로는 관광객의 행동을 유발시키는 직접적인 원인이 되기도 한다. 즉 관광의 주체인 관광객으로 하여금 관광동기를 유발시켜 관광행동으로 나아가게 하는 목적물로서의 관광대상(관광객체)을 말한다.

관광자원에 대한 학자들의 견해를 살펴보면, 하세 마사히로(長谷政弘)는 관광자원을 '관광객이 관광욕구를 가지고 일부러 발걸음을 할 정도의 목적물이다'라고 주장하였고, 또한 '관광행동 측면에서의 대상으로 자연적인 것, 시간경과에 의한 인문적인 것, 양자의 복합적인 것'이라 하였다. 고다니 이시다(小谷達男)는 관광자원을 '관광의 모든 효과를 창조하는 원천으로서 작용하는 대상의 실체'라고 강조하였다.

관광자원이 어떠한 형태를 갖고 있는가에 관계없이 관광객을 주체로 생각할 때 주체가 장소 이동의 목적물이 되는 객체, 즉 그 대상물을 관광자원이라고 볼 수 있다. 따라서 관광자원은 관광객의 관광욕구와 동기를 유발시켜 줄 수 있는 ① 자연자원, ② 인문자원, ③ 유형자원, ④ 무형자원의 모든 자원을 말한다.

관광자원의 범위가 매우 복잡하고 다양하기 때문에 명확한 정의를 내리기는 어렵지만, 일본 학자들의 정의를 〈표 5-1〉과 같이 요약해 볼 수 있다.

〈표 5-1〉 관광자원의 정의

학자명	정의
하세 마사히로 (長谷政弘)	- 관광객이 관광욕구를 가지고 일부러 발걸음을 할 정도의 목적물 - 관광행동 측면에서의 대상으로 자연적인 것, 시간경과에 의한 인문적인 것, 양자의 복합적인 것
고다니 이시다 (小谷達男)	- 관광의 모든 효과를 창조하는 원천으로서 작용하는 대상의 실체
쓰다 노보루 (津田昇)	- 관광객이 관광동기와 관광욕구의 목적물로 삼는 관광대상

2. 관광자원의 특성

관광자원(tourism resources)은 관광의 주체인 관광객으로 하여금 관광동기와 의욕을 일으키게 하는 대상으로서, 유형이든 무형이든 관광객을 끌어들이고 관광소득을 높일 수 있는 경제적 자원을 말한다. 일반적으로 관광자원은 자연 모습 그대로의 가치를 지닌 것과 개발을 통하여 이루어진 관광자원이 있다.

관광자원의 가치는 시대와 시간의 변화 · 지역의 변화 · 공간의 변화 · 기술의 변화에 따라 달라진다. 또한 인종적 요소 · 종교적 요소 · 역사적 요소 · 문화적 요소 · 국토적 여건 등에 의하여 모두 상이하게 나타날 수 있다.

관광객을 유인하는 관광대상물(관광객의 욕구를 환기시키고 충족시키는 목적물)로서의 관광자원은 목적과 형태 등에 따라 다종다양하게 존재한다. 종래까지 관광자원으로서 인정받지 못했던 자원도 시대적 변화에 따른 대중관광의 보급과 함께 새로운 관광자원으로 각광받기도 하지만, 그와 반대로 매력을 상실해 가는 자원도 있을 수 있다.

관광자원으로서 갖추어야 하는 특성으로는 〈표 5-2〉와 같이 ① 매력물과 유인성, ② 개발성, ③ 다양성, ④ 가치변화, ⑤ 보존보호 등을 들 수 있다.

〈표 5-2〉 관광자원으로서 갖추어야 하는 특성

구분	내용
매력물 유인성	– 관광객들이 관광하고자 하는 욕구와 동기를 일으키는 현상을 말한다. 즉 자원의 매력성을 바탕으로 관광객을 움직이도록 하는 유인성(pull power)을 가져야 함
개발성	– 관광자원은 관광가치를 지니고 있는 자연적 자원을 개발하여 관광객의 관광대상물이 되도록 하는 것이다. 즉 관광자원은 인위적인 개발을 통해서 관광대상이 됨
다양성	– 관광자원은 범위가 다양하고 자연 · 인문 등 우리가 관광자원으로 인식할 수 있어야 하며, 그 밖에 인상적인 대상물들도 개인의 관점에 따라 훌륭한 관광자원이 됨

구분	내용
가치변화	-관광자원은 사회구조 · 시간과 장소 · 시대환경 등에 따라 가치를 달리한다. 즉 과거에는 자원으로써 가치가 없었는데, 기술의 발달 및 관광객의 생활변화 등으로 인하여 가치를 인정하는 경우도 생김
보존보호	-관광자원은 보존 또는 보호를 필요로 한다. 보존은 '자원의 가치를 유지한다는 의미'이고, 보호는 '원형을 가능한 그대로 유지하는 것'을 뜻함

3. 관광자원의 요건

오늘날 관광현상은 그 자체가 경제적 · 사회적으로 큰 비중을 차지하고 있다. 현대사회에 있어서 종래의 대중관광개념으로는 관광객을 만족시킬 수 없을 것이다. 따라서 관광객의 다양한 욕구에 대응하기 위해서는 관광자원의 요건들이 좀 더 폭넓은 관점에서 관찰되어야 할 것이다.

로빈슨(Robinson)은 관광자원의 중요한 구성요소로 기후 · 경관 · 위락시설 · 역사 및 문화유적 접근성 · 숙박시설을 들었고, 하이티(Haahti)는 관광자원의 요건으로서 관광객에게 ① 색다른 경험과 ② 접근성 · 경제성을 지적하고, 그 내용으로서 화폐가치 · 접근성 · 스포츠시설 · 심야유흥 · 오락 · 평화롭고 조용한 휴가 · 친근하고 친절한 사람들 · 자연공원 · 캠핑 · 문화적 경험 · 아름다운 풍경 · 새로운 목적지 등을 들고 있다. 관광자원으로서 갖추어야 할 요건은 〈표 5-3〉과 같다.

〈표 5-3〉 관광자원의 요건

구분	내용
색다른 경험	-관광자원은 색다른 경험이 가능한 여건을 갖추어야 한다. 즉 다양한 스포츠시설, 야간활동 및 연회, 아름다운 풍경, 문화적 경험, 자연공원 및 캠핑, 조용하고 아늑한 분위기, 주민들의 친절 등 새로움을 추구

구분	내용
접근성 · 경제성	–관광자원은 접근성과 경제성을 만족시킬 수 있어야 한다. 관광자원은 아무리 훌륭한 매력물이라 할지라도 쉽게 접근할 수 없으면 자원으로서의 가치를 지닐 수 없음
혜택 제공	–관광객이 원하는 혜택을 제공할 수 있어야 한다. 관광활동은 관광객의 관광동기 또는 욕구를 충족시키는 과정이며, 관광객은 이러한 자신의 욕구를 충족시킬 수 있다고 생각되는 대상을 선택

제2절 관광자원의 가치

관광자원은 원래부터 높은 흡인력을 갖고 있는 것도 있으나, 시대의 흐름과 지식의 발달로 인하여 가치(value)를 새롭게 인정받거나 반대로 상실하는 경우도 있다. 따라서 관광자원은 있는 그대로의 상태만을 강조할 수 없으며, 개발에 의해서 관광자원의 역할을 하게 된다.

관광자원은 관광목적의 대상이 될 수 있는 요소와 관광재화로서의 가치가 함유된 물질이어야 한다. 관광자원은 관광객의 소비에 의해서 그 가치가 결정되므로 이의 상관관계에 따라 한정되는 것이 바람직하다. 즉 경제적 측면에서 연구의 대상으로 결정되며, 자원 중에서도 관광가치가 내포된 경우에 한해서 관광자원으로 인정한다는 것이다.

관광객의 관광동기 유발과 욕구를 충족시켜 줄 수 있는 모든 대상물이 관광자원이 될 수 있으며, 또한 관광객의 개인적 · 주관적 가치기준에 따라 대상으로서의 가치를 부여할 수 있기 때문에 생활주변의 모든 객체들이 관광자원이 될 수 있다.

관광자원의 가치로는 첫째, 매력성(attractiveness)을 들 수 있다. 매력성을 높이려면, 관광객의 마음을 끌어당길 수 있는 묘한 힘을 지니거나 유인할 수 있는 차별적이고 독특한 자원을 지녀야 한다. 즉 관광객의 관광욕구나 동기를 일으킬 수 있는 아름다운 풍경이나 다양한 자원이 집중되어 있으면 매력성이 높아지게 된다.

둘째, 접근성(accessibility)을 들 수 있다. 전술한 바와 같이 관광자원이 아무리 훌륭한 매력물을 갖추었다 할지라도 쉽게 접근할 수 없으면 자원으로서의 가치를 지닐 수 없게 된다. 따라서 관광동기는 심리적 거리에 의해서 접근하게 되므로 접근성은 관광객의 행동에 큰 영향을 미치게 된다.

셋째, 이미지(image)를 들 수 있다. 이미지는 한 사람 또는 집단이 어떤 대상에 대해 갖고 있는 일련의 신념으로서 국가 및 지역의 관광 이미지 제고는 관광객을 여행에 참여시키는 데 중요한 역할을 하게 된다. 관광지 이미지의 여부에 따라 방문객 수의 증감이 달라질 수 있다.

넷째, 관광시설(tourism facilities)을 들 수 있다. 관광시설은 관광객에게 관계되는 시설을 말한다. 즉 관광객이 목적으로 하는 ① 관광대상시설(테마파크 · 박물관 · 골프장 등)과 이용하는 ② 관광이용시설(숙박시설 · 레스토랑 · 토산품점 등)의 2가지가 있다. 관광시설은 관광객에게 직접적인 관광동기를 일으키게 하지는 못하지만, 즐거움 · 편안함 · 안전 등의 요소를 제공하여 관광자원의 가치를 향상시키는 역할을 한다.

다섯째, 관광기반시설(infrastructure)을 들 수 있다. 관광기반시설은 관광객이 관광지나 관광자원에 접근하는 데 이용되는 ① 교통수단, ② 전기 및 통신시설, ③ 상하수도 시설, ④ 의료시설 등이 여기에 해당된다. 하부구조 역시 관광시설과 마찬가지로 여행의 주된 목적 대상은 아니지만, 관광객에게 가장 기초적인 편의를 제공한다.

특히 관광현상에 있어서 관광자원은 관광의 필수불가결한 요소로서 관광자원 없이는 관광이 성립될 수 없게 된다. 따라서 관광가치는 대단히 넓은 분야로 구성되어진다. 버카트와 메들릭(Burkart & Medlik)은 관광자원의 가치를 결정짓는 요인으로 ① 매력성, ② 접근성, ③ 이미지, ④ 관광시설, ⑤ 관광기반시설을 들고 있다. 관광자원의 가치를 결정하는 요인을 정리하면 〈표 5-4〉, 〈그림 5-1〉과 같다.

〈표 5-4〉 관광자원의 가치를 결정하는 요인

구분	내용
매력성	- 관광객의 마음을 끌어당기는 묘한 힘이나 유인할 수 있는 차별적이고 독특한 자원을 지녀야 하고, 아름다운 풍경이나 다양한 자원들이 집중되어 있으면 매력성이 높아짐
접근성	- 관광동기는 심리적 거리에 의해서 접근하게 되므로 접근성은 관광객의 행동에 크게 영향을 줌
이미지	- 국가 및 지역의 관광 이미지 제고는 관광객들을 여행에 참여시키는 데 중요한 역할을 함
관광시설	- 관광객에게 즐거움 · 편안함 · 안전 등의 요소를 제공하여 관광자원의 가치를 향상시키는 역할
관광기반시설	- 관광객이 관광지나 관광자원에 접근하는 데 이용되는 교통수단 · 전기 및 통신시설 · 상하수도시설 · 의료시설 등

〈그림 5-1〉 관광자원의 가치를 결정하는 요인

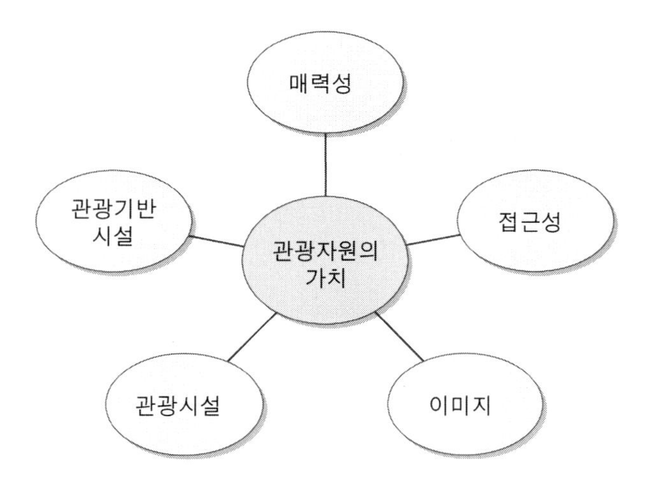

제3절 관광자원의 분류

관광자원은 다종다양하며, 그 한계를 정하기가 매우 어렵고 또 무엇을 기준으로 하느냐에 따라 달라진다. 즉 형태의 유무를 중심으로 하느냐 혹은 관광자원이 만들어지는 생성과정을 중심으로 하느냐에 따라 그 형태가 달라질 수 있다.

관광자원을 입지에 따라 분류하면 ① 이용자중심형 관광자원(도시공원 · 놀이터 등), ② 중간형 관광자원(도립공원 · 군립공원), ③ 자원중심형 관광자원(국립공원 · 산림 등)으로 구분되며, 가시성에 따라 분류하면 ① 유형관광자원(자연자원 · 문화자원 · 산업자원), ② 무형관광자원(인적 자원 · 비인적 자원)으로 구분된다.

자원의 생성과정을 중심으로 분류하면 ① 자연관광자원(원형보존), ② 인문관광자원(인간의 노력과 지혜가 총합) 등으로 구분하고, 관광객의 행동패턴에 따라 분류하면 ① 주유형 관광자원(숙박하지 않고 이동하면서 보고 즐김), ② 체재형 관광자원(숙박하면서 그 지역 내에서 보고 즐김)으로 구분된다.

시장의 특성에 따라 분류하면 ① 자원 중심형, ② 이용자 중심형, ③ 중간 중심형 지역으로 구분하며, 현대의 일반적인 분류방법에 따라 분류하면 ① 자연적 관광자원, ② 문화적 관광자원, ③ 사회적 관광자원, ④ 산업적 관광자원, ⑤ 위락적 관광자원으로 구분한다. 관광자원의 분류방법도 학자에 따라 그 형태가 약간 다르게 나타나고 있으나, 그 내용은 거의 비슷하다.

건(Gunn)은 관광자원을 ① 관광의 유형과 ② 토지이용 단위별로 분류하고 있고, 버카트와 메들릭(Burkart & Medlik)은 지리학자들의 자원분류 결과를 응용하여 관광자원을 ① 자원 중심형 ② 이용자 중심형으로 분류하고 있다. 그리고 매킨토시(McIntosh)는 관광공급 요소를 구성하는 관광자원을 크게 ① 자연자원과 ② 환대 · 문화자원으로 분류하고 있다.

스에다케 나오요시(末武直義)는 관광자원을 ① 자연자원(관상적 관광자원 · 보양적 관광자원)과 ② 인문자원(문화적 관광자원 · 사회관광자원 · 산업관광자원)으로 분류하였고, 쓰다 노보루(津田昇)는 관광자원을 ① 자연적 관광자원, ② 문화적 관광자원, ③ 사회적 관광자원, ④ 산업적 관광자원 등으로 분류하였다.

기존 관광자원의 분류기준을 정리해 보면, ① 입지에 따른 분류, ② 가시성에 따른 분류, ③ 생성과정에 따른 분류, ④ 관광행동 패턴에 따른 분류, ⑤ 시장의 특성에 따른 분류, ⑥ 분광체에 따른 분류(물리적 특징 · 예상행동 패턴 · 이용 정도 등), ⑦ 토지이용 단위별로 분류, ⑧ 연속체로 분석하려는 경향(입지 · 규모 등) 등을 들 수 있다.

이상의 여러 학자들의 관광자원에 대한 분류방법은 그들 각각의 지론에 따라 독특한 성격을 가지고 있다. 학자들이 분류한 관광자원과 현대의 일반적인 관광자원의 분류방법은 〈표 5-5〉, 〈표 5-6〉과 같다.

〈표 5-5〉 학자들이 분류한 관광자원

학자	분류
건(Gunn)	관광의 유형과 토지이용 단위
버카트와 메들릭 (Burkart & Medlik)	자원 중심형 · 이용자 중심형
매킨토시(McIntosh)	자연자원과 환대 · 문화자원
스에다케 나오요시 (末武直義)	자연자원(관상적 관광자원 · 보양적 관광자원)과 인문자원(문화적 관광자원 · 사회관광자원 · 산업관광자원)
쓰다 노보루(津田昇)	자연적 관광자원 · 문화적 관광자원 · 사회적 관광자원 · 산업적 관광자원

〈표 5-6〉 일반적인 관광자원의 분류

분류	내용
자연적 관광자원	산악 · 구릉 · 호소 · 계곡 · 한천 · 폭포 · 고원 · 평원 · 삼림 · 해안 · 섬 · 해협 · 반도 · 사구 · 온천 · 동굴 · 기상 · 강우 · 등산 등
문화적 관광자원	유무형의 문화재 · 민속자료 · 기념물 · 박물관 · 미술관 · 과학관 · 수족관 · 공원 · 경기장 · 기타 문화시설

분류	내용
사회적 관광자원	취락형태 · 도시구조 · 사회시설 · 국민성 · 민족성 · 풍속 · 행사 · 생활 · 예술 · 교육 · 종교 · 철학 · 음악 · 미술 · 스포츠 · 음식 · 인정 · 예절 · 의복 등
산업적 관광자원	농장 · 농원 · 목장 · 어획법 · 해산물가공시설 · 양식시설 · 이업시설 · 기계설비 · 견본시 · 전시회 · 유통단지 · 백화점 · 생산공정 등
위락적 관광자원	수영장 · 놀이시설 · 레저타운 · 수렵장 · 낚시터 · 카지노 · 보트장 · 승마장 · 나이트클럽 · 주제공원 등

1. 자연적 관광자원

우리가 살고 있는 지구상에는 서로 다른 여러 환경이 존재하지만, 모든 것이 자연적 자원의 범주에 포함된다고 할 수 있다. 즉 다양한 자연환경인 기후와 지형적인 요인에 의해 유기적으로 결합되어 각 지역마다 독특한 경관을 형성하게 된다. 자연의 상태에 따라 지역차가 이루어지고, 이러한 현상이 관광욕구를 충족시켜 줄 수 있는 관광대상으로서 자연적 관광자원이 된다.

또한 자연적 관광자원(natural tourist resources)은 관광대상이 되는 자연 그 자체를 말한다. 또한 도로 · 교통수단 등의 개발조건과 결합되어 관광자원으로서의 가치를 발휘하게 된다. 오늘날 관광자원의 개발형태는 주로 자연자원을 대상으로 하여 개발되고 있다. 따라서 자연적 관광자원은 관광자원의 성격상 매우 큰 범위를 차지하고 있고, 관광자원 중에서 가장 원천적인 것이라 할 수 있다.

1) 자연공원

자연공원이란 '자연의 풍광과 야생 그대로의 자연지역을 보호하면서 인간의 야외 레크리에이션 이용과 교화(敎化) 활용을 도모하기 위해 국가나 시 · 도 · 군이 일정한 지역을 구획하여 이를 지정하고 보호 · 관리하는 공원'을 말하며, ① 국립공원, ② 도립공원, ③ 군립공원 등이 있다. 자원공원을 정리하면 〈표 5-7〉과 같다.

〈표 5-7〉 자연공원

분류	내용
국립공원	국립공원은 우리나라의 자연생태계나 자연 및 문화경관을 대표할 만한 지역으로서 환경부장관이 조사하여 지정한 곳을 말함
도립공원	도립공원은 특별시 · 광역시 · 특별자치시 · 도 및 특별자치도(시 · 도라 함)의 자연생태계나 경관(자연 및 문화경관)을 대표할 만한 지역으로서 특별시장 · 광역시장 · 특별자치시장 · 도지사 또는 특별자치도지사가 지정한 공원을 말함
군립공원	군립공원이란 시 · 군 및 자치구의 자연생태계나 자연 및 문화경관을 대표할 만한 지역으로서 시장 · 군수 또는 자치구의 구청장이 지정 · 관리하는 공원을 말함

(1) 국립공원

국립공원(國立公園)이란 우리나라의 자연생태계나 자연 및 문화경관을 대표할 만한 지역으로서 환경부장관이 지정 · 관리하고, 지정대상지역의 ① 자연생태계, ② 생물자원, ③ 경관의 현황 · 특성, ④ 지형, ⑤ 토지이용상황 등 그 지정에 필요한 사항을 조사하여 지정된 공원을 말한다(자연공원법 제2조 2호 및 제4조).

국립공원을 지정하려는 경우에는 지정대상 지역의 조사결과 등을 토대로 관할 시 · 도지사 및 군수의 의견을 청취하고, 관계 중앙행정기관의 장과의 협의를 거친 후 국립공원위원회의 심의를 거쳐 환경부장관이 지정한다(자연공원법 제4조의2).

세계 최초의 국립공원은 1872년에 지정된 미국 와이오밍(Wyoming) 주의 옐로스톤국립공원(Yellow Stone National Park : 온천 · 간헐천 · 계곡 · 다양한 식생이 있고, 그곳의 흙 · 돌 · 바위가 노란빛을 띠고 있어 Yellow란 이름이 붙여짐)이다.

우리나라는 1967년에 지리산국립공원을 최초로 지정하였고, 1960년대에는 경주와 계룡산 등 4개소, 1970년대에는 설악산과 속리산 등 9개소, 1980년대에는 다도해해상 등 7개소, 2013년에는 무등산 1개소, 2016년에는 태백산 1개소, 2023년에는 팔공산 1개소로 2024년 5월 현재 23개의 국립공원을 지정하였다. 국립공원 지정현황은 〈표 5-8〉과 같다.

〈표 5-8〉 국립공원 지정현황

지정 순위	공원명	위치	비고
1	지리산	전남 전북 경남	- 지정 : 1967.12.29 - 면적 : 440.52㎢ - 자원 : 천왕봉(1,915m) · 제석봉 · 반야봉 · 노고단 · 문장대 · 칼바위 · 피아골계곡 · 심원계곡 · 뱀사골계곡 · 칠선계곡 · 불일폭포 · 구룡폭포 · 화엄사 · 각황전앞석등(국보12호) · 4사자삼층석탑(국보35호) · 연곡사부도(국보53호) · 각황전(국보67호) · 실상사 · 천은사 · 쌍계사 · 화엄사 올벚나무(천연기념물38호) 등
2	경주	경북	- 지정 : 1968.12.31 - 면적 : 138.59㎢ / 도시 - 자원 : 토함산 · 단석산 · 불국사 · 불국사다보탑(국보20호) · 석가탑(국보21호) · 연화교와 칠보교(국보22호) · 청운교와 백운교(국보23호) · 석굴암(국보24호) · 신라태종무열왕릉(국보25호) · 문무대왕수중릉 등
3	계룡산	충남 대전	- 지정 : 1968.12.31 - 면적 : 59.42㎢ - 자원 : 쌀개봉 · 연천봉 · 삼불봉 · 동학사계곡 · 갑사계곡 · 용화사계곡 · 은선폭포 · 용문폭포 · 갑사 · 동학사 · 용화사 · 청학사 등
4	한려해상	전남 경남	- 지정 : 1968.12.31 - 면적 : 510.32㎢ / 해상 - 자원 : 거제해금강 · 남해대교 · 오동도 · 동백숲 · 금산 · 한산도 · 제승당 · 구조라해수욕장 · 상주해수욕장 · 비진도해수욕장 · 거제도 팔손이나무 자생지(천연기념물63호) · 거제학동의 동백림 및 팔색조 도래지(천연기념물233호) 등

지정 순위	공원명	위치	비고
5	설악산 	강원	-지정 : 1970.03.24 -면적 : 371.35㎢ -자원 : 대청봉(1,708m) · 화채봉 · 마등령 · 천불동계곡 · 백담사계곡 · 토왕성폭포 · 비룡폭포 · 대승폭포 · 울산암 · 비선대 · 금강굴 · 오색약수 · 오색온천 · 신흥사 · 백담사 · 봉정암 · 계조암 · 권금성 · 누운잣나무 · 분비나무 · 가문비나무 · 전나무 등 822 종의 식물자생, 사향노루, 반달곰 등 495 종의 동물서식 등
6	속리산 	충북 경북	-지정 : 1970.03.24 -면적 : 275.11㎢ -자원 : 천황봉(1,057m) · 비로봉 · 관음봉 · 화양구곡 · 선유동계곡 · 문장대 · 입성대 · 경업대 · 학소대 · 산호대 · 용화온천 · 법주사 · 정2품송 · 망개나무 등 600여종의 식물자생 등
7	한라산 	제주	-지정 : 1970.03.24 -면적 : 147.65㎢ -자원 : 한라봉(1,950m) · 백록담 · 만세동산 · 윗세오름 · 어승생오름 · 성판악계곡 · 탐라계곡 · 관음사 · 천왕사 · 제주도의 한란(천연기념물191호) 1,800여종의 육상식물자생 등
8	내장산 	전남 전북	-지정 : 1971.11.17 -면적 : 71.29㎢ -자원 : 신선봉 · 서래봉 · 백학봉 · 장군봉 · 금선계곡 · 백암계곡 · 용굴암 · 금선대 · 내장사 · 백양사 · 구암사 · 내장산 굴거리 나무군락(천연기념물 91호) · 비자나무분포(천연기념물153호) · 굴거리나무 군락 등
9	가야산 	경남 경북	-지정 : 1972.10.13 -면적 : 74.94㎢ -자원 : 가야산 · 두루봉 · 남산비봉산 · 가야계곡 · 용문폭포 · 낙화담 · 홍류동계곡 · 해인사팔만대장경판고4동(국보52호) · 대장경판81258(국보32호) 등

지정 순위	공원명	위치	비고
10	덕유산	전북 경남	- 지정 : 1975.02.01 - 면적 : 228.89㎢ - 자원 : 제1덕유산 · 제2덕유산 · 적상산 · 인월담 · 추월담 · 세섬대제33경 · 적상산성 · 나제통문 · 백련사 · 안국사 · 호국사 등
11	오대산	강원	- 지정 : 1975.02.01 - 면적 : 291.04㎢ - 자원 : 비로봉(1,563m) · 노인봉 · 호령봉 · 소금강계곡 · 구룡폭포 · 방아다리약수 · 송천약수 · 적멸보궁 · 아미산성 · 학소대 · 월정사 · 상원사 등
12	주왕산	경북	- 지정 : 1976.03.30 - 면적 : 105.60㎢ - 자원 : 주왕산 · 장군봉 · 주왕굴 · 무장굴 · 연화굴 · 석병암 · 급수대 · 대전사 · 광암사 · 연화사 · 제1폭포 · 제2폭포 · 제3폭포 등
13	태안해안	충남	- 지정 : 1978.10.20 - 면적 : 328.45㎢ / 해상 - 자원 : 국사봉 · 북국사봉 · 남국사봉 · 학암 · 먹바위 · 거북바위 · 학암포해수욕장 · 만리포해수욕장 · 태국사 등
14	다도해해상	전남	- 지정 : 1981.12.23 - 면적 : 2,341.36㎢ / 해상 - 자원 : 거북암 · 흔들바위 · 신선바위 · 백도바위 · 남문바위 · 홍도양산벽 · 홍도 · 백도 · 거문도 · 조도 · 자금도 · 예송리해수욕장 · 명사십리해수욕장 · 진리해수욕장 등
15	북한산	서울 경기	- 지정 : 1983.12.31 - 면적 : 80.67㎢ - 자원 : 북한산 · 백운대 · 인수봉 · 만경봉 · 도봉산 · 도봉계곡 · 우이계곡 · 정릉계곡 · 진관계곡 · 신라진흥왕순수비(국보3호) · 구기리마애석가여래좌상(보물215호) · 망월사 · 회룡사 · 삼천사 · 진관사 등

지정 순위	공원명	위치	비고
16	치악산	강원	– 지정 : 1984.04.02 – 면적 : 181.33㎢ – 자원 : 비로봉(1,288m) · 삼봉 · 매화봉 · 구룡사계곡 · 구룡사 · 상원사 · 황장금표 등
17	월악산	충북 경북	– 지정 : 1984.12.31 – 면적 : 284.21㎢ – 자원 : 원악산 · 용두산 · 하설산 · 덕주계곡 · 송계계곡 · 구담봉 · 옥수봉 · 하선암 · 상선암 · 자연대 등
18	소백산	충북 경북	– 지정 : 1987.12.14 – 면적 : 320.50㎢ – 자원 : 비로봉 · 국망봉 · 연화봉 · 죽령계곡 · 죽계구곡 · 거북바위 · 배바위 · 희방폭포 · 석천폭포 · 용담폭포 · 온달동굴 · 천동동굴 · 노동동굴 · 고수동굴 · 부석사석 등(국보17호) · 무량수전(국보18호) · 조사당(국19호) · 주목군락(천연기념물244호) 등
19	변산반도	전북	– 지정 : 1988.06.11 – 면적 : 155.92㎢ / 해상 – 자원 : 내소사 고려동종(보물277호) · 개암사 대웅보전(보물292호) · 내소사 대웅보전(보물291호) · 내소사 · 개암사 · 우금산성 등
20	월출산	전남	– 지정 : 1988.06.11 – 면적 : 40.70㎢ – 자원 : 천황봉 · 구정봉 · 도갑사계곡 · 무위사계곡 · 대통폭포 · 은천폭포 · 무위사극락전(국보13호) · 보림사3층석탑 및 석등(국보44호) · 도갑사 해탈문(국보50호) · 월출산마애여래좌상(국보114호) · 보림사철조비로자나불좌상(국보117호) 등
21	무등산	광주 전남	– 지정 : 2013.03.04 – 면적 : 30.23㎢ – 자원 : 천왕봉 · 서인봉 · 입석대 · 의상봉 · 원효사 · 증심사 · 용추계곡 · 지공터널 등

지정 순위	공원명	위치	비고
22	태백산	강원	– 지정 : 2016.08.22 – 면적 : 70㎢ – 자원 : 함백산(1,572m) · 장군봉 · 영봉 · 부쇠봉 · 문수봉 · 천제단 · 방경사 · 유일사 · 주목군락지 · 금대봉 야생화 군락지 등 480여종의 식물자생
23	팔공산	대구 경북 칠곡 군위 경산 영천	– 지정 : 2023.12.31 – 면적 : 126.852㎢ – 자원 : 비로봉, 동화사, 마애여래좌상, 은해사, 군위삼존석불 등

자료 : 환경부, 2024년 5월 기준.

(2) 도립공원

도립공원(道立公園)은 ① 특별시, ② 광역시, 특별자치시 · 도 및 특별자치도(이하 "시 · 도"라 한다)의 자연생태계나 자연 및 문화경관을 대표할 만한 지역으로서 특별시장 · 광역시장 · 특별자치시장 · 도지사 또는 특별자치도지사(이하 "시 · 도"라 함)가 지정한 공원을 말한다.

시 · 도지사가 도립공원을 지정하고자 하는 때에는 관할 군수(시장 · 군수 또는 자치구의 구청장)의 의견을 청취하고, 관계 중앙행정기관의 장과의 협의를 거친 후 도립공원위원회의 심의를 거쳐야 한다.

국내의 도립공원현황을 보면, 1970년 6월에 경상북도 금오산을 최초의 도립공원으로 지정한 이래, 2024년 5월 현재 29개소의 도립공원을 지정하였다. 도립공원 지정현황은 〈표 5-9〉와 같다.

〈표 5-9〉 도립공원 지정현황

지정	공원명	위치	지정일	면적(㎢)	비고
1	금오산	경북 구미 · 칠곡 · 김천	1970.06.01	37.290	
2	남한산성	경기 광주 · 하남 · 성남	1971.03.17	35.166	
3	모악산	전북 김제 · 완주 · 전주	1971.12.02	42.220	
4	덕산	충남 예산 · 서산	1973.03.06	21.045	
5	칠갑산	충남 청양	1973.03.06	32.542	
6	대둔산	전북 완주, 충남 논산 · 금산	1977.03.23	62.960	
7	마이산	전북 진안	1979.10.16	16.900	
8	가지산	울산 · 경남 양산 · 밀양	1979.11.05	105.463	
9	조계산	전남 순천	1979.12.26	27.380	
10	두륜산	전남 해남	1979.12.26	33.390	
11	선운산	전북 고창	1979.12.27	43.700	
12	문경새재	경북 문경	1981.06.04	5.300	
13	경포	강원 강릉	1982.06.26	1.689	해상
14	청량산	경북 봉화 · 안동	1982.08.21	48.760	
15	연화산	경남 고성	1983.09.29	22.260	
16	천관산	전남 장흥	1998.10.13	7.594	
17	연인산	경기 가평	2005.09.15	37.445	
18	신안증도갯벌	전남 신안	2008.06.05	144.000	해상
19	무안갯벌	전남 무안	2008.06.05	37.123	해상
20	마라해양	제주 서귀포	2008.09.19	49.755	해상
21	성산일출해양	제주 서귀포	2008.09.19	49.755	해상

지정	공원명	위치	지정일	면적(㎢)	비고
22	서귀포해양	제주 서귀포	2008.09.19	16.156	해상
23	추자해양	제주 제주	2008.09.19	95.292	해상
24	우도해양	제주 제주	2008.09.19	25.863	해상
25	수리산	경기 군포 · 안양 · 안산	2009.07.16	6.963	
26	제주곶자왈	제주 서귀포	2011.12.30	1.547	
27	고복	세종 연서	2013.01.07	1.949	
28	벌교갯벌	전남 보성	2016.01.28	23.068	해상
29	불갑산	전남 영광	2019.1.10	6.89	

*자료 : 2024년 5월 기준.
*낙산도립공원 : 2016년에 해제.
*팔공산: 2023년 12월 31일 국립공원 승격.

2) 산악관광자원

산지는 관광의 일차적인 자원이며, 독특한 자연경관은 관광객을 자연지역으로 유인한다. 즉 관광의 대상 가운데 가장 원천적인 것이 자연관광자원이다. 산악관광지는 기암절벽 · 아름다운 계곡 · 울창한 산림 · 사계절의 변화, 그리고 그 속에서 살아가는 동식물의 형태 등 관광자원의 대표적인 형태로 관광자원의 압권이라 할 수 있다.

최근에는 자연의 신비성을 경험하기 위하여 많은 관광객이 산을 찾는다. 일반적으로 산악관광지는 등산 · 하이킹 · 캠프 · 스키 · 피서 · 보건 · 휴양 · 종교 · 레크리에이션 · 경관감상 등의 다양한 목적으로 이용된다. 시설로는 호텔 · 별장 · 스키장 · 캠프장 · 온천장 등을 갖추고 있다.

3) 내수면 관광자원

물은 자연에서 얼음이나 눈 같은 고체상태, 즉 물과 같은 액체상태, 수증기 같은 기체상태로 존재한다. 물은 가장 풍부한 자연물 가운데 하나로 화합물의 기본요소이다. 모든 동식물 조직의 세포와 많은 광물 결정의 성분이며, 생물계에서는 동식물의 영양섭취를 비롯해 모든 생명현상에 필수적이고 중요한 역할을 하고 있다.

따라서 물은 인간생활에 그 쓰임의 폭과 양, 그리고 긴요성에 있어 가장 중요한 자원 중 하나로서, 오늘날에는 물의 용도가 다양해져서 가정 · 도시 · 농업 · 공업 · 교통 · 관광 · 스포츠 등 다방면에 걸쳐서 인간생활에 이용된다. 하천과 인공 댐이 대표적인 내수면 관광자원이 된다.

4) 온천 관광자원

온천은 지하에서 솟아나온 따뜻한 물[泉]을 말한다. 즉 '주변 대기온도보다 높은 온도의 물을 뿜어내는 샘의 한 종류'이다. 일반적으로 온천은 화산지대 및 화산활동이 있는 지역에 많이 분포하고 있다.

우리나라는 ① 섭씨 25도 이상(일본 · 남아공)을 온천으로 규정하고 있지만, ② 영국 · 독일 · 프랑스 등 서유럽에서는 섭씨 20도 이상을, ④ 미국은 섭씨 21.1도 이상을 온천으로 규정하고 있다. 대표적인 온천은 아산의 온양온천 · 충주의 수안보온천 · 대전의 유성온천 · 아산의 도고온천 · 울진의 백암온천 · 창녕의 부곡온천 · 부산의 해운대온천 등이 있다.

5) 동굴 관광자원

동굴은 '자연적으로 형성된 지하의 공동(空洞)'을 말한다. 동굴은 일련의 동굴로 된 여러 개의 지하 공동으로 구성되며, 이러한 작은 동굴들은 통로로 서로 연결되어 하나의 동굴계(洞窟系)를 이룬다. ① 1차 동굴은 모암(母岩)이 고화(固化)되는 동안에 형성된 것이며, ② 2차 동굴은 모암이 침적하거나 고화된 후에 형성된 것이다.

대부분의 동굴들은 대체로 후자에 속하지만, 어떤 경우는 1차 동굴이 2차 동굴 형성에 관여한 방법으로 오랜 지질시대를 거치면서 더 발달하거나 확장된다. 우리나라에는 약 1천여 개의 자연동굴이 분포하고 있으며, 그중 규모가 가장 큰 것은 3백여 개가 있다. 대표적인 동굴관광자원으로는 제주 만장굴 · 영월 고씨동굴 · 익산 천호동굴 · 울진 성류굴 등이 있다.

6) 해안 관광자원

해안은 '바다와 맞닿은 넓은 육지'를 말한다. 전 세계 해안선의 총길이는 31만 2천㎞에 이른다. 해안선은 전 지질지대에 걸쳐 육지와 바다의 상대적 높이가 크게 바뀜에 따라 달라져 왔다. 홍적세(약 258만년 전부터 1만년 전까지)의 빙하작용에 대한 연구에 따르면, 빙하가 전진할 때 바닷물이 밀려남으로써 모든 해안지역이 바뀌게 되었다고 한다.

지구표면의 약 70%를 차지하는 바다는 그 광대함과 심오함으로 인하여 인류과학의 끊임없는 도전을 받아왔으나, 아직까지는 그 대부분이 미지의 것으로 남아 있다. 오늘날 해운 · 관광 · 레저 등 해안에서 이루어지고 있는 인간활동의 배경이 되고 있는 해안공간자원은 해상 · 해중 · 해저의 모든 공간을 의미한다.

2. 문화적 관광자원

우리 선조들이 물려준 문화유산은 국내외의 여러 민족이나 국가의 문화와 서로 연관을 맺으며 생산된 것이므로 국제성을 띠고 있다. 문화적 관광자원(cultural tourist resources)은 ① 문화재자원과 ② 박물관자원으로 크게 대별할 수 있는데, 우리 조상들의 슬기 · 예술성 · 민족정신 · 철학 등이 담긴 역사의 실증자료로 다른 어떤 기록물보다 많은 의미를 함축하고 있다.

즉 문화적 관광자원은 민족문화의 유산으로서 국민이 보존할 만한 가치가 있고, 관광매력을 지닌 자원을 말한다. 특히 문화재는 민족의 유구한 문화정신과 지혜가 담겨 있는 역사적 소산이므로 우리의 전통문화와 민족의 위상을 소개할 수 있는 훌륭한 관광자원이 된다.

1) 문화재의 정의

(1) 문화재보호법의 목적

「문화재보호법」은 '문화재를 보존하여 민족문화를 계승하고, 이를 활용할 수 있도록 함으로써 국민의 문화적 향상을 도모함과 아울러 인류문화의 발전에 기여함을 목적으로 한다'라고 하였다.

(2) 문화재의 정의·유형

「문화재보호법」은 '문화재'를 '인위적 · 자연적으로 형성된 국가적 · 민족적 · 세계적 유산으로서 역사적 · 예술적 · 학술적 · 경관적 가치가 큰 것'으로 규정하면서 문화재를 성격에 따라 유형화하고, 각 유형에 대해 정의하고 있다.

문화재의 유형은 다시 ① 유형문화재, ② 무형문화재, ③ 기념물, ④ 민속문화재 등으로 구분한다(문화재청, 2023). 문화재의 유형을 정리하면 〈표 5-10〉과 같다.

〈표 5-10〉 문화재의 유형

유형	내용
유형문화재	건조물, 전적, 서적, 고문서, 회화, 조각, 공예품 등 유형의 문화적 소산으로서 역사적 · 예술적 또는 학술적 가치가 큰 것과 이에 준하는 고고자료
무형문화재	여러 세대에 걸쳐 전승되어 온 무형의 문화적 유산 중에 ① 전통적 공연 · 예술, ② 공예, 미술 등에 관한 전통기술, ③ 한의약, 농경 · 어로 등에 관한 전통지식, ④ 구전 전통 및 표현, ⑤ 의식주 등 전통적 생활관습, ⑥ 민간신앙 등 사회적 의식, ⑦ 전통적 놀이 · 축제 및 기예 · 무예
기념물	① 절터, 옛 무덤, 조개무덤, 성터, 궁터, 가마터, 유물포함층 등의 사적지와 특별히 기념이 될 만한 시설물로서 역사적 · 학술적 가치가 큰 것, ② 경치가 좋은 곳으로서 예술적 가치가 크고 경관이 뛰어난 것, ③ 동물(서식지, 번식지, 도래지 포함), 식물(자생지 포함), 지형, 지질, 광물, 동굴, 생물학적 생성물 또는 특별한 자연현상으로서 역사적 · 경관적 또는 학술적 가치가 큰 것
민속문화재	의식주, 생업, 신앙, 연중행사 등에 관한 풍속이나 관습에 사용되는 의복, 기구, 가옥 등으로서 국민생활의 변화를 이해하는 데 반드시 필요한 것

*자료 : 문화재청, 「국가유산연감」, 2023.

2) 문화재 지정 및 등록

문화재는 행정주체(지정권자)의 지정여부에 따라 '지정문화재'와 '비지정문화재'로 구분되며, '지정문화재'는 문화재보호법에 따라 국가(문화재청장)가 지정하는 '국가지정문화재', 지방자치단체(특별시장 · 광역시장 · 도지사)가 지정하는 '시도지정문화재' 및 '문화재자료'로 분류된다. 또한, 지정문화재가 아닌 문화재로 등록문화재가 있다.

(1) 국가지정문화재

전술한 바와 같이 국가지정문화재(국보 · 보물 · 사적 · 명승 · 천연기념물 · 국가무형문화재 · 국가민속문화재)는 문화재청장이 「문화재보호법」 제23조부터 제26조까지의 규정에 따라 지정한 문화재를 말한다.

국가지정문화재는 ① 국보, ② 보물, ③ 사적, ④ 명승, ⑤ 천연기념물, ⑥ 국가무형문화재, ⑦ 국가민속문화재로 구분한다(2023).

(2) 시도지정문화재

전술한 바와 같이 시도지정문화재는 특별시장 · 광역시장 · 특별자치시장 · 도지사 또는 특별자치도지사(이하 '시 · 도지사'라 한다)가 「문화재보호법」 제70조제1항에 따라 지정한 문화재를 말한다.

시도지정문화재는 ① 시도유형문화재, ② 시도무형문화재, ③ 시도기념물, ④ 시도민속문화재, ⑤ 문화재자료로 세분한다(문화재청, 2023).

3. 사회적 관광자원

관광객의 이동에 따라 발생되는 타국이나 타지방 사람들과의 자연스런 만남의 연속 자체가 사회적 관광자원의 중요한 요소가 된다. 종전의 관광자원이 주로 자연 및 문화적 관광대상으로서 추구해 온 반면에 관광의 질적 발전에 발맞추어 사회적인 의미로 그 개념이 정립되고 있다.

최근 다양화된 관광행동의 지향에 따라 소박한 향토경관과 인정 · 풍속 · 생활자료 등도 재평가를 받고 있다. 사회적 관광자원은 ① 도시의 문화환경, ② 생활문화, ③ 지역의 역사와 풍습, ④ 사람들의 소박한 인정, ⑤ 국민성과 이에 따른 생활자료, ⑥ 각종 제도와 사회공공시설 등이 포함되고 있다.

1) 도시관광

도시관광(urban tourism)이란 '① 도시관광객, ② 도시의 관광대상, ③ 관광기업, ④ 관련정부, ⑤ 시민과의 상호작용과 현상의 총체'라고 정의할 수 있다. 여기서 도시관광객은 순수 또는 겸목적 관광으로 당해 도시 외부로부터의 방문자 및 도시 내부에서 발생되는 관광을 모두 포함한다.

관광대상은 도시자체가 지니고 있는 총체적 매력 · 자연 및 인문자원 · 시설 · 서비스 등의 흡인요소들을 포함한다. 그리고 관광기업은 도시관광객의 관광경험을 충족시켜 주는 도시관광상품과 서비스를 제공하는 관련업체를 지칭하며, 관련정부와 시민은 당해 도시의 정부와 거주지를 의미한다.

2) 인정 · 풍속 · 행사

인정(人情)은 '남을 동정하고 이해하는 따뜻한 마음', '사람이 본디 가지고 있는 감정이나 심정'이라는 뜻이고, 풍속(風俗)은 '예부터 그 사회에 전해 오는 생활 전반의 습관이나 버릇 따위를 이르는 말'이다. 행사(行事)는 '많은 사람이 특정한 목적이나 계획을 가지고 정해진 절차에 따라 조직적으로 진행하는 일'을 말한다.

외국인 관광객의 입장에서 볼 때 방문국가의 인정 · 풍습 · 행사 등은 커다란 관광매력이 될 수 있다. 특히 향토색이 풍부한 민속제전, 그 고장에 전해지고 있는 전설 · 신화 · 전승지에 얼룩진 전기 등 근대화가 침투되지 않은 사회나 지역의 풍속이 관광의 대상으로 주목받게 되었다.

3) 국민성 · 민족성

국민성이란 '어떤 국민에게 공통적으로 나타나는 가치관 · 행동양식 · 사고방식 · 기질 따위의 특성'을 뜻하고, 민족성은 '민족마다 가지고 있는 고유한 기질'을 의미하고 있다. 국민성과 민족성도 외국인 관광객에게 흥미를 끌게 하는 매력 있는 주요 관광대상이 된다.

한국의 국민성 · 민족성의 특징은 그 문화의 종합성과 융합성에 있다고 말할 수 있다. 특히 불교와 유교를 바탕으로 한 성격형성이나 예절 · 예술 · 예능에도 뛰어난 재능을 발휘하여 값진 문화유산을 남겼다.

4) 예술 · 예능 · 스포츠

예술(藝術)이란 '아름다움을 표현하고 창조하는 일에 목적을 두고 작품을 제작하는 모든 인간 활동과 그 산물을 통틀어 이르는 말'이고, 예능(藝能)은 '연극이나 영화 · 음악 · 미술 · 무용 등의 연예 분야를 통틀어 이르는 말'이다. 스포츠는 '몸을 단련하거나 건강을 위해 몸을 움직이는 일'을 뜻하고 있다.

특히 고대로부터 전승되고 있는 그 나라의 독특한 고전적 예술(한국의 판소리 · 이탈리아의 가극 · 러시아의 발레 · 일본의 가부키 · 중국의 경극 등), 또는 근대 음악과 근대 회화 등의 예술작품도 중요한 관광대상이 된다.

5) 교육 · 사회 · 문화시설

교육시설(教育施設)은 유치원에서부터 대학에 이르기까지 관광객의 흥미와 관심을 끄는 중요한 관광대상 가운데 하나이다. 따라서 세계 각국에서는 국빈을 대학에 안내할 뿐만 아니라, 일반 관광객에게도 개방하여 견학시키고 있다.

사회시설(社會施設)은 청와대 · 국회의사당 · 고속도로 · 양로원 · 사회복지시설 · 도시교통시설 등이 있고, 문화시설(文化施設)은 시민회관 · 문화회관 · 예술회관 · 문화연구소 · 미술전람회 · 도서관 · 과학연구소 등이 있다. 이 같은 시설과 운영상태 등을 견학 · 시찰하거나 관광함으로써 지식과 견문을 넓힐 수 있다.

6) 향토특산물

향토특산물은 '그 지역이 아니면 생산할 수 없는 상품을 의미'한다. 즉 '어떤 지역에서 특별히 나오는 산물로 좁게는 그 지역의 기후나 환경 때문에 나오는 곡물 · 과일 · 채소 · 육류 · 어패류와 같은 식품류를 일컫지만, 넓게는 공산품이나 전통제품도 아울러 일컫는 말'이다.

우리나라에서 널리 알려진 지역 특산물로는 안성의 유기 · 이천의 도자기 · 완도의 김 · 나주의 배 · 안동의 모시 · 전주의 한지 · 영덕의 대게 · 영양의 고추 · 통영의 나전칠기 · 영광의 굴비 · 고창의 수박 · 제주도의 감귤 등이 있다. 향토특산물은 그 지역의 경제와 관광에 미치는 영향이 크기 때문에 각 지방자치단체에서는 특산물을 브랜드화하기 위해 많은 노력을 기울이고 있다.

7) 향토음식

향토음식은 '그 지방 특유의 전통적인 음식'을 말한다. 즉 '그 토지의 풍토나 산물을 이용한 요리'를 말한다. 교통이 발달하지 못했던 19세기 후반까지 우리나라에는 그 지방에서만 생산되는 식재료나, 그 지방 특유의 조리법으로 만드는 갖가지 향토음식이 많았다.

최근 교통의 발달과 퓨전음식의 도입으로 향토음식이 개성을 잃고 토속의 맛을 제대로 재현해 내지 못하는 경향이 있으나, 아직 각 지방에는 특색 있는 고유의 음식이 많이 전해지고 있다. 오늘날 지역과 국가 간의 상이한 생활관습이나 예절 · 음식물 등은 관광객에게 흥미와 관심의 대상이 되며, 관광의욕을 갖게 하는 매력적인 자원이 되고 있다.

4. 산업적 관광자원

관광자원을 하나의 산업적인 측면으로 활용하는 것을 산업적 관광자원(technical tourist resources)이라고 하며, 1952년 프랑스에서 시작되었다. 산업적 관광자원이란 '재래적 농업자원과 상업자원이나 현대적인 각종 산업경제와 관련한 첨단시설을 관광대상으로 하여 국내외 관광객에게 견학 · 시찰 · 체험 등 일종의 관광형태로 이용하는 제반 사업시설'을 뜻한다.

주요 자원은 공장시설, 생산공정을 비롯해서 농업·임업·수산업·상업 등 한 나라의 각종 산업시설을 말하며, 이를 대상으로 하는 것이 산업관광이다. 관광산업은 굴뚝 없는 산업·외화획득·외화유출·무역수지·소비향락 등 경제적으로 부가가치가 높은 산업이다.

1) 공업관광

공업이란 '제1차 산업 생산품을 원료로 제조과정을 거쳐 중간재나 최종 생산물로 형태와 기능을 바꾸어서 경제적 가치를 높이는 산업'을 말한다. 공업을 제2차 산업이라고도 하며, 인력이나 기계를 이용한 모든 가공활동을 말한다.

공업은 생산수단(기계·도구·장치)을 이용한 분업과 협업이 가능하고, 모든 생산공정에서 기계로 자동화를 실현할 수 있다는 점에서 다른 산업과 구분된다. 우리나라의 대표적인 공업관광 대상지는 포스코·삼성중공업·현대중공업·수원삼성전자·현대자동차·구미OB맥주공장·삼양식품 등이 있다.

2) 상업관광

상업이란 '재화 및 서비스의 교환 또는 매개에 의해 생산자와 소비자 간에 존재하는 인적·장소적·시간적 격리(隔離)의 연결을 목적으로 하는 영업'을 말한다. 상업은 생산·유통·소비의 경제순환과정 중에서 유통부문에 속한다.

또한 상업은 자급자족경제에서 교환경제로 발전하면서 발생했으며, 오랜 역사를 지니고 있다. 우리나라의 대표적인 상업관광대상지는 담양의 죽세공품시장·강화도의 화문석시장·금산의 인삼시장·한산의 모시시장 등이 지방 특산시장으로 유명하다.

3) 농업관광

농업이란 '땅을 이용하여 농작물과 그 밖의 유용한 식물을 가꾸고, 가축 또는 유용한 동물을 키워내는 유기적 생산업'을 말한다. 또한 '넓은 뜻으로는 농산가공이나 임업도 포함'한다. 농업은 생존에 가장 기본적인 식량 및 식료품을 생산하는 산업이기 때문에 인류사의 발전과정에서 오랜 기원을 갖고 있다.

농업관광의 유형은 농촌관광휴양지 · 산촌관광휴양지 · 어촌관광휴양지가 있고, 활동별 유형은 농수산물 생산체험형 · 농림수산물 채취형 · 레크리에이션 활동형 등이 있다.

4) 관광기반시설

기반시설(基盤施設) 또는 기간시설(基幹施設)이란 '경제활동의 기반을 형성하는 기초적인 시설로서, 도로 · 하천 · 항만 · 공항 등과 같이 경제 활동에 밀접한 사회자본'을 말한다. 흔히 인프라(infra)라고도 부른다. 최근에는 학교 · 병원 · 공원과 같은 사회복지 · 생활환경시설 등도 포함시킨다.

또한 인프라는 결제 인프라 · 배송 인프라처럼, 기반을 뜻하는 용어로 쓰이기도 한다. 관광기반시설인 공항 · 항만 · 운하 · 댐 · 고속도로 등의 도로나 교통시설은 일반적으로 사회공공시설에 속하지만, 관광객에게는 매력 있는 관광대상이 될 수 있다.

5. 위락적 관광자원

위락(recreation)은 인위적으로 만들어낸 놀이시설이다. 위락자원은 다분히 자주적 · 자기 발전적 성향을 띠고 있으며, 생활의 변화추구라는 인간의 기본적인 욕구를 충족시킨다는 점에서 관광자원으로서의 비중이 높아지고 있다. 최근 위락부문에 대한 수요는 보다 높은 삶의 질을 추구하는 방향으로 다양화되고 있다.

또한 급속한 도시화 · 산업화로 여러 형태의 위락적 관광상품이 개발되고 있는데, 이러한 위락적 관광자원이 존재해야만 관광수입 증대를 도모할 수도 있다. 위락적 관광자원에는 주제공원 · 레저타운 · 카지노 · 스키장 · 마리나 · 수족관 · 수영장 · 어린이대공원 · 수렵장 · 보트장 · 카누장 · 승마장 · 경마장 · 야영장 · 종합휴양업 등이 있다.

1) 주제공원

주제공원(theme park)은 '특정의 주제를 중심으로 한 비일상적인 공간창조를 목적으로 시설과 운영이 배타적이면서도 통일적으로 이루어지는 위락공원(amusement park)'으로 정의된다.

여기에는 재래의 다양한 놀이시설이나 환상 · 과학 등을 중심으로 한 주제 위락공원뿐만 아니라 하나 또는 두 가지 이상의 뚜렷한 주제하에서 문화 · 오락 · 교육 · 여가선용 등의 목적을 적극적으로 달성하기 위하여 조성된 공원은 모두 주제공원이라 할 수 있다. 대표적인 주제공원은 미국의 디즈니랜드 · 일본의 하우스텐보스 · 한국의 에버랜드 · 롯데월드 등이 있다.

2) 카지노

카지노(casino)는 '댄스 · 음악 등의 설비가 있는 오락장 또는 도박장'을 뜻한다. 처음에는 음악 · 댄스의 사교장으로 19세기 초에 설립되었으나, 19세기 중반부터 전문적인 도박장을 지칭하는 말로 통용되었다. 세계에서 가장 명성을 떨쳐온 카지노는 1861년에 개장된 모나코의 몬테카를로 카지노인데, 1879년 카지노가 확장되면서 현대적인 시설을 갖추게 되었다.

오늘날 세계 대부분의 주요 국가에서 카지노산업을 합법화하여 첨단관광산업으로 장려함으로써 외화유출 방지와 세수확보, 경제 활성화를 주목적으로 하고 있는 실정이다. 옛날의 도박(gambling)이라는 의미는 점점 없어져 가고 카지노산업(casino industry), 또는 게임산업(gambling industry)이라고 하는 외화 가득이 높은 서비스산업으로 여기고 있는 추세이다.

3) 스포츠

스포츠(sports)는 '몸을 단련하거나 건강을 위해 몸을 움직이는 일'로서, 오늘날의 스포츠는 생활의 질을 변화시키는 중요한 요소로 받아들여지고 있다. 따라서 인간의 건강문제 · 대인관계 · 지역사회의 형성 · 자유시간의 증대 등과 스포츠의 질적 향상 · 활동내용의 다양화라든가, 환경조건의 충실화 방안 등에 경제적 문제만 따지는 차원 이상으로 신속하게 대처해 가지 않으면 안된다. 스포츠의 종류에는 트롤(troll) 낚시 · 트레킹(trekking) · 번지점프(bungee jump) · 자동차경주 · 래프팅(rafting) · 초경량항공기 비행 · 패러글라이딩 · 경마 등이 있다.

4) 카누장

카누(canoe)는 '선수 · 선미가 뾰족하고 1개 이상의 노로 움직이는 경량의 소형 선박'을 말한다. 일반적으로 노 젓는 사람은 선수(船首)를 향한다. 카누에는 2개의 주요 형태가 있다. 하나는 현대의 여가용 또는 스포츠용 캐나다 카누처럼 윗부분이 개방되어 있고 1개의 날을 가지는 노를 사용하는 것이고, 다른 하나는 구멍 또는 선미 좌석이 있는 갑판으로 윗부분이 덮여 있는 쌍날의 노가 꼭 맞게 달린 카약이다. 그 밖의 카누라고 불리는 소형 선박에는 통나무배인 마상이가 있다. 카누장 또한 관광객에게는 매력 있는 관광대상이 될 수 있다.

5) 경마장

경마(horse racing)는 '말을 타고 달리면서 속도를 겨루는 경기'를 말한다. 기수가 서러브레드(thoroughbred : 영국산 말과 아라비아 계통 말을 교잡하여 개량한 말) 종의 말을 타고 벌이는 경주와 마부가 탄 마차를 스탠더드브레드

(Standardbred : 미국에서 개량한 말의 품종으로 주로 하니스 경주에 사용) 종의 말이 끌고 달리는 경주가 주류를 이루는데, 이 두 종류의 경마를 각각 ① 평지경마, ② 하니스경마(一 競馬, harness racing : 하니스 경주에 적합하도록 사육된 스탠더드브레드종(種) 말이 설키라고 하는 1인승 2륜 마차를 끌고 달리는 속보 경주)라고 부른다.

평지경마 가운데는 도약을 포함하는 경주도 있다. 이 항목에서는 서러브레드 종 말이 평지에서 도약하지 않고 달리는 경주에 대해서만 설명한다. 왕(王)들의 스포츠로 알려진 평지경마는 유한계급의 오락에서 거대한 대중오락 산업으로 발전했다. 경마대회가 열리는 날은 공휴일로 간주된다. 많은 나라에서 평지경마와 하니스경마는 모든 운동경기 가운데 관중이 가장 많은 경기이다.

연습문제

01. 관광자원의 특성으로 옳지 않은 것은?

① 관광객의 욕구나 동기를 일으키는 매력성을 지녀야 한다.
② 관광자원은 자연과 인간의 상호작용의 결과이다.
③ 관광객의 행동을 끌어들이는 경제성을 지녀야 한다.
④ 관광자원은 사회구조나 시대에 따라 가치를 달리한다.

02. 관광자원으로서 갖추어야 할 요건으로 옳지 않은 것은?

① 혜택 제공 ② 공공성
③ 접근성 ④ 색다른 경험

03. 관광자원의 가치를 결정짓는 요인으로 옳지 않은 것은?

① 관광시설 ② 이미지
③ 매력성 ④ 안내시설

04. 관광자원의 분류로 옳지 않은 것은?

① 환경적 관광자원 ② 자연적 관광자원
③ 문화적 관광자원 ④ 산업적 관광자원

05. 국립공원의 지정목적으로 옳지 않은 것은?

① 자연의 원형보존 및 후손에게 물려주기 위함
② 자원을 개발하여 관광객을 유치하기 위함
③ 생태계의 균형을 유지하기 위함
④ 학술적 연구를 통해 인류복지에 기여하기 위함

06. 국립공원은 누가 지정하는가?

① 산업통상자원부 장관
② 국토교통부 장관
③ 환경부 장관
④ 문화체육관광부 장관

07. 우리나라 최초의 국립공원은?

① 지리산
② 설악산
③ 한라산
④ 계룡산

08. 국립공원이 아닌 것은?

① 속리산
② 마이산
③ 무등산
④ 월출산

09. 우리나라 최초의 도립공원은?

① 모악산
② 칠갑산
③ 대둔산
④ 금오산

10. 공원명과 사찰이 잘못 연결된 것은?

① 지리산국립공원–화엄사
② 오대산국립공원–월정사
③ 치악산국립공원–구룡사
④ 주왕산국립공원–상원사

11. 공원명과 문화재가 잘못 연결된 것은?

① 속리산국립공원–4사자삼층석탑
② 소백산국립공원–무량수전
③ 월출산국립공원–무위사극락전
④ 변산반도국립공원–내소사고려동종

12. 강원도 소재 국립공원이 아닌 것은?

① 설악산국립공원 ② 오대산국립공원
③ 소백산국립공원 ④ 치악산국립공원

13. 다음 설명에 해당하는 관광자원은?

취락형태 · 도시구조 · 사회시설 · 국민성 · 민족성 · 풍속 · 행사 · 생활 · 예술 · 교육 · 종교 · 철학 · 음악 · 미술 · 스포츠 · 음식 · 인정 · 예절 · 의복 등

① 사회적 관광자원 ② 산업적 관광자원
③ 문화적 관광자원 ④ 위락적 관광자원

14. 다음 설명에 해당하는 문화재는?

의식주 · 생업 · 신앙 · 연중행사 등에 관한 풍습, 습관과 이에 사용되는 의복 · 가옥 · 그 밖의 물건으로서 국민생활의 추이를 이해하는 데 있어서 불가결한 것

① 매장문화재 ② 민속자료
③ 기념물 ④ 무형문화재

15. 지역 특산시장을 잘못 연결한 것은?

① 담양–죽세공품시장 ② 한산–모시시장
③ 양산–인삼시장 ④ 강화도–화문석시장

01 ③ : 경제성→유인성, **02** ②, **03** ④, **04** ①, **05** ②, **06** ③, **07** ①, **08** ②, **09** ④, **10** ④ : 상원사→오대산국립공원, **11** ① : 4사자삼층석탑→지리산국립공원, **12** ③ : 소백산국립공원→충북 · 경북, **13** ①, **14** ②, **15** ③ : 금산→인삼시장

제6장

관광개발

학습 포인트

- 제1절에서는 관광개발의 의미와 학자들이 주장한 관광개발의 정의, 관광개발의 유형 및 저해요인에 대해 학습한다.
- 제2절에서는 관광개발의 주체와 대상을 살펴보고, 관광개발의 여건분석에 대해 학습한다.
- 제3절에서는 관광개발의 추구이념과 과정에 대해 구체적으로 학습한다.
- 연습문제는 관광개발을 총체적으로 학습한 후에 풀어본다.

제1절 관광개발의 개념

1. 관광개발의 정의

관광은 개발능력에 따라 ① 칭찬이나 비난을 받기도 하며, ② 지역을 완전히 다른 환경으로 변화시킬 수 있다. 전자의 경우는 적절한 장기개발을 위한 자극을 제공하는 것처럼 보이지만, 후자의 경우 변형된 지역에서는 생태학적 · 사회학적 혼란이 압도적이다.

개발(development)의 사전적 의미는 '새로운 것을 연구하여 만들어냄', '연구되어 새로 만들어짐'을 뜻한다. 즉 관광개발(tourism development)은 기술 · 인력 · 자본 등을 투입하여 자원이 지닌 잠재력을 현실화시켜 인간의 생활과 관광에 편익을 줌으로써 복지를 향상시키려는 일련의 행위로 보고 있다.

관광개발은 관광(tourism)과 개발(development)의 합성어로서, 관광은 여가와 위락적인 목적으로 여행하는 사람들로부터 발생하는 관계와 현상을 의미한다. 그리고 관광객의 편리를 향상시켜 관광객을 유치하고, 관광소비의 증대를 도모하며, 주로 관광지의 경제적 활성화를 촉진하기 위해 관광대상이 되는 모든 자원을 개발하여 관광사업의 진흥을 계획하기 위해 실시하는 것을 말한다.

또한 관광개발은 관광사업의 효과를 목적으로 관광지 또는 관광지가 되고자 하는 지역으로서, 지역조직(local tourism body)과 기업(hospitality industry) 등이 관광수요의 예측을 통하여 관광자원을 개발해서 관광의 매력요소(tourist attraction)를 조성하고자 하는 계획행위라고 할 수 있으며, 관광정책의 주요 분야 중 하나이다.

관광개발은 기본적으로 관광객의 관광욕구를 충족시키기 위한 시설과 공간으로 원시상태의 자원을 정비하여 ① 놀이시설, ② 숙박시설, ③ 편의시설을 추가함으로써 관광활동을 다양하게 하고 관광자원의 가치를 증대시키는 역할을 한다.

특히 관광개발은 ① 고용창출, ② 소득증가, ③ 세수증대, ④ 경제구조의 다변화 등 경제적인 편익을 제공하기도 한다. 적절한 관광개발계획은 무분별한 관광자원의 이용으로 인한 자원훼손을 방지하고, 관광자원을 보호하기도 한다. 관광개발이 환경을 해친다고 생각할 수 있으나, 오히려 관광개발이 되지 않아 자연을 분별없이 사용하는 경우도 있다.

피스(Pearce)는 관광개발을 '관광객의 욕구를 충족시키기 위해 시설과 서비스를 공급 또는 강화시키는 것'이라 하였고, 스에다케 나오요시(末武直義)는 관광개발을 '사람들의 관광욕구를 만족시키기 위해 관광자원을 활용하고 관광관련 기능을 가진 각종 관광시설을 설치하여 관광행동을 촉진시킴으로써 관광 레크리에이션 지역을 만드는 것'이라고 주장하였다.

크라프(Krapf)는 로스토(Rostow)의 모델에 의해 '관광의 경제적 중요성을 국가 자연자원의 발굴이용, 국제경쟁력의 강화, 재화와 용역의 공급능력 배양, 수지균형의 개선, 관광투자의 사회적 유용성(고용창출 · 승수효과), 균형성장을 들어 그 특별한 성장을 설명'하였고, 카세(Kasse)는 저개발국가에서의 관광개발의 타당성을 주장하였으며, 브라이든(Bryden)은 카리브 연안 국가의 관광생존능력을 강조하면서 여러 가지 방안을 제시하였다.

로슨(Lawson)은 관광개발을 '일정한 공간을 대상으로 해서 그것이 지니고 있는 관광자원(인적 · 물적 자원 등)의 잠재력을 최대한 개발함으로써 그 지역의 경제 · 사회 · 문화 · 환경적 가치를 향상시켜 총체적 편익을 극대화하고, 지역 또는 국가의 발전을 촉진시키고자 하는 모든 노력이다'라고 정의하였다.

관광개발은 관광자원과 인간을 연결시키는 것으로서 일반적으로 관광자원의 조성 · 정비, 교통수단의 건설, 숙박시설의 건설과 부대시설의 건설, 광고 등이 포함된다. 따라서 장기적으로 국토개발의 일환으로 추진하는 것이 바람직하다. 국가와 지역의 여건 및 사정에 따라 신축성 있게 개발하고, 관광수요와 주어진 자원을 효과적으로 조합하여 하나의 완성품으로 만들어내는 것이 합당할 것이다. 관광개발에 대한 외국학자들의 개념정의를 종합적으로 요약해 보면 〈표 6-1〉과 같다.

〈표 6-1〉 관광개발의 정의

학자명	정의
피스 (Pearce)	-관광개발이란 관광객의 욕구를 충족시키기 위해 각종 관광관련 시설과 서비스를 공급하고 강화시키는 것
크라프(Krapf)	-관광의 경제적 중요성을 국가 자연자원의 발굴이용, 국제경쟁력의 강화, 재화와 용역의 공급능력 배양, 수지균형의 개선, 관광투자의 사회적 유용성(고용창출 · 승수효과), 균형성장을 들어 그 특별한 성장을 설명
로슨(Lawson)	-일정한 공간을 대상으로 해서 그것이 지니고 있는 관광자원(인적 · 물적 자원 등)의 잠재력을 최대한 개발함으로써 그 지역의 경제 · 사회 · 문화 · 환경적 가치를 향상시켜 총체적 편익을 극대화하고 지역 또는 국가의 발전을 촉진시키고자 하는 제 노력
스에다케 나오요시 (末武直義)	-사람들의 관광욕구를 만족시키기 위해 관광자원을 활용하고 관광관련 기능을 가진 각종 관광시설을 설치하여 관광행동을 촉진시킴으로써 관광 레크리에이션 지역을 만드는 것
고이케 요이치 (小池洋一)	-관광객의 편리를 향상시켜 관광객을 유치하고, 관광소비의 증대를 도모하며, 주로 관광지의 경제적 활성화를 촉진하기 위해 관광대상이 되는 모든 자원을 개발해 관광사업의 진흥을 계획하기 위해 실시하는 것
하세 마사히로 (長谷政弘)	-근대관광에 있어서의 관광사업 효과를 목적으로 관광지 혹은 관광지가 되고자 하는 지역에서 지역사회의 조직이나 기업 등이 관광수요 개척을 통해 관광자원으로 작용하여 관광의 매력요소를 만들어내려는 기획행위라고 할 수 있으며, 관광정책의 주요 분야의 하나

2. 관광개발의 유형

관광개발은 관광자원 자체의 성격을 최대한 살려 관광가치를 높임으로써 관광객을 유치하는 데 주목적을 두어야 한다. 관광개발의 유형은 학자마다 견해가 다르지만, 일반적으로 ① 자연관광자원개발형, ② 인문관광자원개발형, ③ 복합관광자원개발형, ④ 교통편활용형, ⑤ 지명도활용형 등으로 구분할 수 있다.

프라이스(Price)는 관광지개발과 매력창조 방법으로 ① 호수 · 산 · 계곡 등을 포함한 자연경관이용 개발방법, ② 위치를 이용하여 개발하는 방법, ③ 명성을 이용하여 개발하는 방법, ④ 무에서 유를 창조해 개발하는 방법 등 4가지 유형을 들었다.

1) 자연관광자원개발형

자연관광자원개발형은 자연을 최대한 활용해서 관광가치를 높이는 방법이다. 즉 산악관광지 · 해안관광지 · 온천관광지 등 빼어난 자연조건 및 자연풍광을 이용해서 관광자원으로 활용하는 경우를 말한다. 이러한 것들은 자연 자체를 감상하거나 혹은 해수욕 · 수상스키 · 낚시 · 레포츠 · 수중탐사 등의 활동을 예로 들 수 있다. 기반시설로는 전망대 · 등산로 및 산책로 · 숙박시설 · 온천시설 · 오락시설 · 레크리에이션시설 등이 필요하다.

2) 인문관광자원개발형

인문관광자원개발형은 우리의 일상생활과 관련이 있는 관습 · 풍습 · 역사 · 유물 · 유적 · 문화재 등과 관련된 유 · 무형의 인문자원을 관광자원으로 활용하는 형태를 말한다. 특히 선조들이 남겨놓은 문화재는 훌륭한 학습행위의 대상이 된다. 기반시설로는 유 · 무형의 문화재 · 민속자료 · 기념물 · 박물관 · 미술관 · 과학관 · 수족관 · 지역특산물 및 향토요리 판매지 · 기타 문화시설의 건립과 조성이 필요하다.

3) 복합관광자원개발형

복합관광자원개발형은 관광자원이 ① 자연관광자원활용형, ② 인문관광지원활용형과 각각 또는 여러 요소가 복합적으로 작용하여 나타나는 복합관광자원개발형을 말한다. 이러한 방식은 도시관광지 · 농촌관광지 · 어촌관광지 · 산촌관광지 · 온천관광지 · 역사관광지 · 예술무대관광지(영화 · 문학) 등을 말한다.

4) 교통편활용형

관광객이 일상생활을 떠나 관광자원이 있는 장소로 이동하기 위해서는 가장 먼저 교통기관이 필요하게 된다. 즉 교통수단이 정비되지 않으면 관광개발은 불가능하다고 할 수 있다. 왜냐하면 교통기관의 정비는 관광목적의 달성 · 생활환경의 향상 · 경제의 활성화 등으로 추진되는 경우가 많기 때문이다.

5) 지명도활용형

일반적으로 관광객이 어느 장소를 방문하는 것은 그 장소에 있는 관광자원의 가치가 많이 알려져 있는지, 아니면 생소한 곳인지가 관광지 선택에 중요한 요소가 된다. 아무리 비교우위의 훌륭한 관광자원도 사람이 잘 알지 못하면 실제로 관광행동으로 연결되지 않는다. 반대로 관광자원의 가치가 다소 낮아도 잘 알려진 장소라면 관광개발이 가능하게 된다. 관광자원개발의 유형을 정리하면 〈표 6-2〉와 같다.

〈표 6-2〉 관광자원개발의 유형

구분	내용
자연관광자원개발형	–산악관광지 · 해안관광지 · 온천관광지 등 빼어난 자연조건 및 자연풍광을 이용해서 관광자원으로 활용하는 경우
인문관광자원개발형	–일상생활과 관련이 있는 관습 · 풍습 · 역사 · 유물 · 유적 · 문화재 등과 관련된 유 · 무형의 인문자원을 관광자원으로 활용하는 형태
복합관광자원개발형	–도시관광지 · 농촌관광지 · 어촌관광지 · 산촌관광지 · 온천관광지 · 역사관광지 · 예술무대관광지(영화 · 문학) 등
교통편활용형	–교통수단이 정비되지 않으면 관광개발은 불가능하다고 할 수 있다. 왜냐하면 교통기관의 정비는 관광목적의 달성 · 생활환경의 향상 · 경제의 활성화 등으로 추진되는 경우가 많기 때문
지명도활용형	–비교우위의 훌륭한 관광자원도 사람들이 잘 알지 못하면 실제로 관광행동으로 연결되지 않는다. 반대로 관광자원의 가치가 다소 낮아도 잘 알려진 장소라면 관광개발이 가능

3. 관광개발의 저해요인

관광개발의 저해요인은 ① 재원조달, ② 법, ③ 환경, ④ 지역주민의 반발, ⑤ 시행자의 태도, ⑥ 접근성 등이다.

첫째, 재원조달의 문제이다. 관광개발을 하는 데 있어서 재원조달은 가장 중요한 문제점 중의 하나이다. 아무리 좋은 개발계획도 그에 합당한 투자재원을 확보하지 못하면 실행이 어려워진다.

둘째, 법이다. 그린벨트나 군사지역, 기타의 이유로 인한 토지사용이 법으로 규제된 지역은 관광개발의 가능성이 희박하다고 할 수 있다.

셋째, 환경문제이다. 관광개발을 추진하다 보면 환경보호의 필요성에 의한 환경단체 및 시민단체의 반대에 직면할 수 있게 되어 개발에 어려움을 겪게 된다.

넷째, 지역주민의 반발이다. 일반적으로 지역주민의 생활권에 위협이 되는 관광개발은 지역주민의 극심한 반대에 부딪쳐 결국 개발 자체가 무산될 수도 있다.

다섯째, 시행자의 태도이다. 공공 또는 민간기업의 태도가 관광개발에 있어서 부정적이거나 비협조적일 경우 관광개발이 지연될 수 있다.

여섯째, 접근성이다. 관광개발을 추진할 때 도로 및 교통수단이 부족하거나 접근이 어려울 경우는 개발에 커다란 장애요인이 될 수 있다. 관광개발의 저해요인을 정리하면 〈표 6-3〉과 같다.

〈표 6-3〉 관광개발의 저해요인

구분	내용
재원조달	-관광개발의 중요한 저해요인은 재원조달이며, 합당한 투자재원을 확보하지 못하면 실행이 어려워짐
법	-그린벨트나 군사지역, 기타의 이유로 토지사용이 법으로 규제된 지역은 관광개발의 가능성이 희박함
환경	-환경보호의 필요성에 의한 환경단체 및 시민단체의 반대에 직면하면 개발이 어렵게 됨
지역주민의 반발	-지역주민의 생활권에 위협이 되면 지역주민의 극심한 반대로 개발 자체가 무산될 수 있음
시행자의 태도	-공공 또는 민간기업의 태도가 관광개발에 있어서 부정적이거나 비협조적일 경우 관광개발이 지연됨
접근성	-도로 및 교통수단이 부족하거나 접근이 어려울 경우는 개발에 커다란 장애요인이 됨

제2절 관광개발의 주체

1. 관광개발의 주체

1) 공공주도형 개발방식

공공주도형 개발방식은 국가 · 한국관광공사 · 지방자치단체 등이 주체가 되어 개발하는 방식이다. 즉 정부투자기관과 경상북도 관광공사와 같은 정부재투자기관에서 직접 또는 간접적으로 관광개발의 주체가 되는 것을 말한다.

특히 공익성을 확보하기 위해 국토개발과 자연환경을 중심으로 한 관광자원의 효율적인 보존과 국민 대중에게 관광활동에 보다 많은 참여기회를 제공하는 데 있다. 주로 영리성의 시설보다는 일반 국민대중을 위한 시설을 많이 설치하여 국민의 복지증진을 목적으로 개발한다.

사업내용은 일반적으로 도로 · 주차장 · 상하수도 · 전기 · 통신 · 관리시설 등 기반시설을 개발하는 경우가 많고, 유원지 · 도시공원 · 자연보호 · 환경보존 · 사유화 방지 등 공익성이 필요한 사업 등을 시행한다.

그러나 의사결정이 복잡하고 경직된 조직특성을 가지고 있어 다양하게 변화하는 관광사업 환경에 신속하게 대응하지 못하는 단점 및 공공성과 영리성을 양립시키기 어려운 점도 있다. 또한 지방의 활성화 차원에서 관광개발사업이 추진되고 있는데, 관광개발에 필요한 재원확보에 어려움이 있다.

2) 민간주도형 개발방식

민간주도형 개발방식은 기업 또는 개인이 주로 영리를 목적으로 토지를 확보해 관광객이 이용할 수 있는 관광시설과 공간을 개발하는 것을 의미한다.

이러한 개발방식은 토지를 완전히 매입한 후에 개발을 추진하게 되므로 부동산 개발에 의한 개발이익을 독점하게 되며, 개발자금의 조달 및 투자방법도 수지타산에 맞추어 진행하거나 결정한다.

민간주도형 개발방식은 관광객의 욕구에 부응하고 영리를 위한 종합적인 개발이 가능하다는 장점을 가지고 있다. 그러나 자연보호나 환경보존과 같은 공익적인 부분에 대해 등한시할 수 있다는 단점이 있다. 또한 영리성만을 추구하게 되어 지역사회와 마찰(지역민의 혜택이나 지역사회의 발전을 외면)을 일으킬 수도 있다.

3) 합동참여형 개발방식

합동참여형 개발방식은 공공 · 민간 · 지역단체가 서로의 장점을 혼합하여 개발하는 방식이다. 즉 개발대상 지역의 토지를 소유한 지역주민을 중심으로 주민과 상가번영회 · 지역관광협회 등이 공동으로 투자해 조합이나 협회를 구성하여 개발하는 방식을 말한다.

이러한 개발방식은 개발에 참여하는 주민들이 자기 소유의 토지를 근간으로 민박 · 상가 · 숙박시설 등과 같은 관광사업에 참여하기 때문에 관광개발에 따른 이익이 지역 내에 정착되는 장점을 가지고 있지만, 주차장 · 전기 · 통신 · 상하수도 등의 관광기반시설을 지역주민이 부담해야 하는 단점도 있다.

또한 공공 · 민간 · 지역단체가 서로의 장점을 혼합하여 개발함으로써 공공의 행정력, 민간의 경영효율성, 지역민의 노동력과 서비스가 적절히 조화를 이루어 지역균형개발과 세수입이 확대된다. 그 밖에 민간은 투자이익을 얻게 되고, 지역민은 소득증대와 고용이 창출되는 트리플 윈(triple-win) 전략이 된다. 관광개발 주체에 따른 섹터별 구분을 표와 그림으로 도시하면 〈표 6-4〉, 〈그림 6-1〉과 같다.

〈표 6-4〉 관광개발 주체에 따른 섹터별 구분

방식	내용	
	주체	특성
제1섹터	공공 주도	비영리성, 기반시설 정비, 개발이익의 사유화 방지
제2섹터	민간 주도	수익성 위주
제3섹터	공공+민간	공익성 + 수익성, 투자재원 확보 용이
제4섹터	공공+지역단체	공익성, 지역유출 방지
제5섹터	민간+지역단체	수익성, 지역유출 방지
혼합섹터	공공+민간+지역단체	공익성 + 수익성, 투자재원 확보 용이, 지역유출 방지

〈그림 6-1〉 관광개발 주체에 따른 섹터별 구분

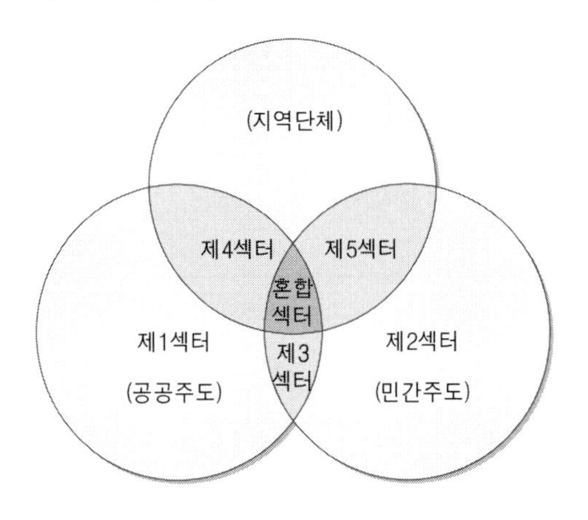

2. 관광개발의 대상

1) 관광개발의 대상

(1) 자연 및 인문관광자원의 개발

자연 및 인문관광자원의 개발은 관광자원 개발에 있어서 가장 중요한 부분

을 차지한다. 즉 자연 및 인문관광자원의 개발은 관광자원의 가치를 평가하고 보호하면서 관광객에게 관광자원의 가치를 인지하고 즐길 수 있도록 하기 위해 새로운 자연자원보호 · 개발 · 환경 · 정비 · 문화자원을 수집 · 복원하는 일련의 개발행위인 것이다.

(2) 관광기반시설의 정비 및 확충

관광기반시설의 정비와 확충은 제반 관광의 편익시설을 효율적으로 이용, 운용하기 위한 제도로서 도로 · 통신 · 전기 · 상하수도시설 · 정보체계 등과 같은 산업개발의 기초가 되는 시설을 말한다. 관광객에게 관광동기를 부여하고, 관광시장에서 관광목적지 시설을 정비함에 있어서는 지역사회의 요청, 경제적 · 지역적 조건 등 기존의 교통망을 최대한 이용하는 것이 좋을 것이다.

(3) 편익시설의 개발

편익시설의 개발은 관광지의 수용력과 관광지의 평가에 큰 영향을 미치는 중요한 요소이다. 즉 관광객의 수용태세를 정비하는 것으로는 숙박시설 · 식음료시설 · 놀이시설 · 휴게시설 · 안내시설 등의 체재와 환대기능을 가진 시설을 갖추어야 한다. 그 외에 상하수도 · 쓰레기 처리 · 공원 · 가로수 등 생활환경 및 사회환경에 필요한 시설을 개발하는 것이 필요하다.

(4) 관광마케팅 정보시스템의 확립

관광개발에 있어서 관광정보의 조직과 정보제공의 체계를 확립한다는 것은 관광지의 PR · 홍보 등을 위하여 TV · 라디오 · 광고물 등 각종 정보매체를 효율적으로 이용하여 그 지역의 특성과 관광자원에 관한 정보를 제공함으로써 관광객의 관광동기 유발 및 시장개척의 역할을 담당하는 것을 뜻한다. 또한 관광객에게 관광에 대한 올바른 가치관을 인식시키는 것도 중요한 문제이다.

(5) 관광통계시스템의 확립

관광통계시스템의 확립을 통하여 관광객의 이동 · 체재일수, 기타 관광사업에 필요한 통계를 수립하고 처리함으로써 관광개발의 방법개선과 정비방법에 이용할 수 있다. 특히 지역 간 수요관계를 효과적으로 파악하여 지역관광개발의 정책방향을 설정하는 데 활용할 수 있다.

(6) 서비스의 개선

서비스의 핵심 수혜자는 사람과 사물이며, 행동은 크게 유형적 행동과 무형적 행동으로 나눌 수 있다. 즉 관광객의 안전 · 쾌락 · 편리한 관광활동을 위해 관광종사원들의 자질향상 · 예절교육을 실시함으로써 보다 나은 서비스를 제공하기 위한 노력도 중요한 관광개발의 대상이 된다.

3. 관광개발의 여건분석

1) 계획환경분석

계획환경분석은 개발대상 지역에 대한 ① 광역환경분석, ② 부지환경분석 등을 사전에 면밀히 조사 · 분석하여 개발가능성에 대한 다양한 정보를 수집 · 분석하는 것을 말한다.

광역환경분석은 ① 광역입지(인구구조 · 경제구조 등), ② 환경자원(자연자원 등), ③ 개발방향(광역위치분석 등), ④ 관광산업구조(이용수요 · 방문형태 등) 등으로 구분하여 분석하고, 부지환경분석은 ① 자연환경분석(토지조건 · 식생 등),

② 인문환경분석(토지이용현황 · 접근여건 등), ③ 시각구조분석(조망권 · 투경선 등)으로 구분하여 분석한다. 이 분석을 통하여 관광활동의 도입가능성과 적지분포 등을 쉽게 판단할 수 있다.

2) 관광여건분석

관광여건분석은 계획대상 지역의 관광지개발을 구체화하기 위해 사용되는 방법이다. 이 분석을 통하여 개발방향과 주제를 결정할 수 있고 ① 관광자원현황, ② 관광객행태, ③ 관광시장여건 등을 분석할 수 있다.

관광자원현황분석은 계획대상지의 ① 관광자원, ② 문화자원에 대한 분포도를 분석할 수 있고, 관광객행태분석은 개발대상지의 입지적 특성 측면에서 ① 개발과 이용이 적절했는지, ② 균형 있게 이루어지고 있는지를 평가하는데 있다. 관광시장여건분석은 ① 시장분석의 범위(유치권)와 ② 대상(접근성 등)을 분석하는 것을 말한다.

3) 상위관련계획분석

관광 및 지역개발에 대한 기존의 계획을 검토함으로써 상위계획과의 연관성을 파악할 수 있다. 또한 기존계획의 자료 및 정보의 확보로 개발계획 시 발생될 수 있는 문제점을 사전에 개선시킬 수 있다.

일반적으로 관광개발의 주요 계획에는 ① 국토종합개발계획, ② 경제사회개발계획, ③ 관광진흥중장기계획, ④ 관광개발기본계획, ⑤ 권역별 관광개발계획 등이 있다. 관련법규로는 ① 국토건설종합계획법, ② 국토이용관리법, ③ 도시계획법, ④ 수도권정비계획법, ⑤ 관광기본법, ⑥ 관광진흥법, ⑦ 자연공원법, ⑧ 도시공원법 등이 있다. 따라서 관광개발을 할 때는 상위관련계획 및 법규를 면밀히 검토해야 한다.

제3절 관광개발의 과정

1. 관광개발의 추구이념

관광개발의 추구이념이란 관광개발을 추진함에 있어서 관광자원의 보호 측면과 지역사회의 경제적 · 사회적 비용문제를 효과적으로 극복하고 합리적이고, 종합적인 관광개발정책을 추구해 나가야 할 규범이라고 할 수 있다. 그 기본이념으로 ① 공익성, ② 민주성, ③ 효율성, ④ 형평성, ⑤ 문화성, ⑥ 합리성 등을 설정할 수 있다.

1) 공익성

공익성은 관광개발 계획가와 관광개발 정책결정자의 도덕적 행위를 규정하는 최고의 규범이다. 관광개발의 효과가 공공의 이익에 부합되고, 개인의 자아실현욕구를 충족시켜 건전한 관광문화 창달에 기여한다는 의미를 지니고 있다. 그러므로 공익은 사회의 이익을 가져오기 위한 정부의 행위로 파악되기도 하고, 공동체 자체의 공공성의 윤리로 규정되기도 한다.

2) 민주성

관광개발의 민주성이란 관광개발의 공개성, 지역주민의 참여 그리고 개발의 효과가 공익에 어긋나는 경우에 대한 구제제도의 확립을 뜻한다. 즉 관광계획과 개발은 반드시 공개하여야 하며, 개발에 관광전문가 · 지역주민 · 시민 등 여러 계층의 의견을 폭넓게 수렴하고, 그들의 참여와 협조의 바탕 위에서 수행되어야 한다.

3) 효율성

관광개발의 이념으로서 효율성은 능률성과 효과성을 합친 개념으로 목표달성도를 반영하는 생산성을 의미한다. 즉 효율성은 일정한 투입자원 내지 비용을 가지고 최대의 산출 내지 성과를 이룩하여 능률성을 제고시킴과 동시에 목표달성의 성취도에 초점을 두고 있다. 관광개발에는 막대한 자본 · 시간 · 노력이 소요되기 때문에 이러한 모든 요소들을 잘 조직하고 운용하여 최소비용으로 경제성과 효과성을 제고시켜야 한다.

4) 형평성

관광개발의 이념은 사회적 형평에 기초한다. 사회적 형평은 가치와 기회의 공평한 배분에 관심의 초점을 두며, 관광분야의 사회적 단층현상을 제거시키는 데 목적이 있다. 이는 관광의 비참여계층에 대해서는 참여의 질을 높여주고자 하는 복지관광의 이념과 유사하다. 또한 형평성은 관광개발의 철학 · 윤리와 상관되고 사회적 형평을 달성하기 위해 필요한 가치로서 관광행위에서 소외되는 계층이 없도록 정책을 수립해야 한다.

5) 문화성

문화의 실체는 공동사회의 경제적 요인과 함께 진보해 온 결과라는 측면에서 역사적 유산으로 표현되지만, 역사성과 문화성으로 표현된 유산은 그러한 지식 · 신념 · 예술 · 법 · 도덕 · 관습 및 기타 모든 요소를 포함하고 있다. 따라서 역사성의 표현인 문화재의 보전과 함께 그 지역의 문화적 요소인 풍속 · 제도 · 신앙 · 도덕 등의 특성을 고려한 관광개발이 필요하다.

6) 합리성

합리성은 관광개발의 결정이나 집행이 관광개발의 목표와 일치되는 것을 말한다. 이러한 목표달성을 위해 하위목표와 관련되고 절차에 있어서도 합리적이고 순리적으로 이루어져야 한다. 또한 관광정책 결정자의 가치관의 혼동, 편견과 관광행정조직의 규범 · 환경의 제약 · 정보나 지식의 부족으로 인한 비합리적 요소를 제거해 합리성에 일치하도록 해야 한다. 관광개발의 추구이념을 정리하면 〈표 6-5〉와 같다.

〈표 6-5〉 관광개발의 추구이념

구분	내용
공익성	관광개발의 효과가 공공의 이익에 부합되고, 개인의 자아실현욕구를 충족시켜 건전한 관광문화 창달에 기여한다는 의미
민주성	관광개발의 공개성, 지역주민의 참여 그리고 개발의 효과가 공익에 어긋나는 경우에 대한 구제제도의 확립을 뜻함
효율성	관광개발이념으로서의 효율성은 능률성과 효과성을 합친 개념으로 목표달성도를 반영하는 생산성을 의미
형평성	사회적 형평은 가치와 기회의 공평한 배분에 관심의 초점을 두며, 관광분야의 사회적 단층현상을 제거
문화성	관광개발은 역사성의 표현인 문화재의 보전과 함께 그 지역의 문화적 요소인 풍속 · 제도 · 신앙 · 도덕 등의 특성을 고려한 관광개발이 필요
합리성	관광개발의 결정이나 집행이 개발목표와 일치되어야 하고, 목표달성을 위해 하위목표와 관련되고 절차에 있어서도 합리적 · 순리적으로 이루어져야 함

2. 관광개발의 과정

1) 관광개발계획의 접근단계

관광개발계획의 접근단계는 관광개발계획 이념의 토대 위에 ① 거시적 단계, ② 과정적 단계, ③ 미시적 단계로 구분할 수 있으며, 지역의 성격에 따라 ① 전국단위, ② 지역단위, ③ 국지단위, ④ 지구단위의 관광개발계획으로 나눌 수 있다.

(1) 거시적 단계

거시적 단계(macro-phase planning)의 관광개발계획에서는 관광개발계획의 철학과 윤리를 정립하고, 이를 바탕으로 관광개발계획의 목표설정과 이를 위한 관광개발계획 분야를 설정하는 작업과정이다. 거시적 단계의 관광구성 체계는 전국단위의 관광종합계획으로서 관광개발계획에 있어서는 목표설정과 여가공간분석 · 관광권역설정 등이 해당된다.

(2) 과정적 단계

과정적 단계(transitional-phase planning)의 관광개발계획은 거시적 단계의 관광개발계획이 마무리되면 이행되는 단계로 지역을 기준으로 하여 전 국토공간을 대상으로 하는 지역관광 성격을 띠게 된다. 관광개발계획에는 관광개발 소권설정 · 소권별 개발계획이 해당된다.

(3) 미시적 단계

미시적 단계(micro-phase planning)의 관광개발계획은 과정적 단계 이후의 후속작업의 성격으로 집행계획이 이루어질 수 있도록 구성된다. 이를 위해 상이한 지역단위와 계획부문에 대한 세부적인 연구로 구성되며, 계획실시단의 구성도 함께 이루어져야 한다. 관광개발계획에서는 관광지 선정 · 관광지별 관광계획 · 지구계획이 해당된다.

2) 관광개발의 전개과정

(1) 개발방침 설정단계

개발방침 설정단계(decision stage)는 사업타당성을 검토하여 계획의 기본구상에 따른 개발방침을 설정하는 단계로 개발계획팀의 구성 · 경제적 타당성의 검토 · 부지선정과 토지매입 · 운영방법 결정 · 개략적 건설비용 추정 · 개략적 구상 및 개념 설계 · 재원조달계획 등 관광지 개발사업의 전개방침이 마련되는 단계이다.

(2) 계획단계

계획단계(design stage)는 설정단계에서 수립된 개발방침에 따라 환경여건 조사 분석을 하고, 계획개념 정립단계를 거쳐 개발기본계획 및 설계를 추진하는 단계이다. 이 단계에서는 재원조달 방안의 구체적인 실행대책과 실시설계 등이 작성된다.

(3) 집행단계

집행단계(delivery stage)는 기본계획과 실시설계를 토대로 관광지 개발사업을 시행하는 단계로 공사집행 · 홍보 및 판매 · 재산권 정리 및 투자자본 회수 등의 과정을 거쳐 관광지 개발사업이 완료된다.

연습문제

01. 다음 설명에 해당하는 학자는?

관광의 경제적 중요성을 국가 자연자원의 발굴이용, 국제경쟁력의 강화, 재화와 용역의 공급능력 배양, 수지균형의 개선, 관광투자의 사회적 유용성(고용창출 · 승수효과), 균형성장을 들어 그 특별한 성장을 설명

① Pearce ② Krapf
③ Kasse ④ Lawson

02. 관광개발의 유형으로 옳지 않은 것은?

① 자연관광자원개발형 ② 인문관광자원개발형
③ 환경관광자원개발형 ④ 복합관광자원개발형

03. 관광개발의 저해요인으로 옳지 않은 것은?

① 시행자의 태도 ② 사회문제
③ 환경문제 ④ 지역주민의 반발

04. 관광개발의 주체가 아닌 것은?

① 공공주도형 개발방식 ② 민간주도형 개발방식
③ 합동참여형 개발방식 ④ 법인단체형 개발방식

05. 관광개발의 대상으로 옳지 않은 것은?

① 환경 및 생태관광자원의 개발 ② 관광기반시설의 정비 및 확충
③ 관광마케팅 정보시스템의 확립 ④ 서비스 개선 및 편익시설의 개발

06. 관광개발의 추구이념으로 옳지 않은 것은?

① 민주성 ② 형평성
③ 정치성 ④ 문화성

07. 관광개발계획의 접근단계로 옳지 않은 것은?

① 계획적 단계 ② 거시적 단계
③ 미시적 단계 ④ 과정적 단계

정답

01 ②, **02** ③, **03** ②, **04** ④, **05** ①, **06** ③, **07** ①

제7장

문화관광

학습 포인트

- 제1절에서는 문화의 의미와 학자들이 주장한 정의를 살펴보고, 문화의 기능에 대해 학습한다.
- 제2절에서는 문화관광의 의미와 학자들이 주장한 정의를 살펴보고, 문화관광의 특성과 종류에 대해 학습한다.
- 제3절에서는 한국문화 상징과 유네스코에 등재된 우리의 문화 · 기록 · 무형 · 자연유산에 대해 학습한다.
- 제4절에서는 한국의 전통놀이문화인 세시풍속 · 오락문화 · 스포츠 · 민속학 등에 대해 학습한다.
- 연습문제는 문화관광을 총체적으로 학습한 후에 풀어본다.

제1절 문화의 개념

1. 문화의 정의

문화의 사전적 의미는 '자연상태에서 벗어나 삶을 풍요롭고 편리하고 아름답게 만들어가고자 사회구성원에 의해 습득 · 공유 · 전달되는 행동양식', '생활양식의 과정 및 그 과정에서 이룩해낸 물질적 · 정신적 소산을 통틀어 이르는 말', '의식주를 비롯하여 언어 · 풍습 · 도덕 · 종교 · 학문 · 예술 및 각종 제도' 등을 포함한다.

또한 '높은 교양과 깊은 지식, 세련된 아름다움이나 우아함, 예술풍의 요소 따위와 관계된 일체의 생활양식', '현대적 편리성을 갖춘 생활양식의 총체', '학문이 진보되어서 사람이 깨어 밝게 되는 일', '문덕(文德)으로써 백성을 가르쳐 인도하는 일' 등 실로 방대한 의미를 담고 있다.

문화를 한자로 살펴보면 글월 문(文), 될 화(化)이며, 문치교화(文治敎化)의 줄임말이다. 이것은 '위력이나 형벌을 쓰지 않고 백성을 가르쳐 인도한다'는 뜻이다. 즉 문덕(文德)으로 교화한다는 의미다. 또한 '사람을 정신적으로 가르치고 이끌어 좋은 방향으로 나아가게 한다', '자연적 동물상태의 인간에게 예절 · 지식 · 행동양식 등을 가르쳐 인간답게 만들어낸다'는 의미이다.

문화는 인간이 살아가면서 만들어낸 정신적 · 물질적 산물이다. 인간에 의해 인위적으로 만들어진 모든 것을 문화라고 할 수 있으며, 여기에는 건축물과 같이 형태를 띤 것(유형문화)과 공연이나 전통과 같이 형태를 띠지 않은 것(무형문화)도 포함된다.

문화에 대한 영어의 표현은 culture(Williams는 문화를 가장 어려운 단어이며, 난해하고 복잡하다고 주장)인데, culture는 cultivate와 같은 어원으로 '경작하다'라는 뜻을 가지고 있다. 이것은 인간이 뭔가를 만들고 창조해 내는 것이 문화라고 여긴 데서 유래한 것 같다.

인류학자들은 '정형화(standardization : 일정한 형식이나 틀로 고정됨)할 수 있고 기호로써 의사소통할 수 있는 모든 인간의 능력'을 문화로 정의하고 있다. 윌리엄스(Williams)는 문화를 '삶의 방식의 총체'라고 정의하면서 문화가 사람들의 가치관 · 행위와 태도 · 사고방식 · 행동방식 등으로 규정함을 의미한다고 주장하였다.

타일러(Tylor)는 문화를 '지식 · 신앙 · 예술 · 관습 등 사회구성원으로서 인간이 획득한 모든 능력과 습성을 포함한 복합적인 총체'로 보았다. 또한 이시다 이치로(石田一郎)는 문화를 '인간의 영위와 그 소산이 문명이며, 문화는 문명에 내재하며 문명을 성립시키는 문명의 정신 · 논리'라고 정의하였다.

크로버(Kroeber)는 문화를 '학습되고 전승되는 반작용 · 습성 · 기법 · 관념 가치의 총합과 그것들에 의하여 유발되는 행위'로 보았고, UNESCO는 문화를 '한 사회 또는 사회적 집단에서 나타나는 예술 · 문학 · 생활양식 · 더부살이 · 가치관 · 전통 · 신념 등의 독특한 정신적 · 물질적 · 지적 특징'으로 정의하였다.

따라서 '문화란 사회구성원이나 집단의 독특한 생활양식의 총체(정치 · 경제 · 사회 · 역사 · 언어 · 종교 · 음식 · 의례 · 법 · 도덕 · 규범 · 가치관 등)'로서 공동체의 의미와 전통을 반영하며, 그 속에 내재된 가치와 규범을 통하여 구성원들의 지각과 행동에 폭넓게 영향을 미치게 된다. 문화에 대한 학자들의 정의를 정리하면 〈표 7-1〉과 같다.

〈표 7-1〉 문화에 대한 학자들의 정의

학자	내용
윌리엄스(Williams)	-'삶의 방식의 총체'라고 정의하면서, 문화가 사람들의 가치관 · 행위와 태도 · 사고방식 · 행동방식 등으로 규정함을 의미
타일러(Tylor)	-지식 · 신앙 · 예술 · 관습 등 사회구성원으로서 인간이 획득한 모든 능력과 습성을 포함한 복합적인 총체

학자	내용
크뢰버(Kroeber)	－학습되고 전승되는 반작용 · 습성 · 기법 · 관념 가치의 총합과 그것들에 의하여 유발되는 행위
이시다 이치로 (石田一郞)	－인간의 영위와 그 소산이 문명이며, 문화는 문명에 내재하며 문명을 성립시키는 문명의 정신 · 논리
UNESCO	－한 사회 또는 사회적 집단에서 나타나는 예술 · 문학 · 생활양식 · 더부살이 · 가치관 · 전통 · 신념 등의 독특한 정신적 · 물질적 · 지적 특징

2. 문화의 기능

문화는 인간에게 의식주(衣食住)를 비롯해서 사회생활을 원만하게 할 수 있도록 필요한 행동유형을 제공해 준다. 그리고 문화는 가치 · 신앙 · 규범 등 일련의 관념체계(일정한 조직원리에 따라 질서지어진 것)를 통해 사회가 필요로 하는 개성(personality)을 형성시켜 준다. 그러므로 학습 · 적용된 문화는 사회구성원들의 상호작용 및 단결에 기초가 된다.

문화가 사회에서 수행하는 역할은 첫째, 집단이 존속할 수 있도록 행동유형을 제공하고 생리적 욕구(의식주 등)의 문제를 해결할 수 있도록 한다. 둘째, 환경에 적응하고 집단을 특정상황에서 하나의 단위로 행동할 수 있도록 일련의 규칙을 제공해 준다. 셋째, 집단 내부에서 개인의 상호작용 통로를 제공하고 갈등으로 인한 분열을 방지케 한다. 넷째, 사회가 개성을 형성하는 데 필요한 가치를 지속적으로 공급해 준다. 다섯째, 문화는 2차적 욕구를 창조하여 구성원들의 욕구 충족을 위한 새로운 영역활동을 확장시켜 준다.

한편 문화가 개인에게 제공하는 기능은 첫째, 개인이 습득해야 하는 기존의 적응방식과 욕구충족 방법에 대한 수단을 제공해 준다. 둘째, 욕구불만에서 오는 긴장을 사회적으로 인정된 방식으로 처리할 수 있도록 해준다. 셋째, 문화는 개인의 자아내용을 풍족케 해 초자아(super-ego)를 형성케 한다. 넷째, 문화는 주위의 상황이나 자극을 판별하고 사태에 대처하는 방법을 일깨워 준다. 다섯째, 문화는 인간이 새롭게 적응해야 할 또 다른 환경이다. 다양한 문화에 익숙한 사람은 사회 적응력이 강하다.

제2절 문화관광의 정의

1. 문화관광의 정의

관광은 국가나 지역의 사회상을 반영하는 문화와 밀접한 관계를 갖고 있다. 세계 각국은 그 국가가 간직하고 있는 고유한 문화를 성찰케 하고, 그 문화의 정체성을 파악 · 유지 · 계승하는 데 기여하고 있다. 또한 문화의 관광자원화 · 상품화를 통해 잊혀져 가는 전통문화를 보존 · 계승하는 데 더 많은 노력을 기울이고 있다.

문화를 동기로 하는 관광활동을 총칭하여 문화관광(culture tourism)이라 부르지만, 그것이 포함하는 내용은 학습 · 예술감상 · 축제 · 문화 이벤트 · 유적방문 등 매우 광범위하다.

문화관광이란 말은 1990년대부터 사용되었는데, 이 용어는 매우 폭넓게 사용되고 있으며, 한편으로는 잘못 이해되기도 한다. 문화관광의 개념 자체가 확실치 않은 이유는 문화(culture)와 관광(tourism)이라는 두 용어로 이루어져 있기 때문이다. 일상용어나 전문용어로써 문화라는 단어만큼 흔하게 사용되는 말도 드물 것이다. 그러면서도 그 말이 무엇을 뜻하고 있는지에 대해서는 각양각색의 대답을 얻을 수 있는 개념도 찾아보기 힘들다.

문화의 사전적 의미는 '인지(人智)가 깨어 세상이 열리고', '생활이 보다 편리하게 되는 일', '진리를 구하고 끊임없이 진보 · 향상하려는 인간의 정신적 활동 또는 그에 따른 정신적 · 물리적인 성과를 이르는 말(학문 · 예술 · 종교 · 도덕 등)'을 의미하고 있다. 관광의 사전적 의미는 '다른 지방이나 다른 나라의 풍물 · 풍속을 구경함'이란 뜻을 가지고 있다.

문화관광의 개념적 정의는 '개인의 문화적 욕구를 충족시키기 위해 새로운 정보와 경험획득을 목적으로 한 거주지를 벗어나 문화자원으로서의 개인이동'을 의미하며, 기술적 정의는 '거주지와 외부의 유산 · 유적 · 예술적이고 문화적인 표현, 미술과 드라마와 같은 특수한 문화자원에로의 개인의 모든 이동'을 뜻한다.

매캔넬(MacCannell)은 문화관광을 "문화의 과정뿐만 아니라 그러한 과정의 결과인 상품"으로 정의하였고, 매킨토시와 골드너(McIntosh and Goldner)는 문화관광을 "여행자들이 관광지 주민의 삶 또는 사상에 대한 방식 또는 다른 나라의 유산과 역사를 배울 때 관계된 여행의 총체"라고 정의하였다.

하세 마사히로(長谷政弘)는 문화관광을 "르네상스 시대에 유럽에서 순례를 대신해서 역사적 · 지리적 · 과학적 진리를 추구하기 위해 생성된 관광행동으로 역사유적지나 박물관을 방문하는 것"이라고 하였다.

문화관광은 관광지의 유적 · 공예 · 공연 등을 관람하고 체험하려는 것이 주요 목적인 관광이다. 과거에는 관광이 주로 자연풍광이나 기암괴석 등을 보는 것이 주를 이루었지만 갈수록 문화관광의 수요가 늘어나고 있다.

문화관광객을 유치할 수 있는 유산이나 자원의 전형적인 형태는 고고학적 유산과 유물 · 건축물(옛터 · 유명한 건물 · 도시 전체) · 예술 · 조각 · 공예품 · 미술 · 축제 · 이벤트 · 음악과 춤(고전 · 민속 · 현대) · 드라마(연극 · 희곡 등 모든 극작품의 총칭) · 언어와 문헌연구 · 여행 · 이벤트 · 종교축제 · 성지참배와 민속적 또는 원시적 문화 등을 들 수 있다.

문화관광의 정의를 명확히 내리기는 어렵지만, 학자들의 정의를 〈표 7-2〉와 같이 요약해 볼 수 있다.

〈표 7-2〉 문화관광의 정의

학자	정의
매캔넬(MacCannell)	-문화의 과정뿐만 아니라 그러한 과정의 결과인 상품
매킨토시와 골드너 (McIntosh and Goldner)	-여행자들이 관광지 주민의 삶 또는 사상에 대한 방식 또는 다른 나라의 유산과 역사를 배울 때 관계된 여행의 총체
하세 마사히로(長谷政弘)	-르네상스 시대의 유럽에서 순례를 대신해서 역사적 · 지리적 · 과학적 진리를 추구하기 위해 생성된 관광행동으로 역사유적지나 박물관을 방문

2. 문화관광의 특성

자연관광자원도 중요하지만 이제는 그보다도 더 중요한 자원으로 사람이 살아가는 모습과 역사 · 문화적인 것에 가치를 두고 있다. 우리나라도 관광자원개발 측면에서 지방화, 즉 우리 민족만이 가지고 있는 문화관광자원을 발굴 · 보존 · 개발해 나갈 때가 되었다.

유럽에 있어서 관광과 문화는 언제나 밀접한 연관을 가지고 있다. 유럽은 풍부한 문화와 역사적 유산을 보유하고 있어 많은 관광객을 유치하고 있다. 유럽의 문화유산은 관광행동 유발요인 가운데 가장 오래되고 중요한 요인 중 하나이기 때문에 많은 나라는 문화와 관광을 접목시키는 데 노력을 경주하고 있고, 관광을 국가정책의 우선순위에 두고 있다.

문화와 관광산업은 전 생산부문에서 가장 빨리 성장하고 있는 부문이다. 그러므로 문화관광 발전에 영향을 미치는 사회적 · 경제적 · 정치적 배경의 분석은 필연적이고, 관광자원개발 측면에서도 문화관광은 지속적으로 성장할 것이다.

특히 문화관광은 유럽에 있어서 사회 · 경제적 변화의 주요 첨병으로 인식되고 있다. 문화와 관광은 유럽의 모든 국가 및 지역에서 발달하고 있으며, 쇠퇴한 제조업 공간과 전략적 도심지역을 부흥시키는 역할을 하고 있다.

최근 문화적 소비도 점차 성장하고 있다. 관광은 문화적 소비를 중요시하고 있으며, 지역 · 국가 및 초국가적 실체에 의해서 조장되고 자극되고 있다. 그리고 관광의 경우도 지방과 국가 그리고 초국가적 실체에 의해서 권장되며, 재정적 지원에 의해서 문화적 소비의 중요한 형태를 띠어가고 있다.

유럽에서의 문화관광산업은 경쟁이 점차 치열해지고 있다. 그들의 관광개발전략의 기본은 문화유산의 촉진에 있으며, 문화적 볼거리의 숫자를 급격히 늘려나가고 있다. 우리도 박물관이나 미술관과 같은 전통적 · 문화적 볼거리를 만들어 관광수입을 강화시켜 나가야 한다.

문화관광의 특성으로는 ① 고학력 · 고소득자 · 전문직에 종사하는 사람들이 많다. ② 여행기간이 비교적 긴 편이다. ③ 관광대상에 대한 인식수준이 매우 높은 편이다. ④ 소비수준이 높아 지역사회에 미치는 경제적 파급효과가 크다. ⑤ 참여와 교류를 통한 지식확대 및 인격성장의 교육적인 효과를 추구하고 있다.

3. 문화관광의 종류

문화관광의 종류로 ① 유적관광(heritage tourism), ② 예술관광(arts tourism), ③ 종교관광(religious tourism), ④ 축제관광(festival tourism), ⑤ 종족생활 체험관광(ethnic tourism) 등을 들 수 있다.

첫째, 유적관광은 지역의 오랜 역사를 간직한 유적을 관람하는 것으로서 과거의 영광과 쇠퇴를 회상하고, 오늘의 삶을 반추해 보기 위해 행하는 여행을 말한다.

둘째, 예술관광은 여러 가지 창의적인 노력을 부가해 관광객을 상대로 만들어진 예술을 의미하는 것으로 미술 · 조각 · 연극 · 음악 등 훌륭한 예술을 감상하는 여행을 말한다.

셋째, 종교관광은 종교적으로 중요한 예루살렘, 룸비니 등의 성지순례 · 사원방문 · 종교행사 참가를 위해 행하는 여행을 말한다.

넷째, 축제관광은 외국 및 국내의 지역 전통축제에 직접 참여하기 위해 행하는 여행을 말한다.

다섯째, 종족생활 체험관광은 현지인의 생활문화를 생생하게 체험하는 여행을 말한다. 태국의 치앙마이 지역에는 여러 소수민족이 살고 있는데, 관광객은 이곳에서 트레킹을 하면서 부족의 생활을 체험할 수 있다. 문화관광의 종류를 정리하면 〈표 7-3〉과 같다.

〈표 7-3〉 문화관광의 종류

구분	내용
유적관광	–타국이나 타 지역의 오랜 역사를 간직한 유적 등을 관람하기 위해 행하는 여행
예술관광	–여러 가지 창의적인 노력을 부가해 관광객을 상대로 만들어진 예술을 의미하며 미술 · 연극 · 음악 등을 감상하는 여행
종교관광	–성지순례 · 사원방문 · 종교행사 등의 참가를 위해 행하는 여행
축제관광	–외국 및 국내의 지역 전통축제에 직접 참여하기 위해 행하는 여행
종족생활 체험관광	–현지인의 생활문화를 생생하게 체험하는 여행을 말한다. 태국의 치앙마이 지역에서는 트레킹을 하면서 부족의 생활을 체험

제3절 한국의 세계문화유산

1. 한국문화의 상징

1) 한글

한글은 우리나라 고유 문자의 이름을 말한다. 1446(세종 28)년에 훈민정음(訓民正音)이라는 이름으로 반포되었다. 훈민정음은 본디 28자모(字母)였으나 현재 'ㆁ', 'ㆆ', 'ㅿ', 'ㆍ'를 제외한 24자모 만이 남아 있다. 우리는 단일민족 국가로 고유한 말과 글자를 가지고 있다.

지구상에는 여러 종류의 글자가 쓰이고 있지만, 한국인은 '한국어'라는 언어와 '한글'이라는 글자를 사용한다. 이러한 여러 글자 가운데에서 한글은 만든 목적이 뚜렷하고, 만든 사람이 분명한 유일한 글자이다. 문자구조가 간단하고 단순해서 누구나 쉽게 배우고 쓸 수 있다. 한글은 우리나라 고유의 글자로서 한국문화의 상징이라고 할 수 있다.

2) 한복

한복(韓服)은 한민족 고유의 옷으로 한국인이 오랜 기간 동안 착용해 온 전통의복이다. 풍성한 형태미를 지닌 한복은 아름답고 우아해서 외국인도 무척 좋아한다. 다른 나라와 구별되는 독특한 의상인 한복은 우리나라를 상징하는 하나의 좋은 예가 된다.

한복의 멋은 우아하고 부드러운 선에 있다. 여자의 한복은 저고리와 치마가 기본이 되며, 속옷으로 속적삼 · 바지 · 단속곳 · 속치마를 입고 버선을 신으며, 겉옷으로 배자, 마고자, 두루마기 등을 입는다. 남자는 바지와 저고리가 기본이 되며, 허리띠와 대님을 매고 조끼 · 마고자 · 두루마기 등을 입는다. 요즘은 시대의 흐름과 대중의 요구에 따라 색상 · 소재 · 디자인 등을 새롭게 접목하고 있다.

3) 인삼

인삼(人蔘)은 두릅나뭇과에 속한 여러해살이풀로 키는 60센티가량이며 줄기는 해마다 한 개가 곧게 자라고 그 끝에 서너 개가 돌려난다. 깊은 산에서 야생하며 밭에서 재배하기도 한다. 뿌리는 희고 살지며 그 형태가 '人'자와 흡사한데, 약재로 널리 쓰인다. 학명은 *Panax ginseng*이다.

인삼은 그 뿌리가 사람의 형상을 하고 있는 식물로 사람 모양과 유사할 수록 더 값진 것으로 친다. 뿌리의 연수가 오래될 수록 사람의 모양과 유사해지기 때문이다. 인삼은 만병통치약으로 불리는데, 특히 한국의 인삼은 다른 나라에 비해서 품질과 효능이 뛰어나기 때문에 세계 최고의 상품으로 손꼽히고 있다.

4) 김치

예전에는 김치를 지(漬)라고 불렀다. 고려시대 이규보의 『동국이상국집』에서 김치 담그기를 '감지(監漬)'라 했고, 1600년대 말엽의 『주방문(酒方文)』에서는 김치를 '지히[沈菜]'라 했다. 지히가 '팀채'가 되고 다시 '딤채'로 변하고 '딤채'는 구개음화하여 '짐채'가 되었으며, 다시 구개음화의 역현상이 일어나 '김채'로 변하였다가 오늘날의 '김치'가 된 것이다.

1715년 홍만선의 『산림경제』에서는 지히와 저(菹)를 합하여 침저(沈菹)라 했고, 지금도 남부지방 특히 전라도 지방에서는 고려시대의 명칭을 따서 보통의 김치를 지(漬)라고 한다. 그리고 무와 배추를 양념하지 않고 통으로 소금에 절여서 묵혀두고 먹는 김치를 '짠지'라고 하는데, 황해도와 함남 지방에서는 보통 김치 자체를 '짠지'라고 한다. 한국문화의 상징인 김치는 현재 세계인들에게 많이 알려진 음식이다.

5) 불고기

불고기는 연한 살코기를 얇게 저며 양념에 재었다가 불에 구운 음식 또는 그 고기를 말한다. 즉 불고기 또는 너비아니는 한국요리에서 소고기를 양념에 재고 야채를 넣고 자작하게 만든 음식이다. 돼지고기로 만든 것은 돼지불고기라고 따로 부른다.

구이에는 결합조직이 적고 지방질이 조금씩 산재한 고기가 맛있고 연하기 때문에 안심이나 등심 등의 부위가 가장 많이 사용된다. 일본의 야키니쿠와 매우 비슷한 음식이다. 불고기는 외국인이 좋아하는 대표적인 음식 중 하나이다. 불고기는 다지고 양념하고 숙성시키는 과정을 거치기 때문에 부드럽고 맛있는 음식이 된다.

6) 태권도

태권도는 우리나라 전통무예를 바탕으로 한 운동 또는 그 경기를 말한다. 상대방의 공격에 맨손과 맨발 및 몸의 각 부분을 사용하여 차기 · 지르기 · 막기 등의 기술을 구사하면서 자신을 방어하고 공격한다. 태권도는 한국 고유의 전통무예로서 공격과 방어의 기술뿐만 아니라 정신적 수련도 강조하고 있다.

오늘날에는 세계적 운동경기이자 올림픽 종목으로 채택되어 세계인의 사랑을 받고 있으며, 국제공인 스포츠로서 세계적으로 널리 보급되었다. 수련을 통해 심신단련을 꾀하고 강인한 체력과 굳센 의지로 정확한 판단력과 자신감을 길러 강자에게는 강(强)하고, 약자에게는 유(柔)하며, 예절 바른 태도로 자신의 덕(德)을 닦는 행동철학이다.

7) 탈춤

탈춤은 '탈놀이'라고도 하며 판소리, 꼭두각시놀음 등과 더불어 민속극의 중요한 놀이이다. 탈춤은 본래 황해도 일원인 봉산 · 강령 · 황주 · 안악 · 재령 · 장연 · 은율 · 신원 · 송림 등지의 탈놀음을 일컫는 말이었다. 그러나 지금은 중부지방 · 영남지방의 산대놀이 · 오광대 · 들놀음[野遊] · 별신굿놀이 등 모두를 통칭하여 탈춤이라고 한다.

현재 전승되고 있는 탈춤으로는 송파산대놀이 · 양주별산대놀이 · 봉산탈춤 · 강령탈춤 · 은율탈춤 · 동래들놀음 · 수영들놀음 · 고성오광대 · 통영오광대 · 가산오광대 · 하회별신굿탈놀이 · 동해안별신굿 · 강릉관노탈놀이 · 북청사자놀음 · 제주입춘굿 · 남사당덧뵈기 등이 있다. 이들 대부분은 1960년대 이후 국가무형문화재로 지정되었다.

8) 아리랑

아리랑은 우리나라의 대표적인 민요(民謠) 중 하나이며, 기본 장단은 세마치(세마치장단 : 민요 · 판소리 · 농악 등에서 사용하는 장단의 하나)이나 지방에 따라 가사와 곡조가 약간씩 다르다. 다른 민요와 마찬가지로 본래 노동요의 성격을 갖고 있었다. 주로 두레노래로 불렸으며, 구술과 암기에 의한 전승 또는 자연적 습득이라는 민속성 이외에 지역공동체 집단의 소산이라는 민속성을 가지게 되었다.

비록 그 노랫말이 개인적인 넋두리의 비중이 컸다 할지라도 거기에는 근세의 민족사가 반영되었음을 부인할 수 없다. 농부 · 어부 · 광부 등 각기 그들 생활 속의 애환을 아리랑에 담았다는 점에서 직업공동체 · 사회공동체의 이른바 문화적 독자성이 강한 노래가 되었고, 민족이 위기에 처했을 때는 민족적 동질성을 지탱하는 가락이기도 했다.

2. 한국의 세계문화유산

세계유산(World Heritage)은 세계의 모든 사람들에게 두드러지게 보편적인 가치를 지닌 것이다. 인류가 탄생한 이래 문화와 자연은 항상 밀접한 상호관계를 가지고 공존해 왔다. 따라서 양자가 개발의 위기 앞에 방치되어 있다는 점에서 다 같이 소중하게 보호되어야 한다(三橋, 1997).

유네스코는 ① 인류의 소중한 문화 및 자연유산을 보호하기 위한 '세계유산', ② 소멸위기에 있는 무형문화유산을 보존하여 문화적 다양성과 인류 창의성을 보호하기 위한 '인류무형유산(Intangible Cultural Heritage of the Humanity)', ③ 세계적 가치가 있는 귀중한 기록유산을 대상으로 하는 '세계기록유산(Memory of the World)'을 각각 등재하여 보호하는 활동을 하고 있다.

한국은 2019년 12월 기준 14개의 세계유산(잠정목록 등재 15건)과 19개의 인류무형유산 대표목록, 13개의 세계기록유산을 보유하고 있다.

1) 세계유산

한국은 1988년 유네스코 '세계 문화유산 및 자연유산의 보호에 관한 협약' 가입 이후, 우리 문화재의 우수성과 독창성을 국제사회에 널리 홍보하고, 문화재의 관광자원화를 위하여 우리 문화재의 유네스코 세계유산 등재를 꾸준히 추진하고 있다.

유네스코에 등재된 한국의 찬란한 세계유산 중에 '문화유산'은 ① 석굴암 및 불국사, ② 종묘, ③ 해인사 장경판전, ④ 창덕궁, ⑤ 화성, ⑥ 경주역사유적지구, ⑦ 고창 · 화순 · 강화 고인돌유적, ⑧ 조선왕릉(40기), ⑨ 한국의 역사마을 : 하회와 양동, ⑩ 남한산성, ⑪ 백제역사유적지구, ⑫ 산사, 한국의 산지승원, ⑬ 한국의 서원, ⑭ 가야고분군이 있고, '자연유산'은 ① 제주 화산섬과 용암동굴, ② 한국의 갯벌 등 2023년 현재 총 16개소가 있다. 한국의 세계유산(문화유산 및 자연유산) 등재현황을 정리하면 〈표 7-4〉와 같다.

〈표 7-4〉 세계유산(문화유산 및 자연유산) 등재 현황

구분	유산명칭	해설
문화유산	석굴암 및 불국사 (1995.12.09)	–석굴암(국보24호)은 8세기경 신라시대에 완공된 석굴 및 종교건축물로서 불교예술의 정수라 할 수 있다. –석굴암은 751년(경덕왕 10)에 세운 석굴로 내부 본존불상은 결가부좌한 채 동해바다를 응시하고 있다. –불국사(사적 · 명승1호)는 743~764년(경덕왕)에 건립된 것으로서 찬란한 신라문화의 상징이다.
	종묘 (1995.12.09)	–종묘(사적125호)는 조선의 역대 왕과 왕후의 신위를 모신 세계에서 가장 오래되고 권위 있는 유교적 전통 신전이며, 16세기 이후 현재까지 원형을 보존 · 유지하고 있다. –또한 종묘제례는 왕이 직접 참여하며, 매년 5월 첫째 주 일요일에 종묘에서 행해진다.
	해인사 장경판전 (1995.12.09)	–해인사 장경판전(국보52호)은 세계에서 가장 오래된 고려 대장경판 8만여 장을 보관하는 시설이며, 해인사의 현존 건물 중 가장 오래되었다. –장경판전은 정면 15칸이나 되는 큰 규모의 두 건물을 남북으로 나란히 배치하였다. –팔만대장경은 오랜 역사와 내용의 완벽함, 고도로 정교한 인쇄술의 극치로 세계 불교경전 중 가장 완벽한 경전이다. –과학적으로 설계된 장경판전은 15세기경에 건축된 것으로 자연환경을 최대한 이용하였다.

구분	유산명칭	해설
문화유산	창덕궁 (1997.12.06)	–창덕궁(사적122호)은 조선왕조 5백 년의 5대 궁궐 중 가장 잘 보존되었다. 1405년에 경복궁 다음으로 건립된 별궁이었으나, 역대 임금들이 거처함으로써 본궁이나 다름없는 궁궐이었다. –주변 자연환경과의 완벽한 조화와 배치가 탁월한 창덕궁은 1611년 광해군 때부터 정궁으로 쓰이게 된 뒤, 1868년 고종이 경복궁을 복원할 때까지 295년 동안 조선의 역대 왕들이 정사를 보살폈던 곳이다.
	화성 (1997.12.06)	–화성(사적3호)은 조선 22대 임금 정조가 자신의 아버지 사도세자의 묘를 수원으로 옮긴 후 축조한 성곽이다. –18세기 동양의 성곽을 대표하는 화성은 성의 둘레 5,744m로 축성 시 거중기와 녹로 등 신기재를 사용하였다. –화성은 군사적 방어기능과 상업적 기능을 함께 보유하고 있으며, 시설의 기능이 가장 과학적이고 합리적이다.
	경주역사유적지구 (2000.12.02)	–신라 천년(B.C 57~A.D 935)의 고도인 경주의 역사와 문화 업적을 고스란히 담고 있는 불교유적으로 왕경(王京) 유적이 잘 보존되어 있다. –경주는 종합역사지구로서 유적의 성격에 따라 모두 5개 지구로 나누어져 있으며, 총 52개의 지정문화재가 세계유산지역에 포함되었다.
	고창·화순·강화 고인돌유적 (2000.12.02)	–고인돌은 동북아시아 지역에 밀집되어 있다. 그중 우리나라가 그 중심지역이라 할 수 있으며, 전국에 약 3만여 기에 가까운 고인돌이 분포하고 있다. –기원전 2~3천 년 전의 장례 및 의식 유적으로 선사시대의 기술을 보여주는 유적이다. –세계문화유산으로 등록된 고창·화순·강화의 고인돌 유적은 밀집분포도, 형식의 다양성으로 고인돌의 형성과 발전과정을 규명하는 중요한 유적이다.

구분	유산명칭	해설
문화유산	조선왕릉(40기) (2009.06.30)	-조선시대의 국가통치 이념인 유교와 그 예법에 근거하여 시대에 따라 다양한 공간의 크기, 문인과 무인 공간의 구분, 석물의 배치, 기타 시설물의 배치 등이 특색이다. -특히 왕릉의 석물 중 문인석, 무인석의 규모와 조각양식 등은 예술성을 각각 달리하며, 시대별로 변하는 사상과 정치사를 반영하고 있어 역사의 흐름을 읽을 수 있는 뛰어난 문화유산이다.
	한국의 역사마을 : 하회와 양동 (2010.07.31)	-안동하회마을은 유림의 대표적 동족부락으로 국보와 보물 등 문화유산을 간직하고 있다. 풍산유씨 동족부락의 기틀이 마련된 것은 조선 중엽 이후 대유학자인 유운룡과 유성룡 형제 시대로 보고 있다. -경주 양동마을은 조선시대 초기에 입향(入鄕)한 이래 지금까지 대대로 살아온 월성손씨와 여강이씨가 양대 문벌을 이루어 그들의 동족집단마을로 계승하여 왔다. 경주시내에서 동북방으로 16km쯤 떨어진 곳에 있다.
	남한산성 (2014.06.22)	-사적57호로 지정된 남한산성(포곡식 산성)은 천혜의 요새를 이루고 있어 백제 초기에는 왕도가 자리하였고, 특히 병자호란의 한이 서린 산성으로 널리 알려져 있다. -조선시대는 국방의 보루로서 그 역할을 유감없이 발휘한 곳이다. 그러나 병자호란 때 왕이 이곳으로 피난해 왔지만, 결국 45일 만에 굴욕의 항복을 하고 말았다. -청나라의 침입을 막기 위해 쌓은 이 성곽은 1624년에 인조가 총융사 이서로 하여금 성을 개축하게 하여, 1626년(인조 4)에 공사를 완공하였다.
	백제역사유적지구 (2015.07)	-이곳은 5~7세기 한국 건축기술의 발전과 불교의 확산을 보여주는 고고학 유적이다. -백제역사유적지구는 총 8개의 유적을 포함한 연속유산으로 공주시에 공산성 · 송산리고분군 2곳, 부여군에 관북리유적 · 부소산성 · 능산리고분군 · 정림사지 · 부여나성 5곳, 익산시에 왕궁리유적 · 미륵사지 2곳이 유네스코 세계문화유산으로 등재되었다.

구분	유산명칭	해설
문화유산	산사, 한국의 산지승원 (2018.06.30)	① 양산 통도사, ② 영주 부석사, ③ 안동 봉정사, ④ 보은 법주사, ⑤ 공주 마곡사, ⑥ 순천 선암사, ⑦ 해남 대흥사
	한국의 서원 (2019.07.07)	–서원은 향촌에서 자체적으로 설립한 사설학교로 지역을 대표하는 선배 유학자의 이념을 배우며 후학을 양성하는 데 힘을 쏟았다. –중국의 영향을 받긴 했지만 시간이 지나 점차 한국적인 서원이 만들어 졌다. –영주 소수서원, 안동 도산서원, 안동 병산서원, 경주 옥산서원, 달성 도동서원, 함양 남계서원, 장성 필암서원, 정읍 무성서원, 논산 돈암서원이 이에 해당된다.
	가야고분군 (2023.09.17)	–가야 7개 고분군은 지산동고분군(경북 고령), 대성동고분군(경남 김해), 말이산고분군(경남 함안), 교동과 송현동고분군(경남 창녕), 송학동고분군(경남 고성), 옥전고분군(경남 합천), 유곡리와 두락리고분군(전북 남원) 등이다.
자연유산	제주 화산섬과 용암동굴 (2007. 02)	–아름다운 자연경관과 자연의 보존상태가 뛰어나고, 다양한 희귀생물과 멸종위기의 동식물을 볼 수 있는 제주도는 오름과 용암동굴 등 화산지형이 많아 지질과 지형학적으로 연구 가치가 높다. –특히 한반도 최고의 생태계 천연보호구역인 한라산은 약 180만 년 전 여러 번의 화산활동으로 만들어진 화산섬으로 독특한 자연경관을 자랑한다. 한라산에는 동물 1,179종과 식물 1,565종이 자생하고 있다. –제주도에는 130개가 넘는 용암동굴이 있다. 그중 '거문오름 지역에 있는 용암동굴'이 세계자연유산으로 등재되었다. –거문오름 지역은 약 10~30만 년 전에 화산이 폭발하면서 만들어졌으며, 용암동굴은 자연이 만들어낸 신비로운 색상과 다양한 모양새를 연출하고 있다. –거문오름 지역에 자리한 용암동굴에는 김녕굴 · 만장굴 · 벵뒤굴 · 용천동굴 등이 있다.

구분	유산명칭	해설
자연유산	한국의 갯벌 (2021.07.26)	-한국의 갯벌로 등재된 곳은 충남 서천군갯벌, 전북 고창군갯벌, 전남 신안군갯벌, 보성군-순천시갯벌의 총 4곳이다.

*자료 : 문화재청, 「국가유산연감」, 2023.

2) 인류무형유산

유네스코는 소멸될 위기에 놓여 있는 인류무형유산의 보존 · 전승을 위해 1997년 제29차 유네스코 총회에서 인류구전 및 무형유산걸작 제도 설립 결의안을 채택하였다(문화재청, 2017).

2023년 현재 한국의 '인류무형유산(Intangible Cultural Heritage of the Humanity)'은 ① 종묘제례 및 종묘제례악, ② 판소리, ③ 강릉단오제, ④ 강강술래, ⑤ 남사당놀이, ⑥ 영산재, ⑦ 제주칠머리당영등굿, ⑧ 처용무, ⑨ 가곡, ⑩ 대목장, ⑪ 매사냥, ⑫ 택견, ⑬ 줄타기, ⑭ 한산모시짜기, ⑮ 아리랑, ⑯ 김장문화, ⑰ 농악, ⑱ 줄다리기, ⑲ 제주해녀문화, ⑳ 씨름 ㉑ 연등회, ㉒ 한국의 탈춤이 있다. 한국의 인류무형유산 등재현황을 정리하면 〈표 7-5〉와 같다.

〈표 7-5〉 인류무형유산 등재 현황

유산명칭	해설
종묘제례 및 종묘제례악 (2001.05.18)	-종묘제례는 최고의 품격을 갖추고 유교절차에 따라 거행되는 왕실 의례이며, '효'를 국가차원에서 실천함으로써 민족공동체의 유대감과 질서를 형성하는 역할을 하였다. -종묘제례악은 종묘에서 제사를 드릴 때 의식을 장엄하게 치르기 위하여 연주하는 기악 · 노래 · 춤을 말한다. -조선 세종 때 궁중 희례연에 사용하기 위해 만들어졌던 보태평(保太平)과 정대업(定大業)에 연원을 두고 있다.

유산명칭	해설
판소리 (2003.11.07)	–광대 한 사람이 고수(북치는 사람)의 장단에 맞추어 서사적인 사설을 노래와 말과 몸짓을 섞어 창극조로 부르는 민속예술의 한 갈래이다. –고수의 장단에 따라 창(소리), 말(아니리), 몸짓(너름새)을 섞어가며 긴 이야기를 엮어가는 것을 말한다. –또한 판소리는 느린 진양조 · 중모리 · 보통 빠른 중중모리 · 휘모리 등 극적 내용에 따라 느리고 빠르다.
강릉단오제 (2005.11.25)	–단오는 음력 5월 5일로 '높은 날' 또는 '신 날'이란 뜻의 수릿날이라고도 한다. –강릉단오제는 한국에서 가장 역사가 깊은 전통축제로 마을을 지켜주는 대관령 산신을 제사하고, 마을의 평안과 농사의 번영, 집안의 태평을 기원한다.
강강술래 (2009.09.30)	–여자들이 손을 잡고 원을 그리며 빙빙 돌면서 추는 민속춤을 말한다. 즉 호남지방에서 여성들을 중심으로 전승되는 대표적인 집단놀이이다. –임진왜란 때 이순신은 이 놀이를 용병술의 하나로 이용하여 왜적의 침입을 막았다는 전설에서 강강수월래(强羌水越來 : 거센 오랑캐가 바다를 넘어온다)라 하던 것이 발음이 변한 것이라는 설이 있다. –그러나 이미 그 이전부터 민간에서 전래해 오던 강강술래 노래가 임진왜란을 거치면서 강강수월래로 변형된 것이라고 보는 것이 옳을 것이다.
남사당놀이 (2009.09.30)	–꼭두쇠(우두머리)를 비롯해 최소 40명에 이르는 남자들로 구성된 유랑연예인인 남사당패가 농 · 어촌을 돌며, 주로 서민층을 대상으로 조선 후기부터 1920년대까지 행했던 놀이이다. –서민사회에서 자연 발생한 민중놀이로 남사당패는 꼭두쇠를 정점으로 공연을 기획하는 화주, 놀이를 관장하는 뜬쇠, 연희자인 가열, 새내기인 삐리, 나이든 저승패와 등짐꾼 등으로 이루어져 있다.
영산재 (2009.09.30)	–부처가 영취산에서 행한 설법회를 재현하는 의식으로 불교에서 죽은 사람의 영혼을 천도하기 위한 의식 중 가장 규모가 크다.

유산명칭	해설
제주칠머리당 영등굿 (2009.09.30)	–제주시 건입동의 본향당(本鄕堂)인 칠머리당에서 하는 굿이다. 주민들은 물고기와 조개를 잡거나 해녀작업으로 생계를 유지하며, 마을 수호신인 도원수감찰지방관과 '요왕해신부인'이라는 부부에게 마을의 평안과 풍요를 비는 굿을 했다. –영등신은 외눈백이섬 또는 강남천자국에서 2월 1일에 제주도에 들어와서 어부와 해녀들에게 풍요를 주고 2월 15일에 본국으로 돌아간다는 내방신(來訪神)이다. –당굿은 칠머리당에서 음력 2월 1일에 영등환영제와 2월 14일에 영등송별제로 행하고 있다.
처용무 (2009.09.30)	–'궁중의 연회 때와 세모에 역귀를 쫓는 의식 뒤에 추던 향악 무용'을 말한다. –궁중무용 중에서 유일하게 사람 형상의 가면을 쓰고 추는 춤으로 오방처용무라고도 한다.
	–통일신라 헌강왕 때 살던 처용이 아내를 범하려던 역신(疫神 : 전염병을 옮기는 신) 앞에서 자신이 지은 노래를 부르며 춤을 춰서 귀신을 물리쳤다는 설화를 바탕으로 하고 있다. –처용무는 5명이 동서남북과 중앙의 5방향을 상징하는 옷을 입고 추는데 동은 파란색 · 서는 흰색 · 남은 붉은색 · 북은 검은색 · 중앙은 노란색이다. –춤의 내용에는 음양오행설의 기본정신을 기초로 하여 악운을 쫓는 의미가 담겨 있다.
가곡 (2010.11.16)	–가곡은 시조시에 곡을 붙여서 관현악 반주에 맞추어 부르는 전통음악으로 삭대엽(數大葉) 또는 노래라고도 한다. –가곡의 원형은 만대엽 · 중대엽 · 삭대엽 순이나 느린 곡인 만대엽은 조선 영조 이전에 없어졌고, 중간 빠르기의 중대엽도 조선 말에는 부르지 않았다. –지금의 가곡은 조선 후기부터 나타난 빠른 곡인 삭대엽에서 파생한 것으로 가락적으로 관계가 있는 여러 곡들이 5장 형식의 노래모음을 이룬 것이다. –현재 전승되고 있는 가곡은 우조, 계면조를 포함하여 남창 26곡, 여창 15곡 등 모두 41곡이다.

유산명칭	해설
대목장 (2010.11.16)	–나무를 재목으로 하여 집짓는 일, 재목을 마름질하고 다듬는 기술설계, 공사의 감리까지 겸하는 목수로서 궁궐 · 사찰 · 군영시설 등을 건축하는 도편수로 지칭하기도 한다. –대목장은 문짝, 난간 등 소규모의 목공일을 맡아 하는 소목장과 구분한 데서 나온 명칭이다. 과거에는 목조건축이 발달하여 궁궐과 사찰 건물이 모두 목조였다.
매사냥 (2010.11.16)	–매를 길들여 꿩이나 토끼 등을 잡는 매사냥은 그 역사가 오래 되어 고대 이집트, 페르시아 등지에서 행하였다는 기록이 있다. –고구려 고분벽화의 매사냥 그림이나 ≪삼국유사≫ · ≪삼국사기≫ 등의 매사냥 기록을 보면 우리나라도 오랜 옛날부터 매사냥이 성행한 것이다.
택견 (2011.11.29)	–고구려시대부터 2천 년 동안 명맥이 이어져 내려온 전통무예 택견은 춤추듯 율동적인 동작으로 상대를 제압한다는 특징을 가진다.
택견 (2011.11.29)	–택견은 여러 세대에 걸쳐 전승된 전통무예로 전승자들 간의 협력과 연대를 강화하는 것이 특징이며, 특히 전 세계 유사한 전통무예의 가시성을 높일 수 있다는 점 등을 높이 평가하였다.
줄타기 (2011.11.29)	–줄타기는 관객을 즐겁게 하는 한국 전통음악과 동작, 상징적인 표현이 어우러진 복합적인 성격의 전통 공연예술로서 인간의 창의성을 보여주는 유산이다. –이 유산의 대표목록 등재는 전 세계 다양한 줄타기 공연에 대한 관심을 환기해 문화 간 교류를 촉진하는 계기가 될 것이라고 평가하였다.
한산모시짜기 (2011.11.29)	–모시짜기는 여러 세대에 걸쳐 전승되고 해당 공동체에 뿌리내린 전통기술로 실행자들에게 정체성과 지속성을 부여한다고 유네스코는 평가했다. –한산모시는 섬세하고 단아하여 모시의 대명사로 불려왔을 정도로 다른 지방의 모시보다 촘촘하다.
아리랑 (2012.11.05)	–아리랑은 우리 민족 고유의 대표적인 민요로 가사와 주제가 개방되어 있어 누구나 자유롭게 부를 수 있다. –아리랑이 세대를 거쳐 지속적으로 재창조되었다는 점과 한국민의 정체성을 형성하고 결속을 다지는 데 중요한 역할을 한다는 점이 높이 평가되었다.

유산명칭	해설
김장문화 (2013.12.05)	−김장은 사회적 나눔, 가족 간 또는 구성원 간 협력 증진, 김장문화 전승 등의 다양한 목적을 가지고 있다. −또한 김장은 지역과 세대를 초월해서 광범위하게 전승되고 한국인들에게 정체성과 소속감을 준다는 점과 천연재료를 창의적으로 이용한다는 점을 인정받았다.
농악 (2014.11.27)	−농악은 한국 전역에서 행해지는 대표적인 민족예술이자 꽹과리 · 징 · 장구 · 북 · 소고 등 타악기를 합주하면서 행진하거나 춤과 기예, 연극과 함께하는 종합예술이다. −농악은 공연자들과 참여자들에게 정체성을 제공하며, 인류의 창의성과 문화 다양성에 기여하였다. −특히 국내외 다양한 공동체들 간의 대화를 촉진함으로써 무형문화유산의 가시성을 제고하는 데 기여했다는 점을 인정받았다.
줄다리기 (2015.12.02)	−줄다리기를 통해 마을 공동체 구성원들 간에 결속과 단결을 강화하는 데 그 의의가 있다. −아시아 · 태평양 지역 4개국이 협력하여 공동 등재로 진행한 점과 풍농을 기원하며, 벼농사 문화권에서 행해진 대표적인 전통문화로서 무형유산적 가치 등을 높이 평가하였다. −등재된 한국의 줄다리기는 영산 줄다리기, 기지시 줄다리기 등 국가지정 2개와 삼척시 줄다리기 등 시 · 도지정 4개가 포함되었다.
제주해녀문화 (2016.11.30)	−제주해녀는 잠수장비 없이 바다 깊은 곳까지 들어가 해산물을 채취하는 '물질'을 한다. 이런 고유의 기술과 함께 제주해녀 공동체에 전승되어 온 '잠수굿'과 노동요인 '해녀노래' 등 문화적 가치가 높이 평가되었다. −제주해녀문화는 ① 제주해녀가 가지고 있는 공동체 정신, ② 지속가능한 발전 모델, ③ 여건신장에 큰 도움이 됐다는 것이다.
제주해녀문화 (2016.11.30)	−험한 바다를 터전 삼아 생활해 온 제주 여성들의 강인한 정신과 서로 안전을 살피고 수입도 나누는 공동체 문화는 심사위원들에게 깊은 인상을 심어주었다.
씨름 (2018.11.26)	−유네스코는 남북의 '씨름'이 사실상 같은 유산이라고 판단하여, 우리 고유의 세시풍속놀이 씨름을 사상 처음으로 남북 공동의 인류무형 문화유산으로 등재시켰다.

유산명칭	해설
연등회 (2020.12.16)	-국가무형문화재 122호 연등회는 부처님 오신날을 기념하는 불교행사로, 진리의 빛으로 세상을 비춰 차별 없고 풍요로운 세상을 기원하는 의미를 담고 있다.
한국의 탈춤 (2022.12.01)	-유네스코 무형유산위원회는 「한국의탈춤」이 강조하는 보편적 평등의 값어치와 사회 신분제에 대한 비판이 오늘날에도 여전히 의미가 있는 주제이며, 각 지역의 문화적 정체성에 상징적인 역할을 하고 있다는 점 등을 높이 평가하였다.

*자료 : 문화재청, 「국가유산연감」, 2023.

3) 세계기록유산

세계기록유산(Memory of the World)은 세계적으로 보존할 만한 가치가 있다고 인정되는 기록물의 보존을 위하여 유네스코에서 실시하는 세계기록유산 제도를 말한다(문화재청, 2017).

2023년 현재 한국의 '세계기록유산'은 ① 훈민정음, ② 조선왕조실록, ③ 승정원일기, ④ 직지심체요절, ⑤ 조선왕조 의궤, ⑥ 해인사대장경판 및 제경판, ⑦ 동의보감, ⑧ 일성록, ⑨ 5.18민주화운동기록물, ⑩ 난중일기, ⑪ 새마을운동 기록물, ⑫ 한국의 유교책판, ⑬ KBS특별생방송 이산가족을 찾습니다 기록물, ⑭ 조선왕실 어보와 어책, ⑮ 국채보상운동 기록물, ⑯ 조선통신사 기록물, ⑰ 4.19혁명기록물, ⑱ 동학농민혁명기록물이 있다. 한국의 세계기록유산 등재현황을 정리하면 〈표 7-6〉과 같다.

〈표 7-6〉 세계기록유산 등재 현황

유산명칭	해설
훈민정음 (1997.10.01)	-자음 17자와 모음 11자, 모두 28자로 이루어진 이 책은 조선 세종 28년(1446)에 새로 창제된 훈민정음을 왕의 명령으로 정인지 등 집현전 학사들이 중심이 되어 만든 한문해설서이다. -훈민정음은 해례가 붙어 있어서 '훈민정음 해례본' 또는 '훈민정음 원본'이라고도 한다. 전권 33장 1책의 목판본이다. 구성은 총 33장 3부로 나누어져 있다.
조선왕조실록 (1997.10.01)	-1392~1863년까지 472년간의 역사를 편년체(編年體 : 역사적 사실을 일어난 순서대로 기술하는 방식)로 기록한 책이다. 조선시대의 사회 · 경제 · 문화 · 정치 등 다방면에 걸쳐 기록하였다. -편찬작업은 다음 왕이 즉위한 후 실록청을 열고 관계된 관리를 배치하여 펴냈으며, 사초는 임금이라 해도 열어볼 수 없도록 비밀을 보장하고 있다.
승정원일기 (2001.09.04)	-조선시대 왕명의 출납을 관장하던 승정원에서 날마다 다룬 문서와 사건을 기록한 일기이다. 현재는 1623년~1894년까지의 것만 남아 있다. -1623년 3월부터 1910년 8월까지 왕명을 담당하던 기관인 승정원에서 처리한 여러 가지 사건들과 취급하였던 행정사무, 의례적 사항 등을 매일 기록한 것으로 수량은 총 3,243책 393,578장에 이른다.
직지심체요절 (2001.09.04)	-이 책은 여러 문헌에서 선(禪)의 깨달음에 관한 내용만을 뽑은 것으로 내용 면에서도 고려 선종사에서 귀중한 문헌이지만, 세계 최고의 금속활자본으로 더 유명하다. -1372년(공민왕 21)에 저술되었는데, 1377년 청주목의 흥덕사(興德寺)에서 금속활자로 인쇄되었다. 현재 책 하권(下卷)은 프랑스 국립도서관에 소장하고 있다.
조선왕조 의궤 (2007.06.14)	-조선왕조 의궤(儀軌)는 조선 왕실에서 국가의 주요 행사를 기록한 문서이다.
조선왕조 의궤 (2007.06.14)	-의궤는 조선 건국 당시 태조 때부터 만들어졌으며, 현전(現傳)하는 의궤는 1601년(선조 31년) 의인왕후(懿仁王后)의 장례 기록을 남기기 위해 편찬된『懿仁王后山陵都監儀軌(의인왕후산릉도감의궤)』·『懿仁王后殯殿魂殿都監儀軌(의인왕후빈전혼전도감의궤)』가 있다.

유산명칭	해설
해인사대장경판 및 제경판 (2007.06.14)	–대장경은 경(經) · 율(律) · 논(論)의 삼장(三藏)을 말하며, 불교경전의 총서로 일명 '고려대장경'이라고도 부른다. –판수는 8만여 개이며, 8만 4천 번뇌에 해당하는 8만 4천 법문을 실었다고 하여 8만대장경이라고도 부른다. –제작 동기는 고려 현종 때 새긴 초조대장경이 고종 19년(1232) 몽고의 침입으로 불타 없어지자 다시 대장경을 만들었다. –몽골의 침입을 불교의 힘으로 막아보고자 하는 뜻으로 대장도감이라는 임시기구를 설치하여 새긴 것이다.
동의보감 (2009.07.31)	–『동의보감』은 선조 30년(1597)에 허준(1546~1615)이 선조의 명을 받아 중국과 우리나라의 의학서적을 하나로 모아 간행한 의학서적이다. 총 25권 25책으로 목활자로 발행되었다. –허준은 1574년(선조 7년) 의과에 급제하여 이듬해 내의원의 의관이 되었다. 『동의보감』은 그가 관직에서 물러난 뒤 16년간의 연구 끝에 완성한 한의학의 백과사전 격인 책이다.
일성록 (2011.05.25)	–1760년(영조 36년) 1월부터 1910년 8월까지 조정과 내외의 신하에 관련된 일기이다. 임금의 입장에서 펴낸 일기의 형식을 갖추고 있으나 실질적으로는 정부의 공식적인 기록이다. –정조의 세자시절〈존현각일기〉에서 작성되기 시작하여 즉위 후에도〈존현각일기〉는 계속 쓰여졌고, 『일성록』은 이 일기에 많은 기반을 두고 있다. 조선 후기에 문화사업을 크게 일으켰던 정조에 의하여 기록되기 시작했다.
5.18민주화 운동기록물 (2011. 05)	–1980년 5월 18일부터 27일까지 광주시민과 전남도민이 중심이 되어 조속한 민주정부수립, 전두환 보안사령관을 비롯한 신군부 세력의 퇴진 및 계엄령 철폐 등을 요구하며 전개한 민주화운동이다. –광주시민은 신군부 세력이 집권 시나리오에 따라 실행한 5.17 비상계엄 전국 확대 조치로 인해 발생한 헌정 파괴 · 민주화 역행에 항거했으나, 공수부대를 투입해 이를 폭력적으로 진압하였다.
난중일기 (2013.06.18)	–국보76호 『난중일기』는 국내에서도 이미 학술연구 자료로 높은 가치를 인정받아 왔다. –전쟁 중 지휘관이 일기를 직접 기록한 사례가 세계적으로 드물어 그 희소가치를 인정받았다.

유산명칭	해설
새마을운동 기록물 (2013.06.18)	–새마을운동 기록물은 UN에서 인정받은 빈곤 탈피의 모범사례로 아프리카와 같은 저개발국에서 이를 발전모델로 하고 있을 정도로 영향력 있는 기록물이다. –국가발전을 위해 국민과 정부가 협력한 성공적 사례라는 점이 이번 등재를 결정한 주요 요인이 되었다.
한국의 유교책판 (2015.10.09)	–한국의 유교책판은 조선시대 유학자들의 저작물을 간행하기 위해 나무판에 새긴 책판으로, 305개 문중 · 서원 등에서 기탁한 718종, 6만 4,226장으로 구성되어 있다. –내용은 유학자의 문집, 성리학 서적, 족보 · 연보, 예학서, 역사서, 훈몽서, 지리지 등으로, 한국국학진흥원에서 보존 · 관리하고 있다.
KBS특별생방송 이산가족을 찾습니다 기록물 (2015.10.09)	–'KBS특별생방송 이산가족을 찾습니다 기록물'이 유네스코 세계기록유산에 등재되었다. –기록물은 KBS가 지난 1983년 6월 30일부터 11월 14일까지, 138일에 걸쳐 453시간 45분 동안 진행한 세계 최장 생방송 관련 자료이다. –녹화 원본 테이프 463개와 이산가족이 작성한 신청서, 일일 방송 진행표 등 2만 522건의 자료로 구성되었다.
조선왕실 어보와 어책 (2017.10.31)	–'조선왕실 어보와 어책'은 조선왕실에서 책봉이나 존호 수여를 위해 금 · 은 · 옥에 새긴 의례용 도장, 오색 비단에 훈계의 글을 쓴 교명, 금동 판에 책봉 내용을 새긴 금책 등이다. –조선건국 초부터 570여 년 동안 지속적으로 제작돼 왔고 내용과 작자, 문장의 형식, 글씨체, 재료 등이 당대 시대적 변천상을 반영한다는 점에서 가치를 인정받았다.
국채보상운동 기록물 (2017.10.31)	–'국채보상운동기록물'은 국가가 진 빚을 갚기 위해 1907~1910년 일어난 국채보상운동의 전 과정을 보여주는 기록물이다. –기록물에는 수기 기록물, 일본정부 기록물, 언론 기록 등 총 2,470건의 방대한 분량에 이른다. –국민적 기부운동이었다는 점과 제국주의 침략을 받은 중국 · 멕시코 등 여러 나라에서 유사한 방식으로 국채보상운동이 연이어 일어난 점 등을 인정받았다.

유산명칭	해설
조선통신사 기록물 (2017.10.31)	–'조선통신사 기록물'은 임진왜란 이후 1607~1811년에 일본 무사정권의 요청으로 12차례나 파견된 외교사절인 '조선통신사'와 관련된 기록을 말한다. –외교 · 여정 · 문화교류 기록 등 총 111건의 기록물에는 일본의 통신사 파견 요청, 통신사 파견 준비 절차, 수행원의 직위와 이름, 일본에 전한 예물의 품목, 일본에 도착한 통신사의 보고 내용, 일본에서 바친 진상품 목록이 기록돼 있다. –한국과 일본 양국이 세계기록유산 등재를 추진해 성공한 첫 사례라는 점에서 큰 의미가 있다.
4.19혁명기록물 (2023.05.18)	–4.19혁명기록물은 1960년대 봄 대한민국에서 발발한 학생 주도의 민주화 운동에 대한 1,019점의 기록물로, 1960년대 세계 학생운동에 영향을 미친 기록유산으로서 세계사적 중요성을 인정받았다.
동학농민혁명 기록물 (2023.05.18)	–동학농민혁명기록물은 1894년~1895년 조선에서 발발한 동학농민혁명과 관련된 185점의 기록물로, 조선 백성들이 주체가 되어 자유, 평등, 인권의 보편적 가치를 지향하기 위해 노력했던 세계사적 중요성을 인정받았다.

*자료 : 문화재청, 「국가유산연감」, 2023.

제4절 한국의 전통놀이문화

1. 세시풍속

1) 다리밟기

일명 답교놀이[踏僑戱]로 불리는 다리밟기는 다리를 왔다 갔다 하면서 노는 세시풍속이다. 음력 정월 보름에 행하며, 사람의 다리[脚]와 물 위의 다리[橋]가 같은 음을 지닌 데서 비롯된 것으로 보고 있다. 고려 때부터 성행하였으며, 다리를 밟으면 한 해 동안 다리의 병을 피할 수 있다는 속설이 있다.

대보름 달빛이 맑아야만 그해에 풍년이 든다고 해서 남녀노소가 모두 나와 보름달을 즐기면서 어우러졌다. 그러나 남녀가 짝을 지어 밤늦도록 다니면 풍기가 문란해진다고 여겨 여자는 보름달 다리밟기를 금기하고, 열엿샛날 밤에 따로 여자들만이 답교놀이를 행하게 되었다고 한다. 지금은 거의 사라졌다.

2) 놋다리밟기

놋다리는 다리를 놓(놋)는다는 놋(놓)다리로서, '놓은 다리 밟기'의 뜻인 놋다리밟기인 것이다. 경상북도 안동과 의성 등지에서 음력 정월 보름밤에 부녀자들이 하는 민속놀이이다. 즉 젊은 여자들이 한 줄로 늘어서서 허리를 구부리고, 공주로 뽑힌 소녀를 위로 올려 등을 밟고 걸어가게 하는 안동 지방에서 전승된 여성놀이이다.

경상북도 지방에서는 정월 작은 보름(14일)에 부녀자들의 놋다리 놀이가 성행하였다. 대보름이나 작은 보름날 밤에 명절 옷을 차려 입은 아녀자들이 줄줄이 앞사람의 허리를 끼어 안고 머리와 허리를 수그린 모양이 기와지붕의 기와를 깔아놓은 듯하며, 마치 '기와지붕 같은 위를 밟고 간다'는 뜻에서 나온 말이다.

2. 오락문화

1) 횃불싸움

횃불싸움은 '홰싸움'이라고도 하며, 강원도 산골에서 가장 세차게 벌어졌는데, 주로 영동지방 · 함경도 · 경상도 · 동해안에서 성행하던 놀이이다. 정월 대보름날 달이 뜨면 홰에 불을 붙여 들고 농악에 맞추어 빙빙 돌아가며 춤을 추면서 기세를 올린다.

싸움 신호가 울리면 서로 상대편의 진지를 향해 쳐들어간다. 싸움 대열이 가까워지면 서로 홰를 내리치면서 육탄전을 벌이기도 하는데, 상대편의 진지를 먼저 빼앗는 쪽이 이기게 된다. 싸움은 세력이 약해서 쫓기는 마을이 패하게 되며, 싸움에서 진 편은 흉년이 들고, 이긴 편은 풍년이 든다는 속설이 있다. 현재는 전승되지 않고 있다.

2) 조리희

조리희(照里戱)는 제주시에서 추석 때 놀았던 민속놀이로서, 제주 지역에서는 8월 추석 때 지금의 줄다리기와 비슷한 놀이를 즐겼던 것으로 전해지고 있다. '제주의 풍속에는 매년 8월 15일에 남녀가 같이 모여 노래를 부르고 춤을 추며 즐기고, 남녀를 좌우로 나누어 큰 줄을 양쪽 끝에서 당기어 승부를 가린다.

만약 줄이 가운데로 끊어지면 양쪽 대열이 모두 땅에 자빠지는데, 이를 보던 관중들이 크게 웃는다. 이날에는 또 그네뛰기와 포계지희(捕鷄之戱 : 집집마다 들고 나온 닭을 훨훨 자유로이 놓아주었다가 요리조리 내빼는 닭을 맨손으로 붙잡는 놀이)를 한다'고 되어 있다. 현재는 전승되지 않고 있다.

3) 석척놀이

석척(石擲)놀이는 장정들이 남북으로 편을 갈라 돌싸움을 하는 민속놀이로서, 석전(石戰) 또는 편싸움(便戰)이라고 한다. 당시 개경(開京)은 석척놀이가 유행하였다. 석척놀이는 군사조련법의 일환으로 장려되어 기개와 국력을 다지는 바탕이 되기도 하였는데, 놀이와 스포츠로서는 실로 살기등등한 격렬한 싸움이었다.

놀이의 방법은 어른 아이 할 것 없이 마을의 모든 남자들이 마을 경계 부근에 모여 하천이나 들판을 사이에 두고 돌을 던진다. 거리가 멀리 떨어져 있어서 돌에 맞는 일은 그리 많지 않았으나, 간혹 주의가 산만해진 경우 돌에 맞기도 하며 부상을 당하기도 한다. 현재는 거의 전승되지 않고 있다.

4) 장치기

장치기는 장대로 공을 친다는 의미이다. 한자로 '봉희(棒戲)'라고 하며, 지역에 따라서는 공치기 · 얼레공치기 · 타구놀이라고도 한다. 정월 초하루나 농한기에 주로 성행하였다. 격구(擊毬)나 타구(打毬)와 마찬가지로 양편으로 나누어 공을 쳐서 상대편 종점 선까지 몰아가는 놀이로서, 1970년대에 일반인들에게 다시 알려지게 되었다.

장치기는 설비가 필요 없으며 어디서나 손쉽게 할 수 있다. 공은 솔방울이나 나무토막을 다듬어 쓰며, 장대는 지게작심 같은 것을 쓴다. 편을 갈라서 놀았으며, 중앙 기점으로부터 공을 빼앗아 각각 자기편 종점 선까지 몰아가는 것이다.

5) 축국

축국은 아이들이 가죽으로 만든 공을 차면서 즐기던 놀이이다. 오늘날의 축구와 같은 공차기 놀이로서, 삼국시대와 신라시대 때 김춘추와 김유신이 축국을 행하였다는 기록과 고구려 사람들이 축국을 잘한다는 기록이 남아 있다. 시대에 따라 놀이방법과 규칙이 다르며, 공은 가죽주머니로 만들어 겨를 넣거나 공기를 넣고 그 위에 꿩의 깃을 꽂았다.

축국은 양쪽에 문을 설치한 축국경기, 일정한 구장에서 행하는 축국, 구장이 없이도 하는 것이 있는데, 구장 없이 마당에서 할 수 있는 축국에는 1인장(一人場)에서 9인장(九人場)이 있다. 혼자서 차는 것을 1인장이라 하고, 2, 3명이 마주서서 차는 것을 2인장 또는 3인장이라 한다. 따라서 축국은 서로 번갈아 돌려가며 차는 경기로 공을 땅에 떨어뜨리는 사람이 진다.

6) 그네뛰기

그네뛰기는 남성의 씨름과 더불어 단오절의 가장 대중적인 놀이이다. 북방의 오랑캐들이 한식날에 거행했던 것을 후에 중국 여자들이 배우게 되었다고 한다. 중국의 한(漢)과 당(唐)에 이르러서는 궁중에서까지 경기대회가 있었다고 하며, 이것이 우리나라에 들어와 고려시대에는 궁중이나 상류층에서 즐겼고, 조선시대에는 민중 사이에서 크게 유행한 것으로 전해진다.

그네는 대개 농번기를 피해 음력 4월 8일을 전후하여 5월 5일 단오절에 이르는 약 한 달 동안 놀았는데, 이 놀이는 1년 내내 집안에서 바깥 구경을 못하던 젊은 여인네들이 단오날 하루만이라도 밖에 나와 해방감을 맛보고자 한 데서 비롯되었다. 그네경기는 외그네 · 쌍그네 등 다양한 방법으로 겨루며, 누가 제일 높이 올라가느냐에 따라 승부를 정한다.

7) 농주

농주는 나무공을 7개 또는 9개를 가지고, 공중으로 계속 던지면서 공이 원을 그리며 돌게 하는 공놀이이다. 농주는 주로 백제시대에 성행했으며, 신라시대에서도 행해진 백희(百戱)의 한 종목으로 농환(弄丸 : 공던지기 놀이)이라고도 했다. 고려시대 때는 잡희(雜戱)의 한 종목으로 들어 있었고, 조선시대에는 나례(儺禮 : 민가와 궁중에서 마귀 등을 쫓기 위하여 베푸는 의식)와 함께 행해졌다.

최치원은 농주를 금환(金丸)을 놀린다고 표현했고, 최남선은 농주를 '공놀리기' 또는 '죽방울'이라고도 했다. 즉 죽방울을 가느다란 노끈에 장구 모양의 작은 나무토막을 걸어서 이리저리 돌리다가 공중으로 높이 치뜨리고, 떨어지는 것을 다시 노끈으로 받아 또 치뜨리면서 계속하는 놀이를 말한다.

8) 널뛰기

널뛰기는 정월 초하루에 여성들이 즐겨 하는 놀이이다. 두꺼운 판자를 짚단이나 가마니 같은 것으로 괴어놓고 양쪽에 한 사람씩 올라서서 서로 발을 굴러 공중에 높이 솟아오르는 놀이이다. 널뛰기는 뛰었다가 내려딛는 힘의 반동으로 서로 번갈아 뛴다.

옛날 여성들은 이 놀이로 씩씩한 기상을 길러왔고, 별다른 운동경기가 없던

시절의 신체단련에도 좋은 놀이였다. 여성의 외출이 자유롭지 못하던 옛날에는 끼리끼리 안마당에 모여 놀았고, 여성들이 모처럼 해방감에 젖어 놀 수 있었으며, 특히 추운 겨울에 알맞은 놀이였다.

9) 연날리기

연날리기는 한국의 민속놀이로 정월 초하루부터 대보름까지 날린다. 액을 쫓는 주술적인 의미로 대보름에는 연에 송액영복(送厄迎福)이라는 글을 써서 해질 무렵 연실을 끊어 멀리 날려 보낸다. 즉 '그해의 온갖 재앙을 연에 실어 날려 보내고 복을 맞아들인다', '심중의 더러움을 깨끗이 씻어낸다'는 뜻이 담겨 있다. 서울시는 연날리기를 시도무형문화재4호로 지정하였다.

3. 스포츠

1) 격구

격구는 말을 타고 달리면서 숟가락 모양의 채로 공을 쳐서 상대방 문에 넣는 경기로서, 타구(打球) 또는 포구(抛毬)라고도 한다. 우리나라에는 937(고려 태조)년 격구장이 있었다는 기록이 있는 것으로 보아 삼국시대부터 행했던 것으로 보인다.

고려시대에는 주로 단오절에 궁중행사로 시합을 열었으며, 의종 때는 여성팀도 있었다고 한다. 조선시대에도 태조와 정종이 격구를 즐겼으며, 세종은 "격구를 잘하는 사람이라야 말 타기와 활쏘기를 잘할 수 있다"고 하여 1425년 무예연습의 필수과목으로 삼았다.

2) 씨름

씨름은 다리와 허리의 샅바를 맞붙잡고 일정한 규칙 아래 힘과 재주를 이용하여 상대선수의 발바닥 이외의 신체부분을 바닥에 먼저 닿게 넘어뜨리면 이기는 경기이다. 씨름에 대한 최초의 기록은 조선 세종 때의 『고려사』에서 볼 수 있다.

고려시대 충혜왕이 신하들에게 정무(政務)를 맡기고 환관(宦官)들과 씨름을 즐겨 조정(朝廷)의 예를 무너뜨렸다고 기록되어 있다. 또한 단오절 · 중추절 등에 씨름을 했는데, 이러한 민속경기가 현대식으로 발전한 것은 1927년경이다.

4. 민속학

1) 줄타기

줄타기는 공중에 매단 줄 위에서 광대가 재담 · 소리 · 발림을 섞어가며 갖가지 재주를 부리는 곡예로 국가무형문화재58호로 지정되었다. 관아의 뜰 · 대갓집 마당 · 놀이판 · 절마당 · 장터 등 넓은 마당에서 주로 공연되었다. 줄타기는 줄광대 · 어릿광대 · 악사로 구성되며 약 40가지 곡예가 있다.

줄광대는 주로 줄 위에서 놀고, 어릿광대는 줄 아래에서 재담을 하며, 악사는 줄 아래 한쪽에 앉아 장구 · 피리 · 대금 · 해금으로 반주한다. 줄광대가 악사와 어릿광대를 모두 갖추어 소리 · 재담 · 춤 등을 하고 잔놀음과 살판까지 하는 것을 판줄이라 하고, 어릿광대 없이 줄광대 혼자 간단하게 노는 것은 도막줄이라 한다.

2) 택견

택견은 주로 발을 사용하여 상대를 차서 쓰러뜨리는 한국전통의 맨손무예이다. 각희(角戱) · 비각술(飛脚術) 등으로도 불리는 택견은 '차기'라는 뜻을 가지며, 고문헌에는 '탁견'으로 나온다. 택견은 문헌상으로 볼 때 원시시대부터 발달해 온 기층문화(한 민족이나 사회의 기층을 이루는 사람들의 문화)의 하나로 보인다.

고려시대에는 무인들의 무예로서 장려되었을 뿐 아니라 민간에서도 활발히 전승되었으며, 조선시대에 들어와 민속경기의 하나로 정착되었다. 조선 후기 '송덕기'에 의해 되살아나 다시 맥을 이었다. 경기방법은 각각 상대방을 향해 한쪽 발을 내딛는 대접(待接)의 상태에서 손발을 사용하여 상대방을 넘어뜨리거나 얼굴을 발로 차면 이기게 된다.

연습문제

01. 다음 설명에 해당하는 학자는?

> 문화는 지식 · 신앙 · 예술 · 관습 등 사회구성원으로서 인간이 획득한 모든 능력과 습성을 포함한 복합적인 총체

① Williams ② Krapf
③ Tylor ④ Kroeber

02. 다음 설명에 해당하는 학자는?

> 문화관광은 여행자들이 관광지 주민의 삶 또는 사상에 대한 방식 또는 다른 나라의 유산과 역사를 배울 때 관계된 여행의 총체

① Hunziker & Krapf ② Glücksmann
③ MacCannell ④ McIntosh and Goldner

03. 문화관광의 종류로 옳지 않은 것은?

① 적정관광 ② 유적관광
③ 종교관광 ④ 예술관광

04. 유네스코에 등재된 문화유산으로 옳지 않은 것은?

① 창덕궁 · 수원화성 ② 경복궁 · 덕수궁
③ 석굴암 · 불국사 ④ 조선왕조왕릉

05. 유네스코에 등재된 세계기록유산으로 옳지 않은 것은?

① 정유일기 ② 훈민정음
③ 동의보감 ④ 승정원일기

06. 유네스코에 등재된 인류무형유산으로 옳지 않은 것은?

① 종묘제례 및 제례악 ② 강릉단오제
③ 북청사자놀이 ④ 제주칠머리당영등굿

07. 유네스코에 등재된 세계자연유산으로 옳은 것은?

① 제주만장굴과 금녕사굴 ② 제주성산일출봉과 우도
③ 제주한라산과 백록담 ④ 제주화산섬과 용암동굴

08. 다음 설명에 해당하는 풍속은?

> 추석 때 놀았던 민속놀이로서, 제주 지역에서는 8월 추석 때 지금의 줄다리기와 비슷한 놀이를 즐겼던 것으로 전해짐

① 다리밟기 ② 조리희
③ 외줄타기 ④ 줄다리기

09. 유네스코에 등재된 세계문화유산 중 '산사, 한국의 산지승원'으로 옳지 않은 것은?

① 양산 통도사 ② 영주 부석사
③ 해남 대흥사 ④ 경주 불국사

정답

01 ③, **02** ④, **03** ①, **04** ②, **05** ①, **06** ③, **07** ④, **08** ②, **09** ④

제8장

의료관광

학습 포인트

- 제1절에서는 의료관광의 정의와 외국 · 한국의 의료관광 현황에 대해 학습한다.
- 제2절에서는 의료관광의 구성요소, 의료관광상품의 구성요소 및 유형 · 특성에 대해 학습한다.
- 제3절에서는 관광진흥법 · 관광진흥법 시행령 · 출입국관리법에 대해 학습한다.
- 제4절에서는 의료관광 코디네이터 국가자격시험에 대한 정보를 숙지한다.
- 연습문제는 의료관광을 총체적으로 학습한 후에 풀어본다.

제1절 의료관광산업의 개념

1. 의료관광의 정의

UNWTO(세계관광기구)가 집계한 전 세계 관광객은 2020년대는 16억 명에 이를 것으로 예측하고 있다. 선진 각국은 이와 같은 관광산업의 성장 잠재성과 중요성을 일찍부터 인식하여 관광을 환경 · 첨단산업과 함께 세계 주요 3대 산업으로 집중 육성하고 있다.

의료관광(medical tourism)은 의료소비자나 가족이 의료서비스를 받기 위해 국경을 넘어 이동하는 것을 의미한다. 즉 의료관광은 건강을 위한 ① 병원치료, ② 휴양, ③ 문화체험 등 다목적 관광을 일컫는 관광용어로서 의료선진국으로부터 시작된 21세기 새로운 관광상품 트렌드로 외국인 의료관광객 유치증진과 외화가득률을 높이는 데 중요한 역할을 하고 있다.

의료관광은 일반관광에 비해 체류기간 및 지출비용 등이 높아 세계 각국은 의료관광객을 유치하기 위한 치열한 경쟁을 벌이고 있다. 의료관광객 100만 명을 유치하면, 무려 9조 4천억 원의 생산을 유발할 수 있으며, 11만 7천 개의 일자리를 만들 수 있다. 이에 세계 각국은 민간주도 의료서비스 및 건강증진 식품을 관광산업과 연계하여 의료관광을 급격히 발전시키고 있다.

일찍이 의료관광을 국가의 새로운 新성장동력산업으로 육성한 싱가포르 · 태국 · 인도 · 필리핀 · 말레이시아 등은 의료관광을 ① 의료서비스, ② 휴양, ③ 레저, ④ 문화 등과 결합된 새로운 형태의 블루오션(blue ocean) 전략으로서 21세기 국가전략산업으로 선정하여 정부로부터 예산과 지원을 받고 있다.

의료(醫療)의 사전적 의미는 '의술로 병을 고치는 일'이라는 뜻이고, 관광(觀光)의 사전적 의미는 '다른 지방이나 나라의 풍경 · 풍물 따위를 구경하고 즐김', '가서 그곳의 풍경이나 풍물 따위를 구경하고 즐기다'라는 뜻을 담고 있다.

의료관광(medical tourism)은 의료(medical)와 관광(tourism)의 합성어로 이 용어는 AMA(American Medical Association : 미국의약협회)에서도 공식적으로 사용하고 있고, 그 밖에 병원 · 의사 · 보험회사 · 기업 · 중개자 · 미디어도 '의료관광'이란 용어를 사용하고 있다.

굿리치(Goodrich, 1993)는 의료관광을 "건강관리시설과 일반적인 관광시설을 결합한 시도"라 하였고, 로스(Laws, 1996)는 의료관광을 "집을 떠나 행하는 레저활동으로 그 목적 중 하나가 자신의 건강상태를 증진시키는 것"이라 주장하였고, 에릭(Eric, 1996)은 의료관광을 "건강상태를 개선시킬 목적을 가진 사람이 집을 떠나 행하는 레저형태"라고 정의하였다.

굽타(Guptar, 2004)는 의료관광을 "수술과 기타 전문적인 치료를 원하는 환자들에게 관광산업과 결합하여 저렴한 비용으로 효과적인 의료서비스를 제공하는 것"이라 하였고, 코넬(Connell, 2006)은 의료관광을 "보다 전통적인 의미로 사람들이 휴가를 즐기면서 동시에 수술(surgical care)이나 기타 의료서비스(medical care) 또는 치과치료(dental care)를 받기 위해 외국으로 여행하는 행위"라고 하였다.

한국문화관광정책연구원(2006)은 의료관광을 "미용 · 성형 · 건강검진 · 간단한 수술 등을 위해 방문하는 환자가 관광을 연계하여 머물면서 의료서비스와 휴양 · 레저 · 문화활동 등의 관광활동이 결합된 새로운 관광형태" 또는 "치료와 관광이 합해진 복합기능을 가진 것으로 가벼운 질병을 치료하면서 치료기간 동안 관광 · 쇼핑 · 문화체험 등 볼거리와 놀거리를 찾아나서는 것"이라고 정의하였다.

자기아시(Jagyasi, 2008)는 의료관광을 "한 사람이 레저나 비즈니스, 기타 목적과 직간접적으로 연계하여 의료서비스를 받기 위해 장거리나 해외로 여행하는 일련의 행위"를 의미한다고 하였고, 우리나라 「관광진흥법」(제12조의2)에서는 의료관광을 "국내 의료기관의 진료 · 치료 · 수술 등 의료서비스를 받는 환자와 그 동반자가 의료서비스와 병행하여 관광하는 것"이라고 하였다.

의료관광이란 '개인이 자신의 거주지를 벗어나 다른 지방이나 외국으로 이동하여 현지의 ① 의료기관, ② 요양기관, ③ 휴양기관 등을 통해 ① 질병치료, ② 건강유지 및 회복 등의 활동을 하는 것으로 본인의 건강상태에 따라 현지에서의 ① 요양, ② 관광, ③ 쇼핑, ④ 문화체험 등의 활동을 겸하는 것'을 의미한다.

즉 의료관광은 '병원치료가 개입된 관광행위로 ① 수술, ② 성형, ③ 치과치료 등 자신의 건강상태를 개선시킬 목적으로 집을 떠나 행하는 활동이다. 수술과 같은 다양한 형태의 전문적인 치료를 필요로 하는 환자들에게 여행상품과 결합하여 제공하는 것'을 말한다. 의료관광에 대한 학자들의 정의는 〈표 8-1〉과 같다.

〈표 8-1〉 의료관광에 대한 학자들의 정의

학자	내용
굿리치(Goodrich)	- 건강관리시설과 일반적인 관광시설을 결합한 시도
로스(Laws)	- 집을 떠나 행하는 레저활동으로 그 목적 중 하나가 자신의 건강상태를 증진시키는 것
굽타(Guptar)	- 수술과 기타 전문적인 치료를 원하는 환자들에게 관광산업과 결합하여 저렴한 비용으로 효과적인 의료 서비스를 제공하는 것
코넬(Connell)	- 보다 전통적인 의미로 사람들이 휴가를 즐기면서 동시에 수술(surgical care)이나 기타 의료서비스(medical care) 또는 치과치료(dental care)를 받기 위해 외국으로 장거리 여행을 하는 행위
에릭(Eric)	- 건강상태를 개선시킬 목적을 가진 사람이 집을 떠나 행하는 레저형태
한국문화관광 정책연구원	- 미용 · 성형 · 건강검진 · 간단한 수술 등을 위해 방문하는 환자가 관광을 연계하여 머물면서 의료서비스와 휴양 · 레저 · 문화활동 등의 관광활동이 결합된 새로운 관광형태 또는 치료와 관광이 합해진 복합기능을 가진 것으로 가벼운 질병을 치료하면서 치료기간 동안 관광 · 쇼핑 · 문화체험 등 볼거리와 놀거리를 찾아나서는 것

학자	내용
자기아시 (Jagyasi)	-한 사람이 레저나 비즈니스, 기타 목적과 직간접적으로 연계하여 의료서비스를 받기 위해 장거리나 해외로 여행하는 일련의 행위
관광진흥법	-국내의료기관의 진료 · 치료 · 수술 등 의료서비스를 받는 환자와 그 동반자가 의료서비스와 병행하여 관광하는 것

2. 의료관광 현황

1) 세계의 의료관광 현황

세계의 의료관광시장 규모는 2012년 105억 달러, 2017년 538억 달러, 2025년에는 1,435억 달러로 성장할 것으로 예측하고 있다.

의료관광객 수를 살펴보면, 2009년에는 2천990만 명으로서, 2007년 대비 16%가 증가하였고, 2019년에는 약 33억 달러(38조 6,000억 원) 등 향후 의료관광시장은 꾸준히 증가할 것이며, 21세기 새로운 新성장동력산업으로 각광받게 될 것이다.

2) 의료선진국의 현황

(1) 싱가포르

의료관광의 선진국인 싱가포르는 타국에 비해 의료관광 수준이 우수한 것으로 평가받고 있다. 싱가포르는 ① 수준 높은 의료서비스, ② 영어의 공용화, ③ 서구적인 문화 및 사회적 규범, ④ 19개의 JCI 인증병원(JCI : 미국의 국내 의료기관평가 비영리법인 제이코가 미국과 동등한 기준으로 해외 의료기관을 평가하기 위해 발족한 평가기구) 등의 강점으로 인하여 일찍이 의료관광이 국제화되어 있다.

특히 첨단의술을 활용해 전 세계의 의료관광객을 유치하고 있는 싱가포르는 의료관광에 대한 국비지원이 많아 국가 브랜드인 '싱가포르 메디슨

(Singapore Medicine)'을 개발하여 운영하고 있다. 즉 선진 의료관광국가로 만들고자 하는 정부관련 기관으로 세계 의료관광객 유치를 계획하고 있다.

특히 싱가포르 메디슨은 3개 정부기관으로 이루어진 협의체로 부처 간 불필요한 경쟁과 비용 발생을 방지하기 위해 '협력과 경쟁의 조화' 전략을 시행하고 있다. 또한 관광청은 헬스케어(health care) 부서를 신설하여 의료관광객을 유치하는 병원에 대해 지원을 하고 있고, 의료 시스템과 각 여행사를 연계한 건강여행 패키지 상품도 개발하고 있다.

(2) 태국

태국의 의료서비스산업은 1980년대 관광산업과 접목하면서 태동하였다. 동아시아 외환위기 직후 유휴설비를 활용하는 방안으로 고소득 국가의 고령층을 대상으로 한 간호 · 간병 서비스를 중심으로 발전하기 시작하였다. 그 후 태국 정부는 관광 및 의료관광의 잠재 가능성에 주목하여 2004년에 보건부에 의료관광국가계획(Medical Tourism National Plan)을 발표하면서 발전해 나갔다.

특히 태국은 ① 저렴한 병원비, ② 신속한 의료서비스, ③ 천혜의 자연 및 관광자원을 강점으로 내세워 외국인 환자를 적극적으로 유치함으로써 의료관광객 유치에 성공하였다. 의료자원에는 ① 지역거점병원(5백 병상 이상), ② 종합병원, ③ 지역병원, ④ 1차 진료센터(간호사가 진료), ⑤ 보건소(자원봉사자가 운영) 등이 있다.

태국은 수출 진흥국 · 관광청 · 투자위원회 등의 정부기관과 민간병원협회의 치밀한 준비, 긴밀한 협조로 의료서비스와 건강관련 서비스(건강스파 · 전통타이 마사지 등), 허브상품 등의 부분에서 경쟁국가에 비해 서비스 및 가격 측면에서 비교우위를 가지고 있다. 특히 '아시아 의료 서비스의 중심지'가 되고자 하는 목표를 가지고 적극 추진하고 있다.

(3) 인도

2002년부터 보건정책개정(National Health Policy Reforms)을 통해 타국의 높은 비용 우위를 자본화하기 위해 외국인 환자의 치료비에 할인혜택을 주어 인도의 의료서비스 공급 확대를 유도하기 위해 노력하고 있다.

인도의 수술비용은 미국 등 주요 선진국에 비해 1/8 정도이며, 태국에 비해서도 30% 이상 저렴하다. 또한 인도 의료관광의 강점은 ① 세계적 수준의 인적 자원, ② 저렴한 진료비, ③ 네트워크 등을 들 수 있다. 특히 의사 · 간호사 · 사무직원도 영어를 유창하게 구사하고 있어 의사소통이 자유롭고 수준 높은 의료기술을 확보하고 있다.

또한 정부는 의료여행을 전 세계적으로 홍보하기 위해 국가의 관광안내책자에 각종 의료여행 패키지에 대한 소개를 상세하게 추가시켰으며, 수입 의료장비에 대한 관세도 대폭 낮추어 세계적인 의료선진국으로서의 발전을 모색하고 있다. 특히 인도 정부는 외국인 환자를 유치하는 병원에 수출장려금을 지급할 정도로 매우 적극적이다.

(4) 말레이시아·필리핀

말레이시아는 의료관광산업에 대해 적극적인 홍보와 지원을 하고 있다. 정부는 병원이 의료서비스에 대해 홍보할 수 없는 법 조항을 폐지하여 의료기관이 적극적으로 마케팅할 수 있도록 길을 열어주고 있다.

또한 보건관광부는 말레이시아의 대사관을 중심으로 의료관광에 대한 정보제공과 책자를 배포하고 있으며, 주요 병원과의 연결도 대행해 주고 있다. 특히 싱가포르와 태국에 비해 20~50% 낮은 비용으로 의료관광객을 유치하고 있다.

필리핀은 '레저와 함께하는 보건(healthcare with leisure)'이라는 모토를 걸고 국가적 홍보를 펼치고 있는데, ① 웰빙과 ② 온천 아이템을 중심으로 의료관광을 진행하고 있다. 필리핀의 의료관광 프로그램은 관광청을 중심으로 보건부와 필리핀 전통 대체의학협회 등과의 연계를 통해 최고의 의료관광 메카를 만들어내고 있다.

3) 한국의 현황

정부는 차세대 고부가가치 창출을 위해 글로벌헬스케어산업(global healthcare industry)인 의료관광사업 · 외국인 환자 유치사업을 선정하였고, 2009년 5월 1일 개정 의료법의 시행으로 의료관광을 적극 지원하고 있다. 2008년 11월 의료법이 국무회의 심의를 통과하였고, 2009년 1월 20일 의료법 일부 개정안을 공포하여, 2009년 4월부터 외국인 환자 유치 · 알선 행위가 합법화되었다.

정부는 의료시장에서 외국인 환자를 유치하고 관리하기 위한 구체적인 방법으로 ① 진료서비스 지원, ② 관광 지원, ③ 국내외 의료기관의 국가 간 진출을 지원할 수 있는 '국제의료관광 코디네이터'「국가기술자격법 시행규칙」 제3조(국가기술자격의 직무분야 및 종목)를 2011년 11월 23일 법령개정으로 신설하여, 2013년 1월 1일 이후에 시행, 2013년 9월 28일 1차 필기시험이 처음 시행되었다.

2009년에는 60만 명, 2010년에는 8만 명, 2012년에는 16만 명, 2015년에는 30만 명, 2017년에는 32만 명, 2018년에는 37만 명, 2019년에는 39만 명 유치 등 2027년까지 총 70만 명으로 늘릴 방침이다.

우리나라의 의료기술은 충분한 국제경쟁력을 갖추고 있다. 특히 ① 심혈관 질환, ② 성형, ③ 치과, ④ 위암, ⑤ 간암 등의 의술은 세계 최고의 수준이며, 의료가격 또한 미국의 30% 정도에 불과하다.

세계 의료관광시장은 지난 8년간 2.5배 성장하였다. 태국 · 인도 · 싱가포르 등 아시아의 의료관광 선진국들은 투자개방형 의료법인을 도입해 외국인 환자 유치에 박차를 가하고 있다. 우리나라도 투자개방형 의료법인을 도입하면, 부가가치 유발액은 국내총생산(GDP)의 최대 1%에 달하고, 일자리 창출효과는 18만 개에 이를 것으로 예측하고 있다.

우리나라가 최고의 의료기술을 보유하고 있지만, 아직은 주요 경쟁국인 태국과 싱가포르 등 의료선진국에 비해 약 5~10년 정도 뒤져 있다. 그러나 의료관광의 중요성을 인식하면서부터 한국관광공사 내에 전담조직을 두고, 의료관광 및 의료타운 건설을 추진하고 있다.

지방자치단체도 의료산업화 정책의 일환으로 의료관광산업을 핵심전략산업으로 추진하고 있고, 대학병원 · 종합병원 · 개인병원 · 의료기관도 외국인 환자 유치에 적극적으로 나서고 있다.

정부는 우리 의료기술에 ① 다양한 관광, ② 휴양 인프라, ③ 이용 서비스를 접목한 새로운 한국의료+관광 비즈니스 모델 개발을 추진하고 있고, 보건복지부도 지자체와 지역 의료기관에서 지역의료와 관광자원을 활용한 특화모델을 실용화할 수 있도록 필요한 예산을 지원하고 있다.

의료관광사업은 고부가가치 창출을 통한 국가경제 발전과 글로벌헬스케어 산업 전문가 육성 등을 통한 고용창출에 대한 기대효과가 커 국가경제를 더욱 활성화시킬 수 있는 주요 산업으로 평가받고 있다.

제2절 의료관광산업의 구성

1. 의료관광의 구성요소

의료관광의 구성요소로는 ① 의료관광객, ② 의료인, ③ 의료기관, ④ 의료관광 코디네이터, ⑤ 의료관광 에이전시 등을 들 수 있다.

첫째, 의료관광객은 수요인 동시에 소비자이며, 의료관광시장을 형성하는 최대의 요소가 된다. 외국의 의료서비스를 받기 위해 관광을 겸해 여행하는 사람을 말한다.

둘째, 의료인은 병을 진찰하고 치료하는 일에 종사하는 사람들을 통틀어 이르는 말로서, 우리나라의 현행법상 의료인은 ① 의사, ② 치과의사, ③ 한의사, ④ 조산사, ⑤ 간호사의 다섯 종류가 있다.

셋째, 의료기관은 의료인이 공중(公衆) 또는 특정다수인을 위하여 의료행위를 하는 장소로 ① 병원, ② 의원, ③ 조산소 등을 말한다.

넷째, 의료관광 코디네이터는 외국인 환자를 유치 · 관리하기 위한 구체적인 진료 서비스 지원 · 관광 지원 · 국내외 의료기관의 국가 간 진출을 지원할 수 있는 ① 의료관광 마케팅, ② 의료관광 상담, ③ 리스크 관리 및 행정업무, ④ 의료통역 등을 담당함으로써 우리나라 글로벌헬스케어산업의 발전 및 대외경쟁력을 향상시키는 직무이다.

다섯째, 의료관광 에이전시는 외국에서 의료서비스를 받고자 하는 고객을 위해 전문적인 의료서비스를 제공하는 대리인으로서, 역할과 성격에 따라 ① Medical Travel Agents, ② Medical Travel Planners, ③ Medical Travel Facilitators, ④ Medical Travel Brokers 등으로 다양하게 운영하고 있다. 의료관광의 구성요소를 정리하면 〈표 8-2〉와 같다.

〈표 8-2〉 의료관광의 구성요소

구분	내용
의료관광객	- 의료관광객은 수요인 동시에 소비자이며, 의료관광시장을 형성하는 최대의 요소가 된다. 외국의 의료서비스를 받기 위해 관광을 겸해서 여행하는 사람
의료인	- 병을 진찰하고 치료하는 일에 종사하는 사람들을 통틀어 이르는 말 - 우리나라의 현행법상 의료인은 의사 · 치과의사 · 한의사 · 조산사 · 간호사의 다섯 종류
의료기관	- 의료인이 공중(公衆) 또는 특정다수인을 위하여 의료행위를 하는 장소로 병원 · 의원 · 조산소 등

구분	내용
의료관광 코디네이터	– 외국인 환자를 유치하고 관리하기 위한 구체적인 진료 서비스 지원·관광 지원·국내외 의료기관의 국가 간 진출을 지원할 수 있는 의료관광 마케팅·의료관광 상담·리스크 관리 및 행정업무 등을 담당함으로써 우리나라의 글로벌헬스케어산업 발전 및 대외경쟁력을 향상시키는 직무
의료관광 에이전시	– 외국에서 의료서비스를 받고 싶어하는 고객을 위해 전문적인 의료서비스를 제공하는 대리인 – 예 : Medical Travel Agents, Medical Travel Planners, Medical Travel Facilitators, Medical Travel Brokers 등

〈그림 8-1〉 의료관광 시스템 모델

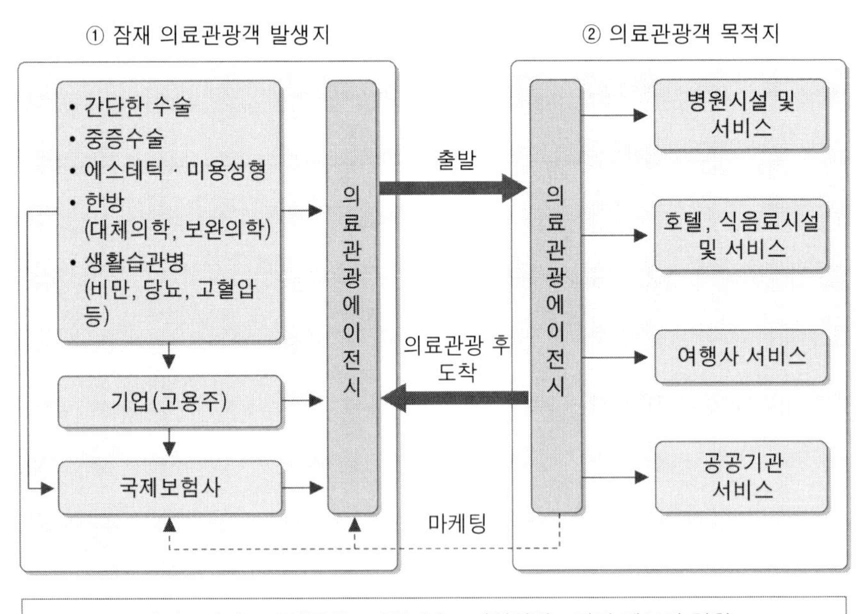

자료 : 고태규 外(2010), 『의료관광시스템』, 무역경영사, p. 56에서 인용 후 재구성.

또한 의료관광 시스템을 구성하는 기본요소는 〈그림 8-1〉과 같이 ① 잠재 의료관광객 발생지(의료관광객 · 각종 의료상품 · 기업 · 국제보험사 · 에이전시)와 ② 의료관광객 목적지(에이전시 · 병원시설 및 서비스 · 호텔 및 식음료시설 서비스 · 여행사 서비스 · 공공기관 서비스) 등으로 대별할 수 있다.

2. 의료관광상품의 구성요소

의료관광상품의 구성요소는 ① 의료관광 인프라시설, ② 관광자원, ③ 음식, ④ 의료비, ⑤ 서비스 마인드 등을 들 수 있다.

첫째, 의료관광 인프라시설은 ① 병원 및 의료시설, ② 숙박시설, ③ 마사지시설, ④ 스파시설, ⑤ 운동기구시설, ⑥ 교통시설 등을 말한다. 둘째, 관광자원은 의료시설 주변에 위치한 ① 자연적 자원, ② 인문적 관광자원 등을 말한다. 셋째, 음식은 환자를 위한 ① 건강식, ② 맞춤 건강식, ③ 보양식, ④ 한방음식 등을 말한다. 넷째, 의료비는 고객의 특성에 알맞은 가격정책에 적용하는 것을 말한다. 다섯째, 수준 높은 서비스는 환자에게 진료 및 의료시설에 대한 만족도를 상승시킬 수 있다. 의료관광상품의 구성요소를 정리하면 〈표 8-3〉과 같다.

〈표 8-3〉 의료관광상품의 구성요소

구분	내용
의료관광 인프라시설	– 의료관광 인프라시설은 병원 및 의료시설 · 숙박시설 · 마사지시설 · 스파시설 · 운동기구시설 · 교통시설 등
관광자원	– 의료시설이 위치한 주변에 자연적 · 인문적 관광자원 등
음식	– 환자를 위한 건강식 · 맞춤 건강식 · 보양식 · 한방음식 등
의료비	– 고객의 특성에 알맞은 가격정책 적용
서비스 마인드	– 수준 높은 서비스는 환자에게 진료 및 의료시설에 대한 만족도를 높임

3. 의료관광상품의 유형

의료관광을 목적에 따라 분류하면, ① 질병치료, ② 미용 · 성형의료, ③ 질병예방관리, ④ 대체의학체험을 들 수 있다. 워싱턴포스트지(2007)는 ① 치료여행, ② 휴양의료관광으로 분류하였고, 스미스와 푸츠코(Smith & Puczko, 2009)는 ① 웰니스관광, ② 의료관광으로 분류하였다.

첫째, 질병치료는 관광의 요소가 배제된 순수한 질병치료를 목적으로 타국의 적절한 장소에서 최적의 의료서비스를 받기 위해 행하는 여행을 말한다.

둘째, 미용 · 성형의료는 ① 간단한 미용 · 성형수술, ② 치과진료 등 개인의 심리적인 만족을 위해 의료 서비스를 받는 형태로서, 질병치료보다는 미용을 목적으로 하는 유형을 말한다.

셋째, 질병예방관리는 ① 건강검진, ② 체질검사, ③ 식이요법 등의 목적으로 현지 문화체험 및 예방의학 차원의 의료관광을 말한다.

넷째, 대체의학체험은 ① 순수한 문화관광 체험 및 ② 지역 고유의 대체의학 · 정신수련 등 현지 의료서비스를 희망하는 형태를 말한다.

워싱턴포스트지(2007)는 의료관광상품의 유형을 ① 치료여행, ② 휴양의료관광으로 분류하였다. 첫째, 치료여행은 경제적 이유 등으로 치료비가 자국에 비해 저렴한 국가를 찾아 여행하는 형태를 말한다. 둘째, 휴양의료관광은 ① 간단한 성형, ② 피부미용의 시술 · 수술 등 장기간 휴양목적을 겸해서 이루어지는 형태를 말한다.

스미스와 푸츠코(Smith & Puczko, 2009)는 의료관광상품의 유형을 ① 웰니스관광 ② 의료관광으로 분류하였다. 여기서 웰니스관광은 레저 · 레크리에이션 및 전체적인 기능 치료가 포함된 보건관광의 한 형태를 말한다. 기타 ① 전통의료관광은 한국의 한방치료와 같은 특정 국가의 전통의학을 활용한 환자 개인의 체질을 분석하여 자연치유를 목적으로 하는 형태(개인맞춤형 · 건강생활법)를 말한다. 의료관광상품의 유형을 정리하면 〈표 8-4〉와 같다.

〈표 8-4〉 의료관광상품의 유형

구분	내용
순수질병치료	– 관광의 요소가 배제된 순수한 질병치료를 목적으로 타국의 특정한 의료기관 · 의료인을 찾아 입국하여 적절한 장소에서 최적의 의료서비스를 받기 위해 행하는 유형
미용 · 성형의료	– 간단한 미용 · 성형수술 및 치과 중심 진료 등 개인의 심리적인 만족을 위해 의료서비스를 받는 형태로서, 질병치료보다는 미용을 목적으로 하는 유형
질병예방관리	– 건강검진 · 체질검사 · 식이요법 등의 목적으로 현지 문화체험 및 예방의학 차원의 의료관광
대체의학체험	– 순수한 문화관광 체험 및 지역 고유의 대체의학 · 정신수련 등 현지 의료서비스를 희망하는 형태
치료여행	– 경제적 이유 등으로 치료비가 자국에 비해 저렴한 국가를 찾아 여행하는 형태
휴양의료관광	– 간단한 성형 및 피부미용의 시술 · 수술 등 장기간 휴양목적을 겸해서 이루어지는 형태
웰니스관광	– 레저 · 레크리에이션 및 전체적인 기능 치료가 포함된 보건관광의 한 형태
전통의료관광	– 한국의 한방치료와 같은 특정 국가의 전통의학을 활용한 환자 개인의 체질을 분석하여 자연치유를 목적으로 하는 형태(개인맞춤형 · 건강생활법)

한편 스미스와 푸츠코(Smith & Puczko, 2009)는 의료관광상품의 유형을 ① 웰니스관광, ② 의료관광으로 분류하였는데, 〈그림 8-2〉와 같이 웰니스관광과 의료관광을 헬스관광(health tourism : 관광시설이나 관광목적지가 일반적인 관광시설 외에 의도적으로 건강관련 시설이나 서비스를 이용하여 관광객을 유치하는 행위)의 하위개념으로 보고 있다.

〈그림 8-2〉 헬스관광 · 웰니스관광 · 의료관광의 범위

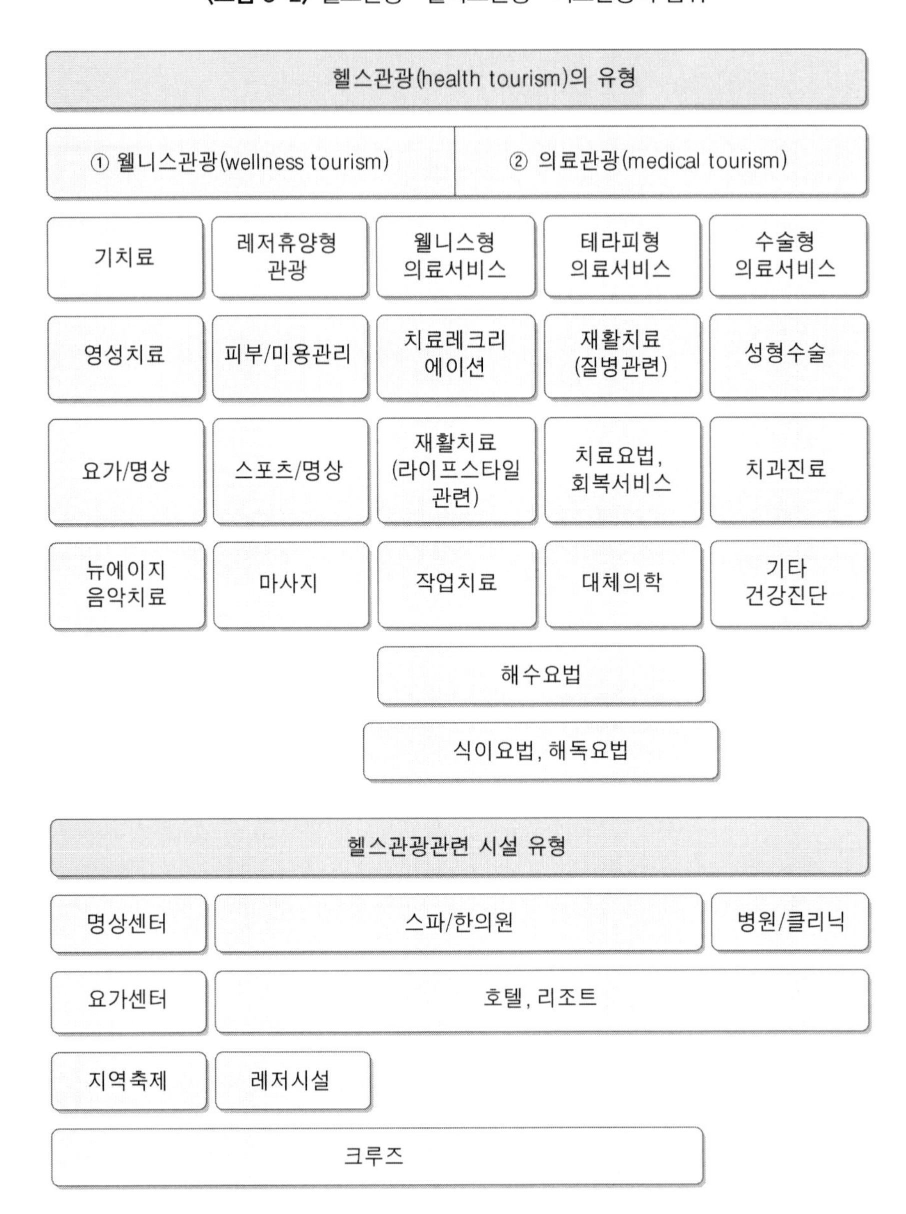

자료 : 고태규 外(2010), 『의료관광시스템』, 무역경영사, p. 81에서 인용 후 재구성.

4. 의료관광산업의 특성

의료관광산업의 특성은 ① 복합성 · 다양성, ② 개방성, ③ 경쟁성, ④ 대응성, ⑤ 상호의존성, ⑥ 마찰 · 부조화 등을 들 수 있다.

첫째, 복합성 · 다양성이다. 의료관광산업은 다양한 업체가 관련되어 존재하고 있다. 즉 소규모의 에이전시와 국제적 채널을 가진 대규모 프랜차이즈 병원 등 서비스 유형이 다양하며, 복합적으로 상호연계되어 있어 복합성 · 다양성을 가진다고 할 수 있다.

둘째, 개방성이다. 의료관광산업은 개방적인 산업으로 시스템의 조직이 유연하며, 치밀하게 조직화되어 있지 않다. 즉 의료관광산업은 역동적이며, 끊임없이 변화하고 있다. 또한 새로운 혁신과 변화를 요구하고 있어 독창적인 사업을 끊임없이 추구하고 연구해야 한다.

셋째, 경쟁성이다. 의료관광산업은 새로운 경쟁자가 시장에 쉽게 진입할 수 있을 정도로 경쟁이 매우 심한 산업이다. 대형 회사는 소형 회사와 서로 합병하여 경쟁을 키우고, 소형 회사는 자신들의 경쟁력을 높이기 위해 서로 제휴한다.

넷째, 대응성이다. 지속적으로 변하는 의료관광시장의 환경에 대응하지 못하면 살아남기 어렵게 된다. 따라서 모든 시스템은 피드백을 반영하는 구조를 가져야 하고, 고객과 경쟁자의 변화에 대응하기 위해서는 다양한 정보를 입수하여 새로운 사업전략을 모색해야 한다.

다섯째, 상호의존성이다. 의료관광객이 요구하는 다양한 서비스를 제공하기 위해서는 연관성이 있는 병원 · 회복요양센터 · 재활센터 · 숙박 · 식당 · 항공사 · 여행사 등과 서로 상호의존성을 가져야 한다.

여섯째, 마찰 · 부조화이다. 의료관광산업 내부의 갈등 · 긴장 · 스트레스 등 의료와 관련된 이해당사자들은 서로 다른 이해관계 때문에 서로 분열하고 부조화를 이루고 있다. 의료관광산업의 특성을 정리하면 〈표 8-5〉와 같다.

〈표 8-5〉 의료관광산업의 특성

구분	내용
복합성 다양성	– 의료관광산업은 다양한 업체가 관련되어 존재, 소규모의 에이전시와 국제적 채널을 가진 대규모 프랜차이즈 병원 등 서비스 유형이 다양하며, 복합적으로 상호연계되어 있어 복합성 · 다양성을 가짐
개방성	– 의료관광산업은 개방적인 산업으로 시스템의 조직이 유연하고, 치밀하게 조직화되어 있지 않으며 끊임없이 변화 – 또한 의료관광산업은 새로운 혁신과 변화를 요구하고 있어 독창적인 사업을 지속적으로 추구하고 연구
경쟁성	– 의료관광산업은 새로운 경쟁자가 시장에 쉽게 진입할 수 있을 정도로 경쟁이 매우 심함 – 대형 회사는 소형 회사와 서로 합병하여 경쟁을 키우고, 소형 회사는 자신들의 경쟁력을 높이기 위해 서로 제휴
대응성	– 지속적으로 변하는 의료관광시장의 환경에 대응하지 못하면 살아남기 어려움 – 모든 시스템은 피드백을 반영하는 구조를 가져야 하고, 고객과 경쟁자의 변화에 대응하기 위해서는 다양한 정보를 입수하여 새로운 사업전략을 모색해야 함
상호의존성	– 의료관광객이 요구하는 다양한 서비스를 제공하기 위해서는 연관성 있는 병원 · 회복요양센터 · 재활센터 · 숙박 · 식당 · 항공사 · 여행사 등과 서로 상호의존성을 가져야 함
마찰 · 부조화	– 의료관광산업 내부의 갈등 · 긴장 · 스트레스 등 의료와 관련된 이해당사자들은 서로 다른 이해관계 때문에 서로 분열하고 부조화를 이룸

5. 의료관광산업의 효과

의료관광산업은 〈표 8-6〉과 같이 국가와 지역사회에 긍정적인 효과와 부정적인 효과를 함께 미친다.

〈표 8-6〉 의료관광산업의 효과

구분	내용	
긍정적 효과	고용창출	- 의료관광객을 10만 명 유치하면 6천 명의 고용창출효과와 7천억 원의 경제효과 발생 - 의료시설의 확장은 신규 의료진의 고용을 유발함
	소득창출	- 의료관광객의 유치 증대는 자연스럽게 소득창출과 연계됨
	외화획득	- 의료서비스의 수출은 여러 나라의 외화획득에 일정하게 기여
	기타	- 조세수입증대 · 의료서비스 수준 향상 · 민간교류의 다변화 · 의료서비스 시스템의 국제화 등
부정적 효과	- 의료비용의 상승 가능성 - 내국인 환자에 대한 의료서비스 수준 저하 가능성 - 의료서비스의 2원화로 인해 사회갈등의 심화 가능성 - 의료분쟁 발생 시 대응 및 처리의 미흡 - 장기 밀매 성행 - 합병증 · 부작용 · 수술 후 처치는 환자 자국의 의료비용 부담을 가중시킴	

6. 외국인 의료관광 활성화 대책

의료관광산업을 활성화하기 위해 우선 국제수준의 ① 의료관광 인프라 구축, ② 우수인력 확보, ③ 법적 정비 및 규제 완화, ④ 의료관광시장 선점, ⑤ 의료관광상품 개발, ⑥ 의료선진국과의 연계, ⑦ 의료관광 마케팅, ⑧ 저가의 의료비용, ⑨ 병의원 간 과도한 경쟁지양 등을 들 수 있다.

첫째, 의료관광 인프라 구축이다. 최첨단 의료시설과 시스템 등으로 의료선진국가와 차별화할 수 있는 의료관광 인프라 구축이 필요하다.

둘째, 우수인력 확보이다. 의료인력을 양성하거나 외국의 우수 의료기관 등과 협력해 우수한 의료인력을 확보하거나 의료통역사 · 국제의료관광 코디네이터의 양성 등 전문인력의 확보가 시급한 실정이다.

셋째, 법적 정비 및 규제 완화이다. 의료사고나 보험 등 국제법규와 국내법규가 상충되지 않고 해결될 수 있도록 법규를 정비해야 한다.

넷째, 의료관광시장 선점이다. 미국 · 중국 · 일본 등 국가별 차별화된 의료상품으로 의료관광시장을 선점해야 국가 간 치열한 경쟁에서 생존할 수 있다.

다섯째, 의료관광상품 개발이다. 한국형 의료관광 모델 확립 및 고급화 전략(성형 · 치과진료 등) · 특성화 전략(위암 · 간암 · 간이식 · 척추치료 등)의 마련이 시급하다.

여섯째, 의료선진국과의 연계이다. 국제기구로부터의 객관적인 기술적 평가로 신뢰도 확보 및 JCI인증을 획득하고, 외국 병원과의 협력 및 긍정적인 입장에서 적극 활용해야 한다. 즉 JCI는 미국의 국내 의료기관평가 비영리법인 제이코(JCAHO : Joint Commission on Accreditation of Healthcare Organization)가 미국과 동등한 기준으로 해외 의료기관을 평가하기 위해 발족한 평가기구를 말한다.

일곱째, 의료관광 마케팅이다. 정부기관 · 의료기관 · 관광관련업계 · 홍보 및 마케팅 업계 등의 통합된 노력이 필요하다. 또한 우리나라의 新의료기술 등에 관한 홍보 등은 의료관광지에 대한 한국의 위상을 제고할 수 있다.

여덟째, 저가의 의료비용이다. 개발도상국은 낮은 인건비 덕분에 상대적으로 유리한 의료가격을 제시할 수 있다. 특히 아시아 국가들은 낮은 화폐가치와 환율을 통해 저가의 의료서비스를 제공할 수 있는 장점이 있다.

아홉째, 병의원 간 과도한 경쟁지양이다. 국내 의료기관 간의 협력체제가 우선적으로 수립되어야 의료의 양극화 현상이 발생하는 것을 방지한다. 특히 의료기관별로 특성화된 분야를 개발해 전문적인 진료 시 병원 간의 불필요한 경쟁을 해소해야 한다.

의료관광산업 활성화 대책을 정리하면 〈표 8-7〉과 같다.

〈표 8-7〉 의료관광산업 활성화 대책

구분	내용
의료관광 인프라 구축	- 최첨단 의료시설과 시스템 등으로 의료선진국가와 차별화할 수 있는 의료관광 인프라 구축 필요
우수인력 확보	- 의료인력을 양성하거나 외국의 우수 의료기관 등과의 협력을 통해 우수한 의료인력 확보 시급 - 의료통역사 · 국제의료관광 코디네이터의 양성 및 인력 확보 시급
법적 정비 및 규제 완화	- 의료사고나 보험 등 국제법규와 국내법규가 상충되지 않고 해결될 수 있도록 법규를 정비
의료관광시장 선점	- 미국 · 중국 · 일본 등 국가별로 특화된 의료상품으로 의료관광 시장 선점
의료관광상품 개발	- 한국형 의료관광 모델 확립 및 고급화 전략(성형 · 치과진료 등) · 특성화 전략(위암 · 간암 · 간이식 · 척추치료 등) 마련 시급
의료선진국과의 연계	- 의료관광 관련 기관 및 단체는 최소한의 국제표준 준수 및 JCI 인증 획득 - 외국병원과의 협력 및 긍정적인 입장에서 적극 활용
의료관광 마케팅	- 정부기관 · 의료기관 · 관광관련업계 · 홍보 및 마케팅 업계 등의 통합된 노력이 필요 - 우리나라의 新의료기술 등에 관한 홍보 등은 의료관광지에 대한 한국의 위상을 제고
저가의 의료비용	- 개발도상국은 낮은 인건비 덕분에 상대적으로 유리한 의료가격을 제시 - 특히 아시아 국가들은 낮은 화폐가치와 환율을 통해 저가의 의료서비스 제공할 수 있는 장점을 활용
병의원 간 과도한 경쟁지양	- 국내 의료기관 간의 협력체제가 우선적으로 수립되어야 의료의 양극화 현상이 발생하는 것을 방지 - 의료기관별로 특성화된 분야를 개발해 병원 간의 불필요한 경쟁을 해소

제3절 관광진흥법

1. 관광진흥법

1) 의료관광 활성화(관광진흥법 제12조의 2)

① 문화체육관광부장관은 외국인 의료관광(의료관광이란 국내의료기관의 진료 · 치료 · 수술 등 의료서비스를 받는 환자와 그 동반자가 의료서비스와 병행하여 관광하는 것을 말한다. 이하 같다.)의 활성화를 위하여 대통령령으로 정하는 기준을 충족하는 외국인 의료관광 유치 · 지원 관련 기관에 「관광진흥개발기금법」에 따른 관광진흥개발기 기금을 대여하거나 보조할 수 있다.

② 제1항에 규정된 사항 외에 외국인 의료관광 지원에 필요한 사항에 대하여 대통령령으로 정할 수 있다.〈시행일 : 2009.9.26〉

2. 관광진흥법 시행령

1) 외국인 의료관광 유치 · 지원 관련 기관(시행령 제8조의 2)

① 법 제12조의 2 제1항에서 "대통령령으로 정하는 기준을 충족하는 외국인 의료관광 유치 · 지원관련 기관"이란 다음 각 호의 어느 하나에 해당하는 것을 말한다.〈개정 2013.11.29, 2016.6.21〉

1. 「의료 해외진출 및 외국인환자 유치 지원에 관한 법률」 제6조 제1항에 따라 등록한 외국인환자 유치업자(이하 "유치업자"라 한다)
2. 「한국관광공사법」에 따른 한국관광공사
3. 그 밖에 법 제12조의 2 제1항에 따른 의료관광(이하 "의료관광"이

라 한다.)의 활성화를 위한 사업의 추진실적이 있는 보건 · 의료 · 관광 관련 기관 중 문화체육관광부장관이 고시하는 기관

② 법 제12조의 2 제1항에 따른 외국인 의료관광 유치 · 지원 관련 기관에 대한 관광진흥개발기금의 대여나 보조의 기준 및 절차는 「관광진흥개발기금법」에서 정하는 바에 따른다.

2) 외국인 의료관광 지원(시행령 제8조의 3)

① 문화체육관광부장관은 법 제12조의 2 제2항에 따라 외국인 의료관광을 지원하기 위하여 외국인 의료관광 전문인력을 양성하는 전문교육기관 중에서 우수 전문교육기관이나 우수 교육과정을 선정하여 지원할 수 있다.

② 문화체육관광부장관은 외국인 의료관광 안내에 대한 편의를 제공하기 위하여 국내외에 외국인 의료관광유치 안내센터를 설치 · 운영할 수 있다.

③ 문화체육관광부장관은 의료관광의 활성화를 위하여 지방자치단체의 장이나 외국인환자 유치 의료기관 또는 유치업자와 공동으로 해외마케팅 사업을 추진할 수 있다. 〈개정 2013.11.29.〉

3. 출입국관리법

1) 체류기간 연장허가(출입국관리법 제25조)

외국인이 체류기간을 초과하여 계속 체류하려면 대통령령으로 정하는 바에 따라 체류기간이 끝나기 전에 법무부장관의 체류기간 연장허가를 받아야 한다.

2) 외국인 등록(출입국관리법 제31조)

① 외국인이 입국한 날부터 90일을 초과하여 대한민국에 체류하려면 대통령령으로 정하는 바에 따라 입국한 날부터 90일 이내에 그의 체류지를

관할하는 지방출입국 · 외국인관서의 장에게 외국인등록을 하여야 한다. 다만, 다음 각 호의 어느 하나에 해당하는 외국인의 경우에는 그러하지 아니하다.〈개정 2014.3.18〉

1. 주한외국공관(대사관과 영사관을 포함한다)과 국제기구의 직원 및 그의 가족
2. 대한민국정부와의 협정에 따라 외교관 또는 영사와 유사한 특권 및 면제를 누리는 사람과 그의 가족
3. 대한민국정부가 초청한 사람 등으로서 법무부령으로 정하는 사람

② 제1항에도 불구하고 같은 항 각 호의 어느 하나에 해당하는 외국인은 본인이 원하는 경우 체류기간 내에 외국인등록을 할 수 있다.〈신설 2016.3.29〉

③ 제23조에 따라 체류자격을 받는 사람으로서 그 날부터 90일을 초과하여 체류하게 되는 사람은 제1항 각 호 외의 부분 본문에도 불구하고 체류자격을 받는 때에 외국인등록을 하여야 한다.〈개정 2016.3.29〉

④ 제24조에 따라 체류자격 변경허가를 받는 사람으로서 입국한 날부터 90일을 초과하여 체류하게 되는 사람은 제1항 각 호 외의 부분 본문에도 불구하고 체류자격 변경허가를 받는 때에 외국인등록을 하여야 한다.〈개정 2016.3.29〉

⑤ 지방출입국 · 외국인관서의 장은 제1항부터 제4항까지의 규정에 따라 외국인등록을 한 사람에게는 대통령령으로 정하는 방법에 따라 개인별로 고유한 등록번호(이하 "외국인등록번호"라 한다)를 부여하여야 한다.〈개정 2014.3.18, 2016.3.29〉

3) 심사 후의 절차(출입국관리법 제59조)

① 지방출입국 · 외국인관서의 장은 심사 결과 용의자가 제46조 제1항 각 호의 어느 하나에 해당하지 아니한다고 인정하면 지체 없이 용의자에게 그 뜻을 알려야 하고, 용의자가 보호되어 있으면 즉시 보호를 해제

하여야 한다.〈개정 2014.3.18〉

② 지방출입국 · 외국인관서의 장은 심사 결과 용의자가 제46조 제1항 각 호의 어느 하나에 해당한다고 인정되면 강제퇴거명령을 할 수 있다.〈개정 2014.3.18〉

③ 지방출입국 · 외국인관서의 장은 제2항에 따라 강제퇴거명령을 하는 때에는 강제퇴거명령서를 용의자에게 발급하여야 한다.〈개정 2014.3.18〉

④ 지방출입국 · 외국인관서의 장은 강제퇴거명령서를 발급하는 경우 법무부장관에게 이의신청을 할 수 있다는 사실을 용의자에게 알려야 한다.〈개정 2014.3.18〉

제4절 의료관광 코디네이터

1. 자격시험 시행근거 및 직무내용

1) 시행근거

「국가기술자격법 시행규칙」 제3조(국가기술자격의 직무분야 및 종목)-2011년 11월 23일 법령개정으로 신설되어 2013년 1월 1일 이후에 시행, 2013년 9월 28일 제1차 필기시험이 처음 시행되었다.

2) 직무내용

국제의료관광 코디네이터는 국제화되는 의료시장에서 외국인 환자를 유치하고 관리하기 위한 구체적인 ① 진료서비스 지원, ② 관광지원, 국내외 의료기관의 국가 간 진출을 지원할 수 있는 ③ 의료관광 마케팅, ④ 리스크 관리,

⑤ 행정업무 등을 담당함으로써 우리나라의 글로벌헬스케어산업 발전 및 대외경쟁력을 향상시키는 직무이다.

2. 역할

국제의료관광 코디네이터의 역할은 〈표 8-8〉과 같이 ① 진료서비스 관리업무, ② 관광지원업무, ③ 마케팅업무, ④ 리스크관리업무, ⑤ 행정업무, ⑥ 통역업무 등을 들 수 있다.

〈표 8-8〉 국제의료관광 코디네이터의 역할

구분	내용
진료서비스 지원	-예약업무 : 예약통보(예약확인서 작성 및 발송) · 준비사항 통보(치료일정 등 통보) · 예약확인 및 예약변경 관리 등 -비자업무 : 비자발급 서류 및 의료목적 입증서류 작성 등 -진료서비스업무 : 외국인 환자 영접 · 진료동의서 작성 · 진료과정 및 내용 소개 · 의료 시 통역업무 · 진료 후 안내 · 입퇴원 업무 등 -검사관련업무 : 검사일정 점검 · 검사안내 · 검사결과지 외국어 번역 · 검사결과지 작성 및 관리 · 검사결과지 발송 등 -보험업무 : 보험회사 및 서류 관리 · 예약자의 보험 확인 · 보험관련 내규 작성 · 보험서류 관리 등 -진료비관련업무 : 진료비 설명 · 외국어 영수증 작성 및 전달 · 진료비 후불자 지불보증 확인 · 진료비 미수관리 등 -기타 진단서 관리업무 · 진료 만족도 설문조사 등
관광지원	-호텔 · 레스토랑 등과 협약체결 -호텔예약업무 -관광상품 및 관광지 소개 -공항 미팅 · 센딩 서비스 등
리스크관리	-리스크관리 프로그램 개발 · 리스크 사례분석 등 -의료사고 및 컴플레인 관리(문제 발생 시 환자와의 상담 및 국제진료센터에 연락)

구분	내용
통역업무	-외국인 환자 통역서비스 등
의료관광 마케팅	-마케팅 기획 -상품 개발 및 시장조사 등 -광고업무 : 병원안내문 제작 · 의료관광상품 홍보물 제작 · 다국어 홈페이지 구축 및 운영 · 각종 의료관광관련 행사 및 설명회 참석 등 -의료관광 에이전시 및 여행사와 협약체결 · 각종 언론매체 접촉 업무 등
행정업무	-출입국관리소 및 외국병원과 협력관계 구축(MOU 및 상호교류 등) -외국인환자 유치 의료기관 등록 및 통계자료(환자현황 자료 등) 관리 -자원봉사자 모집 및 관리업무 등

3. 응시자격 및 시험방법

1) 응시자격

공인어학성적 기준요건을 충족하고, 다음 각 호의 어느 하나에 해당하는 사람을 말한다. ① 보건의료 또는 관광분야의 학과로서 고용노동부장관이 정하는 학과(이하 "관련학과"라 한다)의 대학졸업자 또는 졸업예정자, ② 2년제 전문대학 관련학과 졸업자 등으로서 졸업 후 보건의료 또는 관광분야에서 2년 이상 실무에 종사한 사람, ③ 3년제 전문대학 관련학과 졸업자 등으로서 졸업 후 보건의료 또는 관광분야에서 1년 이상 실무에 종사한 사람, ④ 비관련학과의 대학졸업자로서 졸업 후 보건의료 또는 관광분야에서 2년 이상 실무에 종사한 사람, ⑤ 비관련학과의 전문대학졸업자로서 졸업 후 보건의료 또는 관광분야에서 4년 이상 실무에 종사한 사람, ⑥ 관련자격증(의사 · 간호사 · 보건교육사 · 관광통역안내사 · 컨벤션기획사 1 · 2급)을 취득한 사람 등이다.

2) 시험방법

시험방법은 〈표 8-9〉와 같이 1차 ① 필기시험(객관식 4지 택일)과 2차 ② 실기시험(주관식 : 작업형 또는 필답형)을 본다.

〈표 8-9〉 시험방법

필기시험	-시험과목 : 보건의료관광행정 · 보건의료서비스지원관리 · 보건의료관광마케팅 · 관광서비스지원관리 · 의학용어 및 질환의 이해 -시험방법 : 객관식 4지 택일 -문 항 수 : 총 100 문제(20문제× 5개 과목) -시험시간 : 2시간 30분 -합격기준 : 과목당 40점 이상, 전 과목 평균 60점 이상
실기시험	-시험과목 : 보건의료 관광실무 -시험방법 : 작업형 또는 필답형(주관식) -시험시간 : 2시간 30분 -합격기준 : 60점 이상

4. 공인어학성적 기준요건

언어별 공인어학성적 기준요건은 〈표 8-10〉과 같이 ① 영어, ② 일본, ③ 중국어, ④ 기타 외국어가 있다.

〈표 8-10〉 언어별 공인어학성적 기준요건

① 영어

시험명	TOEIC	TEPS	TOEFL		G-TELP (Level 2)	FLEX	PELT (main)	IELTS
			CBT	IBT				
기준점수	700점 이상	625점 이상	197점 이상	71점 이상	65점 이상	625점 이상	345점 이상	7.0점 이상

② 일본어

시험명	JPT	일검(NIKKEN)	FLEX	JLPT
기준점수	650점 이상	700점 이상	720점 이상	2급 이상

③ 중국어

시험명	HSK	FLEX	BCT	CPT	TOP
기준점수	5급 이상 회화 중급 이상 모두 합격	700점 이상	듣기/읽기유형과 말하기/쓰기유형 모두 5급 이상	700점 이상	고급 6급 이상

④ 기타 외국어

시험명	러시아어		태국어, 베트남어, 말레이어, 인도네시아어, 아랍어
	FLEX	TORFL	FLEX
기준점수	700점 이상	2단계 이상	600점 이상

5. 필기시험 출제기준

필기시험 출제기준(과목명)은 〈표 8-11〉과 같이 ① 보건의료관광행정, ② 보건의료서비스지원관리, ③ 보건의료관광마케팅, ④ 관광서비스지원관리, ⑤ 의학용어 및 질환의 이해 등이 있다.

〈표 8-11〉 필기시험 출제기준

필기과목명(문제)	주요 항목	비고
보건의료관광행정(20문제)	1. 의료관광의 이해 2. 원무관리 3. 리스크관리 4. 의료관광법규	
보건의료서비스지원관리(20문제)	1. 의료의 이해 2. 병원서비스관리 3. 의료서비스의 이해 4. 의료커뮤니케이션	
보건의료관광마케팅(20문제)	1. 마케팅의 이해 2. 상품개발하기(의료 · 관광) 3. 가격 및 유통관리 4. 통합적 커뮤니케이션 5. 고객만족도관리	
관광서비스지원관리(20문제)	1. 관광과 산업의 이해 2. 항공서비스의 이해 3. 지상업무 수배서비스의 이해 4. 관광자원 및 이벤트의 이해	
의학용어 및 질환의 이해(20문제)	1. 기본구조 및 신체구조 2. 심혈관 및 조혈계통 3. 호흡계통 4. 소화계통 5. 비뇨계통 6. 여성생식계통 7. 남성생식계통 8. 신경계통 9. 근골격계통 10. 외피계통 11. 감각계통	

필기과목명(문제)	주요 항목	비고
의학용어 및 질환의 이해(20문제)	12. 내분비계통 13. 면역계통 14. 정신의학 15. 방사선학 16. 종양학 17. 약리학	

6. 실기시험 출제기준

실기시험 출제기준(과목명)은 〈표 8-12〉와 같이 ① 의료관광기획, ② 의료관광실행, ③ 고객만족서비스 등이 있다.

〈표 8-12〉 실기시험 출제기준

실기과목명	주요 항목	세부항목
보건의료 관광실무	1. 의료관광 기획	1. 의료관광 마케팅 기획하기 2. 의료관광 상담하기 3. 의료관광 사전관리하기
	2. 의료관광 실행	1. 진료서비스 관리하기 2. 리스크 관리하기 3. 관광 관리하기 4. 상담 관리하기
	3. 고객만족 서비스	1. 고객만족도 관리하기 2. 리스크 사후관리하기 3. 네트워크 구축하기

연습문제

01. 의료관광 용어와 관련이 없는 것은?

① 병원치료 ② 휴양 · 레저
③ 문화체험 ④ 의료연수

02. 국가별 의료관광의 특징을 잘못 연결한 것은?

① 말레이시아–스파 · 마사지 · 허브 등 관광관련 상품화
② 태국–저렴한 인건비, 천혜의 자연 및 관광자원
③ 인도–세계적 수준의 인적 자원 및 네트워크
④ 싱가포르–수준 높은 의료서비스와 영어의 공용화

03. 우리나라의 현행법상 의료인이 아닌 사람은?

① 한의사 ② 조산사
③ 조무사 ④ 간호사

04. 의료관광의 구성요소로 옳지 않은 것은?

① 의료관광코디네이터 ② 의료 인프라 시설
③ 의료기관 ④ 의료관광 에이전시

05. 의료관광상품의 구성요소로 옳지 않은 것은?

① 관광자원 ② 음식
③ 서비스마인드 ④ 의료장비

06. 의료관광상품의 유형으로 옳지 않은 것은?

① 체력단련여행　　② 대체의학체험
③ 질병예방관리　　④ 전통의료관광

07. 다음 설명에 해당되는 용어는?

레저 · 레크리에이션 및 전체적인 기능 치료가 포함된 보건관광의 한 형태

① 미용 · 성형의료　　② 치료여행
③ 웰니스관광　　④ 휴양의료관광

08. 의료관광의 특성으로 옳지 않은 것은?

① 복합성　　② 단일성
③ 개방성　　④ 경쟁성

09. 의료관광산업의 활성화 대책으로 옳지 않은 것은?

① 의료관광시장의 선점　　② 의료관광상품 개발
③ 우수인력의 확보　　④ 법적 정비 및 규제 강화

10. 의료관광의 부정적 효과로 옳지 않은 것은?

① 내국인 환자에 대한 의료서비스 수준 저하 가능성
② 의료분쟁 발생 시 대응 및 처리의 미흡
③ 내국인 의료비용 부담 가능성
④ 의료서비스의 2원화로 인해 사회갈등의 심화 가능성

11. 조산사의 임무가 아닌 것은?

① 해산부　　② 소아
③ 임부　　④ 산욕부

12. 외국인 환자 유치업자에 의한 등록요건을 바르게 연결한 것은?

① 보험금액 1억 원 이상-보험기간 1년 이상
② 보험금액 1억 원 이상-보험기간 2년 이상
③ 보험금액 2억 원 이상-보험기간 1년 이상
④ 보험금액 2억 원 이상-보험기간 2년 이상

13. 병원급 의료기관이 아닌 것은?

① 종합병원
② 양로원
③ 요양병원
④ 한방병원

14. 다음 설명에 해당되는 병원은?

병원급 의료기관 중에서 특정 진료과목이나 특정 질환 등에 대하여 난이도가 높은 의료행위를 하는 병원

① 종합병원
② 한방병원
③ 전문병원
④ 치과병원

정답

01 ④, **02** ①, **03** ③, **04** ②, **05** ④, **06** ①, **07** ③, **08** ②, **09** ④, **10** ③, **11** ②, **12** ①, **13** ②, **14** ③

제9장

생태관광

제1절 관광과 환경문제

제2절 생태학의 이해

제3절 생태관광의 정의

제4절 생태관광의 유사개념

학습 포인트

- 제1절에서는 환경재난의 원인을 분석하고, 관광의 잠재적 영향평가에 대해 학습한다.
- 제2절에서는 생태학의 정의, 생태윤리와 정책에 대해 학습한다.
- 제3절에서는 생태관광의 발전과정과 학자들이 주장한 정의, 생태관광의 기본 특성 및 기준에 대해 학습한다.
- 제4절에서는 대안관광의 유사개념과 지속가능한 관광의 정의, 주요 행위자, 정책적 과제에 대해 학습한다.
- 연습문제는 생태관광을 총체적으로 학습한 후에 풀어본다.

제1절 관광과 환경문제

1. 환경재난의 원인

현대를 환경(environment)의 시대라고 부른다. 그만큼 환경은 우리의 커다란 관심사 중 하나가 되었다. 선진국은 물론이고 후진국에서도 환경의 중요성을 인식하고 보호에 힘쓰고 있다. 인간에 의한 환경훼손이나 파괴가 전 지구의 생태계(ecosystem : 생물의 무리와 무기적 환경으로 성립되는 에너지 및 물질 시스템)를 위협하고 있다.

급격한 도시화 현상으로 각종 공해와 소음으로부터의 탈출을 꿈꾸는 현대인에게 깨끗하고 아름다운 자연환경은 어떤 매력물보다 동경의 대상이 된다. 관광산업은 건강한 자연환경의 보전 없이는 존립할 수 없으며, 이러한 환경오염과 파괴는 관광산업 발전에 커다란 장애요인이 되고 있다.

관광은 환경가치에 어떠한 부정적 영향도 미치지 않는 청정산업(clean industry)으로 오랫동안 인식되어 왔으나, 오늘날 대부분의 관계자들은 관광을 부정적 영향 및 문제점으로 인식하고 있다. 즉 경제적 행위의 목적으로 관광개발을 추진하다 보면, 필연적으로 주위환경이 개발되기 마련인데, 그 개발 정도가 현저하여 영향이 클 경우에는 환경파괴가 발생하게 된다.

따라서 관광은 환경문제의 원인 제공자일 수도 있으며, 환경문제로 인한 피해자가 되기도 한다. 21세기의 관광은 '지속가능한 관광개발(sustainable tourism development)'로서 생태관광(ecotourism)이 그 대안이 될 수 있다. 즉 생태관광은 관광객의 새로운 욕구충족과 자연환경의 보호를 통한 관광산업의 윤리적 측면의 효과와 기대, 자연의 존귀함 · 소중함을 인식시키면서 자연을 파괴하지 않고 이를 이용하여 소득을 창출할 수 있다.

특히 염소를 방출하는 프레온가스(freon gas : 몬트리올 협약은 지구의 오존층을 파괴하는 프레온 가스 사용을 규제)가 오존층을 파괴하는 것으로 입증되자 국제사회는 적지 않은 충격을 받았다. 오존층의 파괴는 인간을 포함한 생물체의 건강을 직접적으로 위협할 뿐만 아니라 기상 및 기후 체계까지도 교란시킬 가능성이 매우 높다.

최근 환경재난이 빈번하게 발생하고 있는데, 이러한 재난은 인간에게 피해를 주는 형태로 나타나기 때문에 심각한 사회문제로 부상하고 있다. 국가의 사회발전 명분으로 개발을 추진하면서 소수 주민에게 형용할 수 없는 피해를 준 정책에 대해 평가하지 않을 수 없게 되었다.

국가와 다수의 국민, 참여 기업은 국책사업을 통해 부를 창출하고 그에 따른 혜택을 볼 수 있지만, 자연 및 생태계는 이미 돌이킬 수 없을 정도로 파괴되고 또 그 과정에서 일부 사회적 약자인 지역주민이 고통을 겪고 있다. 이제 각종 환경재난에 처한 우리는 필요한 산물을 자연으로부터 얻어야 하지만, 우리의 잘못된 행위로 인해 자연 및 생태계가 더 이상 피폐해지지 않도록 분별있게 다가갈 필요가 있다.

지구상에 환경재난이 빈발하기 시작한 것은 20세기 초중반 무렵이다. 재난은 산업선진국에서 먼저 속출했다. 그리고 18세기 말에 영국에서 산업혁명이 시작되어 19세기 초에는 프랑스 · 미국 · 독일로, 19세기 말에는 러시아 · 일본으로 그리고 20세기 중반 이후에 전 지구촌으로 확산되었다.

환경재난의 원인은 ① 무분별한 개발과 ② 유해한 산업설비로 인한 것으로 드러났다. 결국 지구촌의 환경재난은 앞으로도 계속 이어질 것이고, 그대로 방치한다면 장차 위기로 치달아 인류의 안정적 생존에 치명적인 영향을 줄 것이다.

2. 관광의 잠재적 영향평가

관광객은 깨끗하고 아름다운 산하(山河)를 선호하며, 산성비나 훼손된 유적을 좋아하지 않는다. 최근 새로운 관광지와 청정지역을 찾는 관광객이 늘어나고 있으며, 건강과 환경에 나쁜 영향을 주는 관광지는 기피대상이 되어 결국 몰락하게 되고 매력은 상실하게 될 것이다.

산업선진국에서 발생한 환경재난은 세계화 과정을 거치면서 후진국으로 이어지던 20세기 중후반 무렵 전 지구적 규모로 증폭되었다. 무분별한 개발로 인해 지구 자연림의 3/4이 이미 자취를 감춘 상태이고, 생태계의 보고인 아마존강 유역 · 말레이시아 · 인도네시아 열대우림도 지속적으로 파괴되고 있다.

인간 문화의 확장과 자연의 수탈로 인해 지구상의 다양한 생물종이 빠른 속도로 사라지고 있다. 특히 남극 상공의 오존층 파괴(지상으로부 15~30km 높이의 성층권에 있는 오존층이 파괴되어 그 밀도가 낮아지는 현상)가 지속됨으로써 자외선이 여과 없이 지표면에 도달하고, 이로써 생물의 면역체계 이상을 초래하면서 생태계의 파괴와 더불어 수많은 동식물종을 멸종시키고, 더 나아가 인간에게도 그 화가 미치고 있다.

세계 각국이 경제성장을 위해 석유 · 석탄과 같은 화석연료를 사용함으로써 지구온난화(지구 표면의 평균온도가 상승하는 현상)의 각종 기상이변을 초래하고 있다. 북극의 얼음이 녹아 해수면의 수위가 높아지고, 북극곰 · 펭귄을 비롯한 일부 생물종이 서식지를 잃게 되어 생태계는 멸종으로 쫓기고 있으며, 엘니뇨(남아메리카 페루 및 에콰도르의 서부 열대 해상에서 수온이 평년보다 높아지는 현상) · 허리케인이 위력을 증폭시켜 인류에게도 치명적인 위협을 조성하고 있다.

구조적으로 환경재난이 발생한 시기는 불과 1백년 미만이라고 할 수 있는데, 지구의 역사에 비추어볼 때 불과 1백년 만에 인간이 이토록 참담하게 만들었다면, 향후 미래를 지속적으로 도모하는 것이 결코 쉽지 않을 것이다.

향후 더 큰 문제는 산업사회의 인간이 무한한 욕망을 충족시키기 위해 자연의 생명부양 체계를 구조적으로 위태롭게 만들고 있는데, 이것을 제어할 효과적 방도가 별로 없다는 데 있다. 결과적으로 환경적으로 지속 불가능한 관광 개발 시대가 도래하게 된 것이다.

UNWTO(1983)는 "관광 자체가 환경을 공격하는 바이러스를 포함하고 있지 않지만, 공공기관의 책임 없이 채택되는 관광개발 방법보다는 오히려 유일한 개발목적인 단기간의 경제적 편익추구가 문제시된다"고 지적하였다.

즉 관광과 환경의 관계는 매우 큰 모순을 지니고 있다. 관광은 많건 적건 간에 필연적으로 환경파괴를 야기하는 것이지만, 관광은 환경에 의존하는 행동이며, 또한 경제행위인 것으로서 환경의 질적 저하는 관광의 존재기반 그 자체를 뿌리째 무너지게 한다. 이러한 후자의 관점에서 본다면 환경보전은 관광이 성립되기 위한 필수조건이 된다.

최근 관광의 환경적 영향에 관한 연구는 비구조적 · 비정량적이지만, 이는 환경 분류의 표시를 제공하는 것으로서 잠재적 영향을 위해 체계적 · 포괄적인 평가를 위해서는 반드시 필요하다.

환경의 정의에 대한 포괄적인 접근은 개발계획과 정책에서 초래될 수 있는 전 영역의 잠재적 영향평가의 수행이다. 이러한 잠재적 영향평가는 ① 자연적 환경(공기 · 땅 · 기후 · 동식물군 포함), ② 인위적 환경(도시의 구성 · 인프라구조 · 개방공간 · 도시공간의 요소 포함), ③ 문화적 환경(가치 · 믿음 · 도덕 · 예술 · 대중음악 · 오페라 등 대중문화와 고급문화 포함)의 3가지를 들 수 있다.

이러한 표시가 관광의 잠재적 환경영향을 인식하고 평가하는 구조적 접근을 위한 출발점이지만, 그것은 기초적인 틀에 불과하다. 확인과 평가가 가능한 관광의 잠재적 환경영향을 위한 구체적인 시스템은 〈표 9-1〉과 같다.

〈표 9-1〉 관광의 잠재적 환경영향

구분	영역	내용
자연 환경	동식물군의 종(種) 구성 변화	- 번식습관의 교란 - 무분별한 동물사냥

자연환경	동식물군의 종(種) 구성 변화	– 기념품 제작을 위한 동물살상 – 동물의 이주 – 수목 및 식물채집으로 인한 식물군 파괴 – 관광시설 및 인프라 구축으로 자연의 팽창과 생장의 변화
	공해	– 오폐수로 인한 수질오염 – 자동차 배기가스로 인한 공기오염 – 관광객 수송과 관광활동에서 발생하는 소음공해
	침식	– 지표부식과 침식증가로 인한 토양의 척박화 – 토양의 미끄러짐 현상으로 인한 위험성 – 태풍 및 눈사태 발생으로 인한 위험성 – 지리적 특성의 훼손 – 하천 제방의 유실 및 훼손
	자연자원	– 지상과 지표수 공급의 고갈 – 관광활동에 필요한 에너지 및 화석연료의 고갈 – 재난 및 화재발생의 위험성
	가시적 영향	– 시설물(건물 · 주차장), 쓰레기
건축환경	도시환경	– 주요 생산품의 출시
	가시적 영향	– 건설지역의 증가, 새로운 건축양식, 사람과 그 소유물
	기반시설	– 기반시설의 부담과중(도로 · 철도 · 주차장 · 통신 시스템 · 쓰레기 등) – 새로운 인프라구조의 설치 – 관광객 이용지역에 적합한 환경관리(토지매립 등)
	도시형태	– 주거용지 · 상가용지 · 산업용지의 변화(가옥에서 호텔이나 기숙사로의 변화) – 도시구조의 변화 – 관광개발 지역과 거주지역 간의 비교에서 나타나는 변화
	복구	– 미사용 건물의 복구 – 역사적 건물의 복구와 경관의 보전 – 버려진 건물을 제2의 집으로 복구
	경쟁	– 새로운 관광매력물의 출현과 관광객의 습관 및 기호 변화로 인한 기존의 관광매력물이나 관광지의 가치감소 가능성 등

자료 : 조재문 外(2006), 『환경관광의 이해』, 백산출판사, p. 34.

제2절 생태학의 이해

1. 생태학의 이해

통상 환경(environment)은 인간이 목적이고 자연은 수단이라는 서양 전통의 이분법적 우열의 의미에서 사용된 표현이다. 즉 자연은 문화에 종속된 것이기 때문에 환경은 주변 자연을 지시하는 것으로서, 인간을 중심적으로 조망한 어휘이다.

생태(eco)는 인간을 포함한 자연적 존재 간의 내적 연관성을 중시하는 생태학의 자연 이해에서 출현한 개념이다. 그리고 인간과 자연의 유기적 관계성을 반영하고 있기 때문에, 인간과 자연을 단순히 목적과 도구라는 이분법적 의미로 보는 전통적 견해를 넘어선 표현이다.

생태학(ecology)이란 말은 19세기 후반에 사용되었으며, '생물과 환경 사이의 상호관계를 연구'하는 학문이다. 이제 생태학은 생물학의 중요한 분야의 하나로 부각되었다. 인구팽창 · 식량부족 · 환경오염, 그리고 그들과 관련된 모든 사회적 · 정치적 문제들이 대부분 생태학적 문제와 연관되어 있다.

에른스트 헤켈(Ernst Haeckel, 1869)은 생태학을 '동물과 이를 둘러싸고 있는 유기 및 무기 환경과의 총체적 관계'라고 정의하였다. 그는 그리스어로 '집'을 뜻하는 oikos와 '학문'을 뜻하는 logos를 합하여 'ecology'라는 용어를 만들어냈다.

찰스 엘턴(Charles Elton)은 그의 저서 『동물생태학(Animal Ecology, 1927)』에서 생태학을 '과학적 자연사'로 정의하였고, 유진 오덤(Eugene Odum, 1963)은 생태학을 '자연의 구조와 기능을 연구하는 학문'이라고 정의하였다.

또한 생태학은 '자연의 경제에 관한 지식의 체계'를 의미하며, 다윈이 사용한 생존경쟁의 조건으로서, 복잡한 상호작용 관계를 모두 포함하여 연구하는 분야이다. 즉 동물을 중심으로 동물과 다른 생물, 동물과 무기 환경과의 모든 관계를 연구하는 것이지만, 실제로 이것은 직간접적으로 접하고 있는 동물과 식물 간의 상호작용으로 유불리한 모든 관계가 포함된다.

과거 인간은 문화와 자연을 분리해서 생각했고, 자연도 생명체와 무생명체로 구분해서 살폈다. 그리고 자연을 단순히 인간의 목적달성을 위한 수단이나 도구로만 여겼다. 오랫동안 자연을 이용하여 물질적 풍요를 누렸지만, 이제는 인간이 저지른 업보로 인해 환경재난의 위기를 맞고 있다. 갯벌과 습지가 간척지로 변하거나 줄어드는 것도 그런 연유에서 비롯된다.

생태학은 자연의 구성원이 서로 유기적으로 연결되어 있음을 드러내고 있다. 오늘날 현대 문명인이 스스로 저지른 업보로 인해 환경적 곤경에 빠져 있기 때문에 생태학은 새로운 통찰을 제공하는 분야가 될 것이다. 습지도 난개발로 인해 대부분 사라졌으며, 우리나라의 경우 정족산 인근의 산지형 저습지와 우포늪 · 주남저수지 등이 남아 있다.

2. 생태윤리와 정책

크로논(Cronon)은 그의 저서『진귀한 대지(Uncommon Ground)』에서 자연 자체와 자연-인간관계에서 나타나는 두 가지 공통된 인식을 피력했다.

첫째, 자연은 그대로 두면 스스로 복원되어 평형을 이루는, 즉 자연의 균형이라 부르는 상태로 가려는 성향이 있다.

둘째, 자연은 인간의 간섭만 없다면 원시의 상태를 유지할 것이라고 하였다. 생태학 연구는 자연이 균형을 이룬다는 생각에 대하여 찬성과 반대의 두 가지 과학적 증거를 모두 제시하고 있으며, 인간이 생태계에 얼마나 큰 영향을 미쳤는가를 우리에게 보여주고 있다.

환경재난으로 인해 인간의 피해가 가시화되면서, 환경을 보호할 필요성이 갈수록 증대되었다. 따라서 환경을 보호할 법과 정책 등 제도적 접근의 정당화를 근거로 하여 인간의 환경권이 대두되었다.

생태윤리에 의거한 정책 가운데 하나는 자연을 오염시키는 행위에 세금이 부과되어야 하고, 이와 반대로 자연을 지키는 행위에 정신적 배려와 재정적 지원이 이루어져야 한다. 주민이 입는 경제적 손실만큼 보상이 있어야 한다. 그 비용은 세금 또는 공적기금을 통해 조성될 수 있다. 이렇게 함으로써 철새가 계속 찾아올 수 있도록 해야 한다.

패스모어는 인간의 탐욕과 좁은 식견, 생태적 무지로 인해 환경재난이 초래되었기 때문에, 전통윤리에 의해 타인을 존중하고 생태적으로 멀리 내다보는 안목을 지니면 문제는 해결될 수 있다고 보았다.

과거 환경이 악화되기 전에는 깨끗한 공기와 맑은 물, 건강한 토양은 당연히 주어지는 것으로서 아무런 주목의 대상이 되지 않았지만, 환경이 갈수록 악화되는 지금은 인간의 생존에 가장 본질적인 것이 되었다는 인식이 형성된 것이다.

블랙스톤(Blackstone)은 인간이 가져야 할 새로운 권리로서 '살 수 있을 만한 환경에 대한 권리'를 주장하였다. 자유와 생명 · 평등 · 행복 · 재산에 대해 기본적 권리는 살 만한 환경에 대한 권리가 보장되지 않고서는 결코 실현될 수 없다고 보았다.

환경문제가 발생하지 않았던 시절에 맑은 공기와 깨끗한 물, 아름다운 생태계 등은 인간에게 자유재로 주어진 것이어서 마음껏 향유하며 살아왔다. 그러다가 경제가 산업화에 따라 발전하였고, 그 혜택의 부산물로 환경오염이 나타나면서 환경이 중요하게 부상하게 되었다.

관광은 부적절한 행동에 의해 성적 질서의 문란을 야기할 수도 있고, 사회 · 문화적 접촉에 의해 전통적 가치와 윤리의식이 무너질 수도 있다. 따라서 관광은 자연자원의 과도한 이용과 개발로 생태계의 파괴와 환경오염의 주범으로 각인되기 시작한 것이다. 대중관광시대가 낳은 부적절한 결과에 대해 반성을 촉구하기에 이르렀다.

우리는 미래세대를 위태롭게 할 정도로 위험한 물질(방사능 물질 · 유독성 화학물질 등)을 후손에게 전가하지 말아야 한다. 미래세대도 맑고 깨끗한 자연의 혜택을 누리면서 살 수 있도록 현세대가 자원을 절약하고, 소모된 자원의 부족분에 대해서는 지식을 개발하여 전수함으로써 새로운 자원에 부응할 수 있는 여건을 조성해야 한다.

제3절 생태관광의 정의

1. 생태관광의 발전

전술한 바와 같이 생태는 인간을 포함한 자연적 존재 간의 내적 연관성을 중시하는 생태학의 자연 이해에서 출현한 개념이고, 인간과 자연을 단순히 목적과 도구라는 이분법적 의미로 보는 전통적 견해를 넘어선 표현이다.

가장 행복하게 여행하는 방법은 자연을 가까이에서 그리고 개인적인 경험을 위해서 사람이 별로 가지 않는 오지 지역에 배낭을 메고 도보로 여행하는 것이다. 생태관광은 최근 천연 우림의 쇠퇴와 멸종 위기에 있는 종족의 소멸, 지구온난화와 토지의 악화로 인해 보존에 대한 여론이 갑자기 활기를 띠게 만들었다.

특히 생태관광은 대중관광으로 인해 과도한 리조트 개발을 촉진시킨 환경관광(유럽의 낭만주의 와중에서 생긴 자연 및 전원찬미의 관광활동)에의 반성에서 생겨났다. 즉 동식물의 생태나 자연경관의 관찰과 기록을 중심 활동으로 삼지만, 관광에 자연환경의 보전활동이 포함되는 경우도 적지 않다. 따라서 관광자원의 지속적인 개발이라는 사상과도 관계가 깊다고 할 수 있다.

관광이 세계적인 산업으로 자리매김함으로써 생태관광은 역동적인 글로벌

산업의 가장 빠른 성장을 보이는 분야로 각광받게 되었다. 1980년 중후반 이래 생태관광은 관광선진국과 개발도상국에서 중요한 경제력이 되어 왔다.

세발로스 라스쿠레인(Ceballos-Lascurain)은 오늘날 생태관광(ecotourism)에 해당하는 에코투어리스모(ecotourismo)라는 단어를, 멕시코의 NGO단체를 추진하고 있을 때인 1983년에 처음 사용하였다. 또한 그는 1981년 생태관광을 지칭하기 위해 스페인어인 투리스모 에콜로지코(turismo ecologico)를 사용하였다.

생태관광은 사진촬영 · 오지탐험 · 과학적인 탐구 · 다이빙 · 조류탐사로부터 손상된 생태계의 복원에 이르기까지 다양한 유형의 활동과 관광을 통합시키면서 전문여행의 형태로 발전해 왔다. 비교적 단기간에 생태관광은 많은 지역사회와 정부, 그리고 국제환경단체의 관심을 끌었다. 생태관광의 성장에 대한 평가는 매우 유동적이지만, 어디에서나 10~30%의 범위에 이르고 있다.

생태관광은 관광객의 새로운 욕구충족과 자연환경의 보호를 통한 관광산업의 윤리적 효과 기대와 더불어 자연의 존귀함과 소중함을 인식시키며, 자연을 파괴하지 않고 자연자원을 이용하여 소득을 올릴 수 있는 경제적 효과도 기대할 수 있다.

2. 생태관광의 정의

생태관광은 영어로 'ecotourism'이라고 하며, ecotourism은 eco(생태)와 tourism(관광)의 합성어이다. eco는 ecology(생태학)라는 단어의 접두사이다. 생태관광이란 용어는 1990년대 말에 전문적 유행어가 될 정도에 이르렀으며, 상징처럼 붙여진 '생태(eco)'라는 접두사를 가진 많은 형태의 관광유사 개념이 있다.

생태관광이라는 말은 헤처(Hetzer, 1965)의 작품으로 알려져 있는데, 그는 관광객과 환경 그리고 문화 간에 서로 얽힌 관계를 설명하기 위하여 이 말을 사용하였다. 즉 ① 최소한의 환경적 영향, ② 현지문화에 미치는 최소영향과 최대의 존중, ③ 관광지 주민에 미치는 최대한의 경제적 편익, ④ 참여 관광객에게 최대한의 레크리에이션 만족 제공 등이다.

넬슨(Nelson, 1994)도 1960년대 후반과 1970년대 초반에 걸쳐 자연자원에 대한 부적절한 사용에 관심을 가질 때 나타난 실로 오래된 것임을 설명하는 데 있어 특수한 입장을 취하고 있다. 그는 생태개발(eco-development)이란 말이 이런 개발을 줄이기 위한 수단으로 도입되었음을 시사하고 있다.

오람스(Orams, 1995)와 베네가르드(Hvenegaard, 1994)는 생태관광 용어가 1980년대 후반으로까지만 추정될 수 있는 것으로 기술하나, 히긴스(Higgins, 1996)는 생태개발에 관한 밀러(Miller, 1989)의 연구를 통해 1970년 후반까지 거슬러 올라간다고 주장하였다.

생태관광이란 말을 최초로 사용한 세발로스 라스커레인(Ceballos-Lascurain)은 생태관광을 "그곳에서 볼 수 있는 과거와 현존하는 모든 문화적 징표물은 물론이고, 경관과 야생 동식물을 연구하고 감상하며 즐길 목적으로 비교적 방해가 적고 오염이 적은 자연지역으로 가는 여행"이라고 정의하였다.

또한 그는 생태관광의 원칙을 ① 자연경관의 보전 · 보존과 관련된 여행, ② 자연지역을 비소비적 방법으로 경험케 하는 여행, ③ 지역사회의 문화유산과 사회조직에 대한 이해, ④ 내적 개별경험과 성취에 두고 있다.

허니(Honey, 1999)는 생태관광을 "환경을 보전하고 지역주민의 복지를 개선시키는 자연지역으로 가는 책임 있는 여행"이라고 정의하였다. 또한 그는 생태관광의 특성으로 ① 자연 목적지로 가는 여행 포함, ② 환경에 미치는 영향을 최소화, ③ 환경의식을 환기시킴, ④ 보전을 위한 직접적인 재정편익 제공, ⑤ 현지주민을 위한 재정적 편익과 권력이동을 제공, ⑥ 현지문화 존중, ⑦ 인권과 민주적 운동의 지원 등을 들었다.

생태관광은 영향을 적게 하고 소규모로 실시하려 하는 유약하고 원시적이며, 상시 보호지역인 곳으로 가는 여행이다. 그것은 여행자 교육에 기여하고, 보존을 위한 기금을 제공한다. 또한 지역사회의 경제적 발전과 정치적 권력이동에 직접적으로 편익을 주며, 상이한 문화와 인권에 대한 존경심을 배양해준다.

쿠슬러(Kusler)는 생태관광을 "새와 기타 야생동물 · 경관지역 · 암초 · 동굴 · 화석지 · 고고학적 지역 · 저습지 · 희귀종이나 멸종위기의 종 서식지 등과 같은 자연자원과 고고학적 자원에 주로 기초한 관광"을 의미한다고 하였고, 미국 생태관광협회(The Ecotourism Society)는 "지역주민의 복지가 지속되고 환경이 보전되는 자연지역(natural area)에로의 책임 있는 여행"으로 정의하였다.

UNWTO는 생태관광을 "자연관광의 한 형태로서 환경보호와 자연에 관하여 방문자를 교육시키는 데 가장 많은 배려를 하는 관광"이라 정의하고 있다. 그러므로 생태관광은 환경보전에 관련한 원칙, 그리고 소규모 시설개발 원칙에 따라 계획되어야 함을 분명히 하고 있다.

생태관광은 자연자원의 쾌적성, 지역사회 그리고 방문객이 관광활동을 통해 편익을 얻을 수 있도록 하는 개발전략이다. 특히 자연환경 요소가 제일의 개념적 구성요소가 되고 있다. 즉 생태관광은 '환경을 보호하고 지역주민의 복지를 유지하는 자연지역으로 책임 있는 여행을 하는 것'이다. 생태관광에 대한 학자들의 정의를 요약하면 〈표 9-2〉와 같다.

〈표 9-2〉 생태관광에 대한 학자들의 정의

학자	정의
세발로스 라스커레인 (Caballos-Lascurain)	- 기존의 문화적인 것뿐만 아니라 경관과 야생 동식물을 학습하고, 감상하고, 즐기려는 구체적인 목적을 가지고 상대적으로 훼손되지 않았거나 오염되지 않은 자연지역에로의 여행
허니 (Honey)	- 환경을 보전하고 지역주민의 복지를 개선시키는 자연지역으로 가는 책임 있는 여행

학자	정의
쿠슬러 (Kusler)	–새와 기타 야생동물 · 경관지역 · 암초 · 동굴 · 화석지 · 고고학적 지역 · 저습지 · 희귀종이나 멸종위기의 종 서식지 등과 같은 자연자원과 고고학적 자원에 주로 기초한 관광
미국 생태관광협회	–지역주민의 복지가 지속되고 환경이 보전되는 자연지역(natural area)에로의 책임 있는 여행
UNWTO	–자연관광의 한 형태로서 환경보호와 자연에 관하여 방문자를 교육시키는 데 가장 많은 배려를 하는 관광

3. 생태관광의 기본특성 및 기준

생태관광의 기본특성 및 기준은 다음과 같다. ① 자연 · 문화 · 사회적 환경과의 직접적인 경험을 포함, ② 자연 및 전통적인 문화지역으로서 적절한 여행수단을 포함, ③ 시설 집약적이지 않음, ④ 자연환경과 현지문화에 대한 적응과 존경을 표방하지만, 전통적 가치나 정체성에 대하여 관여하지 않음, ⑤ 해당지역의 자연환경보호와 사회경제적 번영을 위한 경제적 편익과 지식을 남겨줌, ⑥ 교육과 해설을 통하여 한 지역의 자연 · 문화환경에 대한 관광객의 인식 · 이해 · 존경심을 제고, ⑦ 책임감 있고 정통한 투어리더를 포함, ⑧ 자연 · 문화적 자원이 여행경험의 핵심 요소라는 사실을 인정하고, 사용에 제약이 있음을 받아들임, ⑨ 환경윤리를 촉진시킴, ⑩ 생태관광활동과 관련된 여행사 · 이용자 · 가이드 · 지역사회를 포함한 모든 사람에게 교육적 경험을 요구, ⑪ 업자 · 자원관리자 · 자원감시의 동반자로서 편익은 상호의존적이라는 것을 인정, ⑫ 관광산업에 경제적 편익을 제공, ⑬ 지속가능한 개발과 일치하는 방법으로 개발, ⑭ 생태관광의 우선적 특성을 규정하기 위한 윤리강령과 실천강령을 요구, ⑮ 기획에서 배달에 이르기까지 현지주민의 참여를 포함, ⑯ 토지이용이 장기적으로 안정된 환경 속에서 실시, ⑰ 생태관광과 동반되는 전반적인 책임과 일치하는 방법으로 개발, ⑱ 생태관광 참가자의 개념과 관례, 개인적 편익에 대해서 정보를 얻는 여행사에서 시작하여 전체 경험을 통하여 지속되는 완벽한 경험 등을 들 수 있다.

제4절 생태관광의 유사개념

1. 대안관광

1) 대안관광의 정의

대중관광(mass tourism)은 1970년대에 들어오면서 관광의 확대에 따른 문제점이 나타나기 시작했다. 자연과 문화유산의 파괴가 급속도로 증가하였고, 관광지문화의 변모, 환경오염 및 파괴, 범죄 및 매춘 발생 등이 대표적인 문제점으로 대두되었다. 즉 이러한 대중관광의 문제에 따른 새로운 관광의 모색이 필요하게 되었다.

대중관광은 1990년대 이후에도 계속 확대되고 있는데, 일부 북미 및 서유럽에서는 새로운 관광이 실현되고 있다. 대중관광의 폐해를 최소화하여, 관광의 경제적 효과를 그 지역에 미치게 함으로써 관광객도 충분히 만족할 수 있는 관광형태를 추구하게 되었는데, 이것을 대안관광(alternative tourism)이라고 한다.

크리펜도르프(Krippendorf, 1982)에 의하면 대안관광(대중적 전통 관광에 대항하는 접근방법을 장려하는 관광의 형태)의 내면적 철학은 관광정책이 경제적 · 기술적 자체에 더 이상 중점을 두지 않고, 훼손되지 않은 환경에 대한 요구와 지역주민의 요구를 고려하는 데 중점을 둔다는 것이다.

대안관광은 '소규모집단으로 이루어지며, 경제적인 편익도 적절하게 제공하는 동시에 자연환경에 부정적 영향을 적게 주는 바람직한 관광으로 관광객의 수와 유형 및 행동, 자원에 미치는 영향, 수용력 및 경제 누수효과, 지역참여 측면에서 기존의 대중관광과는 다른 특성을 지닌 관광'을 말한다.

또한 대안관광은 대량관광을 의미하는 매스 투어리즘(mass tourism)에 대한 또 하나의 관광 내지 다른 형태로서의 관광을 말한다. 관광이 대중화됨에 따라 관광지에서 생겨 온 관광의 폐해(자연 · 문화재 · 경관 등의 파괴 · 소음 · 교통체증 등)를 될 수 있는 대로 적게 하여, 관광의 경제적 효과를 그 지역에 미치게 함으로써, 관광객도 충분히 만족할 수 있는 관광형태의 총칭으로 사용되는 경우가 많다.

대표적인 예로 ① 그린 투어리즘, ② 루럴 투어리즘, ③ 생태관광, ④ 적정관광, ⑤ 로 임팩트 투어리즘, ⑥ 스터디 투어리즘, ⑦ 소프트 투어리즘 등이 있으며, 이는 모두 '인간과 자연이 조화를 이루는 관광을 통해 자연환경을 보존하고, 현세대뿐만 아니라 미래세대의 필요성을 모두 충족시키는, 이른바 지속가능한 관광(sustainable tourism)의 방식'을 말한다.

이것은 대규모 리조트 개발로 대표되는 것 같은 이제까지의 자원낭비적인 관광개발방법과는 달리, 지역의 자연자원 · 문화자원을 기반으로 한 지역주민에 의한 소규모의 관광개발로서 환경보전에 최대한 배려할 것을 강조하고 있다. 대안관광의 유사개념을 정리하면 〈표 9-3〉과 같다.

〈표 9-3〉 대안관광의 유사개념

구분	내용
그린 투어리즘 (green tourism)	– 농촌에 체재하는 형태의 여가활동을 가리키며, 또한 농가가 이용자에게 숙박 서비스를 제공하면서 행하는 관광활동도 지칭하여 사용 – 서유럽에서는 이미 오랜 역사를 가지고 있으며, 바캉스의 한 형태로서 사회적으로 정착
루럴 투어리즘 (rural tourism)	– 도시생활자가 농촌지역에서 보내는 여가관광 활동을 의미하며, 도시생활에서 잃은 자연 · 전통문화 등 국민에게 즐거움이나 쾌적함을 제공하는 농촌 어메니티(amenity)를 찾아서, 농촌에 머무르면서 여가를 보냄

구분	내용
생태관광 (ecotourism)	- 1980년대 후반에 제창되었으며, 생태 · 자연환경이라는 의미의 머리말과 관광을 조합하여 만든 용어 - 자연환경의 보전을 강조하고 있는 관광형태로서, 대중관광의 폐해를 반성하여, 자연환경의 보전이라는 점을 강력하게 주장하고 있는 것이 특징
적정관광 (appropriate tourism)	- 사회적 · 문화적 · 자연적 환경의 부정적 영향을 피하고, 긍정적 영향을 촉진할 수 있는 관광형태 - 소그룹 또는 적은 인원 수의 사람에 의한 관광으로 대규모 관광개발을 억제하고 호스트(host) 사회의 가치관과 문화의 존중 · 유지를 위하여 노력할 수 있는 관광
로 임팩트 투어리즘 (low impact tourism)	- 대중관광에 대한 반성으로서, 자연환경에의 과도한 부담이나 자연자원을 과잉이용하지 않고, 유한한 자연환경과 자연자원을 유효하게 지속적으로 이용한다는 생각에서 제기된 개념
스터디 투어리즘 (study tourism)	- 발전도상국의 사회문제 등 일반적인 관광에서는 볼 수 없는 사회현실의 모습을 보고자 하는 목적으로 행함 - 비정부조직 · 종교단체 · 학교 등에서 주최하여 슬럼 · 재해지 · 난민캠프를 대상으로 하는 경우가 많음
소프트 투어리즘 (soft tourism)	- 넓은 의미로는 대안관광에 속하며, 지역 주민과 찾아온 손님(guest) 간의 상호 이해, 호스트 지역의 문화적 전통을 존중하여, 가능한 한 환경보전을 달성하도록 하는 관광
에스닉 투어리즘 (ethnic tourism)	- 자신과는 다른 민족의 문화를 감상하는 관광활동으로 문화와 자연을 연계시켜 주는 '대자연의 자식들'로서의 '미개인'의 '문명사회에서는 사라져 버린 문화'를 감상하는 활동. 최근에는 인류문화의 차이와 다양성 쪽에 관심이 더 많음

2) 대안관광의 특징과 편익

대중관광(mass tourism)에 대한 부정적인 태도에 영향을 받은 대안관광(alternative tourism)은 대규모 관광은 문제가 있고, 다만 소규모 대안은 어느 경우보다 바람직하다는 논리에 근거하여 운영되는 경향이 있었다. 대안관광의 우산 아래서 일반화되어 연관된 것들은 대중관광의 대안으로써 인식되었다.

대안관광은 국가로 하여금 외부적 영향을 제거하는 수단을 마련하고 있다. 개발사업을 스스로 규제하도록 하며, 외부인사와 기관으로부터 본질적인 문제의 의사결정을 얻어오고, 개발에 직접 참여할 수 있는 수단을 강구하는 것이다. 즉 대량관광이 주는 사회 · 문화 · 환경적 영향을 최소화하려는 시도라는 점에 그 특징이 있으며, 기존 관광과는 색다른 관광촉진방법이다.

대안관광의 특징은, ① 관광자원기반의 질을 의도적으로 보호하며 증진, ② 환경에 미치는 영향을 최소화하고 대규모 관광개발의 부정적 영향을 피함, ③ 추가적인 매력이나 기반시설과 관련하여 현지의 특성을 보완하는 방식으로 개발을 장려, ④ 생태적 · 문화적인 자원지속성도 강조하고, 관광지의 문화를 훼손하지 않고 관광객의 교육과 조직화된 접촉을 통하여 관광객이 체험한 문화의 실체를 더욱 존경하도록 한다.

한편 데르노이(Dernoi, 1981)는 대안관광의 이점으로 다음 5가지를 들었다. ① 개인 · 가족을 위한 혜택(가족들은 민박수입과 경영기술을 획득), ② 지역사회의 혜택(생활표준 향상 및 지역의 수입발생), ③ 관광지 외부로의 관광수입 유출을 차단할 수 있고, 지역전통 보전 및 사회적 긴장을 막는 데 도움, ④ 국제관광의 혜택(국제 간-지역 간-문화 간 이해촉진), ⑤ 산업화가 일어나고 있는 국가에서 비용을 의식하는 여행자나 지역과 밀접한 접촉을 희망하는 사람에게 이상적이다.

특히 위버(Weaver, 1993)는 ① 숙박시설, ② 관광매력, ③ 시장, ④ 경제효과, ⑤ 규제 등의 관점에서 대안관광 설계의 잠재적 혜택을 분석하였다. 대안관광의 잠재적 혜택을 정리하면 〈표 9-4〉와 같다.

〈표 9-4〉 대안관광의 잠재적 혜택

구분	내용
숙박시설	-지역사회를 압도하지 않음 -혜택(직업 · 비용)이 공평하게 분배 -하부구조 이용에서 가정과 사업체 간에 경쟁이 줄어듦 -보다 큰 수입이 지역에서 발생 -지역기업이 관광분야에 참여할 수 있는 큰 기회 제공
관광매력	-지역사회의 확립성과 독창성이 조장되고 앙양됨 -관광매력은 교육적이며 자기 달성을 촉진 -관광객이 없어도 매력물의 존재로부터 혜택을 받음
시장	-관광객은 수적으로 현지 주민을 압도하지 않음 -성수기 · 비수기의 사이클을 피할 수 있고 균형이 유지됨 -훨씬 바람직한 방문자 유형을 가짐 -주된 시장에서 덜 분열됨
경제효과	-경제적 다양성이 한 분야에 의존하는 것을 피하도록 조장 -부문 간 상호작용하고 보강해 줌 -순수입이 비율적으로 더 높음(자본은 지역사회 내에서 순환) -보다 많은 일자리와 경제활동이 창출
규제	-지역사회는 중대한 개발 · 전략을 결정 -생태적 · 사회적 · 경제적 수용력을 갖출 수 있도록 기획 -총체적 접근을 통해 지역사회의 이해관계자와 통합하고 복지를 강화 -장기적 접근방법을 통해 차세대의 복지를 고려 -기본 자산의 통합이 보호됨 -폐지 및 취소불능의 가능성이 감소됨

자료 : 이귀옥 外(2002), 『생태관광』, 기문사, p. 28에서 인용 후 일부 재구성.

2. 지속가능한 관광

1) 정의

지속가능한 관광(sustainable tourism)은 지속가능한 개발(sustainable development)이라는 개념에 의거한 관광형태를 말한다. 즉 지속가능한 개발이라는 용어는 1987년 세계환경개발위원회(WCED : World Commission on Environment and Development)가 유엔에 제출한「우리의 공동 미래(Our Common Future)」라는 보고서에서 처음 사용되었다.

1992년의 지구 서밋(summit : 미국 · 영국 · 독일 · 프랑스 · 이탈리아 · 캐나다 · 일본 등 서방 7개 선진공업국의 연례 경제정상회담)의 중심적인 사고방식으로 채택된 지속가능한 개발이란 "미래세대가 그들의 필요를 충족시킬 능력을 저해하지 않으면서 현세대의 필요를 충족시키는 개발(development that meets the needs of the present without compromising the ability of future generations to meet their own needs)"로 정의하였다. 즉 환경과 관광개발은 상호 의존적인 것으로 파악하여, 환경을 보전함으로써 미래에 이르는 관광개발을 실현시킬 수 있다고 하는 개념이다.

UNWTO는 '지속가능한 관광을 현재의 관광객과 당해지역의 욕구를 해결하면서도 미래를 위한 기회를 보호하고 증진시킨다. 경제적 · 사회적 그리고 미적 욕구를 충족시킬 수 있으면서도 문화적 정통성 · 본질적인 생태적 과정 · 생물학적 다양성 그리고 생명지원 시스템을 유지하는 방식으로 모든 자원을 관리하게 한다'고 정의하였다.

지속가능한 관광상품은 '현지의 환경, 지역사회 및 문화와 조화롭게 운영되어 이들이 관광개발의 영원한 수혜자가 되게 하는 상품'이라고 정의하였다. 인간의 기본적 욕구충족을 위해 개발할 때 생태계의 수용능력인 환경총량을 초과해서는 안되며, 단순히 생활수준만을 향상시키는 개발이 아닌 삶의 질을 향상시키는 개발이 이루어져야 한다는 것이다.

미래세대를 위한 환경관련 제반정책을 실질적으로 펼치려면, 미래세대를 대신할 후견인을 선정해야 한다. 후견인은 환경관련 전문성과 도덕성을 구비한 사람이어야 하고, 그들의 역할을 기초 및 광역자치단체에서부터 정부, 그리고 더 나아가 UN에서 각종 정책을 입안하고 결정하며 집행하는 데 참여해야 한다.

지속가능한 관광(sustainable tourism)이 포함하고 있는 의미는 ① 자연 · 문화 · 환경은 관광자원이 되면서 다양한 기능을 가지므로, 그 평가는 관광이라고 하는 단일 이용형태에 따라 보아야 함, ② 인류사회의 지속가능한 발전을 관광국면에서 실현시키는 일, ③ 관광개발은 관광객의 욕구충족 · 경제효과를 보고, 관광객에게 제공되는 이용 가능성과 지역의 이익 기회를 장기적으로 보장, ④ 환경은 지역사회와 공유하는 자원이며 생산활동 및 생활의 기반이 되는 사회적 공통자본으로서, 이용규칙 · 이용자 부담방식 · 보전을 위한 투자 등 적정한 관리가 필요, ⑤ 환경보전의 틀 속에서 행해지는 관광개발에 의해 지속가능한 지역발전의 실현에 연결, ⑥ 관광과 지역발전 환경은 상호 의존관계에 있으므로, 관광객 · 관광산업 · 행정 · 주민이 자기에게 주어진 역할 · 책임을 자각하고 상호 협력이 필요, ⑦ 생태관광 등 환경 지향적으로 이루어진 새로운 관광형태를 보급 · 확대하고, 관광의 시스템에 환경의 배려를 추가함으로써 시스템을 재구성, ⑧ 지역의 자연 · 문화적 특성이나 주민생활을 존중하는 관광의 존재방식이므로, 관광객의 영입이나 개발행위에 있어서는 지역의 자연 · 문화에 급격한 변화가 생기지 않게 이용하도록 하고, 보전 · 회복을 행할 때도 적절한 자원관리가 필요하다.

UNWTO의 지속가능한 관광에 대한 정의 안에는 다음과 같은 관광개발의 원리가 포함되어 있다. ① 관광개발은 지역의 환경 · 사회 · 문화적 문제가 없도록 계획 · 관리되어야 한다는 것, ② 환경의 질은 지역의 전체적이고 필요한 곳에 유지되어야 한다는 것, ③ 자연 · 역사 · 문화적 관광자원 등은 미래와 현재를 위해 보존 및 편익을 제공해야 한다는 것, ④ 관광객의 만족이 유지되어야 목적지가 관광시장에서 인기를 누릴 수 있는 것, ⑤ 관광이 주는 편익은 지역사회 전체에 폭넓게 확산된다는 것이다.

또한 UNWTO가 제시하고 있는 지속가능한 관광의 핵심 지침요소는 〈표 9-5〉와 같다.

〈표 9-5〉 지속가능한 관광의 핵심 지침요소

구분	내용
관광지 보호	– IUCN(국제자연보호연맹) 지수에 따른 관광지 보호의 종류
스트레스	– 지역의 관광객 수(연간 및 성수기)
이용밀도	– 성수기 기간 중 관광객의 비율
사회적 영향	– 지역주민과 관광객의 비율(성수기 및 전 기간)
개발통제	– 관광지 개발 및 이용강도에 대한 공식적 통제 및 환경검토의 존재 여부
폐수관리	– 지역의 수용처리에 대한 하수비율
기획과정	– 관광목적 지역을 위한 체계화된 지역계획의 존재 여부
핵심 생태계	– 희귀 및 멸종위기종의 수
소비자 만족도	– 관광객의 만족도 수준(여론조사 기준)
지역 만족도	– 관광객의 만족도 수준(여론조사 기준)
관광기여도	– 관광에 의해 창출된 전체 경제활동의 비율

한편 UNWTO는 위의 핵심지표 이외에 3개의 혼합지수를 들었다. 혼합지수는 ① 수용능력(carrying capacity), ② 관광지 스트레스(site stress), ③ 매력성(attractiveness) 등이다. 혼합지수를 정리하면 〈표 9-6〉과 같다.

〈표 9-6〉 혼합지수

구분	내용
수용능력	지역의 능력에 영향을 미치는 핵심요인을 종합적으로 조기 경보할 수 있는 대책
관광지 스트레스	관광지의 자연 · 문화적 특성에 미치는 영향의 수준을 종합적으로 측정
매력성	지역의 특성을 질적으로 측정

그리고 지속가능한 관광을 받아들여야 하는 이유는 ① 자원 지속성에서 오는 이익성 때문, ② 新관광객(new traveler) 시장의 성장 때문, ③ 대기업이 지속가능한 관례를 적용하기에 적합하기 때문이다.

2) 주요 행위자

지속가능한 관광이 성공을 거두기 위해서는 이해당사자 간의 역할 분담과 역할의 전체적인 조화가 필요하다. 특히 자원의 보존과 자본 · 기술력이 약한 소규모 지역을 중심으로 추진되는 사업이므로 ① 관광객, ② 관광기업, ③ 지역사회, ④ 정부 및 민간단체와의 파트너십이 매우 중요하다.

(1) 관광객

지속가능한 관광에서 관광객은 특히 중요한 역할을 하고 있다. 이들은 환경에 대한 관심이 높고, 지역의 문화를 존중하며, 지역에 미치는 영향에 대해 책임 있는 행동을 하는 것으로 알려져 있다. 관광객의 태도 또한 환경친화적이고 지속가능한 관광상품을 개발하는 데 영향을 미치게 된다.

지속가능한 관광이 미래관광의 유형으로 각광받는 이유는 환경 및 지역주민 복지에 관심을 갖는 관광객이 증가하고 있기 때문이다. 무엇보다도 관광객이 지속가능한 관광을 실현하는 중요한 주체로 부각되고 있다. 라이언(Ryan)은 지속가능한 관광에서 관광객의 핵심적 역할을 강조하며, 이들이 추구하는 경험에 따라 관광지가 변모해 가고 지역 · 기업 · 정부 등 다른 관광의 주체들도 많은 영향을 받는 것으로 밝히고 있다.

(2) 관광기업

지속가능한 관광이 실현되기 위해서는 관광기업의 개발 · 운영 방식이 중요하다. 대중관광시대의 기업들은 투자에 대한 이익금 환수와 더 높은 이윤 창출에 주력하였기 때문에 관광자원이 훼손되었던 것이다. 즉 이러한 과정에서 자연자원의 파괴와 지나친 문화상품화로 지역의 전통문화와 관광자원이 왜곡되거나 훼손된 경우가 많았다.

지속가능한 관광에서 관광기업은 이윤 창출과 함께 사회 · 환경적 요인을 고려해야 할 것이다. 새로운 상품개발은 환경친화적인 상품과 서비스를 관광객에게 공급하고, 기업운영도 환경적인 부담과 위험을 감수할 준비가 되어 있어야 한다. 따라서 관광개발을 추진할 때에는 지역사회에 대한 세심한 배려도 필요하다.

(3) 지역사회

지속가능한 관광이 성공하기 위해서는 지역사회의 참여가 필수적이다. 과거 대규모 관광개발이 실패로 돌아간 사례는 개발과정에서 지역주민의 참여가 배제되었기 때문이다. 이럴 경우 지역주민은 경제적 기회를 상실하고 물가상승 등으로 인한 어려움을 겪게 된다.

따라서 개발과정에 주민의 의사가 반영되고, 관광사업에 지역자본이 최대한 참여하도록 유도하며, 상품개발 · 친환경적 프로그램 개발 · 홍보 등에 있어서도 지역주민의 주도적 역할이 요구된다. 이 경우 지역주민은 관광을 통해 수익을 창출하며, 삶의 질을 향상시킬 수 있는 기회를 갖게 된다.

(4) 정부 및 민간단체

지속가능한 관광에서 중앙과 지방정부의 역할 또한 중요하다. 정부는 지속가능한 관광을 위해 필요한 기반시설을 제공하는 데 핵심적인 역할을 한다. 즉 도로의 정비 · 상하수도 시스템 구축 · 전기시설 공급 등 지역의 관광활성화를 위해서는 정부의 투자가 요구된다.

또한 정부는 지속가능한 관광이 지역에서 일어날 수 있도록 기업환경을 조성하는 데 중요한 역할을 한다. 즉 정부는 환경관련 각종 규제에 대한 적절한 가이드라인 설정, 지역주민의 투자촉진을 위한 세제 혜택, 금융지원을 비롯한 각종 행정서비스 제공 등을 통해 지속가능한 관광이 지역에서 이루어질 수 있도록 하는 역할을 담당할 수 있다.

3) 정책적 과제

최근 기후변화는 단순한 환경문제 차원을 떠나 인류가 직면한 최대의 위기가 되었다. 세계 각국은 탄소배출량의 제한을 받게 될 것이며, 다양한 측면에서 지구의 온난화 방지와 지구의 생태계 보존을 위한 국제적 노력이 계속될 것이다. 녹색성장정책의 일환으로 지속가능한 관광이 활성화되기 위해서는 다음과 같은 정책과제가 필요하다.

① 지속가능한 관광개발 및 관리체계 구축(지속가능한 관광을 정의하고 이에 맞는 지표 개발 및 과학적인 관리를 법제도화와 함께 추진 필요), ② 전문인력의 양성(능력을 갖춘 전문 인력을 양성할 프로그램 개발 필요), ③ 추진체계의 강화(자원의 관리 및 운영이 여러 부처와 관련되어 있어 효율성 저하됨. 추진 주체를 명확히 해야 함), ④ 다양한 정책 간의 유기적 연계 강화(관광개발계획이 도시계획이나 환경계획 등과 같은 다른 분야의 계획과 조화를 이룰 수 있도록 상호 검토 및 조율 요구), ⑤ 중앙 및 지방정부의 역량 강화(중앙정부는 관광정책 매뉴얼을 제작하여 전체적인 가이드라인을 제시, 지방정부는 지역사정에 맞게 이를 구체적으로 적용할 수 있는 다양한 방안 강구)가 필요할 것이다.

연습문제

01. 환경재난의 원인으로 옳지 않은 것은?

① 화석연료의 사용 ② 사회교육의 문제
③ 무분별한 개발 ④ 유해한 산업설비

02. 생태관광이란 말을 처음 사용한 학자는?

① Ernst Haeckel ② Charles Elton
③ Blackstone ④ Ceballos-Lascurain

03. 헤처(Hetzer)는 관광을 위하여 지켜야 기본적 지주를 설명하였는데, 옳지 않은 것은?

① 관광객에게 최대한의 레크리에이션 만족제공
② 현지문화에 미치는 최소 영향과 최대의 존중
③ 최소한의 환경적 영향과 최대한의 경제창출
④ 관광지 주민에게 미치는 최소한의 경제 편익

04. 허니(Honey)가 주장한 생태관광의 특성으로 옳지 않은 것은?

① 자연 목적지로 가는 여행포함 ② 대중관광의 효과를 최대화
③ 환경에 미치는 영향을 최소화 ④ 보전을 위한 재정적 편익제공

05. 다음 설명에 해당하는 학자나 단체는?

환경을 보전하고 지역주민의 복지를 개선시키는 자연지역으로 가는 책임 있는 여행

① Honey ② UNWTO
③ Hetzer ④ Kusler

06. 다음 설명에 해당하는 용어는?

> 대중관광에 대한 반성으로서, 자연환경에의 과도한 부담이나 자연자원의 과잉 이용을 하지 않고 유한한 자연환경과 자연자원을 유효하게 지속적으로 이용한다는 생각에서 제기된 개념

① appropriate tourism ② soft tourism
③ study tourism ④ low impact tourism

정답

01 ②, **02** ④, **03** ③, **04** ②, **05** ①, **06** ④

제10장

관광사업

제1절 관광사업 시스템

제2절 관광사업의 개념

제3절 관광사업의 유형

제4절 관광사업의 효과

학습 포인트

- 제1절에서는 관광사업의 구조적 · 행정적 시스템과 현대 관광사업의 발전요인에 대해 학습한다.
- 제2절에서는 관광사업의 정의와 특성에 대해 학습한다.
- 제3절에서는 여행업 · 관광숙박업 · 관광객이용시설업 · 국제회의업 · 카지노업 · 유원시설업 · 관광편의시설업 등 종류별로 세세하게 학습한다.
- 제4절에서는 관광사업의 경제적 효과, 사회적 · 문화적 효과, 교육 · 환경적 효과에 대해 학습한다.
- 연습문제는 관광사업을 총체적으로 학습한 후에 풀어본다.

제1절 관광사업 시스템

1. 구조적 시스템

1) 관광주체

관광객은 관광 의지와 욕구를 가지고 있는 일반적인 사람과 직접 관광에 참여하고 있는 관광객으로 구성된다. 즉 관광의 구성요로서 가장 중요하다고 할 수 있다. 그들은 관광의 주체로서 기본적인 역할을 하게 되므로 관광에 대한 관심과 능력을 갖춘 사람이 존재하지 않는다면 논의 자체가 무의미하다.

관광주체(subject of tourism)는 '관광하는 사람 또는 방문자를 의미하며, 관광의 소비수요'를 말한다. 즉 관광객의 존재와 행동은 관광현상의 기본적인 구성요소로서, 그 배후에는 관광행동을 규정하는 여러 가지 요인이 있다. 중요 요인으로는 ① 가처분소득, ② 여가시간, ③ 여가에 대한 가치관을 들 수 있다. 관광주체의 차이에 의하여 관광은 ① 개인여행, ② 단체여행, ③ 국내여행, ④ 국제여행 등으로 분류할 수 있다.

2) 관광객체

관광주체인 관광객은 관광욕구나 동기에 따라 관광대상을 찾게 된다. 관광대상은 관광객이 관광을 도모하도록 하는 목적물을 말한다. 즉 관광대상을 의미하는 것으로 유형적인 것에서부터 무형적인 것에 이르기까지 관광객의 관광욕구를 충족시켜 줄 수 있는 것이면, 모두 관광자원이라고 말할 수 있다.

관광객을 관광지로 이끌어내는 많은 환경적 · 물리적 · 문화적 · 역사적 · 인공적인 것에서부터 각종 행사 · 국제회의 · 비즈니스 등도 포함되는 광범위한 영역이다. 다시 말하면, 관광객체(object of tourism)는 '관광주체(관광객)가 관광욕구에 내적 충동력을 일으켜 관광행동으로의 표출을 유도하려는 목적물인 관광대상으로서 ① 관광자원, ② 관광시설(관광사업), ③ 기반시설(사회간접자본)'을 의미한다. 관광객체를 정리하면 〈표 10-1〉과 같다.

〈표 10-1〉 관광객체

구분	내용
관광자원	– 자연자원 · 문화자원 · 사회자원 · 산업자원 · 위락자원
관광시설	– 숙박시설 · 주차장 · 레크리에이션 시설 등
기반시설	– 항만 · 공항 · 통신시설 등

3) 관광매체

관광매체(medium of tourism)는 관광주체와 관광객체를 연결시켜 주거나 기타 관광서비스와 관광진흥을 촉진시켜 주는 역할을 한다. 즉 심리적 · 물질적으로 연결시켜 주는 서비스(이동 · 숙박 · 정보 등)를 총칭하여 관광매체라고 한다.

관광매체는 다시 ① 시간적(時間的) 매체로 숙박과 관광객이용시설 · 관광편의설 등을 들 수 있고, ② 공간적(空間的) 매체로 교통기관 · 도로 · 운송시설 등을 열거할 수 있다. 그리고 ③ 기능적(機能的) 매체로 관광알선 · 관광안내 · 통역안내 · 관광정보 및 선전물 · 관광기념품판매업 등이 있다. 관광매체를 정리하면 〈표 10-2〉와 같다.

〈표 10-2〉 관광매체

구분	내용
시간적 매체	– 숙박시설 · 관광객이용시설 · 관광편의시설 · 국제회의업 등
공간적 매체	– 교통기관 · 도로 · 운송시설 등
기능적 매체	– 관광알선 · 관광안내 · 통역안내 · 관광정보 및 선전물 등

2. 행정적 시스템

행정적 시스템은 ① 문화체육관광부, ② 지방자치단체, ③ 한국관광공사, ④ 지역관광기구, ⑤ 한국관광협회중앙회 등이 있다.

첫째, 문화체육관광부(文化體育觀光部)는 관광산업 및 정책총괄, 관광에 대한 대외적 및 전국적 차원의 정책수립 등을 담당한다.

둘째, 지방자치단체(地方自治團體)는 지역 관광행정의 집행기능 등을 주로 담당한다.

셋째, 한국관광공사(韓國觀光公社)는 자원개발사업 · 관광산업의 연구 및 개발사업 · 관광관련 전문인력 양성 등에 주력하고 있다.

넷째, 지역관광기구(地域觀光機構)는 자치단체의 지역관광 진흥을 위한 조직 등을 담당한다.

다섯째, 한국관광협회중앙회(韓國觀光協會中央會)는 관광사업발전을 위한 업무 · 관광통계 · 관광종사원의 교육과 사후관리 등을 담당한다. 관광산업의 행정적 시스템을 정리하면 〈표 10-3〉과 같다.

〈표 10-3〉 행정적 시스템

구분	내용
문화체육관광부	-관광산업 및 정책총괄, 관광에 대한 대외적 및 전국적 차원의 정책수립 등
지방자치단체	-관광행정의 집행기능 등
한국관광공사	-국제관광 진흥사업 · 국민관광 진흥사업 · 관광자원 개발사업 · 관광산업의 연구 및 개발사업 · 관광관련 전문인력 양성 등
지역관광기구	-자치단체의 지역관광 진흥을 위한 조직 등
한국관광협회중앙회	-관광사업발전을 위한 업무 · 관광통계 · 관광종사원의 교육과 사후관리 등

3. 현대 관광사업의 발전요인

1) 생활양식의 변화

생활양식(life style)은 '사람이 사는 방식'을 말한다. 다시 말해서 생활양식(生活樣式)은 주어진 시간과 장소에서 다른 사람과 본인 둘 다 이치에 맞는 행위의 특징으로서, 사회관계 · 소비 · 엔터테인먼트 등을 들 수 있다.

또 생활양식은 보통 개인의 ① 특성, ② 가치, ③ 세계관을 반영한다. 그러므로 생활양식은 자아를 세우고 개인의 정체성과 조화가 이루어지는 문화적 상징을 만들어내는 것을 뜻한다. 현대인은 생활의 질을 중요시하면서 관광을 생활의 필수품으로 보고 생활 속에서 관광을 계획하고 있다.

2) 교통수단의 발달

교통(transportation)은 '사람이나 물자를 한 장소에서 다른 장소로 이동시키는 모든 활동 · 과정 · 절차'를 말하며, 인류문명의 모든 분야에 걸쳐 핵심적인 역할을 수행해 왔다. 인간의 의식주를 해결하기 위한 모든 경제 · 사회활동은 전적으로 교통수단에 의해 이루어졌다. 관광은 도로망의 정비와 교통기관의 발달로 인해 한층 발전하였다.

특히 교통은 관광산업에 있어서 가장 기본적인 요소이며, 관광객의 이동을 촉진시키는 기능을 수행하고 있다. 또한 ① 제트항공기의 발달, ② 자동차의 보급, ③ 도로의 정비, ④ 고속화의 추진, ⑤ 각종 설비의 개선, 그리고 ⑥ 세련되고 다양한 서비스를 추가함으로써 고객의 욕구를 만족시켜 관광의 저변확대가 실현되었다.

3) 여가시간의 증대

여가(餘暇, 문화어 : 짬) 또는 레저(leisure)는 '직업상의 일이나 필수적인 가사 활동 외에 소비하는 시간'을 말한다. 먹기 · 잠자기 · 일하러 가기 · 사업하기 · 수업 출석하기 · 숙제하기 · 집안일 하기 등과 같은 의무적인 활동 전후의 자유시간이라고도 한다. 선진국에서는 사회복지정책에 힘입어 국민대중의 증대된 여가욕구는 관광대중화 현상으로 발전하였다.

최근 국외여행에 대한 욕구가 일반대중에게 확산되고 있다. 국외여행은 점차로 국제교류 대중화의 실현에 공헌할 것이며, 민간차원에서 이루어지는 국제교류의 확대는 세계평화의 유지에도 크게 기여할 것으로 본다.

4) 가계소득의 증대

가계소득은 '가계구성원인 가족의 총소득'을 말한다. 즉 ① 가족이 일하여 얻은 근로수입, ② 장사로 얻은 사업수입, ③ 집세 · 이자 · 배당금 등으로 얻은 재산수입 등을 합한 가족의 총소득을 말한다. 또한 가계는 한 가정의 수입과 지출상태를 말하며, 경제학 용어로는 경제활동의 결과로 얻어진 대가를 수입원으로 하여 상품의 최종적 소비활동을 영위하는 경제단위이다.

특히 경제적 생활수준의 향상과 더불어 가처분소득 중에서 의식주를 위한 비용에 비해 여행비용을 포함하는 이른바 문화성비용(cultural expense)이 증가하였는데, 그중에서도 관광소비가 현저히 증가하여 여행수요를 확대하는 요인으로 작용하였다.

5) 교육수준의 향상

교육은 학생들의 국제회의 및 교육 프로그램의 참여와 서로 다른 인종 및 국적을 가진 사람들 간의 접촉으로 인해 발생하는 것 모두가 교육효과(教育效果)에 영향을 미치게 된다. 관광을 통해 견문을 넓히고 새로운 지식을 얻게 되면 변화에 대한 욕구를 충족할 수 있다.

교육수준의 향상과 국민소득의 증대에 따라 사람은 부(富)로부터 만족을 얻는 데만 그치지 않고, 간접적으로 인식하고 있던 역사 · 문화에 관한 지식을 직접 확인하려는 욕구가 발생한다. 지식에 대한 욕구는 국외여행에서 더욱 현저하게 나타난다.

6) 관광사업의 확충

관광사업은 '관광객에게 재화나 서비스를 제공하는 사업'을 말한다. 사업의 구성원은 영리를 목적으로 하는 기업체뿐만 아니라 정부와 공공단체도 포함된다. 한국의 경우는 관광기회의 평준화, 생활권 중심의 관광지개발, 관광시설의 질적 수준 향상, 청소년을 위한 여가이용시설의 확장 등을 관광진흥시책으로 하고 있다.

최근 호텔 객실 수의 증대와 대규모 항공사와 여행사의 등장으로 수많은 관광종사원이 이들 관광사업체에 종사하게 되어 관광사업의 규모가 확충되었다. 이러한 확충은 관광사업체 간의 경쟁을 심화시켜 ① 촉진활동의 강화, ② 서비스품질의 향상, ③ 가격인하 등으로 관광이 수요를 확대시키는 요인이 되었다.

7) 글로벌화

글로벌화(globalization, globalisation)는 '국제사회에서 상호의존성이 증가함에 따라 세계가 단일한 체계로 나아가고 있음을 가리키는 말'이다. 각 민족국가의 경계가 약화되고, 세계가 경제를 중심으로 통합해 가는 현상으로 전 세계가 하나로 연결되고, 상호 의존성이 심화된다. 특히 국제 간의 교역량 및 정보통신의 발달은 인적 교류의 확대를 수반하기 마련이다.

국가 간 자원과 기술보유의 정도가 상이하므로 세계경제가 원활하게 운용되려면 국가 간의 거래는 필수적인 것이 된다. 그렇게 되면 상담을 위한 비즈니스 여행자의 왕래가 빈번해져, 세계가 마치 하나의 좁은 시장으로 간주될 것이며, 이는 관광을 증대시키는 요인으로 작용하게 되며, 관광사업의 발전을 유도하게 된다.

8) 인터넷의 발달

관광사업자에 의해 수행되는 인터넷(internet) 접속을 통한 관광과 관련한 광고 · 판매촉진 · 홍보활동의 전개는 관광소비 확대에 커다란 영향을 미친다. 이제는 일반 사용자도 여러 상용(商用) 컴퓨터 네트워크와 정보 서비스 업체를 통해 인터넷에 접속해 쉽게 예약을 할 수 있다.

인터넷의 본래 용도는 전자우편(E-mail 등), 파일 전송 프로토콜(file transfer protocol/ftp)에 의한 파일전송, 전자게시판 및 뉴스그룹, 원격 컴퓨터 접속 등이었다. 그러나 1990년대에 접어들면서, 그래픽 환경을 통해 인터넷 사이트들을 간단하고 쉽게 사용할 수 있도록 만든 월드와이드웹(World Wide Web/WWW)이 급격하게 확산되면서 ① 광고 및 홍보, 그리고 ② 관광촉진 활동의 핵심요소가 되었다.

제2절 관광사업의 개념

1. 관광사업의 정의

산업(産業)의 사전적 의미는 '농업 · 공업 · 임업 · 광업 · 수산업 따위의 생산을 목적으로 하는 일, 넓게는 생산과 관계없는 상업 · 금융업 · 서비스업을 포함'시키기도 한다. 그러나 사업(事業)의 사전적 의미는 '생산과 영리를 목적으로 지속하는 계획적인 경제활동, 비영리적인 일정한 목적을 가지고 지속하는 조직적인 사회활동'이라는 의미를 담고 있다.

관광과 관련한 유사용어로서 관광사업 혹은 관광산업(협의의 제3차 산업을 말할 때 주로 관광산업을 가리킴)이라는 단어도 자주 사용하며, 관광사업(tourism industry)은 제1차 세계대전 후 서유럽의 전후 경제부흥정책 중에서 외국인 유치에 의한 외화획득 효과에 착안하여 생긴 개념이다. 즉 '① 외화획득, ② 문화교류, ③ 친선도모 등을 목적으로 관광을 촉진하는 여러 사업' 또는 '관광을 촉진시키기 위하여 행하여지는 모든 활동'을 의미한다. 종종 기업의 이윤을 목적으로 하는 관광산업과 혼동하여 사용한다.

글뤽스만(Glücksmann)은 관광사업을 '일시적 체재지에 있어서 외국인 관광객과 그 지역 주민과 모든 관계의 총체'라 정의하였고, 지(Gee)는 '관광객의 요구에 제공하기 위한 상품과 서비스의 개발, 생산 그리고 마케팅에 포함되는 공적 조직과 사적 조직의 혼합'이라고 주장하였다.

다나카 기이치(田中喜一)는 관광사업을 '관광 왕래를 유발하는 각종의 요소에 대한 조화적 발달을 도모, 즉 각종 관광관련 시설과 교통정비 및 자연적 · 문화적 관광자원에 대해 개발 · 보호 · 보존과 동시에 그의 일반적인 이용을 촉진함에 따라 경제적 · 사회적 효과를 얻기 위해 알선 · 선전 등을 행하는 조직적인 인간활동'이라고 하였다.

이노우에 만주조(井上万壽藏)는 관광사업을 '관광왕래에 대처하고 이것을 수용 또는 촉진하기 위해 행하는 모든 인간활동의 총체'라고 정의하였다.

우리나라의 「관광진흥법」은 제2조 제1호에서 관광사업을 '관광객을 위하여 운송 · 숙박 · 음식 · 오락 · 휴양 또는 용역을 제공하거나 그 밖에 관광에 딸린 시설을 갖추어 이를 이용하게 하는 업을 말한다'고 규정하고 있다. 학자들이 내린 관광사업의 정의를 정리하면 〈표 10-4〉와 같다.

〈표 10-4〉 관광사업의 정의

학자	정의
글뤽스만(Glücksmann)	-일시적 체재지에 있어서 외국인 관광객과 그 지역 주민 간 제 관계의 총체
지(Gee)	-관광객의 요구 시 제공하기 위한 상품과 서비스의 개발, 생산 그리고 마케팅에 포함되는 공적 조직과 사적 조직의 혼합

학자	정의
다나카 기이치 (田中喜一)	–관광 왕래를 유발하는 각종 요소에 대한 조화적 발달을 도모, 즉 각종 관광관련시설과 교통정비 및 자연적 · 문화적 관광자원에 대해 개발, 보호 · 보존과 동시에 그의 일반적인 이용을 촉진함에 따라 경제적 · 사회적 효과를 얻기 위해 알선 · 선전 등을 행하는 조직적인 인간활동
이노우에 만주조 (井上万壽藏)	–관광 왕래에 대처하고 이것을 수용 또는 촉진하기 위해 행하는 모든 인간활동의 총체
관광진흥법 제2조	–관광객을 위하여 운송 · 숙박 · 음식 · 운동 · 오락 · 휴양 또는 용역을 제공하거나 그 밖에 관광에 딸린 시설을 갖추어 이를 이용하게 하는 업

〈그림 10–1〉 관광사업의 위치

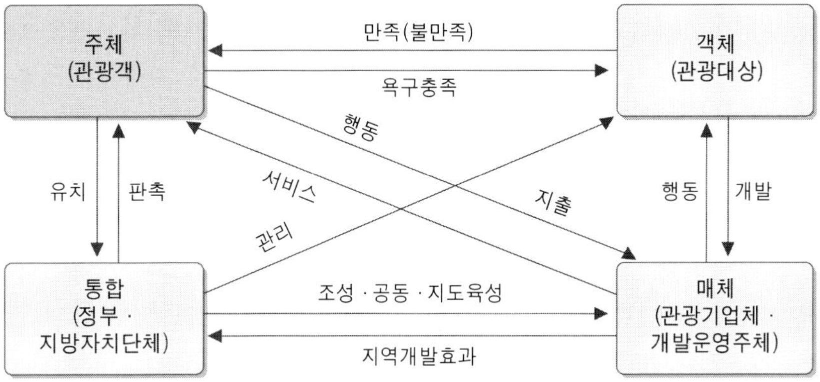

주체 (관광객)
객체 (관광대상)
통합 (정부 · 지방자치단체)
매체 (관광기업체 · 개발운영주체)
만족(불만족)
욕구충족
행동
서비스
관리
지출
유치
판촉
행동
개발
조성 · 공동 · 지도육성
지역개발효과

자료 : 稻垣勉(1985), 『觀光産業の知識』, 日本經濟新聞社, p. 18.

2. 관광사업의 특성

1) 복합성

관광객이 여행 출발에서부터 귀가할 때까지 그들의 여행일정이 수행되는 과정에 여러 관련 업종의 관광사업이 복합적으로 관여하게 된다. 복합성(複合

性)은 ① 사업주체의 복합성과 ② 사업내용의 복합성으로 나눌 수 있다.

첫째, 사업주체의 복합성은 공공기관(공원 유지 및 관리, 도로건설 등)과 민간기업(여행업이나 숙박업 경영 등)이 역할을 분담하여 전개하는 사업이고, 둘째, 사업내용의 복합성은 업무의 내용이 여러 형태로 분화되어 있는 것을 말한다. 즉 관광관련 업종이 개입하여 하나의 관광이 성립된다는 뜻이다.

2) 입지의존성

관광사업은 ① 불연속 생산활동, ② 생산과 소비의 동시성이라는 특성을 가지고 있어 입지의존성이 매우 높은 산업이다. 즉 ① 관광지의 유형, ② 기후조건, ③ 관광자원의 매력, ④ 관광개발 추진상황, ⑤ 교통사정 등의 요인에 의해 관광객 증감에 크게 영향을 미친다.

또한 시장의 규모 · 체류여부 · 인력공급 등의 경영적 환경과 관광객의 계층이나 소비성향 등도 지리적 입지에 따라 영향을 받게 된다. 따라서 사업경영의 합리화를 위해서는 이들의 불안정 요소를 해소하기 위한 노력은 물론 입지의존성을 중시해야 할 것이다.

3) 변동성

관광사업은 외부의 다양한 여건에 따라 민감하게 영향을 받으므로 사전에 철저한 대책을 세울 필요가 있다. 관광에 대한 충족욕구는 필수적인 것이 아니고 임의적인 성격을 띠고 있기 때문에 관광활동은 외부사정의 변동에 민감하게 영향을 받기 쉽다.

관광사업의 변동성을 갖는 요인으로 ① 사회적 요인(국제정세의 변화 · 정치적 불안요소 · 질병 및 폭동 등), ② 경제적 요인(국내외 경제불황 · 환율변동 · 여행 및 항공운임 변동 · 소득의 불안정 등), ③ 자연적 요인(지진 · 태풍 등)을 들 수 있다.

4) 공익성

관광사업은 여러 관련 업종의 복합체로 성립되는 특수성 때문에 사적(私的)

관광기업까지도 포함해서 공익목적을 달성하는 사업체이다. 즉 관광사업은 ① 공적사업(公的事業), ② 사적사업(私的事業)으로 이루어진 복합체적인 특성을 가지고 있다.

공익성은 ① 사회적 측면(국위선양 · 국제문화의 교류 · 국민의 건강증진 등), ② 경제적 측면(외화획득 · 기술협력 · 지역소득 증대 · 고용증대 등) 등 국제친선증진이나 국가 및 지역의 경제발전에 기여한다.

5) 서비스성

서비스는 '재화(財貨)를 생산하지는 않으나 그것을 운반 · 배급 · 판매하거나 생산과 소비에 필요한 노무를 제공하는 일'을 뜻한다. 서비스는 관광객의 심리에 커다란 영향을 미치기 때문에 관광사업에서 제공하는 양질의 서비스는 관광관련 업체 및 국가 전체에도 영향을 미친다.

관광사업을 서비스업이라고 하는 것은 관광사업이 생산 · 판매하는 상품의 대부분이 눈에 보이지 않는 서비스이기 때문이다. 관광사업의 특성을 정리하면 〈표 10-5〉와 같다.

〈표 10-5〉 관광사업의 특성

구분	내용
복합성	-사업주체의 복합성은 공공기관과 민간기업이 역할을 분담하여 전개하는 사업이고, 사업내용의 복합성은 업무의 내용이 여러 형태로 분화되어 있는 것을 말한다. 관광관련 업종이 개입하여 하나의 관광이 성립
입지의존성	-불연속 생산활동, 생산과 소비의 동시성이라는 특성형 · 기후조건 · 관광자원의 매력 · 관광개발 추진상황 · 교통사정 · 시장의 규모 · 체류여부 · 인력공급 등의 경영적 환경과 관광객의 계층이나 소비성향 등도 지리적 입지에 따라 영향을 받음
변동성	-관광사업 외부의 다양한 여건에 따라 민감하게 영향을 받으므로 사전에 철저한 대책을 세울 필요가 있다. 관광사업의 변동성을 갖는 요인은 사회적 요인 · 경제적 요인 · 자연적 요인 등에 민감

구분	내용
공익성	- 관광사업은 공적사업(公的事業)과 사적사업(私的事業)으로 이루어진 복합체적인 특성을 가지고 있다. 공익성은 사회적 측면 · 경제적 측면 등 국제친선증진이나 국가 및 지역의 경제발전에 기여
서비스성	- 재화(財貨)를 생산하지는 않으나 그것을 운반 · 배급 · 판매하거나 생산과 소비에 필요한 노무를 제공하는 일로, 관광객의 심리에 커다란 영향을 미침

제3절 관광사업의 유형

「관광진흥법」 제3조에서 관광사업의 종류는 크게 ① 여행업, ② 관광숙박업, ③ 관광객 이용시설업, ④ 국제회의업, ⑤ 카지노업, ⑥ 유원시설업, ⑦ 관광 편의시설업의 7가지로 분류하고 있다.

1. 여행업

「관광진흥법」에서 여행업이란 '여행자 또는 운송시설 · 숙박시설, 그 밖에 여행에 딸리는 시설의 경영자 등을 위하여 그 시설을 이용 알선이나 계약체결의 대리 · 여행에 관한 안내, 그 밖의 여행편의를 제공하는 업'으로 정의하고 있다(동법 제3조 1항 1호). 여행업은 사업의 범위와 취급대상에 따라 ① 종합여행업, ② 국내외여행업, ③ 국내여행업으로 분류하고 있다(동법시행령 제2조 제1항 1호).

1) 종합여행업

종합여행업은 '국내외를 여행하는 내국인 및 외국인을 대상으로 하는 여행업(사증을 받는 절차를 대행하는 행위를 포함한다)'을 말한다. 따라서 종합여행업자는 외국인의 ① 국내여행(inbound tour) 또는 ② 국외여행(outbound tour)과 내국인의 ① 국외여행(outbound tour) 또는 ② 국내여행(domestic tour)에 대한 업무를 모두 취급할 수 있다.

2) 국내외여행업

국내외여행업은 '국내외를 여행하는 내국인을 대상으로 하는 여행업(사증을 받는 절차를 대행하는 행위를 포함한다)'을 말한다.

3) 국내여행업

국내여행업은 '국내를 여행하는 내국인을 대상으로 하는 여행업'을 말한다. 즉 국내여행업은 내국인을 대상으로 하는 ① 국내여행(domestic tour) 업무에 국한하고 있다. 외국인을 대상으로 한 국내외여행 업무 또는 내국인을 대상으로 한 국외여행 업무는 법으로 금지되어 있다. 여행업의 종류를 정리하면 〈표 10-6〉과 같다.

〈표 10-6〉 여행업의 종류

구분	내용
종합여행업	- 국내외를 여행하는 내국인 및 외국인을 대상으로 하는 여행업(사증을 받는 절차를 대행하는 행위를 포함한다)
국내외여행업	- 국내외를 여행하는 내국인을 대상으로 하는 여행업(사증을 받는 절차를 대행하는 행위를 포함한다)
국내여행업	- 국내를 여행하는 내국인을 대상으로 하는 여행업

2. 관광숙박업

1) 호텔업

현행 「관광진흥법」에서는 관광숙박업을 크게 ① 호텔업, ② 휴양콘도미니엄업으로 나누고(제3조 1항 2호), 호텔업을 다시 세분화(관광호텔업 · 수상관광호텔업 · 한국전통호텔업 · 가족호텔업 · 호스텔업 · 소형호텔업 · 의료관광호텔업)하고 있다(동법시행령 제2조 1항 2호). (이에 대한 상세한 내용은 본문 "제13장 제2절 호텔의 분류" 참조)

2) 휴양콘도미니엄업

관광객의 숙박과 취사에 적합한 시설을 갖추어 이를 그 시설의 회원이나 공유자, 그 밖의 관광객에게 제공하거나 숙박에 딸린 음식 · 운동 · 오락 · 휴양 · 공연 또는 연수에 적합한 시설 등을 함께 갖추어 이를 이용하게 하는 업을 말하며, 회원과 공유자가 연중 일정기간 우선적으로 이용하고, 잔여기간에 일반대중이 이용할 수 있다.

1981년 4월 (주)한화콘도에서 경주보문단지 내에 있는 25평형 103실을 분양한 것이 콘도미니엄의 시초이다. 1982년 12월 31일에는 휴양콘도미니엄업을 「관광진흥법」상의 관광숙박업종으로 신설한 후 오늘에 이르고 있다. 휴양콘도미니엄업은 주로 강원도 · 경기도 · 충청도 · 제주도 지역 등에 분포되어 있다.

3. 관광객이용시설업

관광객을 위하여 음식 · 운동 · 오락 · 휴양 · 문화 · 예술 또는 레저 등에 적합한 시설을 갖추어 이를 관광객에게 이용하게 하는 업으로, 대통령령으로 정하는 2종 이상의 시설과 관광숙박업의 시설 등을 함께 갖추어 이를 회원이나 그 밖의 관광객에게 이용하게 하는 업을 말한다.

관광객이용시설업은 ① 전문휴양업, ② 종합휴양업, ③ 야영장업, ④ 관광

유람선업, ⑤ 관광공연장업, ⑥ 외국인관광 도시민박업, ⑦ 한옥체험업 등으로 구분한다.

1) 전문휴양업

전문휴양업은 관광객의 휴양이나 여가선용을 위하여 숙박시설이나 음식점시설(휴게음식점 · 일반음식점 · 제과점)을 갖추어 관광객에게 이용하게 하는 업으로 민속촌 · 해수욕장 · 수렵장 · 동물원 · 식물원 · 수족관 · 온천장 · 동굴자원 · 수영장 · 농어촌휴양시설 · 활공장(글라이더 훈련장) · 산림휴양시설 · 박물관 · 미술관 등이 있다.

2) 종합휴양업

종합휴양업은 ① 제1종 종합휴양업(숙박시설 또는 음식점시설을 갖추고 전문휴양시설 중 두 종류 이상의 시설을 갖춤), ② 제2종 종합휴양업(관광숙박업의 등록에 필요한 시설 등을 갖춤)이 있다.

특히 대표적인 제1종 종합휴양업체는 운동 · 오락 및 휴양시설을 갖춘 서울드림랜드, 운동 · 오락 · 식당 및 동식물원 시설을 갖춘 롯데월드, 동식물원 · 오락 및 휴양시설을 갖춘 에버랜드(구 : 용인자연농원) 등이 있다.

3) 야영장업

야영장업이란 '야영에 적합한 시설 및 설비 등을 갖추고, 야영 편의를 제공하는 시설을 관광객에게 이용하게 하는 업'을 말하는 데, 2014년 10월 28일 「관광진흥법 시행령」 개정 때 종전의 자동차야영장업을 ① 일반야영장업, ② 자동차야영장업으로 세분한 것이다.

4) 관광유람선업

(1) 일반관광유람선업

「해운법」에 따른 해상여객운송사업의 면허를 받은 자나 「유선(遊船) 및 도선

사업법(渡船事業法)」에 따른 유선사업의 면허를 받거나 신고한 자가 선박을 이용하여 관광객에게 관광을 할 수 있도록 하는 업을 말한다.

(2) 크루즈업

「해운법」에 따른 순항여객운송사업이나 복합해상여객운송사업의 면허를 받은 자가 해당 선박 안에 숙박시설 · 위락시설 · 편의시설을 갖춘 선박을 이용하여 관광객에게 관광을 할 수 있도록 하는 업을 말한다.

5) 관광공연장업

관광공연장업은 '한국전통가무가 포함된 공연물 공연 · 식사와 주류를 판매하는 업'을 말한다. 이 업(業)은 1999년 5월 10일 「관광진흥법시행령」을 개정하여 새로 신설한 업종으로 ① 실내관광공연장, ② 실외관광공연장을 설치 · 운영할 수 있다.

6) 외국인관광 도시민박업

외국인관광 도시민박업이란 「국토의 계획 및 이용에 관한 법률」(이하 "국토계획법"이라 한다) 제6조제1호에 따른 도시지역(「농어촌정비법」에 따른 농어촌지역 및 준농어촌지역은 제외한다)의 주민이 자신이 거주하고 있는 단독주택 또는 다가구주택(건축법 시행령 별표 1 제1호 가목 또는 다목)과 아파트, 연립주택 또는 다세대주택(건축법 시행령 별표 1 제2호 가목, 나목 또는 다목)을 이용하여 외국인 관광객에게 한국의 가정문화를 체험할 수 있도록 적합한 시설을 갖추고 숙식 등을 제공하는 사업을 말하는데, 종전까지는 외국인관광 도시민박업의 지정을 받으면 외국인 관광객에게만 숙식 등을 제공할 수 있었으나, 도시재생활성화계획에 따라 마을기업(「도시재생 활성화 및 지원에 관한 특별법」〈약칭 "도시재생법"〉 제2조제6호 · 제9호에 따른)이 운영하는 외국인관광 도시민박업의 경우에는 외국인 관광객에게 우선하여 숙식 등을 제공하되, 외국인 관광객의 이용에 지장을 주지 아니하는 범위에서 해당 지역을 방문하는 내국인 관광객에게도 그 지역의 특성화된 문화를 체험할 수 있도록 숙식 등을 제공할 수 있게 하였다.

여기서 "마을기업"이란 지역주민 또는 단체가 해당 지역의 인력, 향토, 문화, 자연자원 등 각종 자원을 활용하여 생활환경을 개선하고 지역공동체를 활성화하여 소득 및 일자리를 창출하기 위하여 운영하는 기업을 말한다.

지금까지 외국인관광 도시민박업은 신고등 다른 법률에 따른 별도의 관리체계 없이 관광 편의시설업의 업종으로 분류되어 관리가 불충분한 측면이 있었는 데, 2016년 3월 22일 「관광진흥법 시행령」 개정 때 이를 관광객이용시설업으로 재분류함으로써 그 관리체계를 강화하였다.

7) 한옥체험업

한옥(주요 구조가 기둥 · 보 및 한식지붕틀로 된 목구조로서 우리나라 전통양식이 반영된 건축물 및 그 부속건축물을 말한다)에 관광객의 숙박 체험에 적합한 시설을 갖추고 관광객에게 이용하게 하거나, 전통 놀이 및 공예 등 전통문화 체험에 적합한 시설을 갖추어 관광객에게 이용하게 하는 업을 말한다(동법 시행령 제2조제1항 3호 사목). 이는 2009년 10월 7일 「관광진흥법 시행령」 개정 때 새로 추가된 업종으로, 지금까지 관광편의시설업의 일종으로 분류되어 있었는데, 2020년 4월 28일 「관광진흥법 시행령」 개정 때 관광객이용시설업의 일종으로 재분류되었다.

4. 국제회의업

1) 국제회의시설업

국제회의시설업은 '국제회의를 개최할 수 있는 시설을 설치하여 운영하는 업'을 말한다. 국제회의시설업은 ① 회의시설(전문회의시설 · 준회의시설) 및 전시시설의 요건을 갖추고 있어야 하고, 또한 국제회의 개최 및 전시의 편의를 위하여 ② 부대시설(주차시설 · 쇼핑 · 휴시시설)을 갖추고 있어야 한다.

2) 국제회의기획업

국제회의기획업은 '국제회의 계획 · 준비 · 진행 등의 업무를 위탁받아 대행하는 업'을 말한다. 1998년에 「관광진흥법」을 개정하여 종전의 국제회의용역업을 '국제회의기획업'으로 명칭을 변경하고, 여기에 '국제회의시설업'을 추가하여 '국제회의업'으로 업무범위를 확대하였다.

5. 카지노업

카지노업은 전문영업장을 갖추고 주사위 · 트럼프 · 슬롯머신 등 특정한 기구 등을 이용하여 우연의 결과에 따라 특정인에게 재산상의 이익을 주고, 다른 참가자에게 손실을 주는 행위 등을 하는 업을 말한다.

카지노업은 종래 '사행행위영업'의 일환으로 규정되어 오던 것을 1994년 8월 3일 「관광진흥법」을 개정하여 관광사업의 일종으로 전환 규정하고, 문화체육관광부에서 허가권과 지도 · 감독권을 갖게 되었다(동법 제21조).

다만, 제주도에는 2006년 7월부터 「제주특별자치도 설치 및 국제자유도시 조성을 위한 특별법」이 제정 · 시행됨에 따라 제주특별자치도에서 외국인전용 카지노업을 경영하려는 자는 제주도지사의 허가를 받아야 한다.

현행 「관광진흥법」에 의거한 카지노업은 내국인 출입을 허용하지 않는 것을 기본으로 하고 있으며, 예외적으로 「폐광지역개발지원에 관한 특별법」에 의거 폐광지역의 경기활성화를 위하여 2000년 10월 강원도 정선군에 개장한 강원랜드카지노 만은 내국인의 출입을 허용하고 있고, 2045년까지 한시적으로 운영될 예정이다.

6. 유원시설업

유원시설업은 유기시설(오락시설)이나 유기기구를 갖추어 관광객에게 이용하게 하는 업을 말하며, 「관광진흥법」은 유원시설업을 ① 종합유원시설업, ② 일반유원시설업, ③ 기타유원시설업으로 분류하고 있다. 유원시설업의 종류를 정리하면 〈표 10-7〉과 같다.

〈표 10-7〉 유원시설업의 종류

구분	내용
종합유원시설업	- 유기시설이나 유기기구를 여섯 종류 이상 갖추어 운영하는 업
일반유원시설업	- 유기시설이나 유기기구를 한 종류 이상 갖추어 운영하는 업
기타유원시설업	- 유기시설이나 유기기구를 갖추어 운영하는 업

7. 관광편의시설업

관광편의시설업은 관광사업 외에 관광진흥에 이바지할 수 있다고 인정되는 사업이나 시설 등을 운영하는 업을 말한다.

관광편의시설업은 ① 관광유흥음식점업, ② 관광극장유흥업, ③ 외국인전용음식점업, ④ 관광식당업, ⑤ 관광순환버스업, ⑥ 관광사진업, ⑦ 여객자동차터미널시설업, ⑧ 관광펜션업, ⑨ 관광궤도업, ⑩ 관광면세업, ⑪ 관광지원서비스업으로 구분하고 있다. 관광편의시설업의 종류를 정리하면 〈표 10-8〉과 같다.

〈표 10-8〉 관광편의시설업의 종류

구분	내용
관광유흥음식점업	-주류나 음식을 제공하고, 노래와 춤 감상 또는 춤을 추게 하는 업
관광극장유흥업	-무도시설을 갖추어 음식을 제공하고, 노래와 춤 감상 또는 춤을 추게 함
외국인전용음식점업	-외국인에게 주류나 음식을 제공하고, 노래와 춤 감상 또는 춤을 추게 하는 업
관광식당업	-특정 국가의 음식을 전문적으로 제공하는 업
관광순환버스업	-버스를 이용하여 관광객에게 시내와 주변 관광지를 정기적으로 순회하면서 관광할 수 있도록 하는 업
관광사진업	-외국인 관광객과 동행하며 기념사진을 촬영하여 판매하는 업
여객자동차 터미널시설업	-여객자동차터미널시설을 갖추고 관광객에게 휴게시설 · 안내시설 등 편익시설을 제공하는 업
관광펜션업	-자연 · 문화 체험관광에 적합한 시설을 갖추어 관광객에게 이용하게 하는 업
관광궤도업	-주변 관람과 운송에 적합한 시설을 갖추어 관광객에게 이용하게 하는 업
관광면세업	-보세판매장의 특허를 받은 자 또는 면세판매장의 지정을 받은 자가 판매시설을 갖추어 관광객에게 면세품을 판매하는 업
관광지원서비스업	-주로 관광객 또는 관광사업자 등을 위하여 사업이나 시설 등을 운영하는 업

제4절 관광사업의 효과

1. 경제적 효과

관광사업에 있어서 경제적 효과를 가장 중요시하는 이유는 한 국가의 정책적인 부(富)를 가져온다는 점에서 상당히 큰 비중을 두고 있다. 경제효과의 예로 ① 소득창출효과, ② 고용창출효과, ③ 투자유발효과, ④ 조세효과 등을 들 수 있다. 특히 관광산업은 노동집약적산업으로서, 인적자원에 대한 의존도가 타산업에 비해 월등히 높아 고용효과가 매우 크다. 고용효과는 ① 직접고용효과, ② 간접고용효과, ③ 유발고용효과로 나눈다.

또한 국제수지개선에 기여해 외화를 벌어들임으로써 국가의 국제수지결손을 해결하는 데 도움을 주며, 후진국과 선진국 간의 경제적 차이를 보충해 주는 교량역할을 해 국가 간의 부를 분산시키는 효과가 있다.

그리고 관광객이 지출한 돈은 현지주민의 손에 들어가 수입이 되고, 다시 지출되거나 저축이 된다. 즉 승수효과(multiplier effect)가 생겨 전반적인 경제개발효과가 나타난다. 경제적 효과를 정리하면 〈표 10-9〉와 같다.

〈표 10-9〉 경제적 효과

구분	내용
외화획득 및 국제수지개선효과	수출증대 · 국민경제활성화 · 스포츠 관련산업의 성장계기 제공 · 지역경제의 활성화 촉진 · 지역의 이미지 제공 등
고용효과	직접고용 · 간접고용 · 유발고용효과 등
소득창출효과	기업의 소득증대 · 종사자의 소득증대 효과 등
지역개발 및 촉진효과	지역주민의 소득향상 및 취업기회 제공 등
투자소득효과	공공투자 · 기업투자

구분	내용
소비소득효과	음식비 · 교통비 · 숙박비 · 입장료 · 주차료 등에 소비
부정적 경제효과	지역물가 상승 · 계절적 수요편재에 따른 문제 · 공공서비스 부문의 비용증대 · 외화유출의 심화 등

2. 사회 · 문화적 효과

관광은 관광객을 받아들이는 사회에 커다란 영향을 미치게 된다. 즉 관광의 사회적 효과는 현지주민과의 접촉을 통해 사회적인 교환이 일어나고 새로운 습관과 인생에 대한 견문을 안고 돌아오게 됨으로써 관광의 ① 사회적 효과, ② 문화적 효과가 발생하게 된다. 즉 외부로부터 새로운 사회 · 문화의 실체가 관광지에 도입되어 주민과 직간접적으로 관련됨으로써 발생되는 것이다.

또한 관광은 문화적 교환이 따르게 마련이며, 관광객과 주민 간의 문화를 풍요롭게 해준다. 사회 · 문화적 영향은 주민구조에 관한 영향 · 직업의 변화 · 언어의 변화 · 가치관의 변화 · 전통적 생활방식의 변화 · 소비유형의 수정 등으로 관광지의 주민과 지역사회에 영향을 미칠 수 있다.

그리고 관광개발에 의하여 자연환경과 전통문화가 변용 · 파괴되는 부정적인 지적도 있다. 관광의 사회 · 문화적 효과의 긍 · 부정적 영향을 정리하면 〈표 10-10〉과 같다.

〈표 10-10〉 사회 · 문화적 효과의 긍 · 부정적 영향

구분	긍정적 영향	부정적 영향
사회적 효과	-인구와 고용구조의 변화 -사회구조의 변화 -소득격차 해소 · 교육기회의 증가 -윤리적 태도변화 및 편견해소로 토착민의 시야가 넓어짐	-지역주민의 양극화 초래 및 갈등 -관광사업 종사자와 주민 간의 소득격차 문제 -이혼증가와 성개방 등으로 가족 파괴 문제

구분	긍정적 영향	부정적 영향
사회적 효과	-여성의 지위향상 · 가족의 현대화 -타문화의 이해와 교육적 효과	-매춘 · 약물남용 · 알코올중독 · 퇴폐 등 소비지향사회로 변화
문화적 효과	-국가 간 상호이해와 평화증진 -교육기회의 확대 -예술공연 및 박물관 등 건립으로 지역문화발전 향상 -역사 · 문화의 보존 -현대건축양식 도입	-전통문화의 상품화와 현지인의 전통적 가치 파괴 -수입문화로 인해 토착문화 소멸 -과다한 관광객 유입으로 유적지 파괴 문제 -전통과 현대건물의 병존 문제

자료 : 윤대순 외(2011), 『관광경영학원론』, 백산출판사, p. 213에서 인용 후 재구성.

3. 교육 · 환경적 효과

국제회의 및 교육 프로그램에의 참여와 서로 다른 인종과 국적을 가진 사람 간의 접촉으로 인해 교육적 효과에 영향을 미치게 된다. 관광을 통해 견문을 넓히고 새로운 지식을 얻게 되면, 변화에 대한 욕구를 충족할 수 있다.

환경영향(環境影響)은 ① 자연환경과 ② 인간환경으로 구분된다. 선진국이나 개발도상국가에서도 관광산업의 영향으로 인구가 증가하고, 그로 인해 상 · 하수도시설, 위생 및 편의시설 부족으로 주거환경이 악화되는 등 자연재해가 발생할 수 있다.

또한 과잉개발로 인해 발생되는 교통혼잡, 환경오염 등으로 공해문제를 초래할 수 있다. 따라서 관광개발은 자연환경을 보존하고 유지하는 것이 가장 중요하다. 환경적 효과의 긍 · 부정적 영향을 정리하면 〈표 10-11〉과 같다.

〈표 10-11〉 환경적 효과의 긍 · 부정적 영향

	긍정적 영향	부정적 영향
환경효과	-관광자원의 개발과 보존 -자연환경의 정비 -관광제반시설의 확충	-생태계의 파괴 -공해와 교통문제 -환경오염

연습문제

01. 관광의 구조적 시스템(구성요소)으로 옳지 않은 것?

① 관광주체　② 관광매체
③ 관광행동　④ 관광객체

02. 관광매체가 잘못 연결된 것은?

① 시간적 매체−숙박시설　② 기능적 매체−관광알선
③ 공간적 매체−교통기관　④ 환경적 매체−관광공해

03. 다음 설명에 해당하는 기관은?

국제관광진흥사업 · 국민관광진흥사업 · 관광자원개발사업 · 관광산업의 연구 및 개발사업 · 관광관련 전문인력 양성 등

① 문화체육관광부　② 지방자치단체
③ 한국관광공사　④ 한국관광협회중앙회

04. 관광사업의 발전요인으로 옳지 않은 것은?

① 가계소득의 증대　② 생활양식의 변화
③ 관광사업의 확충　④ 친목도모의 향상

05. 관광사업의 특성으로 옳지 않은 것은?

① 고정성　② 복합성
③ 공익성　④ 서비스성

06. 관광사업의 종류를 모두 고른 것은?

ㄱ. 여행업	ㄴ. 카지노업	ㄷ. 관광객이용시설업
ㄹ. 국제회의업	ㅁ. 관광호텔업	ㅂ. 관광궤도업

① ㄱ, ㄴ, ㄷ, ㄹ
② ㄱ, ㄴ, ㄹ, ㅁ
③ ㄴ, ㄷ, ㄹ, ㅁ
④ ㄴ, ㄷ, ㅁ, ㅂ

07. 국내외를 여행하는 내국인 및 외국인을 대상으로 하는 여행업은?

① 국내외여행업
② 국내여행업
③ 종합여행업
④ 여행알선업

08. 호텔업의 종류로 옳지 않은 것은?

① 수상관광호텔업
② 유스호스텔업
③ 가족호텔업
④ 한국전통호텔업

09. 다음 설명에 해당하는 관광숙박업은?

> 배낭여행객 등 개별 관광객의 숙박에 적합한 시설로서 샤워장 · 취사장 등의 편의시설과 내외국인 관광객을 위한 문화 · 정보 교류시설 등을 함께 갖추어 이용하게 하는 업

① 관광펜션업
② 관광호텔업
③ 호스텔업
④ 가족호텔업

10. 회원과 공유자가 연중 일정기간 우선적으로 이용하고, 잔여기간에 일반 대중이 이용할 수 있는 숙박업은?

① 외국인도시민박업
② 수상관광호텔업
③ 한국전통호텔업
④ 휴양콘도미니엄업

11. 관광객이용시설업의 종류를 모두 고른 것은?

ㄱ. 전문휴양업	ㄴ. 야영장업	ㄷ. 여객자동차터미널시설업
ㄹ. 종합휴양업	ㅁ. 관광유람선업	ㅂ. 관광궤도업

① ㄱ, ㄴ, ㄷ, ㄹ　　② ㄱ, ㄴ, ㄹ, ㅁ
③ ㄴ, ㄷ, ㄹ, ㅁ　　④ ㄴ, ㄷ, ㅁ, ㅂ

12. 관광편의시설업의 종류를 모두 고른 것은?

ㄱ. 관광유람선업	ㄴ. 관광사진업	ㄷ. 관광순환버스업
ㄹ. 관광공연장업	ㅁ. 관광식당업	ㅂ. 관광펜션업

① ㄱ, ㄴ, ㄷ, ㄹ　　② ㄱ, ㄴ, ㄹ, ㅁ
③ ㄴ, ㄷ, ㄹ, ㅁ　　④ ㄴ, ㄷ, ㅁ, ㅂ

13. 관광의 경제적 효과로 옳지 않은 것은?

① 외화획득효과　　② 국제수지개선효과
③ 과태료납세효과　　④ 소득창출효과

14. 관광의 사회적 효과로 옳지 않은 것은?

① 사회구조의 변화　　② 교육기회의 증가
③ 여성의 지위향상　　④ 현대건축양식 도입

01 ③, **02** ④, **03** ③, **04** ④, **05** ①, **06** ①, **07** ③, **08** ②, **09** ③, **10** ④, **11** ②, **12** ④, **13** ③, **14** ④

제11장

여행업

제1절 여행의 이해

제2절 여행업의 역사

제3절 여행업의 개념

제4절 여행업의 업무

제5절 여행상품의 종류

학습 포인트

- 제1절에서는 여행의 어원과 정의 · 여행의 조건 · 여행의 형태 · 여행의 수요요인에 대해 학습한다.
- 제2절에서는 외국 및 한국 여행업의 역사적 변천 과정에 대해 학습한다.
- 제3절에서는 여행업의 정의와 종류, 그리고 업무기능과 특성에 대해 학습한다.
- 제4절에서는 여행업의 부서별 주요 업무내용에 대해 학습한다.
- 제5절에서는 다양하게 분류된 여행상품을 분석하고 학습한다.
- 연습문제는 여행업을 총체적으로 학습한 후에 풀어본다.

제1절 여행의 이해

1. 여행의 어원과 정의

'즐거움' 이외의 목적을 지닌 여행(旅行)이라면, 사실상 인류탄생 이전부터 존재하고 있었다. 일본의 교통학자 신조(新城)는 여행의 역사를 3가지 유형으로 분류하였다. 즉 ① 내부 강제적 여행(종교 · 무역 · 상용 등 생존을 위한 여행), ② 외부 강제적 여행(사역 · 건설 · 군사목적 등 국가의 명령에 의한 여행), ③ 좋아서 떠나는 여행 등이다. 그는 여행형태가 시대의 흐름에 따라 '내부 강제적 여행' →'외부 강제적 여행'→'좋아서 떠나는 여행'으로 변천해 왔다고 주장하고 있다.

여행이라는 용어는 중국의 유교경전 오경(五經)의 하나인 『예기(禮記)』에 '삼년지상 연불군입불 여행군자 예이식정 삼년지상이 조곡불역진평(三年之喪 鍊不群入不 旅行君子 禮以飾情 三年之喪而 弔哭不亦震乎)'이라는 대목에서 처음 사용하였다. 그 의미는 '삼년상을 당하여 무리와 함께 이동하는 것은 예에 어긋난다'는 뜻을 담고 있다.

오바야시 쇼지(大林正二)는 여행(旅行)의 여(旅)자를 '방향 방(方)자'와 '사람 인(人)자'를 합성시킨 문자로 보고, '인간이 어떤 방향으로 움직인다'라는 뜻으로 풀이하고 있다. 또한 여(旅)자는 '나그네 려', '손님 려', '무리 려'이고, 행(行)자는 '다닐 행', '갈 행', '길 행'으로서, '나그네가 이동한다'는 의미로 여행이라는 용어를 사용하였다.

여행과 유사한 한자는 기행(紀行 : 여행하며 보고 듣고 느낀 것을 적음. 또는 그 글), 만유(漫遊 : 한가로이 이곳저곳을 돌아다니며 구경하고 노닒), 유람(遊覽 : 아름다운 경치나 이름난 장소를 돌아다니며 구경함), 방랑(放浪 : 정한 곳 없이 이리저리 떠돌아다님), 순유(巡遊 : 여러 곳을 돌아다니며 놂) 등이 있다.

서양에서는 travel(일반적인 여행), tour(짧은 기간 동안의 여행), trip(1박 정도의 짧은 여행), sightseeing(명소 · 명물관광 · 구경 · 유람), journey(여정 · 행로 · 육상의 긴 여행), excursion(보통 당일치기의 짧은 여행), picnic(식사를 지참한 소풍이나 들놀이) 등의 용어가 있다.

일반적으로 가장 많이 사용하는 여행의 영어단어는 travel이다. travel은 trouble(걱정, 노고, 고생), toil(고통, 힘든 일)과 같은 어원인 travail(업무)에서 파생되었다. 특히 travel이라는 단어는 1947년 IUOTO(International Union of Official Travel Organizations : 관설관광기관국제동맹)라는 단체에서 공용의 용어로 사용하게 되었다.

인간의 이동(migration)에 대한 역사는 여행보다 이주가 먼저 이루어졌다. 인류 문명이 발달하지 못한 원시시대에는 수렵이나 고기잡이 등 생계를 해결하기 위해 오늘날의 이민과 같이 생활권 자체의 이동행위를 위주로 했기 때문이다. 그러나 여행이 본격적으로 시작된 것은 인간이 유목생활을 청산하고, 농경생활을 시작하면서 영위하게 된 정주생활(定住生活) 때부터였다.

여행의 사전적 의미는 '자기가 사는 곳을 떠나 유람할 목적으로 객지를 두루다님', '사는 곳을 떠나 유람을 목적으로 객지를 두루 돌아다님'을 뜻한다. 여행은 인간의 이동을 바탕으로 한다는 점에서 인류의 역사와 함께 시작했다. 그러므로 여행은 인간의 이동을 본질로 하고 있으며, 일시적으로 생활환경을 변화시켜 보려는 욕구를 기원으로 하고 있다.

스에다케 나오요시(末武直義, 1984)는 여행을 '관광행위의 기초현상으로 파악하고, 인간의 이동을 이주(emigration)와 여행(travel)으로 구분'하여 정의하였다. 즉 이주와 여행을 회귀이동행위(回歸移動行爲)의 관점에서 파악하였는데, 여행은 회귀가 전제된 이동행위라는 것이다. 또한 그는 여행을 '일상생활권을 떠나서 일시적으로 타지역에 체재할 목적을 가지고 이동하는 행위'라 정의하고 있다.

2. 여행의 조건

1) 이동의 조건

여행의 본질은 인간의 이동이라 하지만, 이동을 모두 여행이라고 볼 수는 없다. 그러므로 여행이라는 인간의 행위가 성립하기 위해서는 다음과 같은 이동의 조건이 필요하게 된다.

첫째, 그 이동이 일상생활권을 떠난다는 것과 다시 돌아올 예정이어야 한다는 것을 전제로 해야 한다. 인간의 이동은 목적에 따라 ① 이주와 ② 여행으로 대별되는데, 출국이민이나 입국이민의 양자와 여행자는 구별된다. 왜냐하면 이주는 일상생활권으로 다시 돌아오지 않지만, 여행은 출발지로 반드시 돌아온다는 것을 전제로 하는 회귀성 이동행위이기 때문이다.

둘째, 직업적이고 반복적인 이동이 아니어야 한다. 직업적 이동이란 직업상의 여행과는 구분되는 개념을 말한다. 인간의 이동이 직업적이고 반복적인 경우 그것은 그 자체가 일상의 생활권이 되어 생활권을 떠난다는 첫 번째 조건에 부합되지 않기 때문이다. 즉 관광버스 운전기사 · 유람선 승무원 · 항공기 승무원 · 관광안내사 · 국외취업 등의 이동은 여행이라고 볼 수 없는 것이다.

셋째, 자유의지에 의한 이동이어야 한다. 인간의 이동은 여러 가지 동기에 의해 이루어지지만, 최종적 행위는 자신의 자유의지에 기인하는 것이다. 다시 말해서 군대의 진주(進駐 : 군대가 진군하여 주둔함)나 범인의 호송 등 인간의 자유의지와 관련이 없는 이동은 여행이라고 할 수 없다.

넷째, 비영리성에 의한 이동이어야 한다. 여행은 소비경제의 행위로서 영리를 목적으로 하지 않는다. 즉 영리적인 목적으로 이루어지는 여행과는 구별된다.

2) 이동거리 · 기간

이동거리는 어느 정도 원거리(遠距離)여야 하며, 이동의 기간은 1년을 넘지 않아야 한다(Ogilvie : 여행은 일시적으로 거주지를 떠나지만, 그러나 1년을 초과하지 않고, 여행 중 소비하는 금전은 거주지에서 취득한 것이어야 한다)는 설도 있지만, 이동의 거리와 기간에 관한 문제는 상식의 문제라 할 수 있다.

이동거리에 관해서는 거리에 관계없이 일상의 생활권을 떠나는 이동일 경우 다른 조건만 구비되면 여행으로 본다고 하지만, 여행이란 용어 자체를 생각할 때 가까운 거리 이동은 여행으로 보지 않는다.

전술한 바와 같이 이동기간에 관해 오길비(Ogilvie)는 1년을 기준으로 하여 그 이상의 기간은 여행이 아니라고 보았으나, 이 논리는 취업이나 이주가 통상 1년 이상의 체재를 요건으로 하고 있는 것을 감안하여 이들과의 구별을 위해 여행의 조건으로 제시한 것일 뿐 1년을 넘는 여행도 얼마든지 있으므로 큰 의미가 없다고 본다.

3) 소비의 조건

여행은 필수적으로 소비를 수반하게 된다. 오길비(Ogilvie)는 '거주지에서 취득한 화폐를 여행지에서 소비하는 것이 여행의 요건이 된다'고 하면서, 여행 목적지에서 소비하는 화폐가 그 여행지에서 취득했을 때나 여행 도중 취득한 경우 그것은 여행이 아니라고 보고 있다. 그러나 최근 무전여행 · 배낭여행 등으로 다양화되어 가는 현대사회의 여행추세 변화를 감안할 때 필수적인 여행의 조건이라고 볼 수는 없다.

3. 여행의 형태

여행의 이동경로에 근거한 형태상의 분류로서 여행의 동기나 목적에 의해 다양하게 나타날 수 있으나, 일반적으로 ① 피스톤형, ② 스푼형, ③ 안전핀형, ④ 탬버린형의 4가지 형태로 분류하고 있다.

1) 피스톤형

피스톤(piston)형은 여행자가 주목적지를 왕복하는데 동일한 코스로 단순하게 왕복 이동하는 형태를 말한다. 즉 거주지를 출발하여 주목적지에 도착한 후 일정기간 동안 여행을 마친 뒤, 처음에 갔던 동일한 경로를 통해 되돌아오는 형태의 여행이다. 이 유형의 특성은 짧은 기간 동안 여행을 하며, 비교적 소극적으로 활동한다. 그리고 여행에 따른 소비지출도 최소로 이루어지는 편이다.

예를 들면 서울→속초→서울, 또는 서울→홍콩→서울의 이동경로와 같은 형태이다.

〈그림 11-1〉 피스톤형

거주지 ⟷ 주목적지 (직행 / 직행)

2) 스푼형

스푼(spoon)형은 거주지에서 주목적지까지의 왕복은 같은 경로를 통해 직행하지만, 주목적지에서의 이동이 좀 더 폭넓게 이루어지는 여행의 형태를 말한다. 즉 주목적지까지의 이동은 단순하지만, 주목적지에서 주변의 관광지 등 여러 곳을 여행한 다음, 동일한 경로를 이용하여 거주지로 되돌아오는 형태이다.

이 유형의 특성은 주목적지에서의 여행활동이 비교적 다양하고 체재기간이 길며, 여행에 따른 경비도 피스톤형보다 많이 쓰는 편이다.

예를 들면 서울→속초→양양→속초→서울, 또는 서울→홍콩→마카오→홍콩→서울의 이동경로와 같은 형태를 말한다.

〈그림 11-2〉 스푼형

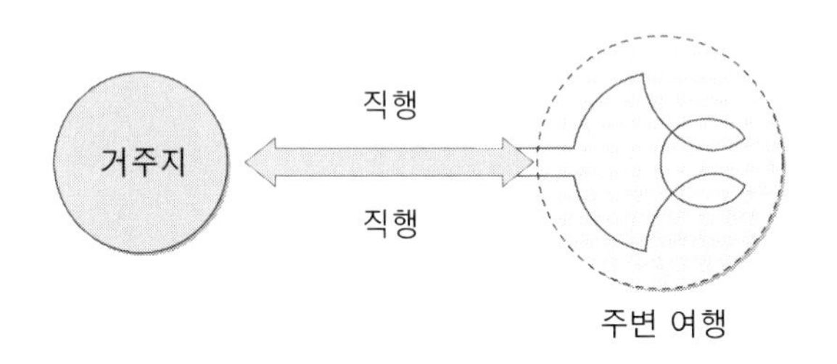

3) 안전핀형

안전핀(pin)형은 여행자가 거주지에서 최초의 목적지에 도착한 다음, 다시 주변 관광지 등 여러 곳을 여행한 후 출발경로와 다른 경로를 이용하여 최초 출발지로 돌아오는 여행의 형태이며, 위의 피스톤형이나 스푼형에 비해 체재기간이 길고 여행경비 지출도 많은 것이 일반적이다.

예를 들면 서울→고성→속초→양양→강릉→서울, 또는 서울→홍콩→마카오→상해→서울의 이동경로와 같은 형태를 말한다.

〈그림 11-3〉 안전핀형

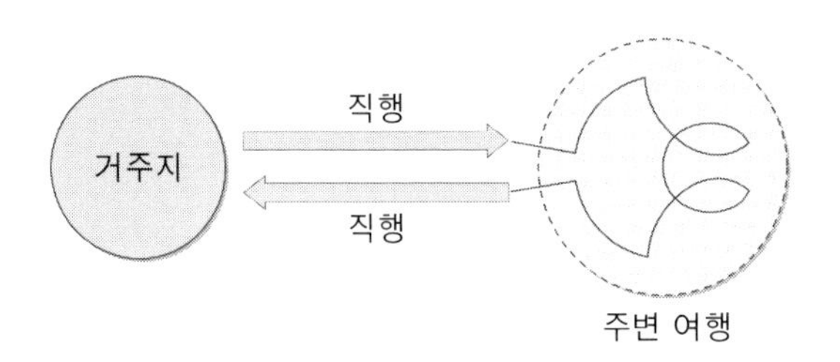

4) 탬버린형

탬버린(tambourine)형은 여행자가 거주지를 떠나 여러 목적지로 여행한 후 출발경로와 다른 경로를 이용하여 거주지로 되돌아오는 여행의 형태를 말한다. 안전핀형과 같은 회유를 반복하므로 비교적 장기간 체재하며, 여행경비도 가장 많이 소비되는 것이 특징이다. 이 유형은 정신적 · 시간적 · 경제적 여유가 많은 여행자가 주로 선택하는 형태이다.

예를 들면 서울→고성→속초→강릉→포항→부산→목포→평택→인천→서울, 또는 서울→홍콩→베트남→태국→싱가포르→인도네시아→필리핀→서울의 이동경로와 같은 형태를 말한다.

〈그림 11-4〉 탬버린형

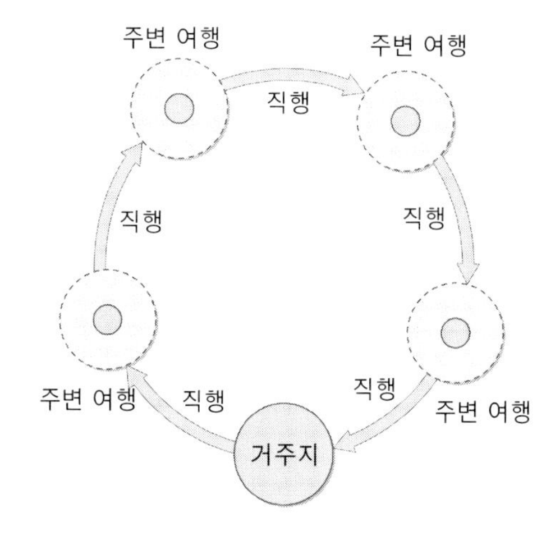

4. 여행의 수요요인

1) 제약요인

사람은 누구나 여행을 희망하지만, 자신의 욕구와 동기를 행동으로 실현시키는 데는 여러 가지 장애요인이 발생해 여행 목표를 달성하지 못하는 경우가 있을 수 있다. 이러한 요인은 여행을 자극하고 촉진하는 여행동기를 유발시키는 데 부정적으로 작용하게 된다.

여행의 제약요인으로는 ① 경제적 요인, ② 시간적 요인, ③ 신체적 요인, ④ 정치적 요인, ⑤ 기타 요인을 들 수 있다.

첫째, 경제적 요인(經濟的 要因)이다. 여행을 계획하는 데 있어 가장 큰 장애요인은 여행비용의 조달문제이며, 여행에 필요한 비용 확보가 우선적으로 해결되지 않으면 여행을 실행할 수 없게 된다. 즉 여행은 개인 및 가족의 경제적 능력 내에서 의사결정을 하게 된다. 따라서 여행은 필수재가 아니기 때문에 소비의 우선순위에서 밀리게 된다.

둘째, 시간적 요인(時間的 要因)이다. 여행에서 가장 중요한 비용문제가 해결되었다 해도 시간을 낼 수 없으면, 여행의 기회를 갖지 못하게 된다. 시간적 제약요인은 요즘 바쁘게 살아가는 현대인의 생활 속에서 쉽게 찾아볼 수 있다.

셋째, 신체적 요인(身體的 要因)이다. 여행은 일정기간 동안 이동하고 몸을 많이 움직이고 활동해야 하므로 신체적 장애를 가지고 있거나 노약자 혹은 허약한 사람들은 여행을 방해하는 물리적 제약을 받는다. 물론 의료보조기구의 발달로 어느 정도 인프라가 구축되었으나 아직은 미비하다고 할 수 있다.

넷째, 정치적 요인(政治的 要因)이다. 냉전시대의 종막과 국가 간의 교역확대로 최근에는 외국을 방문하는 데 큰 제약은 없지만, 종종 방문국가의 국내정치적 불안이나 우리나라와의 미수교 등으로 인해 국외여행을 하는 데 제약을 받는다. 즉 해당국가의 비자발급 및 체류일정 등은 여행의 제약요인이 될 수 있다.

다섯째, 기타 요인으로는 심리적 요인(여행에 대한 부정적 견해를 가짐), 국지적으로 발생하는 테러(미국의 9 · 11 테러 등), 자연재해(홍수 · 태풍 · 지진 등), 전염병(사스나 조류독감 등) 등은 여행의 인식에 커다란 제약요인으로 나타나 부정적인 요인으로 작용한다. 여행의 제약요인을 정리하면 〈표 11-1〉과 같다.

〈표 11-1〉 여행의 제약요인

구분	내용
경제적 요인	– 여행을 계획하는 데 있어 가장 큰 장애요인은 여행비용의 조달문제이며, 여행에 필요한 비용 확보가 우선적으로 해결되지 않으면 여행을 실행할 수 없게 된다. 즉 여행은 필수재가 아니기 때문에 소비의 우선순위에서 밀림
시간적 요인	–여행에서 가장 중요한 비용문제가 해결되었다 해도 시간을 낼 수 없으면 여행의 기회를 갖지 못하게 된다. 시간적 제약요인은 요즘 바쁘게 살아가는 현대인들의 생활 속에서 쉽게 찾아볼 수 있음
신체적 요인	– 여행은 일정기간 동안 이동하고 몸을 많이 움직이고 활동해야 하므로 신체적 장애를 가지고 있거나 노약자 혹은 허약한 사람들은 여행을 방해하는 물리적 제약을 받음
정치적 요인	– 냉전시대의 종막과 국가 간의 교역확대로 최근에는 외국을 방문하는 데 큰 제약은 없지만, 종종 방문국가의 국내 정치적 불안이나 우리나라와의 미수교 등으로 인해 국외를 여행을 하는 데 제약을 받음
기타 요인	– 국지적으로 발생하는 테러(미국의 9 · 11 테러 등) · 홍수 · 태풍 · 지진 · 전염병(코로나 바이러스 19, 사스나 조류독감 등) 등은 여행의 인식에 커다란 제약요인으로 나타나 부정적인 요인으로 작용

2) 증가요인

국가와 국가 간의 활발한 인적 및 경제교류는 여행의 수요를 증가시키는 긍정적인 요인으로 작용하게 된다. 여행수요의 증가요인으로는 ① 경제수준향상, ② 여가시간증대, ③ 교육수준향상, ④ 생활양식변화, ⑤ 교통수단발달 ⑥ 기타 요인 등을 들 수 있다.

첫째, 경제수준향상(經濟水準向上)이다. 국민소득의 증가와 개인의 가처분소득(개인의 실수입) 증대로 여행에 소비하는 비용이 현저하게 증가하여 여행수요를 확대시키는 긍정적인 요인으로 작용하고 있다. 특히 여성의 사회참여가 증가하면서 여행에 대한 인식과 여행소비 패턴에도 영향을 미친다.

둘째, 여가시간증대(餘暇時間增大)이다. 주 5일 근무제 실시와 생산체계의 자동화, 사무자동화의 발달로 근로시간이 단축되어 누구나 여가시간을 자유롭게 사용할 수 있게 되었다. 이와 같은 사회적 변화는 여행욕구의 긍정적인 확대로 이어지게 된다.

셋째, 교육수준향상(教育水準向上)이다. 교육수준의 향상은 타국에 대한 역사나 문화에 대한 호기심을 자극시키는 원동력이 되며, 이러한 지적욕구가 구체적인 여행동기로 이어져 여행수요 증대에 긍정적으로 기여하고 있다.

넷째, 생활양식변화(生活樣式變化)이다. 생활양식의 변화는 선진국에서 현저하게 나타나는 현상으로 볼 수 있다. 그 집단에 소속된 구성원이 동조하게 되는 규범이자 그 집단을 대표하는 상징이 되기도 하는데, 시대적 · 사회적 · 문화적 환경에 의해 변화되는 하나의 생활유형이다.

다섯째, 교통수단발달(交通手段發達)이다. 항공산업과 교통수단의 발달은 오늘날 관광객이 국내외여행 시 편리하고 빠르게 수송하는 데 크게 기여하였다. 교통은 관광과 밀접한 관계를 맺고 있기 때문에 없어서는 안될 관광교통수단이 된다.

여섯째, 기타 여행수요의 긍정적 증가요인으로는 국가 간 교역증대 · 여행계층 확대 · 관광사업 확충 및 촉진활동 강화, 인터넷 발달 등을 들 수 있다. 여행의 증가요인을 정리하면 〈표 11-2〉와 같다

〈표 11-2〉 여행의 증가요인

구분	내용
경제수준향상	–국민소득의 증가와 개인의 가처분소득(개인의 실수입) 증대로 여행에 소비하는 비용이 현저하게 증가하여 여행수요를 확대시키는 긍정적인 요인으로 작용하고 있다. 특히 여성의 사회참여가 증가하면서 여행에 대한 인식과 여행소비 패턴에도 영향을 미침
여가시간증대	–주 5일 근무제 실시와 생산체계의 자동화, 사무자동화의 발달로 근로시간이 단축되어 누구나 여가시간을 자유롭게 사용할 수 있게 되었다. 이와 같은 사회적 변화는 여행욕구의 긍정적인 확대로 이어질 것으로 전망

구분	내용
교육수준향상	-교육수준의 향상은 타국에 대한 역사나 문화에 대한 호기심을 자극 시키는 원동력이 되며, 이러한 지적 욕구가 구체적인 여행 동기로 이어져 여행수요 증대에 긍정적으로 기여
생활양식변화	-생활양식의 변화는 선진국에서 현저하게 나타나는 현상으로 볼 수 있다. 그 집단에 소속된 구성원이 동조하게 되는 규범이자 그 집단을 대표하는 상징이 되기도 하는데, 시대적 · 사회적 · 문화적 환경에 의해 변화되는 하나의 생활유형
교통수단발달	-항공산업과 교통수단의 발달은 오늘날 관광객이 국내외여행 시 편리하고 빠르게 수송하는 데 크게 기여하였다. 교통은 관광과 밀접한 관계를 맺고 있기 때문에 없어서는 안될 관광교통수단이 됨
기타 요인	-기타 여행수요의 긍정적 증가요인은 국가 간 교역증대 · 여행계층 확대 · 관광사업 확충 및 촉진활동 강화, 인터넷 발달 등

제2절 여행업의 역사

1. 외국

중세(中世) 유럽 마르세유의 기업가가 성지순례를 위해 여행을 알선한 것을 여행업의 시초로 보고 있다. 또한 5~6세기의 관광전사(觀光前史)의 시대에 순례자를 팔레스티나(오늘날 지중해 동부지역)까지 배로 운송하기 위해 예약업무가 베니스에서 행하여졌는데, 종교관계자가 예약 서비스를 담당한 것을 여행업의 시초로 보기도 한다.

17세기 이후 영국의 역마차업자는 예약 승객명을 장부에 기록하는 습관이 생겼는데, 이때부터 예약(booking)이란 말이 생겼다고 한다. 당시 교통업자의 대표였던 역마차업자는 여행업의 전신이라고도 할 수 있으며, 미국의 아메리칸익스프레스(American Express Co.)의 전신도 역마차업이었다.

그러나 여행업무에 머무르지 아니하고 여행 그 자체를 알선(斡旋)하거나 나아가 기획하는 등, 오늘날 완전한 전문직업인으로서 일을 한 최초의 여행업자로 생각되는 사람은 바로 영국의 토마스 쿡(Thomas Cook)이다. 쿡은 인쇄업을 운영하면서 전도사 및 금주운동가로서 활동하고 있었는데, 최초의 업적은 금주운동 참가를 위한 단체여행의 주최였다. 그 후 단체여행은 영국에서 크게 성공하여 전 세계의 관광지로 송출하였다.

그는 저렴한 요금으로 여행을 제공함과 더불어, 오늘날의 패키지 투어(package tour : 여행업자가 기획한 관광상품을 이용해서 여행하는 것을 말하며, 일정 · 비용 · 교통 · 숙박 · 관광 등이 포함됨)와 기본적으로 같은 교통기관과 숙박을 함께 판매하였다. 그리고 투어컨덕터(tour conductor : 여행단체의 출발에서 귀국까지 원활하고 즐겁게 여행할 수 있도록 모든 것을 보살피는 자)를 배치하였고, 여행안내서 작성, 수배대행 등 현재의 여행업무를 실시한 최초의 사람이기도 했다.

그 후 토마스 쿡은 그의 아들 존 메이슨 쿡(1834~99)과 함께 여행업에 전념하고, 그 회사는 토마스쿡社(Thomas Cook & Son Ltd.)로서 영국 국민들의 사이에서 관광여행의 대명사가 될 정도로 성장하였다. 그러나 2019년에 경영난을 이기지 못하고 파산되었다.

한편 해외여행에서도 대서양을 왕복하는 호화여객선이 등장하여 북미에서 유럽으로의 여행이 빈번하게 이루어졌다. 토마스 쿡 여행사와 함께 오랜 역사와 더불어 방대한 조직을 가진 여행사로는 미국의 아메리칸익스프레스를 들 수 있다.

이 회사는 초기에 운송업과 우편업무를 취급하였으나, 1881년 여행자수표(Traveller's Check : 약자로 T/C라 쓴다)를 발행하는 등 판매사업을 확장하여 여행업자로서의 지위를 굳힘과 동시에 부동산업과 보험중개업을 추가함으로써 경영다각화에 역점을 두었다.

또한 세계 최대 규모의 여행업인 동시에 은행 · 보험 · 신용카드 · 휴가촌 운영 등으로 사업을 확장하여 복합기업체를 형성하고 있다. 특히 방대한 인원과 조직으로 세계 각지에 지점과 대리점을 설치해 놓고, 전 세계의 관광시장을 상대로 영업을 하고 있다.

그 밖에 유럽 제국의 여행업으로서 가장 오래된 것은 이탈리아여행사(Compagnia Italiana Tourism), 러시아의 인투어리스트(Intourist) 등이 있고, 일본에는 일본교통공사(JTB)가 있는데, 규모 · 판매액 · 종업원 수에 있어서도 일본 최대의 여행사라고 할 수 있다.

2. 한국

우리나라 최초로 여행업이 운영되기 시작한 것은 1912년에 일본의 일본교통공사(JTB)가 서울에 조선지사(朝鮮支社)를 개설하면서부터이다. 주요 업무는 일본 내 외국인 유치와 내방객(來訪客)의 편의 도모 및 일본인의 한반도 내 이민업무와 식민지화에 필요한 업무 등이었다.

1948년에는 주한외국인공관원, 주한외국실업인, 주한외국기자 등으로 구성된 최초의 외국인관광단(Royal Asiatic Society) 70명이 2박 3일 일정으로 경주 · 제주 등지를 여행하였다. 같은 해 서울과 온양온천 간 전세버스 면허가 최초로 발급되었고, 미국의 노스웨스트 · 팬아메리칸 항공사의 한국영업소가 조선호텔에서 영업을 개시하였다.

1949년 조선지사는 (재)대한여행사로 개편되었는데, 그 후 6 · 25와 8 · 15 등을 거치면서 1973년 (주)대한여행사(KTB)로 개편 민영화되었다. 1947년에는 (주)천우여행사가 항공여행부를 발족하였고, 1950년에는 서울교통공사가 설립되었다.

1954년 2월 10일 대통령령 제1005호로 교통부 육운국(陸運局)에 종전의 관광계를 관광과로 승격시킴으로써 관광사업에 대한 행정적인 체제를 마련하기 시작하였고, 여행업에 대해서도 지도와 육성에 관한 시책을 세우게 되었다. 1960

년에는 세방여행사(GTS)가 설립되어 민간업의 활동이 활발해지기 시작했고, 1962년에는 통역안내원(현 : 관광통역안내사) 자격시험제도가 실시되었다.

1970년대에 이르러 여행업계에 많은 기업이 대거 진출하였고, 1980년대에는 건설업체와 대기업도 여행업에 관심을 갖고 진출하였다. 1986년 12월에는 「관광사업법」을 정책적으로 폐지하고, 그 내용을 대부분 답습함과 동시에 「관광단지개발촉진법」을 다시 폐지하고, 이의 내용을 흡수 · 통합하여 「관광진흥법」을 제정하게 되었으며, 또한 종전의 「관광사업법」에서 관광사업의 일종으로 규정되어 있던 '여행알선업'을 새로 제정된 「관광진흥법」에서는 '여행업'으로 사업명칭을 변경하였다.

1989년에는 국외여행 완전자유화조치 이후 여행사의 수가 급격하게 급증하여 총 4천5백 개의 여행사가 설립 운영되었다. 1991년에는 한국일반여행협회가 설립되었고, 1998년에는 국외여행인솔자제도가 도입되었고, 관광의 주무관청이 문화체육부에서 문화관광부로 확대 개편되었다.

2000년에 들어와서는 2001년 '한국방문의 해'와 2002년 한 · 일 월드컵 개최로 많은 외국인 관광객을 유치하여 국가의 위상 및 관광관련 업체의 발전에 크게 기여하였다. 2003년에는 SARS, 이라크전쟁, 조류독감 등 악재가 발생하여 한때 국제적으로 관광산업이 침체되었으나, 정부와 여행업체의 노력으로 2005년에는 외국인 관광객 6백만 명을 유치하였다.

2011년에는 UNWTO 총회 유치, 의료관광 활성화 법적 근거 마련, MICE · 의료 · 쇼핑 등 고부가가치 관광여건을 개선하였다. 또한 2013년에는 외국인 관광객 입국자 수 1천만 명 시대를 열었으며, 2019년에는 1천 7백 50만 명의 외국인 관광객을 유치하였다. 그러나 2020년에는 코로나 바이러스 19로 인해 외국인 관광객 유치 실적은 매우 저조하였으나 2024년에는 2천만 명 유치를 목표하고 있다.

여행업의 종류는 ① 종합여행업, ② 국내외여행업, ③ 국내여행업으로 구분하고 있다. 이제는 1990년대의 단체여행에서 탈피한 ① 개인여행자의 증가, ②

여행구매 연령층의 확대, ③ 생활수준의 향상에 따른 여가문화의 정착 등으로 여행시장은 다양화되고 있고 계속 확대되고 있다.

제3절 여행업의 개념

1. 여행업이란

오늘날 여행은 ① 가처분소득의 상승, ② 자유시간의 증대, ③ 숙박시설의 증가, ④ 교통기관의 발달 등에 의해 이전에는 사치라고 생각되었던 여행이 보다 가깝게 되었고, 지금은 대중화되었다. 특히 코로나 바이러스 19로 인해 여행업계에 새로운 바람이 일고 있다. 비대면 여행을 기본으로 단체여행보다는 개인여행을 선호하고 있고, 장거리보다는 가까운 곳을 찾는 추세이다.

그러나 국외여행의 경우 호텔예약이나 항공기의 연결이 잘 되지 않는 경우 등, 뜻밖에도 여행의 준비는 복잡하고도 어려운 것이다. 이렇게 귀찮고 복잡한 여행준비를 모두 대행해 주는 것이 여행업(travel agency)이다. 다시 말하면 여행에 관계되는 것은 무엇이든지 대행해 주는 서비스업이다.

구체적으로 여행업은 ① 여행자, ② 교통기관, ③ 숙박시설 등 여행관련 사업과의 중간에서 여행자의 편리를 위해 각종 서비스를 제공하는 업으로 각종 티켓의 예약 · 준비 · 알선 및 여행의 기획에서부터 판매까지 이행한다.

여행업이 대상으로 하고 있는 여행은 내국인의 ① 국내여행(domestic tour)과 ② 국외여행(outbound tour), 외국인의 ③ 방한여행(inbound tour)이 중심이 되지만, 그 밖에 학생의 수학여행 등 모든 여행이 대상이 된다. 또한 여행업은 여행에 따른 산업이지만, 한편으로는 그 관여하는 범위가 점차 다양하게 변모되고 있다.

1)「관광진흥법」상의 분류

「관광진흥법」에서 여행업이란 '여행자 또는 운송시설 · 숙박시설, 그 밖에 여행에 딸리는 시설의 경영자 등을 위하여 그 시설의 이용 알선이나 계약체결의 대리, 여행에 관한 안내, 그 밖의 여행편의를 제공하는 업'으로 정의하고 있다. 이 내용을 구체적으로 살펴보면 다음과 같다.

① 여행자를 위해 운송 · 숙박 · 기타 여행에 부수되는 시설의 이용 알선이나 계약체결을 대리하는 일, ② 여행관련 사업을 경영하는 자를 위하여 여행자의 알선이나 대리계약을 체결하는 일, ③ 타인이 경영하는 여행관련 행위에 부수되는 시설을 이용하여 여행자에게 편의를 제공하는 일, ④ 여행자를 위해 여권(passport) 및 비자(visa)를 받는 절차를 대행하는 일, ⑤ 여행자를 위해 여행정보를 제공하고 상담하는 일 등이다.

이와 같이 여행업을 정의하고 있지만, 간단히 말하면 여행업은 여행자와 운송 · 숙박 그 외 관광관련 업체 사이에서 보수를 받고 각각의 서비스에 대하여 대리계약매개 등을 하기도 하고, 여행자를 위해서는 안내 · 상담 · 수배뿐만 아니라 운송 · 숙박시설 등을 이용하게 하고, 서비스를 제공하는 사업이라고 할 수 있다.

여행업은 이러한 여행업무를 행함으로써 여행업자가 얻는 경제적 수입이 보수에 해당하며, 여행자로부터 수수(收受)하는 여행업무 취급요금, 운송 및 숙박기관으로부터의 커미션(commission), 기타의 수입이 포함된다.

「관광진흥법」에서는 여행업자를 사업의 범위와 취급대상에 따라 종합여행업 · 국내외여행업 · 국내여행업으로 분류하고 있다. 여행업의 종류는 〈표 11-3〉과 같다.

〈표 11-3〉 여행업의 종류

구분	업무내용	자본금
종합여행업	-국내외를 여행하는 내국인 및 외국인을 대상으로 하는 여행업(사증을 받는 절차를 대행하는 행위 포함)	5천만 원 이상
국내외여행업	-국내외를 여행하는 내국인을 대상으로 하는 여행업(사증을 받는 절차를 대행하는 행위 포함)	3천만 원 이상
국내여행업	-국내를 여행하는 내국인을 대상으로 하는 여행업	1천 5백만 원 이상

2) 유통방식에 따른 분류

여행업을 유통방식에 따라 ① 도매업자(wholesaler), ② 소매업자(retailer)로 구분한다. 도매업자는 주최여행 등의 기획상품을 조성하여 소매업자에게 이를 판매케 하고, 판매된 여행상품은 도매업자가 상품별로 행사를 직접 진행한다.

소매업자는 도매업자와 위탁판매계약을 체결해 대리점 형식으로 운영하며, 도매업자로부터 판매지원을 받는 대가로 일정분의 비용을 도매업자에게 지급하는 경우도 있다. 그리고 소매업자가 패키지여행 상품을 판매할 경우에는 도매업자로부터 정해진 수수료를 받는다.

우리나라 여행업계에서는 ① 도매업자를 '간접판매 여행사', ② 소매업자를 '직접판매 여행사'라고도 한다. 현재 도매업자 수는 많지 않으며, 대표적인 도매업자는 하나투어 · 모두투어 등이 있고, 대다수가 소매업자이다.

3) 전문 세그먼트 방식에 따른 분류

시장의 어떤 세그먼트(segment)에 집중하느냐에 따라 특화된 전문여행사로 분류할 수 있다. 우리나라 여행업계에서는 ① 허니문여행(honeymoon tour) 상품을 전문으로 판매하는 신혼여행전문여행사, ② 개별 자유여행자를 대상으로 상품을 판매하는 개별자유여행(FIT)전문여행사, ③ 골프여행 상품을 전문으로 판매하는 골프전문여행사, ④ 기업 · 공공단체 · 학교 등의 인센티브 ·

출장 · 연수 · 시찰 등의 수요에 따른 항공권 판매를 전문으로 취급하는 상용전문여행사, ⑤ 국외전시회 · 회의참가를 대상으로 판매하는 전시전문여행사, ⑥ 동호회 · 스포츠 · 문화 · 음식 · 테마여행 등 전문적인 취미 그룹을 대상으로 하는 SIT전문여행사 등으로 구분할 수 있다.

4) 마케팅의 툴 방식에 따른 분류

마케팅의 툴을 어떤 방식으로 운영하느냐에 따라 ① 오프라인여행사(offline agent), ② 온라인여행사(online agent)로 구분하기도 한다. 첫째, 온라인여행사는 1990년대 말 이후 인터넷의 보급으로 탄생되었다. 주로 포털사이트 · 블로그 · 커뮤니티 카페 등 온라인으로 마케팅하는 여행사를 말한다.

둘째, 오프라인여행사는 신문 · TV · 라디오 · 케이블TV · 홈쇼핑 · 옥외광고 · 방문영업 · 행사(fair) · 전시회(exhibition) 참가를 통한 판매 등 오프라인 방식의 마케팅 및 영업을 주요한 도구로 사용하는 여행사를 말한다. 여행업을 유통의 방식 · 전문 세그먼트 방식 · 마케팅의 툴 방식에 따른 분류로 정리하면 〈표 11-4〉와 같다.

〈표 11-4〉 유통방식 · 전문 세그먼트 방식 · 마케팅 툴 방식에 따른 분류

구분	내용
유통방식	도매업자 · 소매업자
전문 세그먼트 방식	신혼여행전문여행사 · 개별여행전문여행사 · 골프전문여행사 · 상용전문여행사 · 전시전문여행사 · SIT전문여행사
마케팅 툴 방식	온라인여행사 · 오프라인여행사

2. 여행업의 기능

전술한 바와 같이 여행업이 취급하는 여행은 내국인의 국내외여행 · 외국인의 방한여행으로 구분되는데, 우리나라의 종합여행업자 중에서 3개 부문을 모두 취급하는 여행업자도 있다. 동시에 많은 운송기관이나 숙박시설과 대매계약(代賣契約 : 대리하여 계약하는 의미)을 맺고 있다는 전제하에 취급품목을 열거해 보면, 국내외여행업 부문과 외국인여행업 부문은 〈표 11-5〉, 그리고 국외여행업 부문은 〈표 11-6〉과 같다.

〈표 11-5〉 국내외여행업 부문, 외국인여행업 부문의 대매계약

부문	주요 취급품목
운송기관	대한항공 · 아시아나항공 · 제주항공 · 부산항공 기타 국내취항 외국항공사의 항공권 · 전세버스 · 주요 노선버스 · 택시 · 렌터카 등의 승차권, 주요 선박 정기노선 · 페리 · 유람선 등의 승선권
숙박시설	호텔 · 여관의 예약 및 수배 · 유스호스텔 · 민박 · 콘도미니엄 등의 쿠폰
관광시설	사찰 · 박물관 · 공원 등의 입장권 · 식사 · 휴게실의 예약 수배
보험	여행상해보험 · 항공상해보험 등

〈표 11-6〉 국외여행업 부문의 대매계약

주요 취급품목
–세계 각국 항공사의 항공권, 세계 각국 주요 철도의 승차권, 세계 각국 전세버스 · 주요 노선버스 · 유람버스의 승차권, 세계 각국의 주요 정기 선박 · 유람선의 승선권
–세계 각국의 호텔 · 여관의 숙박권
–세계 각국의 안내 · 수배
–여행상해보험 · 항공상해보험 · 질병보험
–여행자수표 등

자료 : 小池洋一 外(1988), 『觀光學槪論』, p. 247에서 인용 후 일부 재구성.

여행업자는 이와 같은 한 가지 품목을 취급함으로써 운송기관이나 숙박시설을 대신하여 여행자에게 판매하고 수수료를 받을 뿐만 아니라, 이러한 품목을 세트로 해서 주최여행인 패키지투어를 만들어 판매한다. 초기단계의 여행

자는 대매업무를 중심으로 경영했으나, 최근의 여행업자는 여행상품으로서의 패키지투어와 개인여행상품 판매 등에 주력하고 있다. 이러한 관계를 도시하면 〈그림 11-5〉와 같다.

〈그림 11-5〉 여행업의 업무기능

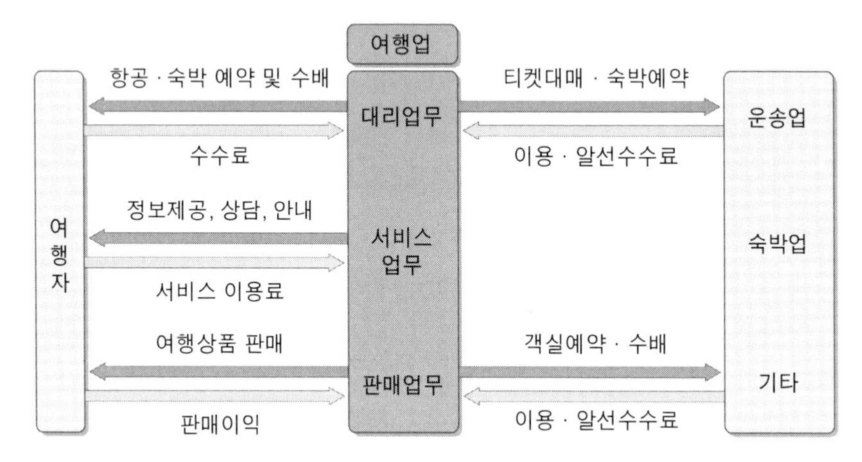

자료 : 日本觀光協會(1985), 『これからの觀光產業 I』, 日本觀光協會, p. 44.

여행업은 백화점처럼 고객 모두에게 골고루 대응하는 유통업이다. 따라서 숙박 · 운송 등 여행소재의 대리업무뿐만 아니라 그것을 조화시켜 종합적인 여행상품을 만드는 것이 주요 기능으로 되어 있다. 물론 이러한 여행상품의 기획을 맡는 여행업자의 독자적인 노하우(know-how)가 투입되어 고부가가치의 여행상품을 만들어낸다.

또한 여행업은 여행자의 목적을 충족시켜 주기 위해 다양한 서비스를 제공하는 사업으로서, 효율적인 여행일정과 저렴하고 풍부한 내용으로 ① 항공 · 철도 등의 교통기관을 활용해 여행자에게 이동의 편의를 제공해야 한다. 또한 ② 안전하고 쾌적한 숙박시설을 제공해야 하고, ③ 다양한 식사와 위락시설도 제공해야 한다. 이외의 여행요소에 관한 ④ 정보를 항상 수집해 이용자에게 제공해야 한다.

여행자의 행동은 동기 · 계획 · 예약 · 여행 · 회상의 단계를 거친다. 귀가 후의 회상은 물론이고 다른 단계에 있어서도 정보제공이 필요하게 된다. 이런 의미에서 여행업은 정보의 유통업이라고 할 수도 있다. 여행업자가 제공하는 부가가치, 즉 여행업자의 기능을 ① 이용자 측, ② 공급자 측, ③ 사회적 관점에서 보면 〈표 11-7〉과 같다.

〈표 11-7〉 여행업자의 기능

<table>
<tr><td rowspan="5">이용자 측</td><td>염가성</td><td>-차터요금 · 단체항공 요금을 이용한 저렴한 패키지여행 상품 판매
-비수기(off-season)에 있어서의 염가판매
-대량 매입에 의한 염가판매</td></tr>
<tr><td>안심감</td><td>-완벽한 수배를 토대로 한 쾌적한 여행제공
-인솔서비스(tour conductor service)를 통해 이용객의 리스크(risk)를 회피하고 불안감을 덜어주는 역할수행</td></tr>
<tr><td>종합성</td><td>-모든 것이 포함된 패키지투어 상품판매
-단체여행의 일괄 수배기능
-희망하는 소재를 모두 준비해 두고 있는 여행백화점</td></tr>
<tr><td>편리성</td><td>-패키지투어를 구입하면 보다 편리
-가장 가까운 회사에서 예약 · 구입
-시간절약</td></tr>
<tr><td>정보력</td><td>-다양한 여행정보 및 지식을 갖춘 여행전문가에게 의뢰함으로써 경제적이고 즐거운 여행정보를 제공받음</td></tr>
<tr><td>공급자 측</td><td colspan="2">-시중 대리판매 기관으로서의 기능
-수요환기의 기능
-계절파동의 완화기능</td></tr>
</table>

사회적 관점	–새로운 지역 여행형태의 개발에 의한 여행기회의 증대
	–여행수요의 특정기간, 특정방면의 집중에 대해 비수기의 수요 환기 · 유도 등을 행하는 것으로 수급 밸런스의 조정 · 완충기능

3. 여행업의 특성

여행자가 여행업자를 이용하는 이점(merit)은 ① 신용, ② 정보판단력, ③ 시간절약, ④ 염가 등 4가지를 들 수 있는데, 여행업자의 입장에서 볼 때도 몇 가지의 특성을 가지고 있다. 여행을 하나의 사회현상(社會現象)으로 보면, 여행업의 특성은 다음 5가지로 요약해 볼 수 있다.

첫째, 여행 그 자체가 요일이나 계절에 좌우되는 경우가 많기 때문에 이용자의 계절파동(季節波動)이 크다고 할 수 있다. 다시 말하면 여행의 대중화와 함께 여행의 요일이나 계절의 집중화가 심화되는 경향이 나타나고 있고, 여행업의 역할 중 하나인 수급(需給)의 조정이 곤란해졌다고 할 수 있다.

둘째, 서비스업의 공통된 특성으로 지적되는 생산과 소비가 동시에 완결되기 때문에 재고(stock)가 없다는 점이다. 즉 교통시설의 좌석이나 숙박시설의 객실은 오늘 수요가 없어서 팔고 남은 것을 내일 고객에게 제공한다는 것은 불가능하다. 이 때문에 연간을 통하여 평균적으로 수요가 있는 품목을 중점적으로 판매해야 한다.

셋째, 여행상품을 만들 때 그 소재가 되는 교통시설 · 숙박시설은 유형의 것이지만, 여행 전체는 무형의 것이기 때문에 평가는 최종적으로 개인의 만족도라는 심리적 측면에서의 결정에 따르게 된다. 이는 상품으로서 여행의 객관적인 평가를 곤란하게 만든다. 게다가 여행의 쾌 · 불쾌는 기후와 환경에 의해서 좌우되기 쉽기 때문에 효용면(效用面)에서의 개인차가 크게 나타난다.

넷째, 여행상품을 구성하는 교통수단과 숙박시설 등의 소재는 각각 한 가지 품목으로도 판매되기 때문에, 이것을 결합하여 여행상품을 만들어도 부가가치(附加價値)를 창출하기가 곤란하다. 또한 독자적인 상품조성도 곤란하다는 문제점이 있다.

다섯째, 여행수요의 증대와 함께 여행업이 근대적인 산업으로서의 기반을 확립하게 되자 경영의 효율이 중요한 과제로 등장하게 되었다. 따라서 여행자의 상담이나 저렴한 숙박시설의 수배(手配)와 같은 수익성이 낮은 업무는 압축되지 않을 수 없고, 이들의 업무는 여행업자의 손을 점차 벗어나 공적인 부문에 맡겨지고 있는 실정이다.

제4절 여행업의 업무

초기단계의 여행업무는 대매업무가 중심을 이루었다. 그러나 여행기회의 증가와 여행상품(tourism products)의 등장을 계기로 여행업의 영업형태는 대매기능에서 여행상품의 기획 · 개발 · 판매기능으로 크게 전환되었고, 여행사의 패키지투어(package tour)와 개인 여행상품이 주종을 이루게 되었다. 여행업의 주요 업무로 ① 주최여행의 실시, ② 대리판매 등을 들 수 있다.

「관광진흥법」에는 여행업을 '여행자 또는 운송시설 · 숙박시설 기타 여행에 부수되는 시설의 경영자를 위하여 당해 시설이용의 알선이나 계약체결의 대리, 여행에 관한 안내, 기타 여행의 편의를 제공하는 업'이라 정의하고 있다.

즉 여행업은 관광객과 관광관련 시설업자와의 사이에서 관광시설의 예약 및 수배 · 시설이용알선 · 계약체결의 대리 · 관광안내 등 관광관련 서비스를 제공하고, 관광상품을 생산하여 판매함으로써 그 대가를 받는 사업이다. 여행업의 부서별(공통업무 · 국내여행업무 · 국외여행업무 · 인바운드업무) 주요 업무는 〈표 11-8〉과 같다.

〈표 11-8〉 여행업의 부서별 주요 업무

구분	업무	내용
공통업무	기획	-여행상품의 기획 · 개발 및 여행일정 작성 -관광관련업자(숙박 · 항공사 · 식당 · 버스 등)와의 공조 -여행상품의 가격결정 및 원가계산 -여행정보 수집 및 브로슈어 제작 · 광고 및 홍보
	판매	-국내외여행상품 판매 · 외국인 관광객 유치영업 -항공권 발권 및 승차권 · 승선권 예약 -국내 및 전 세계 숙박예약 및 바우처 발행
	수배 · 예약	-항공 · 호텔 · 관광 · 식당 · 교통 등 수배 및 예약
	안내	-국내여행안내 · 국외여행인솔 · 통역안내 등 -여행상담 · 정보제공 · 전화상담 · 방문상담 등 -출입국 수속 및 공항 미팅 및 센딩
	수속 · 대행	-여권 · 비자수속 대행 -여행자 보험 및 기타 대행관련 업무
	관리	-경리(회계) · 단체행사 정산 · 총무 및 인사관리 · 기획 및 경영정보 · 고객관리 등
국내여행 업무	배차	-전세버스 배차, 수배 및 관리
	영업	-상품기획 · 기업체 세미나 · 연수 · 수학여행 · 전세버스 판매 · 렌터카 · 숙박안내 및 판매
	행사	-행사 수배 및 진행 · 여행안내사 교육 등
	카운터	-여행상품 상담 및 항공 · 숙박 · 식당 · 철도 · 선박 · 육상교통 예약 및 판매
국외여행 업무	기획	-전 세계의 다양한 관광지 개발 및 관광관련 업체와의 업무적 제휴 -마케팅 업무를 통한 상품기획 및 판매전략 수립
	카운터	-항공권 상담 · 예약 및 발권 -상용고객의 할인항공권 및 에어텔 상품판매 -단체여행상품 판매 및 사전 단체항공좌석 관리 등
	영업	-기획상품 · 주문상품 판매 · 기업체 상용고객 영업 등

구분	업무	내용
국외여행 업무	수속	-여권발급 대행 및 비자업무 대행 등
	관리	-재무관리 · 행정 및 교육관리 · 대외접촉업무 · 고객관리 등
인바운드 업무	기획	-외국인 유치 상품기획 및 개발 · 주문형 상품기획
	수배	-호텔 · 숙박 · 식사 · 차량 · 가이드 등 수배
	판매	-외국인 유치영업 및 판촉활동업무 · 일정표작성 · 견적산출 · 행사종료 후 보고서 작성 · 입금관리 등
	단체	-전체일정 안내 및 행사진행 · 단체행사 이후 정산업무
	정산	-행사종료 후 행사보고서의 확인 및 정산

제5절 여행상품의 종류

1. 국적과 국경에 따른 분류

여행상품을 국적과 국경에 따라 분류하면, ① 국내여행, ② 국제여행으로 분류할 수 있다. 첫째, 국내여행(國內旅行)은 '관광객의 이동 공간이 자국의 영토 내에서 이루어지는 관광현상으로 내국인의 국내여행'을 말한다.

둘째, 국제여행(國際旅行)은 '관광객의 이동 공간이 타국의 국경을 넘어 이루어지는 관광현상으로 외국인의 국내여행 · 내국인의 국외여행'을 말한다. 국적과 국경에 따른 분류를 정리하면 〈표 11-9〉와 같다.

〈표 11-9〉 국적과 국경에 따른 분류

분류	내용
국내여행	-관광객의 이동 공간이 자국의 영토 내에서 이루어지는 관광현상으로 내국인의 국내여행

국제여행	– 관광객의 이동 공간이 타국의 국경을 넘어 이루어지는 관광현상으로 외국인의 국내여행, 내국인의 국외여행

2. 여행목적에 따른 분류

여행상품을 관광목적에 따라 분류하면, ① 소용여행, ② 순목적여행, ③ 겸목적여행, ④ 의료여행 등으로 분류할 수 있다.

첫째, 소용여행(所用旅行)은 크게 ① 공용여행(公用旅行), ② 사용여행(私用旅行)으로 나누어지는데, 일반적으로 공용여행은 '공무출장을 포함한 시찰 · 회의출석 등을 주목적으로 여행하고', 사용여행은 '비즈니스 · 경조사 · 연구 · 조사 · 방문 등의 목적으로 여행하는 것'을 말한다.

둘째, 순목적여행(純目的旅行)은 '비교적 자유롭게 여행하는 사람으로서, 풍물감상 · 견문확대 · 레크리에이션 · 휴양 · 보건 등 평소의 생활이나 일상생활의 습관으로부터 벗어나 새로운 풍물을 즐기는 여행'을 말한다.

셋째, 겸목적여행(兼目的旅行)은 '두 가지 이상의 목적을 가지고 여행하는 자로서, 출장 · 업무 · 귀성 · 방문 · 종교 · 쇼핑 · 가사 등의 일상적인 이동에서 관광을 겸해 여행하는 것'을 말한다.

넷째, 의료여행(醫療旅行)은 '건강을 위해 병원치료와 휴양 · 여가 · 문화체험 · 쇼핑 · 음식 등 다목적 관광을 목적으로 여행하는 것'을 말한다. 즉 의료여행은 싱가포르 · 태국 · 인도 등 의료선진국에서 시작된 것으로 21세기의 새로운 여행상품 트렌드이다. 여행목적에 따른 분류를 정리하면 〈표 11-10〉과 같다.

〈표 11-10〉 여행목적에 따른 분류

분류	내용
소용여행	– 공용여행은 공무출장을 포함한 시찰이나 회의출석 등을 주목적으로 한 여행 – 사용여행은 비즈니스 · 경조사 · 연구 · 조사 · 방문의 목적으로 여행

분류	내용
순목적여행	–비교적 자유롭게 관광하는 사람으로서, 풍물감상 · 견문확대 · 휴양 · 보건 등 평소의 생활이나 일상생활의 습관으로부터 벗어나 새로운 풍물을 즐기는 여행
겸목적여행	–두 가지 이상의 목적을 가지고 여행하는 자로서, 출장 · 업무 · 귀성 · 방문 · 종교 · 쇼핑 · 가사 등의 일상적인 이동에서 관광 겸 여행
의료여행	–건강을 위해 병원치료 · 휴양 · 여가 · 문화체험 · 쇼핑 · 음식 등 다목적관광 목적으로 여행

3. 여행규모에 따른 분류

여행상품을 관광규모에 따라 분류하면 ① 개인여행, ② 단체여행으로 분류할 수 있다. 첫째, 개인여행(個人旅行)은 '일반적으로 9명 이하로 구성'되며, 여행일정이나 상품내용은 고객의 의사에 따라 자유롭게 변경할 수 있는 장점이 있다.

둘째, 단체여행(團體旅行)은 '10명 이상으로 구성'되며, 일정표에 명시된 일정에 따라서 행동해야 하는 불편함은 있으나, 반면 시간을 효과적으로 활용할 수 있다는 장점이 있다. 여행규모에 따른 분류를 정리하면 〈표 11-11〉과 같다.

〈표 11-11〉 여행규모에 따른 분류

분류	내용
개인여행	–일반적으로 9명 이하로 구성되며, 여행일정이나 상품내용은 고객의 의사에 따라서 자유롭게 변경할 수 있는 장점을 가짐
단체여행	–10명 이상으로 구성되며, 일정표에 명시된 일정에 따라서 행동해야 하는 불편함은 있으나, 시간을 효과적으로 활용할 수 있는 장점을 가짐

4. 여행형태에 따른 분류

여행상품을 관광형태에 따라 분류하면, ① 패키지여행, ② 시리즈여행, ③ 크루즈여행, ④ 컨벤션여행, ⑤ 전세여행, ⑥ 인센티브여행, ⑦ 인터라인여행으로 분류할 수 있다.

첫째, 패키지여행은 '여행업자가 기획한 여행상품을 이용해서 여행하는 자'를 말하며, 여기에는 일정 · 비용 · 교통 · 숙박 · 관광 등이 포함되어 있다. 패키지여행은 짧은 기간 내에 저렴한 비용으로 주요 관광지를 여행할 수 있다는 장점을 가지고 있다.

둘째, 시리즈여행은 '동일한 여행형태 · 기간 · 목적 · 코스로 정기적으로 여행하는 것'을 말한다.

셋째, 크루즈여행은 '호화 유람선을 이용해서 여행하는 것'을 말한다. 그러나 크루즈여행은 가격이 비싼 것이 단점이다.

넷째, 컨벤션여행은 '국제회의 참가를 목적으로 여행하는 것'을 말한다.

다섯째, 전세여행은 '개인 또는 단체가 항공기를 전세 내서 여행하는 것'을 말한다.

여섯째, 인센티브여행은 '일명 포상여행이라고 하는데, 종사원의 사기진작 및 생산성 제고를 위해 실시하는 여행'을 말한다.

일곱째, 인터라인여행은 '항공사의 초대를 받아 여행하는 것을 말한다'. 즉 항공사는 여행대리점의 직원에게 항공편을 제공한다. 여행형태에 따른 분류를 정리하면 〈표 11-12〉와 같다.

〈표 11-12〉 여행형태에 따른 분류

분류	내용
패키지여행	– 여행업자 기획한 여행상품을 이용해서 여행하는 것을 말하며, 일정 · 비용 · 교통 · 숙박 · 관광 등이 포함

분류	내용
시리즈여행	– 동일한 여행형태 · 기간 · 목적 · 코스로 정기적으로 여행
크루즈여행	– 호화 유람선을 이용해서 여행
컨벤션여행	– 국제회의 참가를 목적으로 여행
전세여행	– 개인 또는 단체가 항공기를 전세 내서 여행
인센티브여행	– 일명 포상여행이라고 하는데, 종사원의 사기진작 및 생산성 제고를 위해 실시하는 여행
인터라인여행	– 항공사의 초대를 받아 여행하는 것을 말하며, 항공사는 여행대리점의 직원에게 항공편을 제공

5. 투어컨덕터 동승조건에 따른 분류

여행상품을 투어컨덕터(tour conductor) 동승조건에 따라 ① IIT여행, ② FIT여행, ③ ICT여행으로 분류할 수 있다.

첫째, IIT여행(Inclusive Independent Tour)은 '한국에서 투어컨덕터를 동승하지 않고, 외국 현지에서의 서비스만 받는 형태로 여행하는 것'을 말한다. 주로 여행일정 이외는 여행자가 단독으로 여행하는 형태로 일명 로컬가이드 시스템(local guide system)이라고도 한다.

둘째, FIT여행(Foreign Independent Tour)은 '투어컨덕터 없이 개인이 단독으로 여행하는 것'을 말한다.

셋째, ICT여행(Inclusive Conducted Tour)은 '여행시작에서 종료에 이르기까지 전 여행기간 동안 투어컨덕터를 동승시켜 여행하는 형태'를 말한다. 주로 ICT는 여정을 관리해 주는 장점이 있어 단체여행자가 많이 이용하고 있다. 투어컨덕터 동승조건에 따른 분류를 정리하면 〈표 11-13〉과 같다.

〈표 11-13〉 투어컨덕터 동승조건에 따른 분류

분류	내용
IIT여행	- 한국에서 투어컨덕터를 동승하지 않고, 외국 현지에서의 서비스만 받는 형태로 여행하는 자를 말하며, 여행일정 이외는 관광객이 단독으로 여행하는 형태로, 일명 local guide system
FIT여행	- 투어컨덕터 없이 개인이 단독으로 여행
ICT여행	- 여행시작에서 종료에 이르기까지 전 여행기간 동안 투어컨덕터를 동승시켜 여행하는 형태로, 여정을 관리해 주는 장점이 있어 단체여행자가 많이 이용

6. 출입국수속에 따른 분류

여행상품을 출입국수속에 따라 분류하면, ① 기항지상륙여행, ② 통과상륙여행, ③ 입국(일반)여행으로 분류할 수 있다.

첫째, 기항지상륙여행은 '외국의 항공기나 선박이 국내공항이나 항구에 기항했을 때 잠시 임시상륙허가를 받아 공항 또는 항구 근처의 관광지나 도심지 등을 여행하는 것'을 말하며, 보통 출입국관리 규정에 따라 72시간 이내에서 관광이 허용된다.

둘째, 통과상륙여행은 '외국의 항공기나 선박이 국내공항이나 항구에 기항하여 국내의 다른 공항이나 항구에 출항할 때까지의 기간 동안 관광을 위한 통과상륙을 허가받아 여행하는 것'을 말하며, 보통 3~7일 이내에서 관광이 허용된다.

셋째, 입국(일반)여행은 '입국경로(육로 · 해로 · 공로)를 불문하고, 국내에 입국하여 일정기간 동안 체류하여 관광하는 것'을 말하며, 보통 외국인의 국내여행을 의미한다. 출입국수속에 따른 분류를 정리하면 〈표 11-14〉와 같다.

〈표 11-14〉 출입국수속에 따른 분류

분류	내용
기항지상륙여행	– 외국의 항공기나 선박이 국내공항이나 항구에 기항했을 때 잠시 임시상륙허가를 받아 공항 또는 항구의 근처를 여행하는 것으로 출입국관리 규정에 따라 72시간 이내에서 여행이 허용
통과상륙여행	– 외국의 항공기나 선박이 국내공항이나 항구에 기항하여 국내의 다른 공항이나 항구에 출항할 때까지의 기간 동안 관광을 위한 통과상륙을 허가받아 여행하는 것으로 3~7일 이내에서 여행이 허용
입국(일반)여행	– 입국경로(육로 · 해로 · 공로)를 불문하고, 국내에 입국하여 일정 기간 동안 체류하여 여행하는 것으로 외국인의 국내여행을 의미

7. 여행수단에 따른 분류

여행상품은 관광수단에 따라 ① 지상여행, ② 해상여행, ③ 항공여행으로 분류할 수 있다.

첫째, 지상여행은 '관광버스 · 철도 등의 교통수단을 이용하여 여행하는 것'을 말하며, 보통 시내의 유적지나 명승지 등을 유람한다. 둘째, 해상여행은 '선편 및 유람선을 이용하여 여행하는 것'을 말하며, 대상지는 호수나 해안인 경우가 많다. 셋째, 항공여행은 '항공기를 이용하여 여행하는 것'을 말하며, 주로 여객기 · 경비행기 · 헬리콥터 등을 이용한다. 여행수단에 따른 분류를 정리하면 〈표 11-15〉와 같다.

〈표 11-15〉 여행수단에 따른 분류

분류	내용
지상여행	– 관광버스 · 철도 등의 교통수단을 이용하여 여행하는 것을 말하며, 시내의 유적지나 명승지 등을 유람함

해상여행	-선편 및 유람선을 이용하여 여행하는 것을 말하며, 대상지는 호수나 해안인 경우가 많음
항공여행	-항공기를 이용하여 여행하는 것을 말하며, 주로 여객기 · 경비행기 · 헬리콥터 등을 이용

8. 여행기간에 따른 분류

여행상품을 여행기간에 따라 분류하면, ① 당일여행, ② 숙박여행으로 분류할 수 있다. 첫째, 당일여행은 '여행지에서 1박(숙박)을 하지 않고, 출발 당일에 거주지로 되돌아오는 것'을 말한다. 요즘 도로와 교통기관의 발달로 인하여 당일 여행자가 증가하고 있다.

둘째, 숙박여행은 '여행지에서 1박 이상 체류하는 형태(단기숙박관광 · 장기숙박관광)로 현지에서 다양한 여행활동 · 건강 및 치료 · 종교활동 · 레저 및 레크리에이션 활동 등을 하면서 여유 있게 여행을 즐기는 것'을 말한다. 여행기간에 따른 분류를 정리하면 〈표 11-16〉과 같다.

〈표 11-16〉 여행기간에 따른 분류

분류	내용
당일여행	-여행지에서 숙박을 하지 않고, 출발 당일에 거주지로 되돌아오는 것을 말한다. 도로와 교통기관의 발달로 당일로 여행하는 관광객 증가 -최근 코로나 바이러스 19 확산으로 장거리 여행보다는 가까운 곳으로 떠나는 관광객이 증가
숙박여행	-여행지에서 1박 이상 체류하는 형태(단기숙박여행 · 장기숙박여행)로 현지에서 다양한 여행활동 · 건강 및 치료 · 종교활동 · 레저 및 레크리에이션 활동 등으로 여유 있게 여행을 즐김

연습문제

01. 여행자로 볼 수 없는 사람은?

① 배낭여행자　② 관광안내사
③ 의료관광객　④ 무전여행자

02. 여행 조건으로 옳지 않은 것은?

① 이동거리　② 이동기간
③ 취업목적　④ 소비조건

03. 다음 설명에 해당하는 여행의 형태는?

여행자가 거주지를 떠나 여러 목적지로 다양한 지역을 여행한 후 출발경로와 다른 경로를 이용하여 거주지로 되돌아오는 여행의 형태

① 탬버린형　② 스푼형
③ 안전핀형　④ 피스톤형

04. 여행의 제약요인으로 옳지 않은 것은?

① 시간적 요인　② 신체적 요인
③ 정치적 요인　④ 문화적 요인

05. 여행의 증가요인으로 옳지 않은 것은?

① 여가시간증대　② 교육수준향상
③ 노사문제안정　④ 생활양식변화

06. 여행업의 등록기준으로 옳지 않은 것은?

① 종합여행업 : 5천만 원 이상
② 종합여행업 : 1억 원 이상
③ 국내외여행업 : 3천만 원 이상
④ 국내여행업 : 1천 5백만 원 이상

07. 다음 설명에 해당하는 여행업은?

국내외를 여행하는 내국인 및 외국인을 대상으로 하는 여행업

① 국내여행업
② 국내외여행업
③ 종합여행업
④ 여행소매업

08. 여행자의 기능으로 옳지 않은 것은?

① 염가성
② 독창성
③ 종합성
④ 편리성

09. 인 바운드 업무로 옳지 않은 것은?

① 여권업무
② 판매업무
③ 단체업무
④ 수배업무

10. 다음 설명에 해당하는 여행은?

항공사의 초대를 받아 여행하는 것으로, 항공사는 여행대리점의 직원에게 항공편을 제공

① 인센티브여행
② 컨벤션여행
③ 패키지여행
④ 인터라인여행

11. 다음 설명에 해당하는 여행은?

> 여행시작에서 종료에 이르기까지 전 여행기간 동안 투어컨덕터를 동승시켜 여행하는 형태로, 여정을 관리해 주는 장점이 있어 단체여행자들이 많이 이용

① ICT여행 ② FIT여행
③ IIT여행 ④ GIT여행

정답

01 ②, **02** ③, **03** ①, **04** ④, **05** ③, **06** ②, **07** ③, **08** ②, **09** ①, **10** ④, **11** ①

제12장

항공업

학습 포인트

- 제1절에서는 관광교통의 정의와 기능 · 유형과 특성에 대해 학습한다.
- 제2절에서는 국내외 항공운송업의 발전과정과 항공운송업의 정의에 대해 학습한다.
- 제3절에서는 항공운송업의 특성과 종류에 대해 학습한다.
- 제4절에서는 교통수단의 제공 · 관광촉진의 수단 · 항공운송업과 경제 · 사회 및 문화적 역할 · 국방과 항공운송사업에 대해 학습한다.
- 제5절에서는 항공예약의 기본업무 · 예약절차 · 예약등급 · 항공권의 종류 · 세계항공사 코드 등에 대해 학습한다.
- 연습문제는 관광교통과 항공업의 개념을 총체적으로 학습한 후에 풀어본다.

제1절 관광교통업의 이해

1. 관광교통의 정의

1) 관광교통의 정의

19세기 산업혁명은 관광발전에 획기적인 혁신을 가져왔다. 증기기관차와 증기선의 발명 · 철도의 부설은 사람의 이동을 용이하게 하였다. 동시에 대량으로 수송할 수 있다는 장점 때문에 여행의 가능성을 한층 높여주었다. 당시 철도의 등장으로 근거리 내륙관광지와 해안관광지가 여행의 주요 대상지가 되었다.

일반적으로 ① 교통업이란 '각종 수송수단을 이용해 사람 또는 재화를 장소적으로 이동시키면서 서비스 상품을 판매하여 이윤을 추구하는 사업'을 말하고, ② 관광교통(recreation travel)은 '관광을 위해 이용되는 교통수단'을 말한다. 즉 '교통수단을 가지고 일반 공공을 위하여 교통의 편의를 제공하는 사업이며, 넓은 뜻으로는 통신에 관한 사업까지도 포함'한다.

그러나 관광교통을 위해서만 이용되는 교통수단은 한정되어 있다. 즉 스위스의 산악철도나 전세항공기 등을 이용하는 사람은 대부분 관광객이지만, 일반 철도나 국내외 정기항공기 등을 이용하는 고객의 경우 모두 관광객으로 볼 수 없다. 그들이 교통수단을 이용하는 목적 내지 동기는 주로 업무 · 방문 · 통근 · 통학 · 쇼핑 등이 많을 것이다.

전술한 바와 같이 관광만을 위한 교통수단이라는 것은 극히 한정되어 있다고 할 수 있다. 관광을 위한 교통수단은 대부분 장거리 도시 간 수송이나 국제수송에서 많이 이용되고 있다.

따라서 관광교통이란 '관광객이 일상생활권을 떠나 관광대상지를 찾아가면서 이루어지는 경제적 · 사회적 · 문화적 현상이 내포된 이동행위의 총체'이며, 출발지에서 관광지 주변지역까지의 광역관광교통, 관광지 주변지역에서 관광목적지까지의 지역관광교통, 그리고 관광지 내부에서의 이동과 관련된 관광지내부교통을 모두 포함한다.

2. 관광교통의 기능

관광교통은 일반적으로 관광객의 이동수단으로서의 기능을 수행하고 있지만, 최근에는 다양한 기능을 수행하고 있다. 즉 관광교통은 ① 이동수단의 역할, ② 관광자원의 매력상승, ③ 관광수요의 조절, ④ 기반시설의 역할도모 등을 들 수 있다.

첫째, 이동수단의 역할이다. 관광객이 출발지로부터 목적지까지의 공간적 이동에 필요한 이동수단의 역할을 한다.

둘째, 관광자원의 매력상승이다. 교통은 단순한 이동수단 이외에 산악열차 · 마차 · 증기기관차 등을 이용함으로써 관광객에게 새로운 경험을 제공하여 관광자원의 매력을 높일 수 있다.

셋째, 관광수요의 조절이다. 교통시설의 설치 및 이용시간의 시간적 · 공간적 통제를 통해 관광수요를 조절할 수 있다.

넷째, 기반시설의 역할도모이다. 관광객뿐 아니라 지역주민의 생활교통수단으로서의 기능을 담당하여 지역사회 기반시설의 역할을 도모한다.

3. 관광교통의 유형과 특성

1) 관광교통의 유형

(1) 접근위계에 따른 분류

관광교통은 접근위계에 따라 ① 광역관광교통, ② 지역관광교통, ③ 관광지내부관광교통으로 구분한다.

첫째, 광역관광교통은 '관광객의 출발지에서 관광지 인근의 교통거점지역까지의 이동에 필요한 교통을 의미'한다. 둘째, 지역관광교통은 '지역의 교통거점지역에서 관광목적지까지의 이동에 필요한 교통을 의미'한다. 셋째, 관광지내부관광교통은 '관광목적지 내부에서의 이동을 위한 교통을 의미'한다. 접근위계에 따라 분류하면 〈표 12-1〉과 같다.

〈표 12-1〉 접근위계에 따른 분류

분류	내용
광역관광교통	–관광객의 출발지에서 관광지 인근의 교통거점지역까지의 이동에 필요한 교통
지역관광교통	–지역의 교통거점지역에서 관광목적지까지의 이동에 필요한 교통
관광지 내부관광교통	–관광목적지 내부에서의 이동을 위한 교통

(2) 운송수단에 따른 분류

관광교통은 운송수단에 따라 ① 철도운송업, ② 여객해운업, ③ 항공업, ④ 전세버스업, ⑤ 자동차대여업 등으로 구분한다.

첫째, 철도운송업은 '관광목적을 위한 철도(등산철도 · 유람철도 등), 산악관광과 자연관광을 위한 철도(모노레일 · 궤도 등)'를 말한다.

둘째, 여객해운업은 '연안여객업(육지와 인근 도서지방 연결), 카페리(승객과 자동차를 함께 수송), 관광유람선(오션크루즈 · 레저크루즈 · 전세크루즈 · 리버크루즈), 낚시어선업, 관광잠수정업'을 말한다.

셋째, 항공업은 '항공기를 사용하여 타인의 수요에 응하여 여객과 우편물을 싣고 항로를 이용하여 국내외 공항에서 다음 공항까지 운항하는 초현대식 운영시스템(항공업의 기본적 3요소는 항공기 · 공항 · 항공로(항공노선) 등임)'을 들 수 있다.

넷째, 전세버스업은 '전세버스관광 · 단체관광 · 패키지관광 · 연계교통관광'

등을 말한다.

다섯째, 자동차대여업은 '고객이 원하는 시간과 장소에서 자동차를 대여해 주는 사업'을 말한다. 운송수단에 따라 분류하면 〈표 12-2〉와 같다.

〈표 12-2〉 운송수단에 따른 분류

분류	내용
철도운송업	– 관광목적을 위한 철도(등산철도 · 유람철도 등), 산악관광과 자연관광을 위한 철도(모노레일 · 궤도 등)
여객해운업	– 연안여객업(육지와 인근 도서지방 연결), 카페리(승객과 자동차를 함께 수송), 관광유람선(오션크루즈 · 레저크루즈 · 전세크루즈 · 리버크루즈), 낚시어선업, 관광잠수정업
항공업	– 항공기를 사용하여 타인의 수요에 응하여 여객과 우편물을 싣고 항로를 이용하여 국내외 공항에서 다음 공항까지 운항하는 초현대식 운영시스템. 항공업의 기본적 3요소는 항공기 · 공항 · 항공로(항공노선)임
전세버스업	– 전세버스관광 · 단체관광 · 패키지관광 · 연계교통관광 등
자동차대여업	– 고객이 원하는 시간과 장소에서 자동차를 대여해 주는 사업

2) 관광교통의 특성

관광은 이동을 수반하기 때문에 교통은 매우 중요한 요소가 된다. 교통이 없는 관광은 거의 불가능하며, 관광과 교통은 불가분의 관계에 있다. 교통기관은 교통 대상인 승객과 화물의 장소적 이동을 가능케 하는 수단이 된다.

관광자원은 계절 · 기간 · 시간이 존재하기 때문에 관광교통은 매력을 누리는 적합한 시기에 집중한다. 그리고 관광에는 기동성 있는 교통수단이 필요하고, 이동 중에 계획의 변경이 가능해 활동의 자유도(自由度)가 높은 점이 특징이다. 관광교통의 ① 수요와 ② 공급의 특성을 정리하면 〈표 12-3〉과 같다.

〈표 12-3〉 관광교통의 특성

구분	내용
수요의 특성	-관광교통 수요는 대단히 질적이고 세분화되어 있다. -관광교통 수요는 성수기와 비수기로 나눌 수 있다. -여행의 목적 · 화물의 유형 · 운항속도 · 운항빈도의 중요성 등에 의해 세분화된다.
공급의 특성	-공급의 대상은 재화가 아니라 서비스이다. -서비스는 저장이 불가능하기 때문에 수요의 예측이 중요하다. -다수의 고정자산, 즉 인프라와 수송수단이 요구된다. -고정자산 및 수송수단 운영에 관한 규정들이 어우러져 수송이 가능하게 된다. -인프라와 수송수단이 동일 그룹 혹은 기업에 의해 소유되거나 운영되지 않으므로 정부 · 수송수단 운영자 · 개발론자 · 여행자 · 화주 간에 상호작용이 복잡해진다. -여행자 및 화주는 서비스 제공에 소요되는 총비용을 인식하지 못하는 경우가 많다. -혼잡비용이나 외부비용(환경정화 및 부상자 치료비용 등)이 시설이용료에 반영되지 않는 경향을 보인다. -인프라에 대한 투자는 오랜 시간이 걸리고, 경우에 따라서는 철거하는 데도 시간이 걸린다. -교통에 대한 투자는 정치적으로 중요한 역할을 한다. -교통 프로젝트에 영향받는 주민이나 혼잡 및 지연으로 고통받는 여행자들이 정치적으로 문제를 야기하게 된다. -미래에 대한 안목 및 계획이 중요하다. -교통공급의 중요한 특징의 하나는 혼잡이다.

3) 관광교통의 구성요소

관광교통의 구성요소는 ① 관광교통주체, ② 관광교통수단, ③ 관광교통시설, ④ 관광교통관리체계로 구분할 수 있다(〈표 12-4〉 참조).

〈표 12-4〉 관광교통의 구성요소

관광교통주체	관광객
관광교통수단	자동차 · 열차 · 항공기 · 선박 등
관광교통시설	도로 · 철도 · 항만 · 터미널 등의 시설
관광교통관리체계	관광교통의 소프트웨어적인 측면으로 운영 및 관리에 필요한 제도 · 정책 · 운임체계 등

제2절 항공운송사업의 개념

1. 항공운송사업의 역사

항공기는 고정된 날개를 달고 공기의 작용을 이용하여 인간이 그것을 타고 대기 중을 비행하는 기계를 말한다. 1903년 미국의 라이트(Wright) 형제가 세계 최초로 동력비행기 제작에 성공하여 유럽 순회비행을 실시한 후 아메리칸 라이트(American Wright) 비행기 제작사를 설립하게 됨으로써 인류의 항공역사가 시작되었다.

항공기의 발전은 제1차 세계대전(1914~1918)에서 비행기가 군용(軍用)으로 이용되어 그 가치가 높아짐으로써 항공기술에 박차를 가하게 되었다. 항공기의 발달은 전쟁의 영향을 받았다. 제1차 세계대전이 종료되자 전시 중에 축적된 항공기술 · 잉여항공기 · 파일럿 · 장비 · 시설 등이 민간용으로 전환되었는데, 이러한 상황이 항공운송산업 발전의 원동력이 되었다.

제2차 세계대전(1939~1945) 이후 과학기술의 발전은 항공기의 성능을 크게 발전시켰고, 특히 새로운 추진기관의 개발로 항공기의 속도가 빨라져 일부 노선에서는 초음속 제트기를 이용하게 되었다. 오늘날 항공운송 능력은 그 나라 경제발전의 척도로 이용되고 있다.

한국인 최초로 비행사가 된 안창남(安昌男)이 1922년 모국방문 비행회를 개최함으로써 한국항공사가 출현하게 되었으며, 실질적인 민간항공운송은 1948년 10월에 대한민국항공사(KNA : Korean National Airlines)의 설립으로 시작되었다.

1962년 대한항공(Korean Air)은 대한항공공사(Korean Air Lines, Co., Ltd.)로 설립되어 국내외 항공운송업 · 항공기 제조판매 및 정비수리업 · 기내식 제조판매업 · 리무진 버스사업 등을 주요 사업목적으로 하고 있으며, 1969년 한진그룹에 인수되면서 민영화되었다. 1988년에 아시아나항공(Asiana Airlines)이 항공운송사업 면허를 발급받음으로써 대한항공의 독점 항공시대에서 복수 민항의 경쟁시대로 발전하였다.

1946년 외국항공사로는 최초로 노스웨스트 오리엔트 항공사(Northwest Orient Airlines)가 한국에 취항하였다. 정부에 등록된 항공운송 총대리점 현황을 보면, 현재 100여 개가 넘는 외국항공사가 한국에 취항하고 있으나 2019년 12월 중국 우한시에서 발생한 코로나바이러스(COVID-19)의 확산으로 항공산업이 침체기에 접어들어 당분간 어려움이 지속될 것으로 본다.

한편 전 세계 관광객의 95% 이상이 항공기를 이용하고 있다. 이제 항공기는 교통수단으로 대중화되어 앞으로 항공사 간 치열한 경쟁이 예고되고 있다. 특히 항공사 간의 제휴는 양자 간 제휴에서 다자 간 전략적 제휴로 그 중심추가 기울고 있으며, 전 세계 항공업계는 초대형 얼라이언스 위주로 재편될 것으로 보인다. 점점 첨예해지는 항공업계의 경쟁상황에서 비용절감과 노선확장이라는 두 마리 토끼를 잡기 위한 항공사의 본격적인 헤쳐모여가 탄력을 받을 것으로 예측된다.

즉 제휴는 둘 이상의 기업이 특정사업 및 업무분야에 걸쳐 협력관계를 맺는 것이다. 항공사의 제휴는 1980년대 이후 기업이 고려해야 하는 중요한 전략적 선택의 하나로 부각되었으며, 이는 항공사의 성장과 성장방향을 결정하는 경영현상으로 인식되고 있다.

2021년 1월 현재 전 세계 항공업계는 코로나 바이러스 19(COVID-19)로 인한 후폭풍이 연일 계속되고 있어, 항공사의 장기 휴업이 당분간 지속될 것으로 보인다.

2. 항공운송사업의 정의

항공기(航空機)의 출현으로 인해 국내외 관광산업이 크게 발전하였다. 오늘날 항공기의 발달은 국가 및 지역 간 시간적 거리를 단축시켜 장거리 여행의 새로운 교통수단으로써 승객을 수송하고 있다.

항공이란 항공기 등의 기계를 이용한 비행이나, 항공산업에 관련되는 활동을 가리키는 용어이다. 일반적으로 민간항공(civil aviation)은 여객기와 화물기를 사용하여 정기적으로 여객화물을 운송하는 사업을 말한다.

1919년 파리 국제민간항공조약은 그 부속서에서 항공기를 "공기의 반동에 의해 공중을 부양하는 모든 기기"라 정의하였고, 우리나라 「항공법」은 제2조 제1호에서 항공기란 "비행기 · 비행선 · 활공기(滑空機) · 회전익(回轉翼) 항공기, 그 밖에 대통령령으로 정하는 것으로서 항공에 사용할 수 있는 기기(機器)를 말한다"고 규정하고 있다. 또한 미국 연방의 「항공법」은 "항공기란 현재 알려져 있거나 금후 발명될 기계로써 공중의 항행 및 비행을 위해 사용되는 것" 등으로 정의하고 있다.

항공운송사업은 '타인의 수요에 맞추어 항공기를 사용하여 유상으로 여객 또는 화물을 운송하는 사업'으로 '항공기에 승객 · 화물 · 우편물 등을 탑재하고, 국내외의 공항에서 다른 공항까지 운항하는 것으로 운송시스템에 대한 대가를 받아 경영하는 사업'을 말한다.

항공운송사업은 ① 국제수지의 개선, ② 외국과의 정치 · 경제의 긴밀화, ③ 국위선양이라는 점에서 자국 항공사에 대해 지원 · 육성하고 있다. 특히 항공사는 고객에게 양질의 서비스와 편의를 제공하기 위해 끊임없이 노력하고 있다.

제3절 항공운송사업의 특성

1. 항공운송사업의 특성

항공운송사업은 선박 · 자동차 · 철도 등 다른 교통수단과 마찬가지로 인간에게 지리적 한계를 극복하도록 도와주고 있다. 항공운송사업은 다른 교통기관에 비해 뒤늦게 출발한 산업임에도 불구하고, 교통기술 혁신에 크게 이바지하고 있다.

1960년대 이후 시속 890km 이상의 제트여객기가 등장하면서 항공운송 시스템의 기술적 진보가 세계경제의 발전과 함께 어우러지면서 급성장하였다. 항공운송사업이 갖출 수 있는 특성으로는 ① 안전성, ② 고속성, ③ 정시성, ④ 쾌적성, ⑤ 경제성, ⑥ 국제성, ⑦ 간이성, ⑧ 공공성, ⑨ 자본집약성 등을 들 수 있다.

1) 안전성

안전성(安全性)은 무엇보다도 중요하다. 즉 항공운송의 안전에 대한 중요성은 다른 교통기관의 중요성에 비해 월등히 높아 안전성의 확보는 항공운송의 지상명제라 할 수 있다. 지금은 항공기 제작기술의 발달로 항공수송의 안전성이 향상되고 있다.

특히 항공유도 시스템의 진전과 공항활주로의 개선 등에 힘입어 이제는 거의 완벽할 정도로 안전성이 보장되고 있다. 따라서 지속적인 항공기의 정기점검과 운항승무원의 훈련이 요구된다.

2) 고속성

항공기가 다른 교통기관에 비해 압도적으로 우위를 점유하고 있는 것으로 고속성(高速性)을 꼽을 수 있다. 고속성은 철도 · 자동차 · 선박 등에 비하여 빠른 속도를 지니고 있어 속도 면에서 압도적 우위를 점하고 있다.

항공수송의 고속성 발휘는 인간에게 시간 가치의 중요성을 재인식시켰고, 시간과 거리에 대한 관념을 바꾸어 놓았다. 비행시간의 단축은 국외여행의 활성화와 여행의 대중화에 일익을 담당하였고, 국제교류의 증진에도 크게 기여하였다.

3) 정시성

정시성(定時性)은 자연 · 기후 · 기류 등의 영향을 받는데, 사실상 정시성을 확보하는 것이 다른 교통수단에 비해 많은 노력 · 비용 · 기술이 요구된다. 정시성 평가기준은 공시된 운항시간표(time table)이다. 시간표대로 운항되지 않을 경우 신뢰성을 잃게 된다.

종종 공항의 혼잡으로 인해 정시성의 확보가 어려울 때도 있지만, 정부와 항공사의 공항시설 확충이나 정비능력의 제고 및 수송 빈도의 향상을 통해서 항공기의 정시운항률을 높이고 있다.

4) 쾌적성

승객이 쾌적성(快適性)을 느낄 수 있도록 객실 내의 시설과 기내 서비스, 비행상태 등을 완벽하게 구비하는 일은 매우 중요하다. 일반적으로 항공기는 다른 수송수단에 비해 쾌적성의 확보가 어려운 편이다.

즉 항공기는 공중을 비행하는 관계로 쉽게 정지하거나 출발할 수 없고, 제한된 공간 내에서 장시간 동안 쾌적성을 확보한다는 것은 매우 어려운 일이다. 최근에는 항공기가 제트화 · 대형화되면서 객실 내 소음도 줄어들었고, 시간도 단축되어 객실 내 쾌적성도 많이 향상되었다.

5) 경제성

항공운임이 다른 교통수단과 비교해서 비싼가, 저렴한가가 중요한 요소가 된다. 운임의 경쟁력이 곧 항공운송업에 있어 중요한 경제성(經濟性)이다. 일반적으로 항공운임은 고가(高價)이기 때문에 고객에게는 부담이 된다.

그러나 항공운임은 오랜 기간 동안 항공산업의 부단한 발달을 통해 원가요인을 하락시켜 왔다. 특히 물가의 상승과 화폐가치의 하락으로 비교적 경쟁력 있는 수준에까지 이르렀는데, 이는 현대생활에 있어 시간의 가치가 점점 높게 평가되면서 더욱 확대되어 가는 추세이다.

6) 국제성

항공운송은 국가 간 항공협정과 그 협정에 지정된 항공사 간의 상무협정이 필요하며 취항도시 · 운항횟수 · 공급좌석 등에 대한 규제를 받는다. 그리고 전 세계 항공사의 업무는 통일된 업무를 필요로 하는 부분이 있어, 이에 대한 동일한 항공요금, 서비스의 내용, 편의장비의 설비, 감항기준(항공기의 성능, 강도, 구조의 특성, 장비의존도 등에 대한 기준을 설정하여 이를 지키도록 함) 등에 대한 규제권고, 절차 등의 업무를 ICAO(International Civil Aviation Organization : 국제민간항공기구)나 IATA(International Air Transport Association : 국제항공운송협회) 등에서 수행하고 있다.

7) 간이성 · 공공성 · 자본집약성

항공운송사업은 도로나 궤도건설을 필요로 하지 않는 간이성(簡易性)의 특성을 가진다. 또한 사전에 항공운송조건을 공시하고, 고객의 차별금지와 영업지속의 의무가 부여된다는 측면에서 공공성(公共性)의 특성을 가진다.

그리고 사업초기에 여러 대의 항공기를 구입해야 하므로 막대한 자본력을 필요로 하는 자본집약성(資本集約性)의 특성을 가지고 있다. 이로 인해 한 국가의 항공산업은 그 나라의 경제력을 대표한다고 할 수 있다. 항공운송사업의 특성을 정리해 보면 〈표 12-5〉와 같다.

〈표 12-5〉 항공운송사업의 특성

안전성	-항공운송의 안전에 대한 중요성은 다른 교통기관의 중요성에 비해 월등히 높아 안전성의 확보는 항공운송의 지상명제라 할 수 있음
고속성	-항공기가 다른 교통기관에 비해 압도적으로 우위를 점유하고 있는 것은 고속성을 꼽을 수 있음
정시성	-정시성은 자연 · 기후 · 기류 등의 영향을 받는데, 사실상 정시성을 확보하는 것이 다른 교통수단에 비해 많은 노력과 비용, 기술이 요구됨
쾌적성	-승객이 쾌적성을 느낄 수 있도록 객실 내의 시설이나 기내 서비스, 비행상태 등을 완벽하게 구비하는 일은 매우 중요함
경제성	-항공운임의 경쟁력이 곧 항공운송에 있어 중요한 경제성이다. 일반적으로 항공운임은 고가(高價)로 고객에게는 부담이 됨
국제성	-국제선의 경우 국가 간 항공협정과 그 협정에 지정된 항공사 간의 상무협정이 필요하며, 취항도시 · 운항횟수 · 공급좌석 등에 대한 규제를 받음
간이성	-항공운송업은 도로나 궤도건설을 필요로 하지 않는 간이성의 특성을 가짐
공공성	-사전에 항공운송조건을 공시하고, 고객의 차별금지와 영업지속의 의무가 부여된다는 측면에서 공공성의 특성을 가짐
자본집약성	-항공운송업은 사업초기에 여러 대의 항공기를 구입해야 하므로 막대한 자본력이 필요함

2. 항공운송사업의 종류

1) 사업형태

항공운송사업의 종류는 운항형태의 정시성의 관점에 의하여 ① 정기항공운송사업, ② 부정기항공운송사업의 2종류로 분류된다.

첫째, 정기항공운송사업은 미리 정해진 지점 간을 일정한 일시를 정하여 항공기를 운항하는 운송사업을 말한다. 즉 노선과 일정한 운항일시를 사전에 공표하고, 그에 따른 공표된 시간표에 의해 여객 · 화물 · 우편물을 운송하는 업이다.

둘째, 부정기항공운송사업은 정기항공운송과는 달리 원칙적으로 노선이나 스케줄을 제한하지 않고 운송수요에 응하며, 어디에나 운항하는 운송사업을 말한다.

2) 운송객체

운송객체는 ① 여객항공운송업, ② 항공화물운송업, ③ 항공우편운송업의 3종류로 분류한다.

첫째, 여객항공운송업은 출발공항에서 목적지 공항까지의 운송을 원칙으로 하며, 탑승 제한자를 제외한 불특정 다수를 대상으로 하여 유상으로 운송하는 사업을 말한다.

둘째, 항공화물운송업은 편도수송 · 반복수송 · 지상조업 등 시설이 필요한 사업으로 일반적으로 일방교통이며, 산업중심지에서부터 화물이 발생하여 수송의 흐름이 불균형하다.

셋째, 항공우편운송업의 주목적은 신속성을 비롯해서 안전성 · 정확성에 있다. 특성으로는 통신비밀 준수, 우편물의 최우선적 운송, 정시성의 확보, 우편이용자와 항공사 간 운송계약상의 의무관계 등이 중요하다.

3) 운송지역

운송지역은 ① 국내항공운송과 ② 국제항공운송으로 구분할 수 있다. 첫째, 국내항공운송은 대한항공 · 아시아나항공 · 제주항공 · 부산항공 등이 경쟁 중이며, 둘째, 국제항공운송은 한국을 출발, 도착 또는 경유하는 국제선 취항 항공사 간에 치열한 경쟁을 하고 있다.

항공운송업은 ① 사업운송, ② 운송객체, ③ 운송지역으로 대별할 수 있다.

항공운송업의 분류를 정리하면 〈표 12-6〉과 같다.

〈표 12-6〉 항공운송업의 분류

사업형태	정기항공운송	-노선과 일정한 운항일시를 사전에 공표하고, 그에 따라 공표된 시간표에 의해 여객·화물·우편물을 운송하는 업
	부정기항공운송	-일정한 노선 없이 일시를 정해 운송수요에 응하여 어디에나 운항하는 운송업
운송객체	여객항공운송업	-출발공항에서 목적지 공항까지 운송을 원칙으로 하며, 탑승 제한자를 제외한 불특정 다수를 대상으로 하여 유상으로 운송
	항공화물운송업	-편도수송·반복수송·지상조업 등 시설이 필요하며, 수송의 흐름이 불균형
	항공우편운송업	-우편이용자와 항공사 간 운송계약상의 의무관계 등이 중요
운송지역	국내항공운송	-대한항공·아시아나항공·제주항공·부산항공 등
	국제항공운송	-우리나라를 출발·도착·경유하는 항공사

제4절 항공운송사업의 역할

1. 교통수단의 제공

항공운송사업은 선박·자동차·철도 등 다른 교통수단과 마찬가지로 인간에게 지리적 한계를 극복하도록 도와주고 있다. 특히 항공운송사업은 다른 교통기관에 비해 뒤늦게 출발한 산업임에도 불구하고, 교통기술혁신에 크게 이바지하고 있으며, 그 내용을 살펴보면 다음과 같다.

첫째, 항공운송은 초고속과 장거리 교통능력을 획기적으로 개발해 실용화시켰다. 종래에는 생각지도 못했던 산악지대와 사막지대, 남 · 북극 등에 대한 수송과 장시간을 필요로 하는 해상운송을 대신하게 되어 능률이 극대화되었다.

둘째, 항공운송으로 인하여 우편물 · 속달화물 · 통신분야의 획기적인 발전을 이룩하였고, 이로 인한 부수적 산물로 화폐 · 수표 · 주식 등 자본의 회전을 용이하게 하였다.

셋째, 모든 교통수단을 연결하여 복합 일괄수송 및 종합물류의 방향으로 운송업이 발전할 수 있는 기초를 제공하여 운송의 신속화와 효율화를 촉진하였다.

넷째, 항공기술산업의 발전은 다른 교통기관의 발달과 서비스의 개선을 촉진하게 되었으므로 항공산업은 모든 교통산업과의 경쟁적 · 보완적 역할을 수행하여 철도 · 버스 · 해운산업의 근대화를 촉진하게 되었다.

2. 관광촉진의 수단

관광이란 사람이 일상생활을 떠나 다시 돌아올 예정으로 타국이나 타지역의 문물 · 제도를 시찰하고, 풍경 등을 감상 · 유랑할 목적으로 여행하는 것이라고 정의할 수 있는데, 이러한 관광의 정의에서 첫째 요건은 이동(transportation)이라고 할 수 있다. 이동의 편리성이 매우 중요한 요소가 된다. 즉 이동에 필요한 경비 · 시간 · 편의성 등에 따라 관광의 양과 질이 달라질 수 있다는 것이다.

우리나라의 경우 국제선 관광객의 96~98%가 항공편을 이용하고 있는 실정이며, 세계적으로도 최소 50%를 상회하고 있어 점차 항공수송에 의존하는 비율이 증가하고 있는 추세이다. 현재는 다양한 항공노선에 외국의 항공기가 참여하여 보다 편리한 공항시설을 이용할 수 있게 되었다.

향후 관광객이 지속적으로 증가할 것으로 예측하고 있으며, 세계 각국의 항공기가 한국을 취항할 수 있도록 항공개방정책을 실시하고 있다. 또한 최신시설의 대규모 인천국제공항을 중심으로 기존의 공항도 꾸준히 정비하고 있다.

3. 항공운송사업과 경제

항공운송사업은 그 자체로는 단순한 인간 · 재화 · 용역 등의 이동을 주목적으로 하고 있지만, 기본적인 목적달성과 연관해서 고용증대 · 국민소득 향상 · 무역 확대 · 통신 및 공업기술의 발전에 크게 기여하고 있다. 그 내용을 살펴보면 다음과 같다.

첫째, 항공운송사업은 지금까지 인간의 손이 미치지 못했던 곳에 항공운송으로 이를 극복함으로써 미개발지역 및 낙후지역에 대한 개발을 촉진하여, 자원개발 및 생산수단의 이용 합리화 등 인적 · 물적 교류를 증대시키고 있다.

둘째, 항공운송사업은 노동력과 기술을 용이하게 이전할 수 있도록 돕고 이에 따른 자본의 이동을 촉진시킴으로써 세계 단일경제권의 형성을 가속화시키고, 다국적 기업의 발달을 주도하게 되었다.

셋째, 해상교통수단에 의해 비로소 가능해진 국제적 분업과 국제적 산업의 기초가 이제 항공운송사업에 의해 지역적 거리의 최단축을 통해 국제분업과 교류를 촉진시켰다. 또한 국제적 생산물의 결합과 분배를 더욱 확대시킴으로써 시장 확대 및 창출의 역할을 수행하게 되었다.

넷째, 항공운송사업의 발달로 항공기는 수송목적 이외에 다양한 용도로 사용하게 되었는데, 즉 씨앗 · 소독약 살포 · 산림조사 · 산불예방 및 진화 · 어군탐지 · 광맥조사 · 교통안내 · 지도제작 등이 대표적인 사례이다.

다섯째, 항공기의 제작기술은 항공기공업 · 부품공업 · 합금공업 · 전자 및 통신공업 등의 개발을 통해 이루어졌고, 이 공업기술은 각각 관련 산업의 발달에 크게 기여하였다. 예를 들면 합금기술에서 티타늄의 개발은 골프산업에까지 이어져 가장 효율적인 최신의 골프클럽 생산재로써 사용되고 있다.

4. 사회 · 문화적 역할

항공운송의 준비단계에서 우리는 항공운송을 통한 거리와 시간, 즉 공간의 단축이라는 편익만을 생각했으나, 항공운송산업이 발전을 거듭하면서 당초의 수송수단의 역할에서 경제수단의 역할과 함께 사회 · 문화 · 정치 · 종교에 이르기까지 인간의 생활에 큰 영향을 주게 되었다.

한 나라의 문화는 통신수단뿐만 아니라 항공수송 수단에 의해서 빠르게 여라 나라에 직접 전파할 수 있게 되었다. 이에 세계 모든 국가가 머리를 맞대고 문제를 논의할 수 있게 된 것이다. 이러한 국제화 · 정보화의 진전은 앞으로도 더욱 강화될 것이며, 특히 통신과 함께 항공운송사업의 역할도 더욱 증대될 것으로 보인다.

5. 국방과 항공운송산업

한 나라의 항공운송산업은 결국 항공관련 공업기술의 발달에 따른 항공기 제작이나 정비능력과 이를 운용하는 숙련된 조종사 · 항법사 등의 기술인력의 양성을 가져오게 되었다. 이는 곧 국가의 유사시에 여객기와 화물기의 군용전용, 조종사와 정비사 등의 군사목적 투입이 용이해진다는 의미에서 일국의 국토방위에도 아주 중요한 자원이 된다.

따라서 모든 국가는 이러한 항공운송산업과 관련된 장비와 인력을 평소 민간항공의 용도에서 비상시의 군사목적 용도로 즉각 대체할 수 있도록 치밀한 계획을 수립하고 있다. 또한 평상시에도 공항사용료 및 영공통과료의 차별적 부과, 자국 항공사에 대한 지상조업의 우선적 제공, 자국 항공사에 대한 각종 세금면제, 외국 항공사에 대한 판매활동이나 부정기운항의 제한 등 여러 가지 정책을 시행하여 자국 항공사의 생존능력 및 경쟁력 강화와 외국 항공사의 국내시장 잠식 방지를 도모하고 있다.

제5절 항공예약 기초업무

1. 항공예약의 기본

항공운송상품은 생산과 소비가 동시에 일어나는 동시성과 재고가 불가능한 소멸성, 그리고 계절에 따라 수급이 달라지는 계절성의 특성을 갖고 있기 때문에 신속한 요금결과와 예약환경을 위한 항공예약 시스템 구축은 항공운항의 준비 · 생산규모의 계획 · 판매촉진 · 안정된 수익창출 등을 가능하게 한다.

항공예약은 항공사의 상품인 좌석을 규모 있고 효율적으로 판매함으로써 항공사의 이익과 여행자의 편의를 도모하는 데 그 목적이 있다. 특히 항공좌석 예약은 사전예약 형태로 이루어져 있으며, 이는 항공사에서 생산될 상품의 판매촉진과 생산규모를 계획하는 데 도움을 준다.

항공예약은 전 세계 어느 곳이든지 고객이 원하는 대로 편리하게 여행할 수 있도록 전 세계 항공사의 시간표를 참조하여 항공좌석을 예약해야 한다. 특히 특별식(종교 · 건강 · 취향 등)을 원하는 경우는 출발 2시간 전에 예약을 받아 제공한다. 예약기능은 〈표 12-7〉과 같이 단순한 좌석 확보뿐만 아니라 고객의 욕구와 편익에 따른 호텔 · 렌터카 · 여행정보 · 항공요금 · 도착통지 등의 다양한 서비스를 제공한다.

〈표 12-7〉 항공예약의 기본 내용

구분	내용
좌석예약	–좌석은 여객의 항공 스케줄을 확인하여 가장 적합한 예약을 해준다. 이때 예약작성(PNR : Passenger Name Record)의 필수사항인 승객 이름 · 여정 · 전화번호 등이 필요

구분	내용
부가서비스 예약	– 항공여정 외에도 호텔 · 렌터카 · 특별식 · 좌석요청 · 특수고객 운송 등의 서비스를 신청할 수 있으며, 각국의 비자(visa) · 여권(passport)에 관련된 사항과 항공권(ticket) 관련 정보도 입력
기타 여행정보	– 기타 항공요금과 각국의 통화 · 환율 · 여행지 안내 등의 여행정보를 제공

2. 비행편 스케줄 확인방법

고객이 목적지까지 가장 편리하게 여행할 수 있도록 조건에 맞는 스케줄을 확인해서 안내해 준다. 비행편 스케줄 확인방법은 〈표 12-8〉과 같이 ① Time Table 이용, ② OAG(Official Airlines Guide) 이용, ③ 항공예약 시스템(CRS : Computer Reservation System, 컴퓨터 예약시스템) 등이 있다.

〈표 12-8〉 비행편 스케줄 확인방법

구분	내용
time table 이용	– 시간표(time table)는 항공사별로 계절이나 증편 또는 신규취항 등의 요인에 따라 1~3개월 단위로 수정되어 발행된다. 시간표에는 비행편의 스케줄을 비롯해서 항공사 고유의 서비스 상품에 대한 개요, 여행 시 필요한 각종 정보, 그리고 고객이 탑승 시 알아두어야 할 제반규정 및 항공사 각 지점의 전화번호 등이 수록
OAG 이용	– OAG란 미국의 Read Travel Group에서 승객의 항공예약을 위해 전 세계 항공사의 운항스케줄을 포함한 많은 정보를 월 1회, 북미판과 세계판 2종으로 발간하는 항공예약 책자
CRS 이용	– 항공예약 시스템(CRS)은 급증하는 항공사의 수요에 대처하기 위해 개발한 시스템으로서 항공운송업계의 경쟁력을 높이고, 보다 효율적인 예약업무를 수행하기 위한 목적으로 전산화한 제도이다. 항공예약 시스템을 통해 일일 운항 스케줄, 한 달 운항 스케줄, 예약가능 좌석에 대한 조회 가능

OAG에 수록된 내용
공항별 최소 연결시간 · 주요 공항의 구조 및 시설물 · 항공업무 용어 · 공항세 및 체크인 시 유의사항 · 수하물 규정 및 무료수하물 허용량 · 항공사 스케줄 · 각국의 통화 및 규정 · 항공사 주소 · 예약 및 발권 사무소 안내 · 기종에 대한 성능 및 좌석도표 안내 · 호텔 및 렌터카 안내 · 상용고객 규정에 대한 안내 · 시차 안내 등

3. 항공예약 절차

항공예약 절차는 〈표 12-9〉와 같이 ① 항공예약의 경로, ② 간접예약, ③ 사전 예약 없는 탑승승객 등을 들 수 있다.

〈표 12-9〉 항공예약 절차

구분	내용
항공예약의 경로	-관광객은 여행일정을 작성할 때 여행사나 항공사의 정보제공을 받아 여행계획을 수립하고, 항공좌석을 확보하기 위하여 예약을 하게 된다. 관광객이 이용하는 항공예약은 해당 항공사나 지점을 방문하거나 전화 · FAX · 인터넷 등을 통한 직접예약과 여행사나 타 항공사를 통한 간접예약 경로가 있음
간접예약	-항공사의 예약전산 시스템은 여행대리점에 단말기를 직접 설치 운영하고 있으며, 다른 항공사와도 시스템 간 상호전문교환이 실시간 이루어지고 있다. 또한 스케줄 및 좌석재고, 데이터도 PC 통신을 통해서 확인 가능
사전 예약 없는 탑승승객	-항공권을 가지고 있다면 사전 예약 없이도 출발 전에 공석(空席)이 있을 경우 탑승이 가능하지만, 예약을 하지 않은 승객은 탑승 가능 여부가 불확실하고, 항공사의 여러 가지 서비스를 제공받기가 어려움

4. 항공예약 시 필요사항

항공예약 시 필요사항은 〈표 12-10〉과 같이 ① 항공사 측에서 필요한 사항과 ② 승객 측에서 요구하는 사항 등이 있다.

〈표 12-10〉 항공예약 시 필요사항

구분	내용
항공사 측	- 항공사에서 필요한 사항은 성명(여권에 표기된 이름), 여정(여행구간 · 날짜 · 비행편 · 서비스 등급), 전화번호 등
승객 측	- 승객 측에서 요구하는 사항은 특별음식(일반 기내식이 아닌 유아 및 소아 · 당뇨환자 · 채식주의 · 종교식 등), 선호좌석(창가석 · 통로석 · 아기바구니 등), 기타사항(공항에서의 안내요청 · 도착통지 등) 등

5. 항공예약 등급

항공예약 등급은 〈표 12-11〉과 같이 ① 탑승 등급, ② 예약 등급이 있다.

〈표 12-11〉 항공예약 등급

구분	내용
탑승 등급	- 실제 항공편에서 설치 운영되는 좌석 등급은 일등석(first class) · 비즈니스석(business class)이 있고, 대한항공의 경우는 프레스티지석(prestige class) · 일반석(economy class) 등
예약 등급	- 기내에서 동일한 등급(class)을 이용하는 승객이라 할지라도 상대적으로 높은 운임을 지급한 승객에게 수요발생 시점에 관계없이 예약 시에 우선권을 부여함으로써 항공사의 수입을 극대화하고, 높은 운임의 승객을 보호하려는 취지에서 예약등급을 세분화하여 운영

6. 항공예약 시 유의사항

항공예약 시 유의사항은 〈표 12-12〉와 같이 ① 관광일정의 연속성 유지, ② 매표구입 시한 준수, ③ 예약 재확인, ④ 최소 연결시간 확인 등을 들 수 있다.

〈표 12-12〉 항공예약 시 유의사항

구분	내용
관광일정의 연속성 유지	-항공기 도착지점과 다음 관광일정의 항공기 출발지점은 일치해야 하며, 관광일정의 연속성을 유지
매표구입 시한 준수	-항공권을 구입하기로 약속된 시점까지 구입하지 않는 경우 예약이 취소될 수 있으므로 매표구입 시한을 반드시 준수
예약 재확인	-여행 도중 어느 지점에서 72시간 이상 체류할 경우, 항공편 출발 72시간 전까지 계속편, 또는 복편 예약을 탑승 예정 항공사에 재확인해야 한다. 만약, 재확인을 하지 않을 경우는 예약이 취소될 수도 있음
최소 연결시간 확인	-승객의 여행일정에 항공연결편이 있을 때 연결지점에 도착하여 다음 연결편으로 갈아타는 데 소요되는 최소 연결시간을 확인

7. 항공권의 종류

항공권(airline ticket)은 '여객 및 수하물의 운송을 위하여 운송인이 발행하는 여객표(ticket) 및 수하물표'를 말한다. 즉 항공사와 여행자 간에 이루어진 계약내용을 표시한 증서로서 여행자의 여정과 운임, 항공사의 운송약관과 기타 약정에 의해 여행자 운송이 이루어짐을 표시하고 있다.

항공권의 종류로는 ① 수기항공권, ② 전산항공권, ③ ATB 항공권, ④ BSP 항공권, ⑤ e-Ticket 등이 있었으나, 현재는 ⑤의 e-Ticket만 사용하고 있다.

1) e-Ticket

e-Ticket(Itinerary & Receipt)은 항공사 컴퓨터 시스템 내에 저장되는 항공권을 말한다. 실물항공권(paper ticket)을 대신하여 ITR(Itinerary & Receipt : 여정/운임 안내서)이란 것이 교부되며, 교부방법은 e-mail 발송 · FAX 송부 · 웹 다운로드 · 직접전달(인쇄) 등 다양한 방법이 있다.

ITR(여정/운임 안내서)은 여행을 종료할 때까지 소지하게끔 되어 있다. 분실 시에도 프린트하여 사용할 수 있으므로 분실처리가 용이하다. e-Ticket을 발급받은 승객에게는 e-Ticket과 함께 법적 고지문(legal notice)을 반드시 교부해야 한다.

8. 항공예약 기본지식

항공서비스의 일환으로 항공에 대한 정보검색과 예약을 담당하는 컴퓨터 예약시스템의 도입은 고객에게 더 빠르게 편리한 여행을 제공하고 있다. 고객의 욕구가 다양해지고 강화될수록 컴퓨터 예약시스템의 성능도 향상되어 그 역할을 극대화하는 데 전력을 다해왔다.

CRS(Computer Reservation System, 컴퓨터 예약시스템)는 미국 아메리칸항공에서 1964년에 개발한 세이버(SABRE)가 그 시초이다. 당시에는 항공업무 자동화를 위해 개발한 전산예약 시스템이었다.

특히 CRS는 단순히 좌석확보 차원뿐만 아니라 좌석의 등급 · 위치 · 요금 · 식사 · 수화물 · 어린이 · 장애인 · 환자 등 고객에게 편익을 제공하는 서비스 수단이며, 주요 기능은 항공권 예약 및 발권이며, 부가기능은 호텔 · 크루즈 · 렌터카 등의 예약과 관광지에 대한 정보를 제공한다. 대표적인 항공예약 시스템에는 TOPAS(TOPAS SellConnect) · ABACUS(ABACUS SABRE) · GALILEO, WORLD SPAN 등이 있다.

1) TOPAS(TOPAS SellConnect)

토파스(TOPAS)는 대한항공에서 개발한 국내 최초의 항공예약 시스템으로 국내 CRS 시장의 70%를 점유하고 있다. 1975년 KALCOS라는 이름으로 한국시장에 최초의 CRS 시스템을 적용한 이래 여행사 Back office 시스템 Web 기반의 여행사용 예약발권 프로그램(TOPASRO), 온라인 항공예약 시스템(CYBERPLUS)을 국내 최초로 선보이며, 한국 여행시장의 선진화에 기여하였다.

특히 TOPAS는 대한항공과 세계 최대의 항공, 여행관련 IT기업인 Amadeus가 공동 출자하여 설립한 종합여행정보 시스템이고, 591개사의 여행사와 66개사의 항공사에 가입되어 있다. 주요 기능은 항공좌석의 예약 및 발권, 호텔과 렌터카 예약, 한글 여행정보 등 다양한 서비스를 제공한다.

한편 2014년도에 새롭게 개발된 토파스 셀커넥트(TOPAS SellConnect)는 기존의 TOPASRO2에 다양한 부가기능 아이템들이 추가되었다. TOPAS와 Global GDS인 Amadeus가 공동 개발하여 항공, 호텔, 크루즈, 렌터카, 철도, 여행보험 등 모든 여행 콘텐츠가 플러스되어 제공된다.

TOPAS는 선진 GDS의 솔루션(Solution)과 기능이 한국시장에 최적화된 새로운 버전(Version)의 TOPASRO Plus를 개발하여 상품화하였으며, 기존의 TOPASRO2에 새로운 예약발권 기능 및 부가적인 정보를 제공한다.

2) ABACUS(ABACUS SABRE)

애바카스(ABACUS)는 500여 개 항공사 예약 및 70여 개 항공사가 ET가능 220여 개 호텔체인과 77,000여 개 호텔가입 항공사 · 호텔 · 크루즈 · 렌터카 정보조회 및 실시간 예약과 사전좌석 예약이 가능하고, BSP 국제선 자동발권 및 아시아나 국내선 E-Ticket 발권기능을 제공하는 프로그램이다.

특히 애바카스는 세계 최초의 CRS인 세이버를 데이터베이스로 하고 있기 때문에 국내외 항공사뿐만 아니라 다수의 여행사 · 호텔 · 렌터카 · 크루즈회사에서 사용되고 있다.

최근에 개발된 애바카스 세이버(ABACUS SABRE)는 항공예약 및 발권 시스템 · 호텔 · 렌터카 예약 등 여행사의 전자업무를 처리하는 프로그램을 운영하고 있다.

3) GALILEO

갈릴레오(GALILEO)는 전 세계 116개국 47,000개 여행사 91,000개 이상의 터미널(terminal)에 항공예약 발권업무 및 호텔 · 렌터카 · 크루즈 등 각종 여행 부대 서비스를 제공하고 있으며, 전체 CRS 시장의 30%를 차지하고 있는 대표적인 GDS(Global Distribution System)이다.

특히 갈릴레오는 683개의 항공사와 52,000개의 호텔, 27개의 렌터카 회사, 431개의 크루즈 라인과 Tour Operator들이 참여하고 있는 방대한 예약 시스템이다.

연습문제

01. 관광교통의 기능으로 옳지 않은 것은?

① 관광자원 매력상승　② 이동수단 역할
③ 숙박관광 증가　④ 기반시설 역할도모

02. 관광교통의 운송수단에 따른 분류로 옳지 않은 것은?

① 전세버스업　② 우마차업
③ 철도운송업　④ 여객해운업

03. 관광교통 수요의 특성으로 옳지 않은 것은?

① 관광교통 수요는 대단히 질적이고 세분화되어 있다.
② 관광교통 수요는 성수기와 비수기로 나눌 수 있다.
③ 미래에 대한 안목 및 계획이 중요하다.
④ 여행목적 · 화물유형 · 운항속도 등에 의해 세분화된다.

04. 관광교통 공급의 특성으로 옳지 않은 것은?

① 각종 장비의 발달로 단기간에 인프라를 구축할 수 있다.
② 고정자산 · 인프라 · 수송수단이 요구된다.
③ 교통공급의 중요한 특징의 하나는 혼잡이다.
④ 교통에 대한 투자는 정치적으로 중요한 역할을 한다.

05. 관광교통의 구성요소로 옳지 않은 것은?

① 관광교통 주체　② 관광교통 수단
③ 관광교통 시설　④ 관광교통 객체

06. 1946년 한국에 최초로 취항한 외국항공사는?

① Northwest Orient Airlines ② Japan Airlines
③ All Nippon Airways ④ China Southern Airlines

07. 세계 3대 제휴항공사에 속하지 않는 것은?

① Star Alliance ② Wings
③ One World ④ China Airlines

08. 항공운송사업의 특성으로 옳지 않은 것은?

① 쾌적성 ② 고속성
③ 사유성 ④ 정시성

09. 항공운송사업의 분류 중 운송객체에 해당하는 것은?

① 여객항공운송업 ② 항공화물운송업
③ 항공우편운송업 ④ 부정기항공운송

10. 항공운송사업의 역할로 옳지 않은 것은?

① 교통수단의 제공 ② 세수증대의 활성화
③ 관광촉진의 수단 ④ 사회 · 문화적 역할

11. 항공좌석예약 시 필수사항이 아닌 것은?

① 승객이름 ② 여정
③ 여권번호 ④ 전화번호

12. 항공좌석예약 시 부가 서비스를 신청할 수 없는 것은?

① 버스예약 ② 특별식
③ 렌터카 ④ 좌석요청

13. OAG(Official Airlines Guide)에 수록된 내용으로 옳지 않은 것은?

① 주요공항의 구조 및 시설물
② 공항별 최소 연결시간
③ 상용고객 규정에 대한 안내
④ 각국의 식당 및 메뉴 안내

14. 다음 설명에 해당하는 항공권은?

> 항공사 컴퓨터 시스템 내에 저장되는 항공권으로 실물항공권을 대신하여 ITR이란 것이 교부된다. 교부방법은 e-mail 발송 · FAX 송부 · 웹 다운로드 등 다양한 방법이 있음

① BSP 항공권
② e-Ticket
③ TAT 항공권
④ MIT 항공권

정답

01 ③, **02** ②, **03** ③(공급의 특성), **04** ①, **05** ④, **06** ①, **07** ④, **08** ③, **09** ④, **10** ②, **11** ③, **12** ①, **13** ④, **14** ②

제13장

호텔업

학습 포인트

- 제1절에서는 호텔의 어원과 정의, 유럽 · 미국 · 한국 호텔업의 역사에 대해 학습한다.
- 제2절에서는 호텔의 법규에 의한 분류와 일반적인 분류방식에 대해 상세하게 살펴보고 학습한다.
- 제3절에서는 호텔업의 특성과 호텔의 조직구조, 호텔 손님의 유형에 대해 학습한다.
- 제4절에서는 호텔예약의 기본에 대해 학습한다.
- 연습문제는 호텔업을 총체적으로 학습한 후에 풀어본다.

제1절 호텔의 개념

1. 호텔의 어원과 정의

호텔(hotel)의 어원은 라틴어의 호스페스(hospes : 타향인 · 나그네 · 손님 · 숙소 주인)에서 비롯되었다. 또한 호스페스(hospes)의 파생어로는 호스피탈리스(hospitalis)가 있는데, 이는 '융숭한 대접'을 뜻한다.

호스피탈리스(hospitalis)의 중성형은 호스피탈레(hospitale)인데, 이 말은 '순례자', '참배자', '나그네를 위한 숙소'의 뜻으로 현대어의 병원을 뜻하는 호스피털(hospital)이 파생되었다.

한편 hospitalis의 중성형인 hospitale에서 현재의 hotel(호텔), hospital(병원), hostel(호스텔)이라는 말이 생겨났다. 즉 호텔의 역사는 ① hospital, ② hostel, ③ inn, ④ hotel 등의 순서로 발달되었다.

호텔의 가장 원시적인 형태로 보여지는 호스피털(hospital)은 현대어로 병원(病院)을 의미하지만, 이것은 옛날 여행자의 간이숙박 장소로 이용되었다. 웹스터사전(Webster's Dictionary, 1997)에서는 호텔을 "여행자의 숙박과 휴식의 장소(a place of shelter and rest for travelers)"로 기술하고 있다.

예로부터 호텔은 거주지를 떠난 여행자의 숙식과 휴식을 위한 장소로 인식되어 왔다. 즉 호텔은 거주지를 떠나 여행하는 사람에게 숙식을 제공하고 병약자 · 고아 등을 수용하는 자선시설로써의 기능을 수행하였다.

이처럼 호스피털(hospital)은 두 개의 특성을 가지고 있다. 첫째, 여행자를 정중하게 모시는 장소, 둘째, 환자 · 부상자를 입원시켜 돌보는 시설을 들 수 있다. 그리고 전자의 특성이 발전해서 hostel, inn, 특히 현재의 ① hotel(호텔)이 되었고, 후자의 특성이 현재의 ② hospital(병원)이 되었다.

랜덤하우스(Random House, 1987) 사전에는 호텔을 "여행자에게 숙박을 제공하거나 식당 · 회의실 등을 갖추어 일반대중에게 이용하게 하는 상업적 시설"이라 정의하고 있다. 또한 관광사전에는 호텔을 "여행자나 체류자에게 빌려줄 목적으로 숙박시설을 제공하는 장소"로 정의하고 있다.

따라서 숙박업태의 일종인 호텔은 "거주지를 떠나 이동하는 여행자 또는 일반대중에게 숙박 · 음식 · 음료 등 제반시설을 갖추어 고객에게 친절한 서비스를 상품으로 제공하고, 재화를 취득하는 업체"라고 정의할 수 있다.

2. 호텔업의 역사

1) 유럽

고대 로마시대는 교통수단의 발달과 화폐경제의 진전으로 인해 여행이 더욱 활발해져 숙박시설 또한 번창하게 되었다. 그러나 오늘날 일반적인 호텔의 기원은 18세기 후반 영국의 산업혁명을 계기로 교통수단이 발달하고, 이동이 대량화되었기 때문이다. 산업혁명 이후에는 서비스를 동반한 새로운 기업형태로서 비교적 현대적인 호텔로 발전하게 되었다.

호텔(Hotel)은 19세기 초중엽 유럽에서 출현되었다. 중세의 숙박시설은 우리나라의 조선시대에 존재했던 주막(酒幕 : 시골 길가에서 밥과 술 따위를 팔고 나그네에게 잠자리도 제공하는 집)의 형태와 유사하다. 유럽에서도 태번(tavern : 선술집, 여관, 여인숙)이라는 형태의 주막이 존재하였다. 즉 숙박을 하면서 식사도 하는 곳이 발전하여 오늘날의 호텔이 되었다.

유럽에서 유명한 호텔은 1850년 프랑스 파리에 개점한 르그랜드호텔(Le Grand Hotel)과 1870년에 개점한 세계에서 가장 호화로운 호텔그랜드내셔널(Hotel Grand National), 1875년에 개점한 호텔루브르(Hotel Louver), 1880년에 개점한 리츠호텔(Ritz Hotel) 등이 있다.

독일에서는 1807년 온천휴양도시인 바덴바덴(Baden-Baden)에 바디셰호프(Der badische Hof)가 건립되었다. 그리고 1874년에 카이저호프(Kaiser Hof)

와 1876년에 프랑크푸르터호프(Frankfurter Hof)가 베를린에서 오픈하였다. 이후에도 세계적인 명성을 얻은 호텔은 1899년 영국 런던에 개점한 호텔칼튼(Hotel Carlton)을 꼽을 수 있다. 리츠와 칼튼은 후에 합쳐져 오늘날의 리츠칼튼호텔(Ritz Carlton Hotel)로 남아 있다.

2) 미국

미국은 1776년 신대륙으로 발견된 이래 영국에서 시작된 산업혁명을 거쳐 신속하게 발전된 도시가 등장하게 되었다. 동부지역에서의 도시발전과 함께 금광개발을 위한 서부지역으로의 이전과 함께 유명한 호텔이 도시별로 등장하게 되었다.

1784년에는 미국 최초로 객실 73실 규모의 시티호텔(City Hotel)이 뉴욕 맨해튼(Manhattan)에 건립되었는데, 당시 사교의 중심지로 급부상하면서 주목을 받았다. 이후 1787년 펜실베이니아(Pennsylvania)에 Amdt's Taven, 1807년 보스턴(Boston)과 볼티모어(Baltimore)에 익스체인지 커피하우스(Exchange Coffee House), 그리고 필라델피아(Philadelphia)에도 시티호텔과 유사한 숙박시설이 들어섰다. 이 시기를 가리켜 미국에서는 호텔산업의 황금기라 칭하고 있다.

1800년대에 들어와서 미국에서는 보다 현대적인 형태를 갖춘 대규모 고급 호텔이 들어서기 시작하는데, 이때를 그랜드호텔(grand hotel)의 시대라고 한다. 특히 1829년에는 미국 호텔산업의 원조라 할 수 있는 객실 170실 규모의 트레몬트하우스(Tremont House)가 보스턴에 새로운 경영형태와 고가의 건축비로 건립되었다.

그리고 1836년 뉴욕에 아스토하우스(Astor House), 1870년 시카고에 그랜드퍼시픽(The Grand Pacific), 팔머하우스(Palmer House), 샌프란시스코에는 팰리스(The Palace)가 개점되었다.

1893년에는 뉴욕 중심가에 월도프호텔(Waldorf Hotel)이 개관하였는데, 이 호텔은 다시 1897년에 월도프아스토리아(Waldorf Astoria)라는 이름으로 증축하여 객실 1천 실을 자랑하는 세계 제일의 규모와 시설을 갖추고 등장하였다. 이 호텔은 대규모 호화호텔의 상징으로 오랫동안 세계인의 사랑을 받았다.

20세기 초반에 들어와서는, 뉴욕의 버펄로에 스타틀러호텔(The Statler Hotel : 1908년)이, 뉴욕에는 호텔펜실베이니아(Hotel Pennsylvania), 랄프 리츠(Ralph Ritz), 호텔뉴욕(Hotel New York), 콘래드힐튼(Conrad Hilton)이, 시카고에는 시카고힐튼타워(Chicago Hilton & Towers)가 유명세를 떨쳤다.

20세기 중반을 넘어서면서 지금의 체인방식의 경영기법을 도입한 호텔이 경영노하우의 습득과 지식의 축적으로 전 세계적으로 급격히 증가하게 되었다. 우리나라에 들어와 있는 대표적인 호텔은 힐튼(Hilton) · 쉐라톤(Sheraton) · 메리어트(Marriott) · 하얏트(Hyatt) · 라마다(Ramada) · 홀리데이인(Holiday Inn) · 리츠칼튼(Ritz Carlton) 등이다.

3) 한국

한국의 호텔발전은 주막(酒幕)에서 유래되었다고 볼 수 있다. 식사와 함께 숙박의 기능을 제공한 주막은 서구 문물의 도입과 함께 그 자취를 감추면서 서양식 호텔의 등장을 맞이하게 되었다. 한국의 서양식 건물의 축조는 대개 외국인 선교사가 시작한 학원 사업 · 고아원 사업 등 사회봉사의 차원에서 시작되었고, 외교관의 한국 체류와 함께 서양식 호텔의 수요가 발생하였다.

한국 최초의 서구식 호텔은 1888(고종 25)년에 개점한 높이 3층(객실 11실)의 대불(大佛)호텔로서 인천 서린동에 위치하였다. 일본인 호리 리키타로(掘力太郎)에 의해 개점된 이 호텔은 당시 인천에 입항한 외국인에게는 매우 중요한 숙박시설이었다. 또한 대불호텔 맞은편에 높이 2층(객실 8실)짜리 스튜어드호텔(Steward Hotel)이 청나라의 '이태(怡泰)'라는 사람에 의해 개점되어 영업을 하였다.

1902년에는 한국 최초의 근대식 호텔인 손탁호텔(Sontag Hotel : 독일 출신인 손탁이 건립한 호텔)이 서울 정동 29번지(현 : 이화여중 자리)에 오픈하였다. 1층은 객실과 식당 · 회의장 등을 갖추었고, 2층은 황실의 귀빈을 모시는 객실로 꾸미는 등 우리나라 숙박산업의 발전에 일대 전환기를 가져다주었다.

그리고 1899년 경인선, 1905년 경부선, 1906년 경의선이 개통되면서 철도 이용 여행자의 편의를 도모하기 위해 철도호텔이 등장하게 되었다. 1912년 8월 신의주에 철도호텔이 개관되었고, 같은 해 12월 부산역에 부산철도호텔이 등장하였다.

그러나 실질적인 숙박과 식음료의 기능을 갖춘 호텔은 1914년 서울에 세워진 조선호텔(현 : 지상 19층, 객실 471실)로 당시 4층 규모에 65실의 객실을 갖춘 초특급호텔이었다. 그리고 1915년에는 금강산에 금강산호텔이 세워졌고, 1918년에는 장안사호텔이 개점하였다.

1920년에는 온양온천호텔, 1925년에는 평양호텔이 건립되었고, 그 후 경성호텔 · 광화문호텔 · 목포호텔 · 부산의 동래호텔 · 신촌 부근의 온천호텔 · 월미도호텔 등이 영업을 하였다. 1936년에는 미국 스타틀러호텔(Statler Hotel)의 경영방식을 도입한 반도호텔이 당시 최대의 규모를 자랑하면서 서울 소공동에 8층 규모의 객실 111개실을 갖추고 새롭게 등장하였다.

한편 한국전쟁의 종식과 함께 1950년대에는 온양호텔 · 동래호텔 · 불국사관광호텔 · 설악산관광호텔이 세워졌고, 1952년에는 대원호텔, 1955년에는 금수장호텔(현 : 소피텔앰배서더호텔), 1957년에는 대구관광호텔, 1960년에는 아스토리아호텔과 메트로호텔이 들어섰고, 뒤이어 사보이호텔 · 뉴코리아호텔 · 그랜드호텔이 등장하였다.

1963년에는 워커힐호텔이 개관하였고, 1966년에는 서울 명동 주변에 322실 규모의 세종호텔이 순수한 민간자본으로 건립하였다. 1970년대에 들어서면서 서울에는 호텔건축의 붐이 일어났는데, 이때 등장한 호텔이 현존하는 조선호텔 · 코리아나호텔 · 프라자호텔 · 그랜드하얏트서울 · 호텔롯데 · 호텔신라 등이다.

한국 경제의 발전과 함께 외국인 관광객의 급증에 힘입어 1980년대에는 더 많은 특급호텔이 세워지게 되는데, 특히 1988년에 서울올림픽 개최로 인해 특급호텔이 많이 개장하게 되었다. 1988년에 동시에 오픈한 대표적인 호텔로는 라마다르네상스 · 스위스그랜드 · 인터컨티넨탈 · 롯데월드 등이 있고, 뒤이어 리츠칼튼 · 소피텔앰배서더노보텔 · 래디슨플라자호텔 그리고 메리어트호텔 · 코엑스 인터컨티넨탈호텔 · 콘래드서울 · W서울워커힐호텔 · JW메리어트동대문스퀘어호텔 · 파크하얏트호텔이 등장하였다.

제2절 호텔의 분류

1. 법규에 의한 분류

전술한 바와 같이 관광사업 분야의 하나인 숙박산업은 호텔 · 모텔 · 콘도미니엄 · 유스호스텔(공적 시설) · 국민숙사 등 다양한 시설이 존재하나 대표적인 사업은 호텔이다. 「관광진흥법」에서는 관광숙박업을 호텔업과 휴양콘도미니엄업으로 나누고, 호텔업을 다시 ① 관광호텔업, ② 수상관광호텔업, ③ 한국전통호텔업, ④ 가족호텔업, ⑤ 호스텔업, ⑥ 소형호텔업, ⑦ 의료관광호텔업으로 세분하고 있다.

호텔업이란 관광객의 숙박에 적합한 시설을 갖추어 이를 관광객에게 제공하거나 숙박에 딸린 음식 · 운동 · 오락 · 휴양 · 공연 또는 연수에 적합한 시설 등을 함께 갖추어 이를 이용하게 하는 업을 말하는데, 이를 세분하면 다음과 같다.

1) 관광호텔업

관광호텔업은 '관광객의 숙박에 적합한 시설을 갖추어 이를 관광객에게 이용하게 하고, 숙박에 딸린 음식 · 운동 · 오락 · 휴양 · 공연 또는 연수에 적합한 시설(부대시설) 등을 함께 갖추어 관광객에게 이용하게 하는 업'을 말한다.

종전에는 관광호텔업을 종합관광호텔업과 일반관광호텔업으로 분류하였으나, 2003년 8월에 「관광진흥법 시행령」을 개정하면서 이를 통합하여 관광호텔업으로 단일화하였다. 호텔의 등급은 특1등급(황금빛 무궁화 5개), 특2등급(녹색 무궁화 5개), 1등급(무궁화 4개), 2등급(무궁화 3개), 3등급(무궁화 2개)으로 구분하고 있다.

2) 수상관광호텔업

수상관광호텔업은 '수상에 구조물 또는 선박을 고정하거나 매어 놓고 관광객의 숙박에 적합한 시설을 갖추거나 부대시설을 함께 갖추어 관광객에게 이용하게 하는 업'을 말한다. 우리나라에는 2000년 7월 20일 최초로 부산 해운대구에 객실 수 53실의 수상관광호텔이 등록되었다.

3) 한국전통호텔업

한국전통호텔업은 '한국전통의 건축물에 관광객의 숙박에 적합한 시설을 갖추거나 부대시설을 함께 갖추어 관광객에게 이용하게 하는 업'을 말한다. 1991년 7월 26일 전국 최초로 제주도 중문관광단지 내에 객실 수 26실의 한국전통호텔이 등록되었다.

4) 가족호텔업

가족호텔업은 '가족단위 관광객의 숙박에 적합한 시설 및 취사도구를 갖추어 관광객에게 이용하게 하거나 숙박에 딸린 음식 · 운동 · 휴양 또는 연수에 적합한 시설을 함께 갖추어 관광객에게 이용하게 하는 업'을 말한다. 특히 정부는 가족단위 관광수요에 부응하여 국민복지 차원에서 저렴한 비용으로 가족여행을 영위할 수 있도록 호텔 내에 취사장 · 운동 및 오락시설 등을 겸비하도록 하고 있다.

5) 호스텔업

호스텔업은 배낭여행객 등 개별관광객의 숙박에 적합한 시설로서 샤워장 · 취사장 등의 편의시설과 외국인 및 내국인 관광객을 위한 문화 · 정보 교류시설 등을 갖추어 이용하게 하는 업을 말하는데, 이는 2009년 10월 7일 「관광진흥법 시행령」 개정 때 호텔업의 한 종류로 신설되었다. 2010년 12월 21일 전국 최초로 제주도에 1개소의 호스텔이 등록되었다.

6) 소형호텔업

관광객의 숙박에 적합한 시설을 소규모로 갖추고, 숙박에 딸린 음식 · 운동 · 휴양 또는 연수에 적합한 시설을 함께 갖추어 관광객에게 이용하게 하는 업을 말한다.

이는 외국인관광객을 맞이하여 관광숙박 서비스의 다양성을 제고하고 부가가치가 높은 고품격의 융 · 복합형 관광산업을 집중적으로 육성하기 위하여 2013년 11월 「관광진흥법 시행령」 개정 때 호텔업의 한 종류로 신설된 것이다. 소형호텔업에 대한 투자를 활성화시켜 관광숙박 서비스의 다양성을 제고하고, 관광숙박시설을 확충하는 데 기여할 것으로 기대되고 있다.

7) 의료관광호텔업

의료관광객의 숙박에 적합한 시설 및 취사도구를 갖추거나 숙박에 딸린 음식 · 운동 또는 휴양에 적합한 시설을 함께 갖추어 관광객에게 이용하게 하는 업을 말한다. 이는 외국인관광객을 맞이하여 관광숙박 서비스의 다양성을 제고하고 부가가치가 높은 고품격의 융 · 복합형 관광산업을 집중적으로 육성하기 위하여 2013년 11월 「관광진흥법 시행령」 개정 때 호텔업의 한 종류로 신설된 것이다. 의료관광객의 편의가 증진되어 의료관광 활성화에 기여할 것으로 기대되고 있다. 호텔업의 종류를 정리하면 〈표 13-1〉과 같다.

〈표 13-1〉 호텔업의 종류

구분	내용
관광호텔업	- 관광객의 숙박에 적합한 시설을 갖추어 이를 관광객에게 이용하게 하고, 숙박에 딸린 음식 · 운동 · 오락 · 휴양 · 공연 또는 연수에 적합한 시설(부대시설) 등을 함께 갖추어 이를 이용하게 하는 업
수상관광호텔업	- 수상에 구조물 또는 선박을 고정하거나 매어 놓고, 관광객의 숙박에 적합한 시설을 갖추거나 부대시설을 함께 갖추어 관광객에게 이용하게 하는 업
한국전통호텔업	- 한국전통의 건축물에 관광객의 숙박에 적합한 시설을 갖추거나 부대시설을 함께 갖추어 관광객에게 이용하게 하는 업
가족호텔업	- 가족단위 관광객의 숙박에 적합한 시설 및 취사도구를 갖추어 관광객에게 이용하게 하거나 숙박에 딸린 음식 · 운동 · 휴양 또는 연수에 적합한 시설을 함께 갖추어 관광객에게 이용하게 하는 업
호스텔업	- 배낭여행객 등 개별관광객의 숙박에 적합한 시설로서 샤워장 · 취사장 등의 편의시설과 외국인 및 내국인 관광객을 위한 문화 · 정보 교류시설 등을 갖추어 이용하게 하는 업(2009년 10월 7일 「관광진흥법 시행령」 개정 때 새로 추가된 업종)
소형호텔업	- 관광객의 숙박에 적합한 시설을 소규모로 갖추고, 숙박에 딸린 음식 · 운동 · 휴양 또는 연수에 적합한 시설을 함께 갖추어 관광객에게 이용하게 하는 업
의료관광호텔업	- 의료관광객의 숙박에 적합한 시설 및 취사도구를 갖추거나 숙박에 딸린 음식 · 운동 또는 휴양에 적합한 시설을 함께 갖추어 관광객에게 이용하게 하는 업

2. 일반적인 분류

1) 입지조건

호텔을 〈표 13-2〉와 같이 입지조건의 유형에 의해 분류하면, ① 메트로폴리탄호텔(metropolitan hotel), ② 시티호텔(city hotel), 서버번호텔(suburban hotel), ④ 컨트리호텔(country hotel), ⑤ 에어포트호텔(airport hotel), ⑥ 시포트호텔(seaport hotel), ⑦ 터미널호텔(terminal hotel), ⑧ 비치호텔(beach hotel) 등으로 나눌 수 있다.

〈표 13-2〉 입지조건의 유형에 의한 분류

구분	내용
메트로폴리탄 호텔	-주로 대도시에 위치해 수천 개의 객실을 보유한 호텔로 일시에 많은 고객을 수용할 수 있으며, 대규모의 대집회장 · 연회장 등을 갖춤
시티호텔	-도시 중심지에 위치한 호텔로 비즈니스센터 · 쇼핑센터 등이 있는 시내 중심지에 위치한 호텔이다. 사업상 또는 개인적인 일로 도시를 방문하는 사람들이 많이 이용
서버번호텔	-도시를 벗어나 한가한 교외에 건립된 호텔이다. 요즘 주차가 편리한 교외호텔을 이용하는 가족단위가 많아지고 있는데, 공기가 좋은 전원의 기분을 만끽할 수 있는 장점이 있음
컨트리호텔	-산간에 위치한 호텔로 일명 '마운틴호텔'이라 부른다. 특히 골프 · 스키 · 등산 등의 여가기능을 갖춘 호텔
에어포트호텔	-공항 근처에 위치한 호텔로 항공기 사정으로 출발 또는 도착이 지연되어 탑승을 기다리는 고객이나 항공승무원 등이 이용하기에 편리한 호텔
시포트호텔	-항구 근처에 위치한 호텔로 여객선의 출입으로 인한 승객과 선원들이 이용하기에 편리한 호텔
터미널호텔	-철도역이나 버스터미널 근처에 위치한 호텔로 외국에서는 주요 역마다 흔히 볼 수 있는 호텔
비치호텔	-경치가 수려한 아름다운 해변가나 호수, 물놀이와 해수욕을 즐길 수 있는 곳에 위치한 호텔

3. 숙박기간

호텔을 〈표 13-3〉과 같이 숙박기간 조건 유형에 의해 분류하면, ① 트랜지언트호텔(transient hotel), ② 레지덴셜호텔(residential hotel), ③ 퍼머넌트호텔(permanent hotel) 등으로 나눌 수 있다.

〈표 13-3〉 숙박기간 조건 유형에 의한 분류

구분	내용
트랜지언트호텔	-교통편이 편리한 장소에 위치해 있고, 보통 2~3일간의 단기 숙박객이 많이 이용하는 호텔
레지덴셜호텔	-주택용 호텔로서 대체로 1주일 이상 체류하는 고객을 대상으로 하는 호텔
퍼머넌트호텔	-최소한의 주방시설 등을 갖춘 호텔로서 아파트먼트식 장기체류자의 이용을 전문적으로 하며, 일반적으로 메이드 서비스를 제공

1) 이용목적

호텔을 〈표 13-4〉와 같이 이용목적 조건 유형에 의해 분류하면, ① 커머셜호텔(commercial hotel), ② 컨벤션호텔(convention hotel), ③ 리조트호텔(resort hotel), ④ 아파트먼트호텔(apartment hotel), ⑤ 카지노호텔(casino hotel) 등으로 나눌 수 있다.

〈표 13-4〉 이용목적 조건 유형에 의한 분류

구분	내용
커머셜호텔	-전형적인 상용호텔로 일명 '비즈니스호텔(business hotel)'이라고도 하며, 주로 도시 중심지에 위치한 호텔
컨벤션호텔	-객실의 대형화는 물론 대회의장 · 연회실 · 전시실을 갖춘 호텔
리조트호텔	-관광지나 피서 · 피한지 · 해변 · 산간 등 보건 휴양지에 위치한 호텔

구분	내용
아파트먼트호텔	- 객실마다 주방설비를 갖춘 호텔
카지노호텔	- 주로 갬블러(gambler)들이 찾는 호텔

2) 경영형태

호텔을 〈표 13-5〉와 같이 경영형태 조건 유형에 의해 분류하면, ① 독립경영호텔(independent hotel), ② 임차경영호텔(lease hotel), ③ 체인호텔(chain hotel), ④ 리퍼럴호텔(referral hotel) 등으로 나눌 수 있다.

〈표 13-5〉 경영형태 조건 유형에 의한 분류

구분	내용
독립경영호텔	- 독립경영호텔은 소유권이나 경영제휴 등에서 다른 호텔과 아무런 연관도 맺지 않는 순수 경영방식
임차경영호텔	- 토지 및 건물에 투자할 수 있는 능력이 없는 호텔경영자가 제3자의 건물을 임대하여 사업을 경영하는 방식
체인호텔	- 기업 간 어떤 형태로든 연결되어 있는 경우를 말하며, 대표적인 체인경영방식으로 프랜차이즈 방식 · 위탁경영 방식이 있음
리퍼럴호텔	- 비영리단체로서 회원호텔에 의해 운영되므로 호텔 소유주는 배타적 경영권을 행사함과 동시에 공동경영체제의 장점을 살림

3) 시설형태

호텔을 〈표 13-6〉과 같이 시설형태 조건 유형에 의해 분류하면, ① 모텔(motel), ② 보텔(botel), ③ 요텔(yachtel), ④ 플로텔(floatel), ⑤ 유스호스텔(youth hostel) 등으로 나눌 수 있다.

〈표 13-6〉 시설형태

구분	내용
모텔	- 가장 대중적인 숙박시설
보텔	- 보트로 여행하는 사람이 주로 이용하는 호텔
요텔	- 요트 여행자를 위한 숙박시설
플로텔	- 여객선 또는 카페리 같은 호텔
유스호스텔	- 청소년을 위한 숙박시설

4) 요금방식

호텔을 〈표 13-7〉과 같이 요금방식 형태 조건 유형에 의해 분류하면, ① 미국식 호텔(American plan hotel), ② 유럽식 호텔(European plan hotel) 등으로 나눌 수 있다.

〈표 13-7〉 요금방식

구분	내용
미국식 호텔	- 객실요금에 매일 3식의 식사요금이 포함되는 숙박요금 형태
유럽식 호텔	- 객실요금에 식대를 포함하지 않는 숙박요금 형태

5) 기타 숙박시설

기타 숙박시설은 〈표 13-8〉과 같이 ① 민박, ② 인, ③ 팡숑, ④ 로지, ⑤ 여텔, ⑥ 호스텔, ⑦ 여관, ⑧ 회관호텔, ⑨ 산장, ⑩ 샤토, ⑪ 샤레이, ⑫ 마리나, ⑬ 캠핑, ⑭ 글램핑, ⑮ 빌라, ⑯ 방갈로, ⑰ 국민숙사, ⑱ 코티지 등을 들 수 있다.

〈표 13-8〉 기타 숙박시설

구분	내용
민박	-민박은 '일반민가에서 잠을 자거나 머무름', '여행하면서 일반민가에서 잠을 자거나 머무르다'의 뜻으로 주로 계절적 · 임시적으로 영업
인	-인(inn)은 '여행자에게 공공 숙박과 때로는 음식 및 유흥을 제공하는 건물'을 의미하며, 최근 미국에서는 홀리데이 인을 비롯해서 Inn의 명칭을 사용하는 고급호텔이 설립
팡숑	-팡숑(pension)은 원래 연금생활을 하는 은퇴부부가 가족단위로 경영하는 소규모 숙박업소에서 유래되었으며, 주로 스페인 등의 남유럽 국가에서 볼 수 있는 형태의 숙박업소로 민박과 비슷한 개념
로지	-로지(lodge)는 '숙박하다, 오두막'이라는 뜻으로 농촌에 있는 간이호텔을 말하며, 펜션과 큰 차이가 없음
여텔	-여관과 호텔을 복합한 형식
호스텔	-호스텔은 숙박시설의 하나로 이용자에게 저렴한 가격으로 숙소를 제공하며, 보통 커다란 공동침실에서 여러 명이 투숙하고, 샤워실과 주방은 이용객이 공동으로 사용
여관	-여관은 서민의 숙박시설로 일정한 돈을 지급하고 손님이 묵는 집'이라는 뜻
회관호텔	-호텔과 회관의 역할을 함께함
산장	-소규모 숙박시설로 '산에 오른 사람이 묵거나 쉴 수 있게 산속에 만든 편의시설'이라는 뜻
샤토	-샤토(chateau)는 13~14세기 프랑스에서 방어용으로 세웠던 구조물 또는 성으로 나중에 이 말은 영주 저택을 일컫게 되었으며, 전원주택을 가리키는 말
샤레이	-열대지방의 숙박시설
마리나	-마리나(marina)는 해안 · 해변 · 해변의 풍경을 의미하며, 유람선 정박지 등의 시설을 갖춘 곳을 말함
캠핑	-캠핑(camping)은 '천막 · 텐트 따위를 치고 야외에서 먹고 잠', '산이나 들 또는 바닷가에 텐트를 치고 야영하다'라는 뜻으로 야영할 수 있도록 설비를 갖춘 곳을 말함

구분	내용
글램핑	– 다양한 편의시설과 서비스를 갖춘 고급스러운 캠핑을 말함
빌라	– 빌라(villa)는 영국에서는 완전히 독립되었거나 한쪽 벽만 이웃집과 연결된 작은 교외주택을 의미하며, 미국에서는 일반적으로 교외나 시골의 호화스런 저택을 가리킴
방갈로	– 열대지방의 건축형태로 '산이나 바닷가 같은 곳에 지어 여름철에 캠프용이나 피서용으로 쓰는 작은 집'을 뜻함
국민숙사	– 일본의 국민관광 개념의 숙소로서 가족단위의 휴가를 즐길 수 있는 저렴한 공공숙박시설로 정부나 공공단체에 의해 운영됨
코티지	– 코티지(cottage)는 초가 형태의 소규모 단독 숙박시설로 '오두막 · 별장 · 집의 · 보금자리'라는 뜻

제3절 호텔업의 특성

1. 호텔업의 특성

호텔은 서비스산업을 대표하는 기업으로 일반 제조업체의 특성과는 확연히 다르다. 서비스기업으로서의 호텔업의 특성은 크게 ① 생태적 특성, ② 상품적 특성, ③ 경영적 특성 등으로 나누어볼 수 있다.

1) 호텔 서비스의 생태적 특성

호텔 서비스의 생태적 특성은 〈표 13-9〉와 같이 ① 무형성, ② 이질성, ③ 비분리성, ④ 소멸성 등을 들 수 있다.

〈표 13-9〉 호텔 서비스의 생태적 특성

특성	내용
무형성	-만져보거나 볼 수 없기 때문에 서비스를 묘사 · 측정 · 표준화 곤란
이질성	-같은 서비스라도 서비스를 제공받는 고객에 의해 각각 다르게 인식됨
비분리성	-생산과 소비가 동시에 같은 장소에서 발생, 고객이 생산과정에 직접 참여
소멸성	-생산과 소비가 동시에 이루어지기 때문에 재고로 저장이 불능

2) 호텔 서비스의 상품적 특성

호텔 서비스의 상품적 특성은 〈표 13-10〉과 같이 ① 부동성, ② 계절성, ③ 탄력성, ④ 환경성, ⑤ 입지성, ⑥ 반복성 등을 들 수 있다.

〈표 13-10〉 호텔 서비스의 상품적 특성

특성	내용
부동성	-호텔 서비스 상품은 이동이 불가능하기 때문에 고객이 직접 호텔방문 후 상품 구매. 단, 출장연회 등은 예외
계절성	-호텔상품은 성수기와 비수기의 구별이 뚜렷함
비탄력성	-호텔객실은 처음 건립되면서 상품의 수량이 고정
환경성	-정치 · 경제 · 사회환경 등 외부환경의 변화에 민감
입지성	-호텔상품은 대표적인 입지상품. 즉 입지선정이 중요
반복성	-객실 또는 식음료 상품의 판매를 위한 준비과정은 매일 반복됨

3) 호텔 서비스의 경영적 특성

호텔 서비스의 경영적 특성은 〈표 13-11〉과 같이 ① 인적 서비스 의존성, ② 비신축성, ③ 연중무휴영업, ④ 계절성, ⑤ 시설의 조기노후화, ⑥ 공공성 상품, ⑦ 고정자산 의존성, ⑧ 초기투자의 과다, ⑨ 고정비 과다지출, ⑩ 낮은 자본 회전율, ⑪ 비전매성 등을 들 수 있다.

〈표 13-11〉 호텔 서비스의 경영적 특성

특성	내용
인적 서비스 의존성	-노동집약적 산업이므로 인적 서비스에 대한 의존도가 높음(인건비 과다지출 문제 발생)
비신축성	-객실 수나 부대시설의 수용력을 상황에 따라 조정할 수 없음
연중무휴영업	-1일 24시간, 1년 365일 연중무휴의 영업체제 유지
계절성	-성수기와 비수기의 변동이 매우 큼
시설의 조기노후화	-불특정 다수의 고객들이 1년 365일 계속해서 이용하기 때문에 진부화가 빠름
공공성 상품	-국가적 차원에서의 국제적 위신을 지켜야 하는 공공성을 갖고 있는 상품
고정자산 의존성	-호텔은 자본금의 70~80%가 건물 · 토지 · 비품 · 시설 · 집기 등과 같은 고정자산에 집중
초기투자의 과다	-영업개시 전에 총투자금의 대부분이 토지(30%) · 건물(50%) · 기타 가구 및 설비 등에 투자
고정비 과다지출	-인건비(매출대비 40%) · 각종 시설관리유지비 · 감가상각비 · 급식비 · 세금 · 수선비 · 로열티 등 고정경비 지출이 높음
낮은 자본 회전율	-토지와 건물 등 고정자산에 대한 투자가 초기에 집중되어 있어 자본의 회전속도(10년)가 매우 느림
비전매성	-일정한 장소에서만 판매(이동판매 불가능)
기타	-다기능성, 다양한 분야의 전문인력 확보 문제 등

2. 호텔 손님의 유형

호텔의 객실을 이용하는 사람을 손님 또는 고객(Guest)이라고 한다. 호텔을 이용하는 손님은 매우 다양하다. 특히 여행을 즐기는 사람은 대부분 호텔에서 숙박 및 식사를 해결하고 있다. 호텔 손님을 체계적으로 분류하는 것도 투숙객을 이해하여 이를 경영에 반영할 수 있다는 측면에서 매우 중요하다.

고메스(Gomes, 1985)는 호텔 손님을 〈표 13-12〉와 같이 ① 일반여행 손님, ② 컨벤션 · 협회 단체 손님, ③ 기업 개별 손님, ④ 기업 단체 손님, ⑤ 장기체류 · 이주 손님, ⑥ 항공사 손님, ⑦ 정부 · 군인 손님, ⑧ 지역주민 손님으로 분류하였다.

〈표 13-12〉 호텔 손님의 유형

구분	내용
일반여행 손님	-일반여행 손님은 개인 또는 가족과 함께 여행을 하며, 여행목적은 관광 또는 친구나 친족들을 방문하는 형태로 리조트호텔을 제외하면 이들은 보통 하루 정도 호텔에 투숙하며 보통 성수기에 여행
컨벤션 · 협회 단체 손님	-보통 컨벤션 · 협회행사에의 참가자는 수천 명에 이르며, 컨벤션 참가자는 할인된 가격으로 객실 · 식사 · 기타 부대 서비스를 포함하는 대규모 호텔을 이용 -소규모의 객실과 한정된 컨벤션 시설을 보유한 호텔들은 비수기에 대폭적으로 할인된 가격으로 단체손님을 유치하며, 컨벤션 참가자는 보통 약 3~4일 정도 체류
기업 개별 손님	-비즈니스를 목적으로 여행하는 개인을 말하며, 1~2일 정도 호텔에 투숙 -기업체 손님은 대부분 자주 호텔을 이용하며 연간 약 15~20여 회 정도 이용 -기업 개별 손님은 비교적 비용에 덜 민감한 편이며, 또 호텔로부터 인정받거나 특별한 예우를 원하는 성향이 높음
기업 단체 손님	-단체로 비즈니스 목적으로 여행을 하며, 기업 개별 손님과는 달리 호텔이 위치한 지역의 다른 장소에서 개최되는 작은 모임이나 회의에 참석하기 위해 여행 -기업 내의 여행담당 부서나 여행사를 통해 호텔객실을 집단으로 예약하여 이용하며, 평균 체류기간은 약 2~4일 사이임
장기체류 · 이주 손님	-주로 이주하는 개인 또는 가족으로서 새로운 거주지를 찾을 때까지 한정적으로 호텔을 이용하거나 장기 출장자인 경우가 많음 -주로 약간의 취사시설과 일반 객실보다 좀 더 넓은 주거공간을 가진 객실을 선호

구분	내용
항공사 손님	–항공사는 호텔과 가격협정을 통하여 승무원을 호텔에 투숙시키며, 또한 기상이변 등으로 예상치 못한 숙박이 필요한 승객에게 객실을 제공 –항공사는 객실을 보통 최저가격으로 집단으로 예약
정부 · 군인 손님	–출장을 하는 정부 관리나 군인으로서 이들에게는 협정에 의해 미리 결정된 대폭 할인된 가격으로 객실을 제공 –보통 정부 혹은 군대조직과 서비스 수준에 대한 계약을 마친 제한된 수의 호텔이 이들에게 객실을 제공
지역주민 손님	–호텔은 비수기에 대폭 할인된 가격으로 같은 지역에 사는 주민 손님을 대상으로 단기체류형 객실을 판매 –객실 외에 약간의 식사와 오락프로그램을 제공

3. 호텔의 조직구조

호텔조직은 호텔의 규모 · 입지조건 · 경영 및 구조적 형태 등 다양한 요인에 의해 호텔별로 특성을 가지게 된다. 일반적인 호텔조직의 기본구조는 ① 객실부서(room department), ② 식음료부서(food & beverage department), ③ 관리부서(management & executive department)로 구분된다.

1) 객실부서

객실부서는 호텔 수익창출의 핵심으로서 현관(영업)부서에 영업의 기회를 제공하는 중요한 부서이다. 즉 객실에 대한 전반적인 기본 직무로 ① 프런트 데스크, ② 유니폼 서비스, ③ 당직지배인, ④ 하우스키핑, ⑤ 세탁실 등으로 구성된다.

객실부서에는 예약실 · 프런트 오피스 · 하우스키핑 · 전화교환실 등이 포함되며, 주요 업무는 상품판매 촉진 · 고객접객 및 안내 · 고객관리 · 객실예약 · 객실배정 · 우편물 및 전화 메시지 전달 · 보안 및 안전 · 객실 및 로비 청소 ·

타 부서와의 업무조정 및 협동기능 등을 들 수 있다. 객실부서의 구성은 〈표 13-13〉과 같다.

〈표 13-13〉 객실부서의 구성

구성	내용
프런트 데스크 (front desk)	-호텔에 대한 각종 정보제공 · 객실배정 · 체크인 및 체크아웃 · 객실 예약 등으로 이루어지며, 호텔의 중추적인 역할수행. 일반적으로 프런트 데스크는 레지스트레이션(registration) · 인포메이션(information) · 캐셔(cashier) 등으로 구성
유니폼 서비스 (uniformed service)	-유니폼을 착용하고 서비스를 제공하는 부서로 도어맨(doorman) · 벨맨(bellman) · 컨시어지(concierge) · 주차대행 서비스(valet parking service) 등으로 구성
당직지배인 (duty manager)	-24시간 대기하면서 VIP 보좌 및 고객의 불평을 처리, 위급상황 시 병원 연락, 야간 및 공휴일 업무순찰, 일일 일반상황 보고 등
하우스키핑 (housekeeping)	-객실정비 담당부서로 호텔의 주된 상품인 객실을 생산해 내는 역할과 동시에 프런트 오피스의 가장 중요한 지원부서
세탁실 (laundry)	-물세탁 · 드라이클리닝 · 다림질 서비스 등

2) 식음료부서

호텔에서 음식 및 음료를 판매하는 부서로 일반적으로 〈표 13-14〉와 같이 ① 레스토랑, ② 음료(바, 커피숍 등), ③ 연회 등으로 구성된다.

〈표 13-14〉 식음료부서의 구성

구성	내용
레스토랑	-일반적으로 식당의 대명사로 인식되고 있으며, 웨이터나 웨이트리스에 의해 식사와 음료가 주문되고 제공되는 고급 서비스가 이루어지는 고급 식당을 말하며, 서양식당(이탈리아 · 프랑스 · 아메리칸 레스토랑) · 일식당 · 중식당 · 뷔페식당 · 룸서비스 등으로 구성

구성	내용
커피숍	-고객의 왕래가 많은 장소에서 음료와 가벼운 식사를 제공하는 식당의 일종. 일반적으로 알코올성 음료와 비알코올성 음료를 판매하는 곳으로 바 · 라운지 · 클럽 등 다양한 형태로 운영
연회	-각종 이벤트나 리셉션과 같은 모든 행사를 주관하는 부서로 웨딩 · 축하 파티 · 출장연회 등 다양한 이벤트 유치

3) 관리부서

관리부서는 〈표 13-15〉와 같이 ① 관리부, ② 시설관리부 ③ 마케팅 · 판촉부, ④ 인적 자원부, ⑤ 회계부 등으로 구성된다.

〈표 13-15〉 관리부서의 구성

구성	내용
관리부	-호텔 내 보안 · 안전 · 소방 · 경비 기능 담당
시설관리부	-전기설비 · 급수설비 · 배수설비 · 방재설비 등
마케팅 · 판촉부	-객실 · 시설 · 서비스 등 판매(영업 판촉 · 객실예약 · 홍보)
인적 자원부	-직원 채용 및 면접 · 직원 복리후생 · 직원 교육 및 훈련
회계부	-고객과 상거래에서 발생하는 모든 재무적 거래의 기록과 재무제표 작성(재무회계 · 영업회계 · 여신관리 · 원가관리 · 구매관리 · 전산실)

제4절 호텔예약의 기본

일반적으로 호텔예약 시스템은 항공사에서 보유하고 있는 ① 컴퓨터 예약 시스템(CRS : Computer Reservation System)과 ② 광역유통 시스템(GDS : Global Distribution System), ③ POS(Point Of Sales), ④ PBX(Private Branch eXchange) 등으로 이루어져 있다.

1. CRS

CRS(Computer Reservation System)는 컴퓨터화된 예약 시스템으로 판매와 경영을 목적으로 하는 호텔예약 시스템을 말한다.

2. GDS

GDS(Global Distribution System)는 광역유통 시스템으로 세계 각국에서 사용되고 있는 네트워크의 제공 상품과 기능의 유통을 위한 한 개 이상의 CRS 체제를 말한다.

3. POS

POS(Point Of Sales)는 판매시점 정보관리 시스템을 말하며, 한 영업장에서 발생된 각종 데이터가 매니저나 사용자가 원하는 시점에서 terminal, out-put report로서 즉시 집계와 분석이 가능한 hotel front reservation용 시스템이다.

4. PBX

PBX(Private Branch eXchange)는 외부선과 접속되어 있는 전화의 자동화를 말하며, 전화도수 자동 산출기의 설치로 호텔에서 통화의 신뢰성과 전화요금 수납의 정확성을 기할 수 있다.

연습문제

01. 호텔의 변천과정으로 옳은 것은?

① hospital, hostel, inn, hotel ② hostel, inn, hotel, motel

③ inn, hostel, hotel, motel ④ inn, motel, hostel, hotel

02. 1888년에 개점한 한국 최초의 서구식 호텔은?

① 손탁호텔 ② 조선호텔

③ 경성호텔 ④ 대불호텔

03. 호텔의 법규에 따른 분류로 옳지 않은 것은?

① 수상관광호텔업 ② 호스텔업

③ 유스호스텔업 ④ 한국전통호텔업

04. 호텔의 입지조건에 의한 분류로 옳지 않은 것은?

① 퍼머넌트호텔 ② 시티호텔

③ 서버번호텔 ④ 에어포트호텔

05. 호텔의 이용목적에 의한 분류로 옳지 않은 것은?

① 리조트호텔 ② 시포트호텔

③ 커머셜호텔 ④ 컨벤션호텔

06. 다음 설명에 해당하는 용어는?

> 숙박시설의 하나로 이용자에게 저렴한 가격으로 숙소를 제공하며, 보통 커다란 공동침실에서 여러 명이 투숙하고, 샤워실과 주방은 이용객이 공동으로 사용

① 방갈로　　② 코티지
③ 호스텔　　④ 샤레이

07. 호텔 서비스의 생태적 특성으로 옳지 않은 것은?

① 부동성　　② 이질성
③ 소멸성　　④ 무형성

08. 호텔 서비스의 상품적 특성으로 옳지 않은 것은?

① 계절성　　② 유동성
③ 반복성　　④ 입지성

09. 호텔 서비스의 경영적 특성으로 옳지 않은 것은?

① 연중무휴 영업　　② 고정비 과다지출
③ 비탄력성　　④ 초기투자의 과다

10. 유니폼을 착용하고 서비스를 제공하는 부서로 옳지 않은 것은?

① cashier　　② doorman
③ bellman　　④ concierge

11. 다음 설명에 해당하는 용어는?

> 24시간 대기하면서 VIP 보좌 및 고객의 불평을 처리, 위급상황 시 병원 연락, 야간 및 공휴일 업무순찰, 일일 일반상황 보고업무 등을 담당

① uniformed service　② front desk
③ duty manager　④ registration

12. 다음 설명에 해당하는 용어는?

광역유통 시스템으로 세계 각국에서 사용되고 있는 네트워크의 제공 상품과 기능의 유통을 위한 한 개 이상의 CRS 체제를 말함

① POS　② CRS
③ PBX　④ GDS

정답

01 ①, **02** ④, **03** ③, **04** ①, **05** ②, **06** ③, **07** ①, **08** ②, **09** ③(상품적 특성), **10** ①, **11** ③, **12** ④

제14장

외식산업

학습 포인트

- 제1절에서는 외식산업의 정의와 국내외의 외식산업 발전과정에 대해 학습한다.
- 제2절에서는 외식산업과 현대 외식문화의 특성에 대해 학습한다.
- 제3절에서는 외식산업의 경영형태와 분류에 대해 학습한다.
- 제4절에서는 외식업소의 서비스 형태에 따른 분류, 메뉴품목에 대한 분류, 레스토랑 명칭에 의한 분류 등을 세세하게 학습한다.
- 연습문제는 외식업을 총체적으로 학습한 후에 풀어본다.

제1절 외식산업의 개념

1. 외식산업의 정의

인간의 식생활은 인류의 탄생과 함께 시작된 본능적인 생존수단이었지만, 현대는 삶의 질이나 가치를 높이고 생활을 보다 윤택하게 해주고 있다. 최근 다양한 업종의 출현과 식생활의 변화 · 공급의 다양화 등으로 인해 우리나라의 외식업도 점차 산업화되어 가고 있다.

식생활은 크게 ① 가정 내(內) 식생활과 ② 가정 외(外) 식생활로 분류할 수 있는데, 전자를 내식(內食, eating-in) 또는 가정식, 후자를 외식(外食, eating-out)이라고 한다. 외식(外食)의 사전적 의미는 "집에서 직접 해 먹지 아니하고 밖에서 음식을 사 먹음. 또는 그런 식사"를 뜻하고, 외식산업(外食產業 : food service industry)은 "사람들에게 끼니가 되는 음식을 전문적으로 판매하는 영업"을 의미한다.

특히 외식산업은 음식을 제공하는 ① 식당(포장만 하여 판매), ② 포장판매업(take-out : 포장해서 가정까지 배달), ③ 배달판매업(delivery : 음식을 직접 조리하여 가정이나 특정장소에서 제공), ④ 출장외식업(catering : 음식조달 · 음식 조달업자가 제공하는 요리) 등으로 구분하고 있다.

외식사업(food service business)은 '영리를 목적으로 하는 경제활동을 의미하며, 각각의 기업'을 뜻하고, 외식산업(food service industry)은 '재화 및 용역을 생산하는 경제활동의 단위로 유사한 종류의 제품 또는 서비스를 공급하는 기업, 즉 복수의 기업이 존재하고 있는 경우 이들이 서로 경쟁관계에 있는 동일한 분야를 의미'한다.

그리고 식사와 음료를 제공하는 대표적인 곳을 레스토랑(restaurant)이라고 한다. 레스토랑은 프랑스에서 온 영어 표기인데, 어원은 레스토레(restaurer)

이다. 즉 '식사와 음료를 먹고 마심으로써 지치고 굶주린 상태에서 건강을 회복한다'는 의미를 담고 있다. 따라서 레스토랑은 고객에게 친절하고, 수준 높은 서비스로 고객의 지친 심신을 회복시켜 주어야 할 것이다.

「외식산업진흥법」은 제2조 제3호에서 외식산업을 "외식상품의 기획 · 개발 · 생산 · 유통 · 소비 · 수출 · 수입 · 가맹사업 및 이에 관련된 서비스를 행하는 산업과 그 밖에 대통령령으로 정하는 산업"이라고 정의하고 있다.

2. 외식산업의 발전

1) 미국

미국의 대표적인 현대적 레스토랑은 1827년에 창업한 델모니코(Delmonico's)를 꼽을 수 있다. 이 레스토랑은 메뉴를 영문과 프랑스어로 표기하여 국제적인 명성을 얻게 되었으며, 1923년에 뉴욕을 중심으로 9개의 레스토랑을 오픈하였다.

1876년에는 프레드 하베이(Fred Harvey)가 미국 캔자스의 토페카역에 레스토랑을 개점하였고, 그 후 애치슨역과 산타페역 등과 제휴하여 개점하였다. 1926년에 톰슨(Thompson) 社는 풀 서비스 방식에서 차별화된 셀프서비스 방식 시스템을 도입하여 간단한 아침식사 제공과 테이블의 규격화 등을 실시하였다. 또한 센트럴 키친(Central Kitchen) 시스템을 도입하여 원가절감 및 표준화된 대량생산 체제를 실현하였다.

1930년대에는 교통수단의 발달과 함께 새로운 형태의 외식업체가 등장하기 시작하였고, 1937년에는 항공 기내식이 시작되었다. 또한 하워드존슨(Howard Johnson) 社가 대도시 교외에 레스토랑을 개업하였고, 1937년에는 메리어트(Marriott) 社가 최초로 기내식을 도입하였다.

1941년에는 던킨도너츠(Dunkin's Donut) 社에서 도넛을 출점하면서 외식산업으로서의 기반을 마련하였고, 1942년에는 스카이 셰프가 학교급식을 시작하였다. 1946년에는 미연방정부에서 '국립학교 점심식사에 관한 법령'을 제정해 국가적 차원의 단체급식 프로그램을 확대해 나갔다.

1950년대는 외식산업과 호텔업계의 프랜차이즈 시스템과 혁신적인 경영관리 체제가 함께 이루어진 전환과 약진의 시기로서, 미국의 관광산업이 급속도로 발전하였다. 또한 1952년에는 KFC, 1953년에는 피자헛(Pizza Hut), 1954년에는 버거킹(Burger King's) 등이 개점하여 본격적인 패스트푸드 시대를 맞이하였다.

1960년대는 냉동식품(frozen food)이 확산되어 웬디스(Wendy's), 타코벨(Taco Bell), 레드랍스터(Red Lobster) 등의 외식기업이 출연하였다. 또한 맥도날드와 KFC를 중심으로 패스트푸드점 프랜차이즈의 급성장과 외식산업의 전 부문에 걸친 시스템화가 도입되었다.

1960년대 후반부터 1970년대 전반까지는 외식산업의 합병이 가속화되어 다양한 업태의 출현과 기존업체 간의 경쟁이 치열해지면서 미국 외식산업의 전성기를 맞이하게 되었다. 특히 1980년대에 단행된 규제완화와 세제개혁은 고급레스토랑을 쇠퇴하게 만들었으며, 저렴한 가격의 캐주얼 레스토랑을 탄생케 하였다.

1990년대 초반에는 버블경기(과도한 투기열에 의한 자산 가격의 상승)의 붕괴로 고급 레스토랑이 쇠퇴하고, 저렴한 캐주얼 레스토랑이 성장하였으며, 1990년대 후반부터 21세기에 이르러 비교적 안정적인 경제상황 속에서 외식산업의 규모는 거대한 산업으로 성장하고 있다.

2000년대 미국의 외식산업은 햄버거와 프렌치프라이를 주로 취급하던 패스트푸드 체인점이 건강을 생각한 웰빙 메뉴로 소비자를 끌어들이는 데 총력을 기울이고 있으며, 레스토랑도 고객에게 다양한 서비스를 제공하기 위해 변신을 거듭하고 있다.

2) 한국

우리나라 음식업의 기원은 간이음식점을 겸한 사교의 장소로 널리 이용되었던 주막(酒幕)이 그 시초이고, 최초의 외식(外食) 식당은 1902년에 손탁호텔(Sontag Hotel : 독일 출신인 손탁이 건립한 호텔로, 1층은 객실과 식당 · 회의장 등을 갖추었음) 내에 개점한 손탁호텔 식당을 꼽을 수 있다.

일제시대에는 철도역을 중심으로 한 식당을 대표적인 외식식당으로 꼽을 수 있다. 또한 당시 대표적인 고급식당은 대부분이 호텔 내에 있었기 때문에 외식은 호텔의 역사와 함께했다고 볼 수 있다. 그러나 1945년 해방 이후 외식산업은 많은 변화와 발전을 하였으나, 당시 어려운 경제적 여건으로 식당이라는 개념은 단순히 한 끼를 때우는 곳으로 여겨졌다.

1960년대 이후에는 관광호텔이 세워지면서 유명한 식당이 생겨나기 시작했다. 주로 호텔 안에만 있던 유명식당이 호텔 밖으로 나오기 시작하면서, 서울의 명동 등을 중심으로 파인힐과 코리아하우스 등이 생겨났다.

한편 외식산업은 1950년대 미국에서 'Food Service Industry or Dining-Out Industry'라는 단어가 생겨나면서 외식업을 산업으로 인정하기 시작하였고, 우리나라는 1979년에 일본의 롯데리아(Lotteria)와 합작한 한국의 롯데리아가 국내 개점을 시작으로 외식업이 규모의 ① 대형화, ② 전문화, ③ 다양화됨으로써 본격적으로 산업의 한 분야를 차지하게 되었다.

1980년에 들어와서는 '86아시안게임, '88서울올림픽을 전후하여 외식산업이 본격적으로 발전되었고, 국내 외식업계의 괄목할 만한 성장을 이루게 되었다. 또한 서울올림픽과 함께 패밀리레스토랑 시대가 개막되었다.

1990년에 들어와서는 외식산업이 본격적으로 성장 · 발전하였다. 이 시대는 다양한 업종과 업태의 외식업소가 생겨났다. 특히 체인경영기법을 도입한 코코스(Coco's)와 티지아이 프라이데이(T.G.I.F) 등 선진 외식산업의 경영체계를 갖춘 해외 브랜드 패밀리레스토랑이 인기를 끌기 시작하자 대기업도 외식시장을 주목하기 시작했다.

2000년대 들어와서도 한국은 패밀리레스토랑 전성기를 여전히 구가하고 있다. 특히 ① 패스트푸드 레스토랑(quick service restaurant)에서 시작되어 ② 패밀리레스토랑(casual dining restaurant) 시대를 거친 한국의 외식업계는 이제는 퓨전레스토랑과 같은 ③ 고급레스토랑(fine dining restaurant) 시대를 맞이하고 있다. 따라서 성숙기를 맞은 우리나라의 외식산업은 업체 간 치열한 경쟁이 더욱 심화될 것으로 예측된다.

제2절 외식산업의 특성

1. 외식산업의 특성

외식산업은 부가가치가 높은 산업으로 다양한 문화와 결합하여 국민경제와 생활수준을 향상시키고 있다. 또한 인간의 기본적 욕구를 충족시켜 주는 대표적인 서비스산업이라고 할 수 있다.

외식업의 특성은 ① 생산과 소비의 동시성, ② 인적 서비스 의존성, ③ 입지 의존성, ④ 다품종 소량생산의 주문판매, ⑤ 상품공급의 시간 · 공간적 제약, ⑥ 수요예측의 불확실성, ⑦ 낮은 식자재 원가율, ⑧ 종업원의 높은 이직률 등을 들 수 있다. 외식산업의 특성을 정리하면 다음과 같다.

1) 생산 · 소비의 동시성

일반적으로 제조업은 일정한 유통경로에 의하여 상품(제품)을 고객에게 판매하지만, 외식산업은 유통경로 없이 고객이 직접 방문하여 상품을 구매한다. 즉 외식산업은 ① 유통, ② 제조, ③ 서비스, ④ 소비가 동시에 이루어진다. 그러나 최근에는 매출의 다각화와 인터넷을 통해 특정메뉴를 판매하고 있어, 고객이 직접 내방하지 않아도 된다.

2) 노동집약적 산업

제조업은 자본집약적 · 기술집약적 산업이지만, 외식산업은 생산과 서비스를 기계화할 수 없는 노동집약적 산업(인적 서비스 의존산업)이다. 매출 대비 1인당 생산성이 제조업에 비해 많이 낮은 편이다. 따라서 외식업은 음식준비부터 제공 · 소비될 때까지의 모든 과정이 사람의 손을 거쳐야 하기 때문에 인건비가 차지하는 비율이 매우 높다고 할 수 있다.

3) 입지의존성 산업

외식산업은 무엇보다도 점포의 위치가 사업성공의 관건이 된다. 즉 고객을 점포로 유인해야 비로소 소비가 이루어지기 때문에 장소가 매우 중요하다. 물론 영업의 형태나 메뉴, 고객층에 따라 다소 차이가 있겠지만, 고객이 쉽게 접근할 수 있고, 유동인구가 많은 곳에 입지하는 것이 유리하다.

4) 다품종 소량생산의 주문판매

외식산업은 ① 다품종 소량생산과 ② 주문판매가 즉석에서 이루어지는 산업이다. 하지만 최근 고객의 욕구가 다양해지고 날로 복잡해짐에 따라 고객의 욕구를 충족시킬 수 있는 메뉴의 개발이 절대적으로 필요하다. 몇 가지 음식만 전문적으로 취급하는 업체도 있지만, 다양한 메뉴를 갖추고 영업하는 곳도 있다.

5) 상품공급의 시 · 공간적 제약

외식업은 일정한 시간(아침 · 점심 · 저녁)과 공간 내에서 고객이 원하는 제품을 신속히 제공해야 한다. 주로 식사시간 때 매출이 발생되기 때문에 한정된 좌석 수 등의 공간적 제약은 영업신장을 더욱 어렵게 만들고 있다. 따라서 식사시간 후에 찾아오는 고객에게 별도의 혜택을 제공하는 것도 좋은 방법이 될 수 있다.

6) 수요예측의 불확실성

외식업은 ① 계절별, ② 요일별, ③ 시간별, ④ 날씨상황 등 수요의 예측이 힘든 산업이다. 즉 ① 경제불황이나 ② 정치 · 사회적인 상황에 의해서 수요의 변동폭이 민감하게 반응한다. 특히 수요예측을 잘 못하게 되면, 재료의 과다 구매 또는 과소주문으로 인한 매출의 손실과 비용의 상승문제를 초래 할 수 있다.

7) 낮은 식자재 원가율

외식업의 식자재 원가는 제조업의 자재 원가보다 낮은 편이다. 외식업의 식자재의 원가는 보통 35~40% 정도로 보고 있다. 그러나 요즘은 질 좋은 식재료를 사용해 제품을 생산해야 업체 간 치열한 경쟁에서 살아남을 수 있기 때문에 식자재의 원가가 상승할 수밖에 없는 것이 현실이다.

8) 종업원의 높은 이직률

외식업은 일반적으로 영세한 곳이 많다. 즉 3D(difficult, dirty, dangerous) 업종으로 불릴 만큼 근무시간이 길고 일 또한 힘들다. 게다가 근무시간에 비해 급여수준이나 복리후생이 낮아 외식업체 근무를 회피하고 있어 종업원의 이직률이 타산업에 비해 높은 편이다.

2. 현대 외식문화의 특성

현대 외식문화의 특성은 〈표 14-1〉과 같이 ① 인스턴트화, ② 배달음식 증가, ③ 건강식 선호, ④ 요리의 취미화, ⑤ 브랜드 선호, ⑥ 퓨전푸드 등을 들 수 있다.

첫째, 인스턴트화이다. 현대인은 간편하게 조리할 수 있는 냉동식품 · 가공식품 · 반조리식품 등을 선호하는 경향이 높아지고 있다. 대표적인 식품은 라면 · 햄버거 · 포테이토칩 · 닭튀김 · 샌드위치 등을 들 수 있다.

둘째, 배달음식의 증가이다. 편리함과 간편함을 추구하는 소비자의 증가로 인하여 배달음식은 점차 증가할 전망이다.

셋째, 건강식의 선호이다. 건강에 좋은 식품이나 무공해 자연식품을 선호하는 경향이 늘어나기 시작하고 있다.

넷째, 요리의 취미화이다. 요리 자체를 여가활동으로 인식하고 즐기는 사람이 늘어나고 있다.

다섯째, 브랜드의 선호이다. 연령이 어릴수록 인지도가 높은 프랜차이즈 레스토랑을 선호하는 경향이 강하다.

여섯째, 퓨전푸드이다. 자유롭게 동서양의 음식을 조합할 수 있어 그 변형 가능성이 무한하다.

〈표 14-1〉 현대 외식문화의 특성

구분	내용
인스턴트화	-간편하게 조리할 수 있는 냉동식품 · 가공식품 · 반조리식품 등을 선호하는 경향이 높아짐. 대표적인 식품은 라면 · 햄버거 · 포테이토칩 · 닭튀김 · 샌드위치 등
배달음식 증가	-코로나 바이러스 19 확산 등으로 편리함과 간편함을 추구하는 사람의 증가로 인하여 배달음식은 점차 증가할 전망
건강식 선호	-건강에 좋은 식품이나 무공해 자연식품을 선호하는 경향이 늘어나기 시작함
요리의 취미화	-요리 자체를 여가활동으로 인식하고 즐기는 사람이 늘어남
브랜드 선호	-연령이 어릴수록 인지도가 높은 프랜차이즈 레스토랑을 선호하는 경향이 강함
퓨전푸드	-자유롭게 동서양의 음식을 조합할 수 있어 그 변형 가능성이 무한함

제3절 외식산업의 분류

1. 외식산업의 경영형태

1) 직영 · 위탁운영

직영(直營)은 '어떤 일을 직접 관리하고 경영한다'는 뜻이다. 즉 직영운영은 '본인이 직접 외식업을 운영하는 형태'를 말한다. 초기투자 단계에서부터 운영까지 본인이 책임을 지고 있기 때문에 운영자의 의도대로 경영할 수 있다는 장점을 가지고 있으나, 사업의 규모가 커질 경우 통제가 어려워 실패의 위험에 빠질 수 있다.

위탁(委託)은 '어떤 일이나 사물의 처리를 남에게 부탁하여 맡긴다'는 뜻이다. 즉 위탁운영은 '외식업 운영에 능력이 뛰어난 외식기업에게 경영을 위임하거나, 아니면 또 다른 외식기업에게 경영을 위탁하는 형태'를 말한다.

투자자는 외식기업에서 필요한 ① 자본, ② 시설, ③ 장소 등을 제공하고, 경영자는 제공받은 투자비를 기반으로 외식업을 경영하며 모든 권한을 가지게 된다. 따라서 경영자는 투자자의 대리인으로서의 역할을 하게 된다.

2) 가맹운영

가맹(加盟)은 '개인이나 단체가 동맹이나 연맹, 조직 따위에 구성원으로 들다'라는 뜻이다. 즉 가맹운영은 일명 '프랜차이즈(franchise)'라고 한다. 가맹사업자가 다수의 가맹계약자에게 자기의 상표와 상호 등을 사용하여 자기와 동일한 이미지로 상품판매, 용역제공 등 일정한 영업활동을 하도록 하고, 그에 따른 각종 영업지원 및 통제를 한다.

그러나 가맹계약자는 가맹사업자로부터 부여받은 권리 및 영업상 지원의 대가로 경제적 이익, 즉 가입비 · 교육비 · 로열티를 지급하는 계속적인 관계를 하게 된다.

프랜차이즈 계약에는 ① 상품과 서비스, ② 상품의 질, ③ 가격운영 사항 등이 포함되며, ① 계약기간, ② 재계약 전반에 관한 사항이 명시되어 있다. 가맹계약자는 사업에 대한 전문성이 없어도 사업을 시작할 수 있는 장점이 있지만, 가맹사업자가 추구하는 상품과 운영방식을 유지해야 하는 단점이 있다.

2. 한국 외식산업의 분류

한국의 외식산업은 통계청에서 분류하는 ① 한국표준산업분류에 따른 분류, ②「식품위생법」상의 분류, ③「관광진흥법」상의 분류로 크게 구분된다.

1) 한국표준산업분류상의 분류

한국표준산업분류표상에서는 음식점을 '접객시설을 갖춘 구내에서 또는 특정장소에서 직접 소비할 수 있도록 조리된 음식품 또는 직접 조리한 음식품을 제공 · 조달하는 산업활동'이라 정의하고 있다.

한국표준산업분류표상에서는 음식점업의 종류를 ① 식당업, ② 주점업, ③ 다과점업으로 분류하고, 다시 식당업에는 ① 한식점업, ② 중국음식점업, ③ 일본음식점업, ④ 서양음식점업, ⑤ 음식출장조달업, ⑥ 자급식음식조달업, ⑦ 간이체인음식점업, ⑧ 달리 분류되지 않는 식당업으로 세분하고 있다.

주점업(酒店業)의 종류는 ① 일반유흥주점업, ② 무도유흥주점업, ③ 한국식유흥주점업, ④ 극장식주점업, ⑤ 외국인전용유흥주점업, ⑥ 달리 분류되지 않는 주점업으로 세분하고, 다과점업(茶菓店業)은 ① 제과점업, ② 다방업, ③ 달리 분류되지 않는 다과점업으로 세분하고 있다.

2)「식품위생법」상의 분류

「식품위생법」상에서는 외식업의 범주를 '시행령 제7조 영업의 종류에서 식품접객업이라는 용어로 외식업소를 세분화하여 구분하고 있다. 「식품위생법」 상에서 분류한 내용을 살펴보면, 크게 ① 음식점업, ② 주점업으로 구분하고 있고, 음식점업(飮食店業)은 다시 ① 휴게음식점업, ② 일반음식점업으로 세분하고 있다. 주점업(酒店業)은 ① 단란주점업, ② 유흥주점업으로 세분하고 있다.

3) 「관광진흥법」상의 분류

「관광진흥법」 제3조 3항에서는 외식업을 크게 ① 관광객이용시실업, 제3조 7항에서는 ② 관광편의시설업으로 관광음식점에 대한 규정을 하고 있고, 또한 「관광진흥법 시행령」 제2조 6항에서는 ① 관광유흥음식점업, ② 관광극장유흥업, ③ 외국인전용유흥음식점업, ④ 관광식당업으로 세분하여 규정하고 있다. 한국 외식산업의 유형은 〈표 14-2〉와 같다.

〈표 14-2〉 한국 외식산업의 유형

구분	유형	세분
한국표준산업분류	식당업	한식점업 · 중국음식점업 · 일본음식점업 · 서양음식점업 · 음식출장조달업 · 자급식음식조달업 · 간이체인음식점업 · 달리 분류되지 않는 식당업
	주점업	일반유흥주점업 · 무도유흥주점업 · 한국식유흥주점업 · 극장식주점업 · 외국인전용유흥주점업 · 달리 분류되지 않는 주점업
	다과점업	제과점업 · 다방업 · 달리 분류되지 않는 다과점업
「식품위생법」상 분류	음식점업	휴게음식점업 · 일반음식점업
	주점업	단란주점업 · 유흥주점업
「관광진흥법」상 분류 (제3조 3항, 7항)	관광객이용시실업	
	관광편의시설업	

구분	유형	세분
「관광진흥법」상 분류 (제2조 6항)	관광유흥음식점업	
	관광극장유흥업	
	외국인전용 유흥음식점업	
	관광식당업	

제4절 외식업소의 분류

1. 서비스형태에 의한 분류

1) 서비스형태에 의한 분류

외식업소는 소비자의 건강과 식생활을 향상시키고, 나아가 우리나라의 외식산업 전반에 걸쳐 중요한 역할을 담당하고 있다. 즉 단순히 음식만을 제공하는 시설이 아니라 수준 높은 서비스와 아늑한 분위기, 그리고 청결 등 종합적인 상품을 판매하는 장소로서 휴식공간의 의미도 지니고 있다. 최근 외식활동이 문화생활로 자리 잡기 시작하면서 다양한 형태의 레스토랑이 출현하고 있다.

(1) 셀프서비스 레스토랑

셀프서비스(self service)는 '대중식당 · 슈퍼마켓 · 주유소 등에서 서비스의 일부를 손님이 스스로 하도록 하는 방식'을 뜻한다. 즉 고객이 메뉴를 선택한 다음 음식을 손수 운반하거나 이동하여 점포 내 또는 점포 외에서 먹는 형태를 말한다.

대체적으로 가격이 저렴하고 간편 · 신속하게 제공되기 때문에 식사시간이 짧고, 식사 후 고객이 직접 잔반을 처리하게 된다. 셀프서비스 레스토랑(self service restaurant)은 식사의 편리함을 찾는 고객의 욕구를 만족시켜 주는 것이 목적이기 때문에 ① 시간, ② 가격, ③ 편의성 등이 구매의 중요한 의사결정 요인이 된다.

셀프서비스 레스토랑의 특징은 첫째, 고객이 직접 참여하기 때문에 인건비가 절감된다. 둘째, 간편 · 단순한 메뉴로 구성되어 있고, 식사시간이 짧아 회전율이 높다. 셋째, 저렴한 가격으로 신속하게 식사를 할 수 있다. 넷째, 단순화 · 자동차 · 표준화로 대량생산이 가능하다.

서비스의 형태에 따라 ① 테이크아웃 방식, ② 카페테리아 방식, ③ 바이킹 방식, ④ 픽업 방식 등이 있으며, 주로 햄버거 · 샌드위치류 등의 패스트푸드 음식류와 카페테리아, 단체급식, 뷔페레스토랑 등이 있다. 셀프서비스 레스토랑의 형태를 정리하면 〈표 14-3〉과 같다.

〈표 14-3〉 셀프서비스 레스토랑의 형태

구분	내용
테이크아웃 방식 (take out style)	– 고객이 포장된 음식을 가지고 점포 밖(가정 · 사무실 등)으로 가져가서 먹는 형태로서, 패스트푸드 · 제과 · 제빵 등이 해당
카페테리아 방식 (cafeteria style)	– 음식을 선택한 후 직접 음식을 담아 가지고(점원이 담아 주기도 함) 점포 내에서 먹는 형태로서, 식후에는 고객이 식기를 직접 반납(예 : 단체급식소나 직원식당 등)
바이킹 방식 (viking style)	– 음식을 직접 가져다 점포 내에서 먹는 형태의 뷔페음식으로서, 음식에 대한 양과 횟수에 제한 없이 무제한 식사
픽업 방식 (pick up style)	– 고객이 음식을 선택한 후 직접 음식을 가져다가 점포 내에서 먹는 형식으로 금액을 지급함과 동시에 음식을 가져가는 Cash & Carry 방식(예 : 패스트푸드 등)

(2) 테이블 서비스 레스토랑

테이블 서비스 레스토랑(table service restaurant)은 '직원이 식음료를 직접 제공하는 레스토랑'을 말하며, 일반적인 레스토랑에서 이루어지는 전형적인 서비스 방식의 레스토랑이다. 그러나 셀프서비스 레스토랑에 비하여 가격이 비싸고 식사제공시간이 다소 늦다.

테이블 서비스 레스토랑은 아늑하게 조성된 분위기 속에서 특징 있는 요리를 즐길 수 있도록 보다 전문적이고, 효율적인 방법으로 서비스를 제공하여 고객의 욕구를 충족시켜야 한다. 고객이 테이블 서비스 레스토랑을 구매하기로 결정하는 요인은 주로 ① 음식의 질, ② 메뉴, ③ 서비스, ④ 분위기, ⑤ 엔터테인먼트 등을 들 수 있다.

테이블 서비스 레스토랑의 특징은 첫째, 종사원의 전문성이 필요하며 가격이 비싼 편이다. 둘째, 종사원에 의해 직접 서비스를 제공받기 때문에 인건비가 높다. 셋째, 맛과 품질은 물론 서비스와 분위기 연출이 필요하다. 넷째, 식사제공시간과 고객의 식사시간이 길어 고객회전율이 낮은 편이다.

서비스의 형태에 따라 ① 프렌치 서비스(French service)와 ② 러시안 서비스(Russian service), ③ 아메리칸 서비스(American service)로 구분될 수 있다. 테이블 서비스 레스토랑을 정리하면 〈표 14-4〉와 같다.

〈표 14-4〉 테이블 서비스 레스토랑

구분	내용
프렌치 서비스 (French service)	- 시간적 여유를 갖고 고급요리를 즐기는 고객에게 우아한 서비스를 제공하는 방식(고객 앞에서 요리를 완성시켜 서비스하는 방식으로, 인건비가 높고, 서비스 시간이 오래 걸림)
러시안 서비스 (Russian service)	- 주방에서 미리 준비된 음식을 가지고 종사원이 고객에게 알맞은 양을 서비스해 주는 방식(주로 banquet에서 이루어지는 서비스 방식)

구분	내용
아메리칸 서비스 (American service)	- 일반 레스토랑에서 가장 흔하게 이루어지는 서비스 형태로 주방에서 준비된 음식을 접시 · 쟁반을 이용하여 서비스하는 방식

(3) 카운터 서비스 레스토랑

카운터 서비스 레스토랑(counter service restaurant)은 '주방대면 서비스 방식(open kitchen service style)'을 말한다. 즉 카운터가 테이블의 역할을 대신할 수 있어, 고객이 직접 조리하는 과정을 보면서 식사할 수 있는 형식이다.

카운터 서비스 레스토랑은 조리사의 조리과정을 직접 눈으로 볼 수 있어 음식에 대한 흥미와 청결 · 위생적인 분위기를 함께 공감할 수 있다. 대표적인 예로는 회전초밥과 같은 레스토랑을 들 수 있다.

카운터 서비스 레스토랑의 특징은 첫째, 카운터와 주방이 함께 있어 빠른 서비스를 제공할 수 있다. 둘째, 조리사와 고객이 직접 대화할 수 있어 고객과의 유대관계가 돈독해질 수 있다. 셋째, 식사시간이 짧아 고객회전율을 높일 수 있다. 넷째, 주방이 오픈되어 위생 · 청결상태를 확인할 수 있다.

2. 메뉴품목에 의한 분류

레스토랑은 세계 각국의 조리기술 및 문화에 따라 다양한 음식의 종류와 메뉴품목이 있는데, 이러한 품목에 따라 분류하면, ① 동양식 레스토랑(oriental restaurant), ② 서양식 레스토랑(western restaurant)으로 나눌 수 있다.

1) 동양식 레스토랑

동양식을 세분하면 ① 한국식 레스토랑, ② 중국식 레스토랑, ③ 일본식 레스토랑, ④ 태국식 레스토랑 등으로 나눌 수 있다.

첫째, 한식은 국물음식이 발달하였고, 모양보다는 맛을 위주로 하며 주식과 부식의 구분이 명확하여 밥을 중심으로 국 · 찌개 · 김치 · 채소 · 육류 등 조리법이 다른 여러 가지 반찬을 먹는 것이 특징이다. 대표 메뉴는 주로 밥 · 죽 · 면 등의 주식류와 탕 · 찌개 · 구이 · 조림 · 찜 · 김치 · 육류 · 장 등의 부식류로 구분된다.

둘째, 중식은 미각을 강조한다. 즉 신맛 · 쓴맛 · 단맛 · 매운맛 · 짠맛의 5가지 맛으로 인간의 신체를 보호하기 위한 균형과 배합을 중요시하고, 다양한 재료와 기름 · 녹말을 많이 사용한 보신용 음식이 발달하였다.

특히 고급요리가 발달한 베이징요리, 자연을 맛을 살려 담백한 맛을 내는 광둥요리, 기름기가 많고 진한 맛을 내는 상하이요리, 맵고 기름진 음식이 발달한 쓰촨요리 등을 들 수 있다. 대표 메뉴는 북경오리요리 · 제비집요리 · 샥스핀수프 · 마파두부 · 불도장 등이다.

셋째, 일식은 계절마다 작물에 따른 조리법도 다양하게 발달하였다. 또한 섬나라의 특성상 생선을 이용한 요리가 다양하고 조리법이나 재료 등이 중국의 영향을 받아 중국음식과 유사한 점이 많다.

일본의 대표적인 향응요리는 예법이나 형식을 중요시하는 식사가 아니고, 음식 맛에 주안점을 둔 편안한 마음으로 술을 즐기는 것과 같은 형태의 식사인 회석요리 등이 있다. 대표 메뉴는 사시미와 스시(생선회와 초밥) · 돈부리(덮밥) · 소바(메밀국수) · 덴푸라(튀김류) · 스키야키(냄비요리) 등이다.

넷째, 태국은 중국 · 인도 · 포르투갈의 영향을 받아 독특한 음식문화를 발달시켰으며, 프랑스 · 중국 음식과 더불어 세계적인 음식의 하나로 꼽힐 만큼 맛있는 음식이 많다.

또한 태국은 인도 음식문화의 영향으로 자극적인 향신료와 커리의 사용량이 많고, 중국 이주민의 후손에 의해 발달한 중국식 냄비나 면요리, 장류를 많이 이용한다. 대표 메뉴는 볶음밥의 일종인 카오팟 · 볶은 국수 팟타이 · 톰얌 · 솜탐 등이다. 동양식 레스토랑의 특징을 정리하면 〈표 14-5〉와 같다.

〈표 14-5〉 동양식 레스토랑

구분	내용
한국식 레스토랑	- 한국은 국물음식이 발달하였고, 모양보다는 맛을 위주로 하며 주식과 부식의 구분이 명확하여 밥을 중심으로 국 · 찌개 · 김치 · 채소 · 육류 등 조리법을 달리한 여러 가지 반찬을 먹는 것이 특징 - 대표 메뉴는 주로 밥 · 죽 · 면 등의 주식류와 탕 · 찌개 · 구이 · 조림 · 찜 · 김치 · 육류 · 장 등의 부식류로 구분
중국식 레스토랑	- 중식은 미각을 강조한다. 즉 신맛 · 쓴맛 · 단맛 · 매운맛 · 짠맛의 다섯 가지 맛으로 인간의 신체를 보호하기 위한 균형과 배합을 중요시하고, 다양한 재료와 기름 · 녹말을 많이 사용한 보신용 음식이 발달 - 고급요리가 발달한 베이징요리, 자연의 맛을 살려 담백한 맛을 내는 광둥요리, 기름기가 많고 진한 맛을 내는 상하이요리, 맵고 기름진 음식이 발달한 쓰촨요리 등 - 대표 메뉴는 북경오리요리 · 제비집요리 · 샥스핀수프 · 마파두부 · 불도장 등
일본식 레스토랑	- 일식은 계절마다 작물에 따른 조리법도 다양하게 발달. 또한 섬나라의 특성상 생선을 이용한 요리가 다양하고 조리법이나 재료 등이 중국의 영향을 받아 중국음식과 유사 - 일본의 대표적인 향응요리는 예법이나 형식을 중요시하는 식사가 아니고, 음식 맛에 주안점을 둔 편안한 마음으로 술을 즐기는 것과 같은 형태의 식사인 회석요리 등이 있음 - 대표 메뉴는 사시미와 스시(생선회와 초밥) · 돈부리(덮밥) · 소바(메밀국수) · 덴푸라(튀김류) · 스키야키(냄비요리) 등
태국식 레스토랑	- 태국은 중국 · 인도 · 포르투갈의 영향을 받아 독특한 음식문화를 발달시켰으며 프랑스 · 중국 음식과 더불어 세계적인 음식의 하나로 꼽힐 만큼 맛있는 음식이 많음 - 태국은 인도 음식문화의 영향으로 자극적인 향신료와 커리의 사용량이 많고 중국 이주민의 후손에 의해 발달한 중국식 냄비나 면요리, 장류의 이용이 많음 - 대표 메뉴는 볶음밥의 일종인 카오팟 · 볶은 국수 팟타이 · 톰얌 · 솜탐 등

2) 서양식 레스토랑

서양식을 세분하면 ① 미국식 레스토랑, ② 프랑스식 레스토랑, ③ 이탈리아식 레스토랑, ④ 스페인식 레스토랑 등이 있다.

첫째, 미국은 원주민의 식문화와 스페인 · 프랑스 · 영국 · 독일 · 유대인 등 다양한 국가의 음식문화가 혼합되어 있다. 특히 식품가공 및 식품저장기술이 세계에서 가장 발달하였고, 유통시스템의 발달로 전 지역에서 다양한 종류의 식재료를 공수하고 있다. 옥수수 · 호박 · 토마토 · 칠면조 · 땅콩 · 블루베리 등의 식재료로 레시피(recipe)를 적용함으로써 새로운 미국요리를 만들어 내고 있다. 대표 메뉴는 햄버거 · 비프스테이크 · 핫도그 등이다.

둘째, 프랑스는 중국요리와 더불어 세계 2대 요리로 손꼽히며 화려함이 특징이다. 다양한 기후와 지형으로 지방마다 특색 있는 요리가 발달하였고, 충분한 재료의 맛을 살리고 포도주 · 향신료 · 소스로 맛을 내고 있다. 주요 산물인 치즈 · 육류 · 와인 · 밀 · 귀리 · 옥수수 등의 곡물류 등을 이용한 다양한 음식과 조리법도 발달하였다. 대표 메뉴는 달팽이요리(escargot : 에스카르고)와 세계 3대 진미요리 중 하나인 거위 간 요리(foie gras : 푸아그라), 땅속의 다이아몬드라 불리는 송로버섯(truffle : 트러플) 등이다.

셋째, 이탈리아는 뜨거운 음식을 중심으로 육류와 빵으로 대표되는 동물성과 식물성 재료의 이상적인 결합에 기초한 음식문화의 전통을 유지하고 있다. 특히 밀 · 옥수수 · 과일 · 채소 · 허브와 향신료 등이 풍부하고, 지중해의 질 좋은 해산물의 공급과 목축업의 성행으로 생선류 · 치즈 · 육가공품의 생산이 활발하다. 대표 메뉴는 파스타 · 리조토 · 피자 · 프로슈토 등이다.

넷째, 스페인은 유럽의 장식적이고 화려한 음식에 비해 소박하고 푸짐한 상차림의 특성을 가지고 있으며, 1일 5식 문화가 형성되었다. 특히 매콤하고 자극적인 음식을 좋아하며 후추 · 마늘을 요리에 많이 이용한다. 또한 조개 · 어패류 · 육류를 섞어 만든 요리는 묘한 어울림으로 음식의 맛을 높이고 있다.

육류는 올리브유 · 야채 등과 함께 요리한 음식이 많으며, 특히 돼지는 머리부터 발, 내장까지 모두 음식재료로 이용한다. 대표 메뉴는 우리의 해물볶음밥과 유사한 파에야와 가스파초 등이다. 서양식 레스토랑의 특징을 정리하면 〈표 14-6〉과 같다.

〈표 14-6〉 서양식 레스토랑

구분	내용
미국식 레스토랑	– 원주민의 식문화와 스페인 · 프랑스 · 영국 · 독일 · 유대인 등 다양한 국가의 음식문화가 혼합. 특히 식품가공 및 식품저장기술이 세계에서 가장 발달하였고, 유통시스템의 발달로 전 지역에서 다양한 종류의 식재료를 공수. 옥수수 · 호박 · 토마토 · 칠면조 · 땅콩 · 블루베리 등의 식재료로 레시피(recipe)를 적용함으로써 새로운 미국요리를 만듦. 대표 메뉴는 햄버거 · 비프스테이크 · 핫도그 등
프랑스식 레스토랑	– 프랑스요리는 중국요리와 더불어 세계 2대 요리로 손꼽히며 화려함이 특징 – 다양한 기후와 지형으로 지방마다 특색 있는 요리가 발달하였고, 재료의 맛을 충분히 살리고 포도주 · 향신료 · 소스로 맛을 냄 – 주요 산물인 치즈 · 육류 · 와인 · 밀 · 귀리 · 옥수수 등의 곡물류 등을 이용한 다양한 음식과 조리법도 발달 – 대표 메뉴는 달팽이요리(escargot : 에스카르고)와 세계 3대 진미요리 중 하나인 거위 간 요리(foie gras : 푸아그라), 땅속의 다이아몬드라 불리는 송로버섯(truffle : 트러플) 등
이탈리아식 레스토랑	– 뜨거운 음식을 중심으로 육류와 빵으로 대표되는 동물성과 식물성 재료의 이상적인 결합에 기초한 음식문화의 전통을 유지 – 밀 · 옥수수 · 과일 · 채소 · 허브와 향신료 등이 풍부하고, 지중해의 질 좋은 해산물의 공급과 목축업의 성행으로 생선류 · 치즈 · 육가공품의 생산이 활발 – 대표 메뉴는 파스타 · 리조토 · 피자 · 프로슈토 등

구분	내용
스페인식 레스토랑	–유럽의 장식적이고 화려한 음식에 비해 소박하고 푸짐한 상차림의 특성을 가지고 있으며, 1일 5식 문화가 형성 –매콤하고 자극적인 음식을 좋아하며 후추 · 마늘을 요리에 많이 이용하며, 또한 조개 · 어패류 · 육류를 섞어 만든 요리는 묘한 어울림으로 음식의 맛을 높임 –육류는 올리브유 · 야채 등과 함께 요리한 음식이 많으며, 특히 돼지는 머리부터 발, 내장까지 모두 음식재료로 이용 –대표 메뉴는 우리의 해물볶음밥과 유사한 파에야와 가스파초 등

3. 레스토랑 명칭에 의한 분류

외식업소를 업종이나 업태에 의한 분류보다 좀 더 세분화하여 유형별로 구분하면, ① 일반음식점, ② 패밀리레스토랑, ③ 패스트푸드점, ④ 외국요리전문점, ⑤ 연회전문점, ⑥ 호텔레스토랑, ⑦ 고급음식점, ⑧ 포장판매전문점, ⑨ 푸드코트, ⑩ 커피숍, ⑪ 델리카트슨, ⑫ 컨세션, ⑬ 인더스트리얼 레스토랑을 들 수 있다.

첫째, 일반음식점은 개인 · 단체고객을 대상으로 한식관련 메뉴를 주로 취급하는 대중적인 업소를 말한다. 둘째, 패밀리레스토랑은 가족 중심의 외식시장을 목표로 중간 가격대의 메뉴를 판매하는 업소를 말한다. 셋째, 패스트푸드점은 햄버거 · 샌드위치 · 피자 · 치킨 · 우동 · 김밥 등의 메뉴를 판매하는 업소를 말한다.

넷째, 외국요리 전문점은 일식 · 중식 · 서양음식점, 피자 · 파스타전문점, 퓨전요리전문점 등 외국음식을 주메뉴로 판매하는 업소를 말한다. 다섯째, 연회전문점은 뷔페식당 · 호텔뷔페식당 및 연회장 · 출장뷔페전문회사(catering) 등 연회행사를 위주로 하는 업소를 말한다.

여섯째, 호텔레스토랑은 호텔 내의 외식업소로서 호텔고객과 외부고객을 대상으로 음식과 음료를 판매하는 고급업장을 말한다. 일곱째, 고급음식점은 고가의 정식메뉴를 제공하는 최고급 외식업소로서 한정식 코스요리전문점 및 프랑스식 업소를 말한다.

여덟째, 포장판매전문점은 배달판매 · 가정대용식 · 자동판매기 등의 서로 다른 판매방법을 통해 음식과 음료를 제공하는 업소를 말한다. 아홉째, 푸드코트는 백화점 · 쇼핑몰의 대형식당에서 메뉴에 따라 각기 다른 주방에서 조리되어 고객에게 음식을 제공하는 업소를 말한다.

열째, 커피숍은 커피 또는 아이스크림 등 간단한 케이크류와 스낵을 판매하는 업소를 말한다. 열한째, 델리카트슨은 햄 · 치즈 등 유제품 상품을 식재료 상태로 판매하거나 샌드위치 · 케이크 · 빵과 같은 완제품 형태도 판매하는 업소를 말한다.

열둘째, 컨세션은 공항 · 경기장 같은 특정장소에서 고객을 대상으로 햄버거 · 스낵류 · 음료 등을 판매하는 업소를 말한다. 열셋째, 인더스트리얼 레스토랑은 기업이나 공장 내의 구내식당에서 비영리를 목적으로 운영하는 단체급식업소를 말한다. 레스토랑의 유형별 분류는 〈표 14-7〉과 같다.

〈표 14-7〉 레스토랑의 유형별 분류

구분	내용
일반음식점	– 개인 · 단체고객을 대상으로 한식관련 메뉴를 주로 취급하는 대중적인 업소
패밀리레스토랑	– 가족 중심의 외식시장을 목표로 중간 가격대의 메뉴를 판매하는 업소
패스트푸드점	– 햄버거 · 샌드위치 · 피자 · 치킨 · 김밥 등의 메뉴를 판매하는 업소
외국요리 전문점	– 일식 · 중식 · 서양음식점, 피자 · 파스타전문점, 퓨전요리전문점 등 외국음식을 주메뉴로 판매하는 업소

구분	내용
연회전문점	- 뷔페식당 · 호텔뷔페식당 및 연회장 · 출장뷔페전문회사(catering) 등 연회행사를 위주로 하는 업소
호텔레스토랑	- 호텔 내의 외식업소로서 호텔고객과 외부고객을 대상으로 음식과 음료를 판매하는 고급업장
고급음식점	- 고가의 정식메뉴를 제공하는 최고급 외식업소로서 한정식 코스요리전문점 및 프랑스식 업소
포장판매전문점	- 배달판매 · 가정대용식 · 자동판매기 등의 서로 다른 판매방법을 통해 음식과 음료를 제공하는 업소
푸드코트	- 백화점 · 쇼핑몰의 대형식당에서 메뉴에 따라 각기 다른 주방에서 조리되어 고객에게 음식을 제공하는 업소
커피숍	- 커피 또는 아이스크림 등 간단한 케이크류와 스낵을 판매하는 업소
델리카트슨	- 햄 · 치즈 등 유제품 상품을 식재료 상태로 판매하거나 샌드위치 · 케이크 · 빵과 같은 완제품 형태도 판매하는 업소
컨세션	- 공항 · 경기장 같은 특정장소에서 고객을 대상으로 햄버거 · 스낵류 · 음료 등을 판매하는 업소
인더스트리얼 레스토랑	- 기업이나 공장 내의 구내식당에서 비영리를 목적으로 운영하는 단체급식 업소

연습문제

01. 외식산업의 특성으로 옳지 않은 것은?

① 다품종 소량생산의 주문판매
② 생산과 소비의 동시성
③ 수요예측의 확실성
④ 상품공급의 시간 · 공간적 제약

02. 현대 외식문화의 특성으로 옳지 않은 것은?

① 배달음식 증가
② 저가음식 선호
③ 건강식 선호
④ 요리의 취미화

03. 한국표준산업분류에서 분류한 식당업으로 옳지 않은 것은?

① 극장식 음식점업
② 중국음식점업
③ 일본음식점업
④ 음식출장조달업

04. 관광진흥법상 분류에서 분류한 관광음식점으로 옳지 않은 것은?

① 관광유흥음식점업
② 관광극장유흥업
③ 관광식당업
④ 한국식유흥주점업

05. 셀프서비스 레스토랑의 형태로 옳지 않은 것은?

① 테이크아웃 방식
② 출장외식 방식
③ 바이킹 방식
④ 카페테리아 방식

06. 테이블 서비스의 레스토랑으로 옳지 않은 것은?

① 유러피언 서비스
② 프렌치 서비스
③ 러시안 서비스
④ 아메리칸 서비스

07. 다음 설명에 해당하는 레스토랑은?

> 중국 · 인도 · 포르투갈의 영향을 받아 독특한 음식문화를 발달시켰으며 프랑스 · 중국 음식과 더불어 세계 3대 음식의 하나로 꼽힐 만큼 맛있는 음식이 많음

① 한국식 레스토랑 ② 중국식 레스토랑
③ 태국식 레스토랑 ④ 일본식 레스토랑

08. 다음 설명에 해당하는 레스토랑은?

> 유럽의 장식적이고 화려한 음식에 비해 소박하고 푸짐한 상차림의 특성을 가지고 있으며, 1일 5식 문화가 형성. 매콤하고 자극적인 음식을 좋아하며 후추 · 마늘을 요리에 많이 이용

① 프랑스식 레스토랑 ② 미국식 레스토랑
③ 영국식 레스토랑 ④ 스페인식 레스토랑

09. 다음 설명에 해당하는 외식업소는?

> 공항 · 경기장 같은 특정장소에서 고객들을 대상으로 햄버거 · 스낵류 · 음료 등을 판매하는 업소

① 푸드코트 ② 컨세션
③ 커피숍 ④ 패스트푸드

10. 다음 설명에 해당하는 외식업소는?

> 햄 · 치즈 등 유제품 상품을 식재료 상태로 판매하거나 샌드위치 · 케이크 · 빵과 같은 완제품 형태도 판매하는 업소

① 호텔레스토랑 ② 일반음식점
③ 델리카트슨 ④ 외국요리 전문점

01 ③, **02** ②, **03** ①, **04** ④, **05** ②, **06** ①, **07** ③, **08** ④, **09** ②, **10** ③

MICE산업

학습 포인트

- 제1절에서는 MICE산업의 정의와 구성요소에 대해 학습한다.
- 제2절에서는 회의(meeting)의 정의와 종류(형태별 · 성격별 · 진행별 · 목적별)를 살펴보고, 국제회의의 개념에 대해 학습한다.
- 제3절에서는 인센티브 여행(incentive tour)의 정의와 프로그램에 대해 학습한다.
- 제4절에서는 컨벤션(convention)의 정의와 준비과정 · 효과에 대해 학습한다.
- 제5절에서는 전시회(exhibition)와 박람회(exposition)에 대해 학습한다.
- 연습문제는 MICE산업을 총체적으로 학습한 후에 풀어본다.

제1절 MICE산업의 이해

1. MICE산업의 정의

MICE산업은 한국의 미래를 이끌어나갈 신성장동력산업으로 각광을 받고 있다. MICE는 ① Meeting(회의), ② Incentive Tour(포상여행), ③ Convention(컨벤션), ④ Exhibitions(전시회)의 첫 글자를 합쳐놓은 것으로 기존 컨벤션산업과 전시산업을 통합한 용어이다.

MICE산업은 '대규모 회의장 · 전시장 등 전문시설을 갖추고 국제회의 · 전시회 · 포상여행 · 이벤트를 유치하여 각종 서비스를 제공하면서 경제적 이익을 실현하는 산업'이다. 즉 숙박 · 교통 · 관광 등 각종 산업이 필연적 관계로 결합된 고부가가치(高附加價値 : 생산과정을 거치면서 새롭게 덧붙인 가치가 보통보다 크고 많은 것) 산업이라고 할 수 있다.

우리나라는 '86아시안게임과 88서울올림픽'을 유치하면서 MICE산업에 대한 관심이 고조되기 시작했다. 1997년 4월「국제회의산업육성에 관한 법률」제정과 1998년「국제회의산업육성 및 진흥을 위한 기본계획」이 수립되면서 MICE 산업에 대한 육성이 이루어지게 되었다.

2000년에는 국제규모의 시설을 갖춘 코엑스(COEX : Convention & Exhibition) 컨벤션센터가 개관되었고, 또한 ASEM(Asia Europe Meeting 아시아-유럽 정상회의) 회의 개최를 계기로 대구전시컨벤션센터(EXCO)와 부산전시컨벤션센터(BEXCO)가 건립되었다. 그리고 고양시 · 대전시 등에서도 대규모 컨벤션센터가 개관되면서 민간기업도 급속히 늘어나기 시작했다.

2007년에 우리나라는 전시회 총 354건, 국제회의 456건을 개최(전 세계 수준의 25%)하였으나, 전시 컨벤션산업의 GDP(Gross Domestic Product : 국내총생산) 비중은 선진국의 1% 선에도 미치지 못하는 0.2%의 수준이었다.

또한 MICE산업의 발전에 필요한 인프라시설 · 전문인력 · 제도적 지원 · 전담기구의 부재 등이 매우 취약한 실정이다. 게다가 MICE산업은 현재 참가 규모 · 범위 · 대상 · 참가 목적에 따라 다양하게 구분되는데, 국제기구나 국가마다 정의가 달라 합리적인 기준 설정이 어려운 형편이다.

2009년 1월 정부는 국가경쟁력 제고를 위하여 3개 분야 17개 산업을 국가의 신성장동력으로 결정하였다. 특히 국가의 신성장동력산업 중 고부가가치 서비스산업 분야인 ① 콘텐츠(contents), ② 소프트웨어(software), ③ 관광산업 등과 함께 MICE산업이 새롭게 선정되었다.

오늘날 컨벤션은 단순히 국제회의의 개념을 넘어서 ① 각종 전시회, ② 문화예술행사, ③ 스포츠행사, ④ 포상여행(incentive tour)과 함께 다양한 종류와 형태로 개최되고 있다.

최근 우리나라의 지방자치단체에서도 MICE산업의 중요성을 인식하면서부터 인프라시설과 전문인력 확보에 노력을 경주하고 있어, 향후 MICE산업은 이변이 없는 한 획기적으로 성장할 것으로 예상된다.

2. MICE산업의 구성요소

MICE산업의 범위는 매우 넓고 다양하며, 관광산업과 매우 유사한 점이 많다. 관광산업은 관광객에게 다양한 서비스와 재화를 제공한다. 즉 ① 교통, ② 숙박, ③ 식사, ④ 음료산업 등과 같은 산업으로 구성되는데, 이러한 역할은 MICE산업의 경우와 마찬가지이다.

MICE산업에는 관광 공급자인 ① 여행, ② 숙박, ③ 식사, ④ 음료, ⑤ 오락, ⑥ 관광상품 등과 MICE 고유의 공급산업인 ① 회의시설, ② 장소, ③ 서비스 제공자, ④ 전시자, ⑤ 스폰서, ⑥ 참가자, ⑦ 컨벤션뷰로(CVB : Convention &

Visitors Bureau), ⑧ MICE 기획가 등이 있다.

일반적으로 MICE산업은 크게 ① MICE 공급자, ② MICE 주최자, ③ MICE 중개자로 대별할 수 있다.

1) MICE 공급자

MICE 공급자는 MICE산업을 주최 · 기획 · 운영 · 지원하는 산업을 말한다. 또한 공급자는 MICE산업을 개최하는 데 필요한 인프라시설, 다양한 프로그램, 서비스를 제공하는 산업으로 그 역할에 따라 ① 시설산업, ② 운영산업, ③ 지원산업으로 나눌 수 있다.

첫째, 시설산업(facility industries)은 MICE를 개최하는 데 가장 필요한 장소 · 시설을 제공한다. 장소는 개최 목적과 특성에 맞게 선택되는데, 최근에는 색다른 추억 등을 줄 수 있고 접근성이 용이한 곳을 선택하기도 한다.

둘째, 운영산업(composition industries)은 MICE를 운영하는 부분으로서 회의 · 전시회 프로그램의 기획부분을 말한다. 즉 프로그램은 참가자를 위해 기획된 모든 행위로서 회의 및 전시내용 · 오락 · 식사 · 리셉션 파티 등을 포함하고 있다.

셋째, 지원산업(support industries)은 MICE 개최에 꼭 필요한 간접적인 산업을 말한다. 그중 대표적인 산업이 교통업이다. 교통은 참가자 또는 전시물품의 수송에도 중요한 역할을 한다. 교통은 편리하고 신속하게 이동할 수 있어야 하고, 지원 설비를 효율적으로 제공할 수 있어야 한다.

따라서 MICE 공급자는 MICE가 원활하게 진행될 수 있도록 세심한 부분까지 배려를 해야 한다. MICE산업은 각종 산업과 연관성이 많으므로 공급의 원활한 역할이 이루어져야 수요촉진은 물론 산업이 발전할 수 있게 된다. MICE 공급자를 정리하면 〈표 15-1〉과 같다.

〈표 15-1〉 MICE 공급자

구분	내용
시설산업	-MICE를 개최하는 데 가장 필요한 장소 · 시설을 제공하며, 최근에는 색다른 추억과 접근성이 용이한 곳을 선택
운영산업	-MICE를 운영하는 부분으로서 회의 · 전시회 프로그램의 기획부분을 말하며, 프로그램은 참가자를 위해 기획된 모든 행위
지원산업	-MICE가 개최되고 진행되는 데 꼭 필요한 간접적인 지원산업으로서 교통산업이 대표적인 산업

2) MICE 주최자

MICE 주최자는 MICE를 기획하고 주관하는 ① 정부기관, ② 기업 · 협회, ③ 비영리단체 등을 말한다. MICE 공급자가 판매자라면, MICE 주최자는 구매자, 즉 1차 고객이다. 이들은 MICE를 개최하여 참가자로부터 수익을 얻는다.

그리고 MICE에 참가하는 사람들은 2차 고객, 즉 최종 소비자가 된다. MICE 주최자들(정부 · 기업 · 협회 · 비영리단체 등)은 다양한 특징과 주최목적을 가지고 개최한다. 따라서 MICE 공급자들은 MICE산업의 1, 2차 고객의 특성과 욕구를 파악해야 한다.

첫째, 정부기관은 좀 더 공익적인 목적을 가지고 있지만, 주로 주민공청회와 같은 소규모 회의, 국가 및 도시 간 정책협의회와 상호협력관계 구축 등의 목적으로 개최한다. 보통 2개 국가 이상이 참여하는 각종 회의를 주제로 개최되며, 정기적인 컨벤션이 많다. 또한 정부기관이 주최가 되는 경우에는 정책에 대한 설명이 대부분을 차지한다.

둘째, 기업 · 협회는 MICE 주최의 목적이 비교적 명확하며, 개최지는 관광매력도가 높은 곳을 선정한다. 기업은 이윤창출 · 상품홍보 · 직원교육 · 미래계획 · 세미나 · 워크숍 · 경영자회의 · 주주총회 등의 이유로 주최하고, 협회는 인적교류 · 회원교류 · 문제해결 · 이윤창출 등의 목적으로 주최하게 된다.

셋째, 비영리단체는 일종의 단체로서 회의나 전시회의 후원자로서의 역할을 한다. 컨벤션의 종류는 동호회 · 팬클럽 · 재향군인회 · 동문회 · 동아리 · 종교관련 단체모임 등이 있다. 특히 노동조합 · 사회단체 · 종교단체들은 예산이 적어 시장의 가격에 민감하다. MICE 주최자를 정리하면 〈표 15-2〉와 같다.

〈표 15-2〉 MICE 주최자

구분	내용
정부기관	- 정부기관은 분명한 목적과 목표를 가지고 MICE를 기획하고 주최하며, 정책에 대한 설명이 대부분
기업 · 협회	- 기업은 이윤창출 · 상품홍보 · 직원교육 · 미래계획 등의 이유로, 그리고 협회는 인적교류 · 회원교류 · 문제해결 · 이윤창출 등이 목적
비영리단체	- 비영리단체는 회의나 전시회의 후원자로서의 역할을 하며, 노동조합 · 사회단체 · 종교단체는 예산이 적어 시장의 가격에 민감

3) MICE 중개자

MICE 중개자는 'MICE 공급자와 MICE 주최자를 연결해 주는 역할을 하는 ① 컨벤션뷰로(CVB : Convention & Visitors Bureau)와 ② 여행사(travel agency)'를 말한다.

첫째, 컨벤션뷰로(CVB)는 특정 도시가 MICE와 관련된 행사를 유치하는 데 필요한 업무와 각종 정보를 제공해 주는 공공조직이라 할 수 있다. 특히 컨벤션 개최지역과 컨벤션 주최자의 중간에서 정보제공 · 기획 · 관리에 관한 전문적인 지식을 제공하여, 컨벤션이 성공적으로 개최될 수 있도록 중개 역할을 한다.

또한 주최자 측면에서는 개최지 선택의 폭을 넓혀주고 개최 예정지에 대한 정확 · 신속한 정보를 제공해 컨벤션이 성공적으로 이루어지도록 한다. 그리고 컨벤션 개최를 원하는 각 지역에 컨벤션(성격 · 특성 · 기간 등)에 관한 정보를 제공해 줌으로써 개최에 필요한 기획이 가능하도록 역할을 한다.

둘째, 여행사(travel agency)는 MICE산업의 공급자와 참가자를 연결해 주는 역할을 한다. 즉 개최자가 기획한 회의나 전시회 같은 상품을 참가자에게 연결시켜 행사가 원할하게 진행될 수 있도록 한다. 최근처럼 다양한 수요층과 공급처가 존재하는 시대에는 여행사의 역할이 매우 중요하다. MICE 중개자를 정리하면 〈표 15-3〉과 같다.

〈표 15-3〉 MICE 중개자

구분	내용
CVB	– 컨벤션뷰로는 컨벤션의 개최를 희망하는 지역과 컨벤션 주최자의 중간에서 정보제공 · 기획 · 관리에 관한 전문적인 지식을 제공하여, 컨벤션이 성공적으로 개최될 수 있도록 중개 역할
여행사	– 여행사는 MICE산업에서도 공급자와 참가자 등을 연결해 주는 역할을 하며, 컨벤션 개최자가 기획한 회의나 전시회 같은 상품을 참가자에게 연결시켜 주는 역할을 수행

제2절 Meeting(회의)

1. 회의의 정의

회의(meeting)의 사전적 의미는 '여럿이 모여 의논함'을 뜻한다. 즉 회의는 '넓은 의미로 모임을 일컬으며, 둘 이상의 사람이 하는 모임'을 말한다. 또한 회의는 '미리 정해진 목적이나 의도를 성취하고자 하는 비슷한 관심을 가진 사람들의 집단이 한곳에 모이는 것'으로 정의할 수 있다.

회의는 구체적인 목적에 따라 다양하게 분류되기도 한다. 피기에라(Fighiera)는 '국제회의 및 컨벤션 등의 용어와 구분하여 사용하는 경우에 있어서는 회의를 협의로 하여 정보와 지식을 교환할 목적으로 상호의견을 주고받거나 단체의 정책을 결정할 목적으로 사전에 계획된 일정에 따라 공통적인 관심사를 나누기 위한 모임'으로 정의하고 있다.

캐리(Carey)는 회의를 '컨벤션 주최 · 개최유형 협회 · 정부 · 기업 · 종교단체로 구분하여 학회 · 협회회의 · 기업회의 · 정부회의 · 종교회의로 구분하고, 여기에 상업적 회의를 추가'하고 있다.

국제컨벤션협회(ICCA)는 회의를 '다수의 사람이 특정의 활동을 수행하거나 협의하기 위해 한 장소에 모이는 것'으로 보고 있고, 국제협회연합(UIA)은 회의라는 용어를 '컨퍼런스 또는 유사한 협의의 회의'만으로 규정하고 있다. 따라서 회의는 '모든 참가자 단체의 활동에 관한 사항을 토론하기 위해 회의 구성원이 되는 회의'를 말한다. 즉 회의의 규모나 특성에 따라 성격을 달리한다. 회의에 대한 정의는 〈표 15-4〉와 같다.

〈표 15-4〉 회의의 정의

학자 및 기구	내용
피기에라 (Fighiera)	-정보와 지식을 교환할 목적으로 상호의견을 주고받거나 단체의 정책을 결정할 목적으로 사전에 계획된 일정에 따라 공통적인 관심사를 나누기 위한 모임
캐리(Carey)	-컨벤션 주최 · 개최유형 협회 · 정부 · 기업 · 종교단체로 구분하여 학회 · 협회회의 · 기업회의 · 정부회의 · 종교회의로 구분하고, 여기에 상업적 회의를 추가
국제컨벤션협회 (ICCA)	-다수의 사람들이 특정의 활동을 수행하거나 협의하기 위해 한 장소에 모이는 것
국제협회연합(UIA)	-콘퍼런스 또는 유사한 협의의 회의

2. 회의의 종류

1) 형태별 분류

회의를 형태별로 분류하면 ① 회의, ② 컨벤션, ③ 콘퍼런스, ④ 콩그레스, ⑤ 포럼, ⑥ 심포지엄, ⑦ 렉처, ⑧ 세미나, ⑨ 클리닉, ⑩ 워크숍, ⑪ 패널토의, ⑫ 전시회, ⑬ 교역전, ⑭ 화상회의, ⑮ 비밀회의, ⑯ 어셈블리, ⑰ 수련회, ⑱ 기자회견, ⑲ 학급 등으로 분류할 수 있다. 회의의 형태별 분류를 정리하면 〈표 15-5〉와 같다.

〈표 15-5〉 회의의 형태별 분류

구분	내용
회의 (meeting)	– 회의는 모든 종류의 모임을 총칭하는 포괄적인 용어이며, 미리 정해진 목적 · 의도를 가진 사람이나 집단(기업의 직원, 동일 협회의 회원, 비슷한 사업의 종사자 등)이 한곳에 모이는 것 – 아이디어 교환 · 토론 · 정보교환 · 사회적 네트워크 형성을 위한 각종 회의로 구체적인 목적에 따라 다양하게 분류
컨벤션 (convention)	– 컨벤션(집회 · 대회 · 회의 · 협약 · 협의회 · 정당대회 · 대표자회의 등)은 일반적으로 폭넓게 사용하는 용어로서, 대회의장에서 개최되는 일반단체회의를 말하며, 또한 소형의 브레이크아웃(breakout : 대형단체가 소그룹으로 나누어질 때 사용되는 용어) 룸에서 위원회를 개최 – 주로 기업의 시장조사 · 신상품 소개 · 경영전략 수립 등 정보전달을 주목적으로 정기집회에 사용하며, 부대행사와 전시회를 수반하는 경우가 많음 – 컨벤션은 다수의 주제로 정기적 · 연례적으로 개최되고, 최소한 3일간 회합을 가지며, 참가자는 100명~3,000명 이상
콘퍼런스 (conference)	– 콘퍼런스(회견 · 회의 · 회담 · 총회 · 협의 등)는 컨벤션과 유사한 용어로 사용되며, 공식적인 상호 의견교환 및 공통적인 관심사를 토의하기 위해 2명 이상의 사람들이 모이는 회의 – 일반적인 문제보다는 특별한 문제를 다루며, 주로 과학 · 기술 · 국방 · 학문분야의 새로운 지식습득 및 특정 문제점 연구를 위한 회의에 사용

구분	내용
	– 프랑스에서는 외교적 성격의 국제회의를 의미하며, 미국에서는 회의를 기본으로 하는 국제적 집회의 의미로 사용 – 컨벤션에 비해 회의진행상 토론회가 많이 열리고, 회의 참가자에게 토론 참여기회도 주어짐
콩그레스 (congress)	– 콩그레스(의회 · 회의)는 대표자들에 의한 회의 · 집회 · 회담 등을 의미하며, 사회과학 · 자연과학 분야의 각종 학회에서 개최하는 회의가 이러한 유형에 속함 – 종종 과학자 집단 · 의사 집단에서 사용하는데, 미국에서는 입법부를 지칭하는 말이고, 유럽에서는 국제회의를 지칭하는 용어로 사용하며, 이벤트 중심의 국제회의를 말함
포럼 (forum)	– 포럼(토의의 한 방식)은 1~3명의 전문가가 자신의 주장을 공개적으로 발표한 뒤 청중과 함께 질의응답 방식으로 진행하는 토의로 발표 시간은 10~20분 정도 – 제시된 하나의 주제에 대해 상반된 견해를 가진 동일분야의 전문가들이 사회자의 주도하에 청중 앞에서 벌이는 공개토론회로 청중과 전문가의 의견을 사회자가 종합함
심포지엄 (symposium)	– 심포지엄은 포럼과 유사한 형태의 회의로서 어떤 논제에 대하여 다른 의견을 가진 두 사람 이상의 전문가가 각각 의견을 발표하고 참석자의 질문에 답하는 형식의 토론회 – 포럼과 유사하며 제시된 문제나 안건에 대해 전문가가 청중 앞에서 벌이는 공개토론회 – 포럼에 비해 다소의 형식을 갖추어 진행하며, 청중에게는 제한된 질의 기회가 주어짐
렉처 (lecture)	– 렉처(강의 · 강연 · 잔소리 · 설교 · 훈계)는 일명 '강연회'라고도 하며, 어떤 회의 프로그램의 일부이거나 또는 그 자체가 하나의 회의로서, 심포지엄보다 형식적이며, 한 연사가 강단에서 청중에게 연설
세미나 (seminar)	– 세미나는 주로 교육적인 목적을 갖고 진행하는 회의로서, 어떤 분야의 전문가 몇 명이 특정한 과제에 대해 행하는 연수회나 강습회 – 주로 대면 토의로 진행되는 소규모의 비형식적 모임으로서, 주로 교육 및 연구목적으로 어느 1인의 지도하에 특정분야에 대한 각자의 경험 · 지식을 발표 및 토론

구분	내용
	–통상 세미나는 매우 특정한 주제를 다루며, 그 분야에서 인정받는 전문가에 의해 진행
클리닉 (clinic)	–원래 클리닉은 '어떤 특정한 질병이나 심리적인 장애를 지닌 사람을 진단하고 치료하는 병원'을 의미 –여기서 클리닉은 특별한 기술을 훈련하고 교육하는 소모임으로서, 구체적인 문제점을 분석 · 해결하거나, 특정분야의 기술이나 지식을 습득하기 위한 집단회의 –주로 소그룹을 위해 특별한 기술을 제공하고 훈련하는 것이 주목적이 되며, 통상 골프나 테니스와 같은 스포츠를 배우고 싶어할 때 클리닉에 참가
워크숍 (workshop)	–워크숍은 '학교 교육이나 사회 교육에서 학자나 교사의 상호 연수를 위하여 열리는 합동연구모임'을 의미 –대략 30~35명 정도의 인원이 참가하는 소규모 회의로서, 특정문제에 대하여 신기술 · 지식 · 연구방법 등을 교환 –특정 분야에 종사하는 소규모 집단의 사람을 위한 집중적인 교육프로그램으로서, 문제해결을 위한 노력에 참여할 것을 강조
패널토의 (panel discussion)	–패널토의에 참석하여 주장을 펼치는 각 분야의 전문가로 4~6명의 토론자를 말함 –패널들은 토의 주제에 대해 서로 상반된 입장을 지지하는 전문가로 구성 –사회자의 주도하에 서로 다른 분야에서의 전문가적 견해를 발표하는 공개토론회로, 청중도 자신의 의견을 발표
전시회 (exhibition)	–전시회는 '어떤 특정한 물건을 벌여 놓고 일반인에게 참고가 되도록 보이는 모임'을 의미 –또한 벤더(vendor : 판매자)에 의해 제공된 상품과 서비스의 전시모임 –무역 · 교육 · 상품 · 서비스 등에 관련된 판매업자가 전시회와 함께 회의를 개최하는 경우가 많음 –전시회는 컨벤션 · 콘퍼런스의 한 부분에 설치되기도 하며, 익스포지션(exposition)은 유럽에서 사용되는 용어

구분	내용
교역전 (trade show, trade fair)	- 교역은 주로 '국가와 국가 사이에서, 물건을 사고팔고 하며 서로 교환함', '물건을 사고팔고 하여 서로 바꾼다'라는 의미 - 주로 여러 판매업자가 부스(booth)를 이용하여 자사의 상품을 알리고 거래하는 형태 - 교역전(무역쇼)은 전형적인 가장 큰 회의로서, 장기간 지속되는 대형 교역전에는 참가자의 수가 최고 50만 명을 넘는 경우도 있음
화상회의 (teleconferenc- ing)	- 화상회의(원격회의)는 '멀리 떨어진 곳을 통신회선으로 연결하여 영상과 음성을 전송하여 서로 모습을 보고 소리를 들으면서 진행하는 회의'를 의미
화상회의 (teleconferenc- ing)	- TV화면을 통해 각기 다른 장소에서 상대방을 보면서 의견을 교환하는 것으로 고도의 커뮤니케이션 기술을 이용함으로써 비용과 시간을 절약할 수 있음 - 원거리 여행의 비용과 시간 등을 소비하지 않고 회의를 할 수 있는 방법으로서, 각종 오디오 · 비디오 · 그래픽스 및 컴퓨터 장비로 회의를 개최
비밀회의 (private meeting, secret assembly)	- 비밀회의는 '회의 참석자가 아닌 다른 사람의 방청을 금지하여 비공개로 하는 회의'를 말함 - 또한 사적이고 비밀스런 모든 회의를 지칭하는 용어로서, 로마교황 선출을 위한 추기경의 모임이나, 회사 인수합병 기도로 인한 위기를 논의하기 위해 모이는 기업의 비밀이사회 등
어셈블리 (assembly)	- 일정한 장소와 일시에 다수의 사람이 공동의 목적을 가지고 일시에 집회하는 행위를 의미 - 집회의 유형은 장소에 따라 옥내 · 옥외집회, 공개여부에 따라 공개 · 비공개, 시간에 따라 주간 · 야간집회 등으로 구분
수련회 (retreat)	- 수련회는 '여럿이 함께 몸과 마음을 단련하기 위해 갖는 여행이나 행사'를 말함 - 관리자 한 사람의 지도하에 기도 · 명상 · 연구 및 교육을 위해 집단적으로 칩거하는 모임 - 주로 종교적인 기도회의 · 기업 · 협회 또는 교육분야에서의 매우 독특한 유형의 회의

구분	내용
기자회견 (press conference)	– 기자회견은 '어떤 사건이나 현상의 내용을 신문이나 방송과 같은 대중매체를 통하여 설명하거나 해명하기 위해 기자를 불러 모아서 개최하는 담화나 모임'을 의미 – 또한 매체(TV · 라디오 · 신문 · 잡지)의 관계자가 초대되어 새로운 사건이나 이벤트에 관한 정보를 얻는 모임 – 기업은 신상품 · 새 임원 · 기타 뉴스 등을 보도기관에 알리기 위해 기자회견을 요청

2) 성격별 분류

회의를 성격별로 분류하면 ① 기업회의, ② 협회회의, ③ 비영리단체회의, ④ 정부주관회의 등으로 나눌 수 있다. 회의의 성격별 분류를 정리하면 〈표 15-6〉과 같다.

〈표 15-6〉 회의의 성격별 분류

구분	내용
기업회의 (corporate meeting)	– 기업의 구조가 복잡 · 다양화되고, 경쟁적인 기업환경이 조성됨에 따라 이에 대처하기 위해 회의를 개최 – 기업의 경영전략과 마케팅 수립 · 판매 활성화 방안과 홍보전략 등의 목적으로 개최 – 기업은 다양한 형태의 회의를 하는데, 대표적인 형태는 주로 주주총회 · 사원연수 · 지역총회 등
협회회의 (association meeting)	– 협회에 관련된 주제와 관심을 다루는 회의로서, 모든 산업이 세계적 · 전국적 · 지역적인 단위의 협회를 가지고 있음 – 일반적으로 협회의 공동관심사와 친목도모 등의 운영방향을 논의하기 위해 개최 – 주로 세계 국제법협회 서울총회 · 아시아 리스협회 총회 · 국제경상학생협회 아시아총회 등

구분	내용
비영리단체회의 (non-profit meeting)	- 비영리단체가 주최하는 회의를 말하며, 각종 종교단체 모임 · 노동조합회의 등 공동의 관심사항을 논의하기 위해 개최 - 대표적인 회의는 국제라이온스클럽 세계대회 · 한국보이스카웃(걸스카웃) 등의 총회나 세계잼버리대회 · 로터리클럽 세계대회 등
정부주관회의 (government agency meeting)	- 정부의 조직과 관련된 정당 · 외교 · 경제 · 문화 등의 국가정책과 공공의 쟁점사항을 논의하기 위한 회의 - 대표적인 회의는 고용노동부 주관의 아태지역 노동부 장관회의 · 기획재정부 주관의 관세협력이사회 연례회의 · 국회사무처 주관의 아태지역 국회의원연맹 총회 등

3) 진행상 분류

회의를 진행하는 형태로 분류하면 ① 오프닝 세리머니, ② 총회, ③ 위원회(commission), ④ 위원회(council), ⑤ 위원회(committee), ⑥ 집행위원회, ⑦ 실무단, ⑧ 소위원회, ⑨ 폐회식 등으로 나눌 수 있다. 회의의 진행상 분류를 정리하면 〈표 15-7〉과 같다.

〈표 15-7〉 진행상 분류

구분	내용
오프닝 세리머니 (opening ceremony)	- 오프닝 세리머니는 '회의나 모임을 시작할 때 행하는 의식'으로서, 먼저 개회사를 비롯하여 일정한 형식과 의례가 따르고, 교향악 · 전통무용 등의 연예행사가 준비 - 정식회원은 모두 초청되며, 그들의 수행원이나 정부 유관인사 · 지방유지 등 본회의와 관련 없는 사람도 초청
총회 (general assembly)	- 모든 회원들이 참가할 수 있는 회의로서, 제출된 의제에 관하여 발표 · 표결할 권한을 가짐 - 주로 정관 수정의 방침 결정 또는 운영위원의 지명 및 해임 등의 사항이 포함

구분	내용
위원회 (commission)	- 어떤 특정연구를 위해 본회의 참가자 중에서 지명된 사람으로 구성되어 본회의 진행기간 중에 또는 다른 시기 및 장소에서 개최 - 의제는 단일논제를 다루며 참가범위는 약 10~15명 정도의 동일한 직종을 가진 사람으로 구성 - 회의개최 후 수개월 안에 준비가 진행되며, 초청장 및 논제를 사전에 참석자에게 송부 및 고지
위원회 (council)	- 본회의 기간 중에 구성되며, 특정문제에 관하여 어느 정도의 결정권을 가짐 - 위원회의 결정사항은 본회의에서 비준되어야 하며, 위원회에서는 특별히 부여된 결정권을 가지고 토론할 수 있는 주제를 택함 - 보통 본회의에서 선출된 사람으로 20명 내외의 위원회 구성
위원회 (committee)	- 위원회는 본회의 기간 또는 휴회 중에 소집되며, 의제가 정확하게 지정되고 특정사항에 관해 어느 정도 결정권을 가짐 - 인원은 10~15명 정도로 본회의 참가자로 구성
집행위원회 (executive committee)	- 집행부서로서 본회의에서 선정되며, 어느 정도 결정권을 가지고 있으나, 본회의에서 비준을 요하는 의제는 집행을 요하는 사항을 다룸 - 참가범위는 위원회 또는 본회의에서 선출된 10명 이내의 인원으로 구성
실무단 (working group)	- 위원회에서 임명된 특정 전문가로만 구성되며, 단시일 내에 상세한 연구를 하기 위해 구성 - 의제는 단일주제를 다루며 참석 범위는 특정 전문가로 보통 10명 이내로 국한하고 전문적 · 기술적인 보고서를 작성
소위원회 (buzz group)	- 어떤 문제에 관해 총체적으로 자문하도록 구성된 협의체로서, 한 회의기간 동안 여러 번 개최하는데, 이때 본회의 진행은 중단되고 여러 소위원회로 나눠짐 - 각 소위원회는 위원장을 선임하여 제기된 문제를 논의한 뒤 각 위원장은 소위원회의 의견을 본회의에 보고
폐회식 (closing session)	- 회의를 종결하는 최종 회의로서 회의성과 및 채택된 사항을 요약 · 보고하며, 이때 폐회사가 있고 회의 주최자에 대하여 감사의 표시를 함

4) 목적별 분류

회의를 목적별로 분류하면 ① 토론목적, ② 조약채택, ③ 국제정보교환, ④ 서약회의 등으로 나눌 수 있다. 회의의 목적별 분류를 정리하면 〈표 15-8〉과 같다.

〈표 15-8〉 목적별 분류

구분	내용
토론목적	-광범위한 문제 또는 특정문제 등 일반토론을 위한 토론장으로서의 역할을 하는 회의(예 : 국제기구의 총회 또는 이사회 등)
조약채택	-조약문이나 기타 정식 국제문서 작성 및 채택을 위한 회의(예 : 유엔 해양법회의 등)
국제정보교환	-국제적 정보교환을 목적으로 하는 회의(예 : 원자력의 평화적 이용에 관한 유엔회의 등)
서약회의	-국제적 사업에 대한 자발적 분담금 서약회의(예 : UNDP · WEP 등 기여금 서약회의)

3. 국제회의의 개념

1) 국제회의의 정의

국제회의(international conference)는 '국외로부터 많은 참가자를 유치해 개최되는 회의 · 학회 · 연구회 등'을 말한다. 일정규모 이상의 국제회의는 회의와 일체가 된 리셉션 · 시찰여행 · 포스트컨벤션투어(국제회의 후 관광여행) 등의 관광 · 교류 · 프로그램이 예정되어 있어 관광이나 지역경제의 진흥에 연계되어 있다.

국제협회연맹(UIA : Union of International Associations)은 국제회의를 '국제기구가 주최 또는 후원하는 회의이거나 국제기구에 소속된 국내단체가 주최하는 국제적인 규모의 회의로서 전체 참가자 수 3백 명 이상, 회의 참가자 중 외국인이 40% 이상, 참가국 수 5개국 이상, 3일 이상 지속되는 규모의 회의'라고 정의하고 있다.

국제회의협회(ICCA : International Congress & Convention Association)는 국제회의를 '4개국에서 참가자 50명 이상이 순회하거나 정기적으로 열리는 회의'라 정의하고 있고, 버크만(Berkman)은 '통상적으로 공인된 단체가 주최하여 3개국 이상의 대표가 참가하는 정기적 또는 부정기적 회의를 국제회의'라고 정의하였다.

한국관광공사(KNTO)에서는 '국제기구 본부에서 주최하거나 국내단체가 주관하는 회의 중 참가국 수 3개국 이상, 외국인 참가자 수 10명 이상, 회의기간 2일 이상인 순수국제회의 · 전시회 · 기타 행사를 포함하는 회의를 국제회의' 라고 규정하고 있다.

우리나라에서는 「관광진흥법」, 「국제회의산업 육성에 관한 법률」에 의해 국제회의를 다음과 같이 정의하고 있다. '국제기구 또는 국제기구에 가입한 기관이나 법인 · 단체가 주최하는 국제회의는 5개국 이상의 외국인이 참가하고, 3백 명 이상이 참가하는데 그중 1백 명 이상이 외국인이어야 하며, 3일 이상 진행되어야 한다.

반면에 국제기구에 가입하지 아니한 기관 또는 법인 · 단체가 개최하는 회의 가운데 회의참가자 중 외국인이 150인 이상일 것, 2일 이상 진행되는 회의를 국제회의'라고 규정하고 있다.

① "국제회의"라 함은 상당수의 외국인이 참가하는 회의(세미나 · 토론회 · 전시회 등을 포함한다)로서 대통령령이 정하는 종류와 규모에 해당하는 것을 말하고, ② "국제회의산업"이라 함은 국제회의의 유치 및 개최에 필요한 국제회의 시설 · 서비스 등과 관련되는 산업을 말한다. ③ "국제회의시설"이라 함은 국제회의의 개최에 필요한 회의시설 · 전기시설 및 이와 관련된 부대시설 등으로서 대통령령이 정하는 종류와 규모에 해당하는 것을 말한다. 국제회의의 정

의를 정리하면 〈표 15-9〉와 같다.

〈표 15-9〉 국제회의의 정의

구분	내용
국제협회연맹 (UIA)	– 국제기구가 주최 또는 후원하는 회의이거나 국제기구에 소속된 국내 단체가 주최하는 국제적인 규모의 회의로서 전체 참가자 수 3백 명 이상, 회의 참가자 중 외국인이 40% 이상, 참가국 수 5개국 이상, 회의기간이 3일 이상인 회의
국제회의협회 (ICCA)	– 4개국에서 1백 명 이상이 참가하는 규모의 회의'라고 정의
버크만 (Berkman)	– 통상적으로 공인된 단체가 주최하여 3개국 이상의 대표가 참가하는 정기적 또는 부정기적 회의
한국관광공사 (KNTO)	– 국제기구 본부에서 주최하거나 국내단체가 주관하는 회의 중 참가국 수 3개국 이상, 외국인 참가자 수 10명 이상, 회의기간 2일 이상인 순수국제회의 · 전시회 · 기타 행사를 포함하는 회의
관광진흥법	– 국제기구 또는 국제기구에 가입한 기관이나 법인 · 단체가 주최하는 국제회의는 5개국 이상의 외국인이 참가하고, 3백 명 이상이 참가하는데 그중 1백 명 이상이 외국인이어야 하며, 3일 이상 진행되어야 한다. 반면에 국제기구에 가입하지 아니한 기관 또는 법인 · 단체가 개최하는 회의 가운데 회의참가자 중 외국인이 150인 이상일 것, 2일 이상 진행되는 회의

2) 국제회의 개최효과

회의는 국가적 범위에 따라 ① 국제회의, ② 국내회의로 구분된다. 국제회의 개최효과는 주로 ① 정치적 측면, ② 경제적 측면, ③ 사회적 측면, ④ 문화적 측면, ⑤ 국가홍보 측면, ⑥ 심리적 측면, ⑦ 관광 측면, ⑧ 정보수집 · 정보교환의 기회, ⑨ 지역주민 거주환경의 정비 등을 들 수 있다. 국제회의의 개최효과를 정리하면 〈표 15-10〉과 같다.

〈표 15-10〉 국제회의 개최효과

구분	내용
정치적 측면	-국제회의는 국가 간 인적 교류와 참가자 상호 간의 정보교환으로 인해 협력증진 및 외교활동에 기여 -회원자격으로 참가하는 미수교국 대표와 교류기반을 조성 -국제회의 참가자는 해당분야의 사회적 지위와 영향력 있는 인사들이 많아 민간외교 차원에서도 파급효과 기대
경제적 측면	-국제회의 참가자들은 한국 체재일수가 통상 8일 이상이고, 외화 소비액은 일반관광객의 3배 이상 -대규모 국제회의에 의해 발생되는 외화획득은 경제적 측면에서 막대한 승수효과 발생 및 관광수요의 비수기를 극복할 수 있는 수단
사회적 측면	-국제회의의 개최 빈도가 증가함에 따라 국제화 또는 일반국민의 의식수준 향상 -각종 시설물 정비 · 교통망 확충 · 환경개선 · 고용증대 · 항공 및 항만시설 정비 · 신상품 개발 등 사회 전반에 파급효과 증대
문화적 측면	-외국과의 인적 교류 · 정보교류 · 문화교류 등으로 인해 국제친선 도모 및 국제 감각 향상에 기여 -국제회의 유치기획 · 운영의 반복으로 기반시설이나 다양한 기능을 향상시켜 개최국의 이미지 확립 및 지명도 향상에 기여
국가홍보 측면	-국제회의는 통상 많은 국가의 대표가 참여하므로, 한국관광에 대한 홍보를 전 세계로 확산시킴 -한국의 국제지위 향상 · 민간외교 · 국가외교 차원에서도 홍보효과 기대
심리적 측면	-국제회의에 참가하는 각국 대표는 한국에 대해 호기심과 관심을 가짐 -회의 개최지는 미리 결정되고, 회의 준비에 충분한 기간을 가지고 자료나 정보를 수집하고 있어 이들을 통해 개최국의 이미지 부각이 용이
관광측면	-국제회의나 전시회 참가자는 회의 1건당 보통 1백 명에서 1천 명 이상이므로 국제회의는 외국인 관광객 유치의 지름길이 됨 -국제회의는 성 · 비수기가 없어 관광 비수기 타개책의 일환이 되며, 각종 국제회의 참가자에 대한 판촉활동을 계획적으로 전개해 관광업계의 새로운 판촉 활로 개척 -참가자들이 체재기간 중 체험한 한국에 대한 이미지를 귀국 후 주위에 전파함으로써 한국관광 홍보의 파급효과 기대

구분	내용
정보수집 및 정보교환의 기회	- 국내외로부터 다수의 국제회의 관계자가 개최지에 방문하게 되므로 새로운 정보를 수집 - 국제회의의 개최지는 각종 정보의 중심지가 되고, 그 지역의 활성화에도 기여
지역주민 거주환경의 정비	- 도시 기본설비의 정비를 비롯하여 각종 관계시설 · 설비의 정비가 촉진

제3절 Incentive Tour(포상여행)

1. 포상여행의 정의

인센티브(incentive)란 '사람이 어떤 행동을 취하도록 부추기는 것을 목적으로 하는 자극', '종업원의 근로 의욕이나 소비자의 구매 의욕을 높이는 것'을 말한다. 즉 '유인책 · 장려책이라는 뜻으로 보통 실적에 따라 추가로 지급하는 금전적 보상'이라는 뜻으로도 쓰인다. 또한 인센티브는 '보다 높은 생산량 · 판매량 또는 실적을 달성하기 위한 수단'이다.

인센티브 투어(incentive tour)는 '포상관광 · 포상여행 · 보장관광 · 보장여행 · 인센티브 여행' 등으로 다양하게 사용되며, 영어로는 incentive tour, incentive trip, incentive travel 등으로 불리는 등 통일된 용어를 가지고 있지 않다.

인센티브의 대표적인 예는, 자동차회사 · 보험회사 · 화장품회사 등이 판매점이나 판매원에 대하여 일정한 목표 이상의 실적을 달성한 데 대한 보장(保障)으로 국내외여행에 초대하여, 여행지에서 감사의 뜻으로 파티를 개최한다. 따라서 포상여행은 여행사의 입장에서 보면 치열한 유치경쟁의 목표가 된다.

포상여행은 '우량기업의 종사원에 대한 동기 유발적인 보상'으로 받아들여지고 있다. 즉 포상여행은 주로 '일반기업 및 단체가 자사상품의 판매실적이 우수하거나 크게 공헌을 했을 때, 해당 단체나 개인에게 포상차원에서 여행을 시켜주는 것'을 말한다.

또한 인센티브여행업자협회(SITE : Society of Incentive Travel Executives, 1974)는 포상여행을 '뛰어난 목표를 달성한 직원에게 여행포상을 줌으로써, 직원이 목표를 달성할 수 있도록 돕는 근대적 경영기법'이라고 정의하고 있다.

최근 대기업 및 제조업체가 자사제품의 판매증진과 경영목표 달성을 위한 방침으로 판매원 및 중간상인 등에 대하여 수익의 극대화와 판매액의 제고를 위한 일환으로 실시하고 있다. 특히 포상여행은 자동차 영업사원 · 보험설계사 · 가전제품 판매사원 · 제조업체 등에서 많이 활용하고 있다.

포상여행은 2000년대에 들어와서 시장의 규모가 더욱 커지게 되었다. 국내외 기업회의 및 포상여행의 시장은 정확한 규모를 파악할 수 없지만, 세계화의 영향으로 국외에서 기업회의를 하거나 포상형태의 인센티브회의를 개최하는 등 점차 활성화되고 있다.

2. 포상여행 프로그램

대표적인 포상여행 프로그램으로 ① 순수포상여행, ② 판매포상여행, ③ 시찰초대여행, ④ 거래상 대상여행 · 판매원 대상여행, ⑤ 단체 · 개별여행, ⑥ 딜러 포상여행, ⑦ 사원포상여행, ⑧ 소비자포상여행 등을 들 수 있다. 포상여행 프로그램을 정리하면 〈표 15-11〉과 같다.

〈표 15-11〉 포상여행 프로그램

구분	내용
순수포상 여행	- 즐거움만을 위한 여행으로서 이 기간에는 사업회의나 판매교섭은 계획되어 있지 않음 - 과업을 달성한 직원이 업무를 성취한 대가로 기업으로부터 여행과 휴가로 보상받음 - 매력적인 장소로 여행하는 것은 종업원의 생산성 향상과 동기부여에 중요한 요인이 됨 - 순수포상이 차지하는 비율은 포상여행 프로그램의 약 1/3 정도
판매포상 여행	- 업무와 휴가를 겸한 여행으로 의무적인 회의가 포함 - 대부분의 시간을 회사업무의 목표를 달성하는 데 목적을 두고 업무와 관련된 활동이 많음 - 주로 신상품 소개 · 신기술 견학 · 새로운 생산설비 견학 등 일련의 회의에 참여하거나 기업의 공장을 견학 - 판매포상여행은 전체 포상여행 프로그램 중 약 2/3를 차지하며, 프로그램 기간은 5~7일 이상 - 최근에는 주말 포상여행이 인기를 얻고 있고, 통상 포상여행은 단체여행으로 구성
시찰초대 여행	- 매체관계자의 호의를 유발시키는 데 가장 효과적인 방법은 관광상품을 직접 사용해 보도록 하는 것 - 후원자에게는 비용부담이 되겠지만, 여행의 매체에 직접적으로 영향을 미치는 기회가 증대하게 되어 결국에는 거기에 든 비용을 보상받음 - 관광사업체나 신항로를 개설한 항공사, 새로운 지역에서 체인을 건설한 호텔 등은 매체의 인기와 퍼블리시티(publicity : 홍보 · 광고 · 선전)를 유발하기 위해서 시찰초대여행을 자주 이용
거래상 대상여행 · 판매원 대상여행	- 거래상 대상여행은 기간이 길고 업무적 성격이 가미되지 않는 위락 · 휴식기회의 제공 등 흥미 위주로 구성 - 판매원 대상여행은 국내 유명지역을 단기간에 걸쳐 업무적 성격의 프로그램을 가미하는 경향이 있고, 또한 판매직원 대상여행은 3/4이 단체여행 형태로 제공

구분	내용
단체 · 개별 여행	– 단체여행에서는 참가자가 모두 왕복여행을 하며, 모든 시간을 단체와 함께 여행해야 하는 조건 요구 – 개별여행은 여행 시기 및 행동을 자유롭게 선택할 수 있으며, 여행자는 개별여행을 선호하지만, 통상 사용자 측에서는 단체여행을 선호 – 매우 강력한 동기유발효과를 가지고 있어 대부분의 기업이 최상의 보상으로서 실적이 가장 뛰어난 자에게 제공
딜러 포상 여행	– 일명 '판매점 인센티브 여행'이라고도 부르며, 대상은 판매 · 대리점 등의 딜러로서 매출의 증가 · 자사상품의 지분 확대 · 연대제휴 강화 등의 목적으로 실시 – 흥미 위주의 여행 프로그램을 통해서 회사경영방침이나 신제품의 상품지식 이해, 기업과 딜러와의 관계를 강화하여 근무의욕을 높임 – 판매점 친목여행 · 이벤트 초대여행 · 판매 캠페인 초대여행 · 연수시찰여행 · 전국대회 초대여행 · 세미나 · 기념 및 사은 초대여행 등
사원포상 여행	– '사내 포상여행'이라고도 부르며, 사원육성 · 동기부여 사은 · 보장 · 위로 등의 촉진과 기업의 대외 이미지 향상 도모 – 성적 우수자를 대상으로 시행하는 여행이나, 전 사원 대상의 직장여행 · 장기근속여행 · 재충전 휴가로 활용 – 영업성적 보장여행 · 종업원 위안여행 · 업무정근 표창여행 · 장기근속 표창여행 · 우수기획입안 표창여행 등
소비자포상 여행	– '유저(user) 인센티브 여행'이라고도 하며, 상품고지나 확대판매 · 상표 이미지 향상 · 고객확보 등이 목적 – 신상품 발표로 인한 광고 선전에 대한 반응조사 · 상품의 인지도 향상 · 사은 및 판매캠페인 · 경품증정 등 매상 증대에 직접적 동기부여 – 소비자 초대여행 · 공모 현상여행 · 소비자 우대여행 등

제4절 Convention(컨벤션)

1. 컨벤션의 정의

컨벤션(convention)의 사전적 의미는 '집회 · 대회 · 회의 · 협약 · 협의회 · 정당대회 · 대표자회의 · 위원회' 등이다. 어원은 라틴어 con(함께)과 vention(오는 것)의 합성어로 '모이는 것', 즉 '함께 와서 모이고 참석하다'의 의미를 담고 있다.

컨벤션이란 '다수의 많은 사람이 참가하는 회의 · 심포지엄 · 포럼 등을 총칭하는 용어'이다. 즉 다수의 사람이 특정한 활동을 하거나 협의하기 위해 한 장소에 모이는 회의(meeting)와 같은 의미라 할 수 있으며, 전시회 · 여행 · 리셉션 등을 포함한 포괄적인 의미로 사용한다. 특히 컨벤션은 3Es (Entertainment · Excitement · Education)가 결합된 새로운 상품으로서 관광산업의 고부가가치를 창출하고 있다.

즉 컨벤션은 '국제회의를 비롯해 각종 회의 등 사람이 모여 서로 이야기하는 것', 또는 '사람을 중심으로 상품 · 지식 · 정보 등의 교류를 위한 모임이나 회합의 장을 갖춘 각종 이벤트 · 전시회'를 말한다. 또한 회의를 개최할 때 관광이나 교류를 목적으로 하는 여행 또는 리셉션 등이 개최된다는 데서 광범위한 경제적 파급효과가 예상되어 지역경제의 활성화에 기여한다.

원래 컨벤션(convention)과 국제회의(international meeting)에 대한 정의가 같은 의미로서 혼용하여 사용되고 있으나, 미국에서는 '집회'를 가리키는 언어로 사용되어 오다가 점차 국제 간의 교류증진을 내포하면서 국제 간의 회의를 포함하게 되었다.

넓은 의미의 컨벤션은 ① 서구 메세형(messe : 산업견본시)과 ② 미국형 컨벤션으로 나뉜다. 첫째, 서구 메세형은 국제기관에 의한 공식적인 회의 및 견본시를 위주로 한 것이고, 둘째, 미국형은 기업 및 단체의 대회나 집회 · 미팅을 중심으로 한 것이다.

컨벤션은 '물건이나 정보를 중심으로 사람이 모여서 교류하는 장소'라 할 수 있으며, 미국식으로 해석하면 넓은 의미의 컨벤션이 포함하는 것으로는 다음과 같은 요소가 있다.

즉 ① 콩그레스(congress : 의회 · 회의) · 콘퍼런스(conference : 회견 · 회의 · 회담 · 총회 · 협의) 등 학회 · 대회 및 회의, ② 세미나와 같은 강습회 · 연수회, ③ 견본시(見本市 : 여러 상품의 견본을 진열하여 선전과 소개를 하고 판매 촉진을 꾀하는 임시 시장), ④ 박람회 · 스포츠대회 등의 이벤트, ⑤ 음악회 · 축하회 등의 리셉션 등이다.

UNWTO는 회의산업의 범주에 회의 · 콘퍼런스 · 전시 · 인센티브를 포함하고 있다고 제시하면서 다음과 같은 기준과 권고를 하고 있다. 산업의 명명(회의산업), 회의목적(참가자들에게 동기부여 · 아이디어 공유 · 사회화와 토론 등), 회의규모(최소한 10명 참가), 회의 개최지(회의장소 사용료가 지불되는 개최지), 회의기간(4시간 이상)을 열거하였다.

2. 컨벤션의 준비과정

컨벤션은 개최지 선정부터 행사개최까지 짧게는 1년, 대규모 컨벤션의 경우 길게는 5~6년, 또는 그 이상의 기간이 소요되며 다음과 같은 일련의 과정을 통해 컨벤션이 개최된다.

준비과정은 ① 국내 관련 정부부처 및 협회 · 학회 등 단체에서 컨벤션 국내 개최 가능성과 그에 따른 파급효과 검토, ② 해당 컨벤션 국제본부에 유치 신청서 및 제안서 제출, ③ 컨벤션 국제본부의 서류심사, ④ 서류심사 후 현장실사, ⑤ 경쟁 국가 · 도시와의 유치PT 등을 통한 경쟁, ⑥ 개최지 선정, ⑦ 국내 개최결정 시 해당 지역 및 국내의 주관 부처 · 단체 · 협회 등은 컨벤션 준비(프로그램 기획 · 연사섭외 · 참가자 유치홍보 · 회의장 조성 · 의전 · 등록 · 숙박 · 사교행사 · 관광 등의 다양한 업무준비), ⑧ 컨벤션 개최 등이다.

3. 컨벤션의 효과

소비자주의(Consumerism)의 확산과 소비자의 욕구가 다양화되고 있는 후기 산업사회에서 컨벤션은 '사람중심의 비즈니스'로 인해 계절적인 영향을 적게 받고, 경제적 파급효과가 큰 산업으로 각광받고 있다.

또한 컨벤션은 광범위한 경제파급효과가 예견되어 지역경제의 활성화에 기여하고 있다. 각종 회의 개최로 인해 얻는 것은 다양한 정보와 개최국가 지역의 홍보효과 · 이미지 개선, 그리고 회의관련 시설 · 숙박 · 교통 · 기자재 · 관광 등 관련 산업의 파급효과가 매우 크다.

컨벤션의 효과는 ① 경제적 효과, ② 사회 · 문화적 효과, ③ 정치적 효과, ④ 판매촉진 효과, ⑤ 관광진흥 효과, ⑥ 도시재개발수단, ⑦ 정보교환의 장소 등으로 폭넓게 활용할 수 있다는 점이다. 컨벤션의 파급효과를 정리하면 〈표 15-12〉와 같다.

〈표 15-12〉 컨벤션의 파급효과

구분	내용
경제적 효과	– 컨벤션 개최국의 소득향상효과와 고용증대효과(고용 및 소득창출), 세수증가효과(법인 및 개인소득세 증가), – 지역산업의 특성에 맞춘 생산유발효과와 다양한 교역상담을 통한 수출입 규모 확대 등 – 회의장 사용 시 회의에 부수되는 각종 연출물 · 간판류 · 화환 · AV 기기의 임차 등 컨벤션센터에서 벌어들일 수 있는 비즈니스의 범위는 광범위함

구분	내용
사회 · 문화적 효과	– 컨벤션 개최를 계기로 각종 시설물의 정비나 교통망의 확충 · 환경 및 조경개선 · 신상품 개발 등 사회전반에 광범위하게 파급 – 개최국의 국제적 지위향상 · 문화교류 · 민간외교 활성화 · 지역주민의 국제적 감각 고양 · 지역민의 지적 자극을 통한 시민의식 향상 등 교육 및 문화적 효과 기대
정치적 효과	– 컨벤션 개최로 인해 미수교국 간에 커뮤니케이션을 할 수 있는 계기가 마련되어 이념적 동질성과 이념의 차이를 줄임 – 개최국 또는 개최지의 국민과 컨벤션 참가자들 간의 교류를 촉진시키며, 국제 간의 이해를 증진시키는 장으로 활용되어 국제관계 개선에 기여 – 오피니언 리더의 참여로 인한 민간외교효과 기대와 행사 관련 업종에 대한 국제적 영향력 증대
판매촉진 효과	– 거래처나 대리점 등을 초대하여 제품의 성능 · 판매방법 · 콘셉트를 정확히 소구하는 방법 – 판매효과를 위해 컨벤션에서 전시회 · 이벤트를 개최하는 경우도 있고, 전문트레이드 쇼를 주최하여 부수적으로 세미나 · 콘퍼런스가 행해지는 경우가 많음 – 비용 대 효과라는 점에서 컨벤션이 가장 효과적인 판매촉진방법
관광진흥 효과	– 컨벤션 기간 동안 개최국에서 직접 체험한 깊은 인상을 귀국 후에 주위에 전파하게 되므로 관광홍보에 큰 파급효과 기대 – 관광비수기 타개 및 관광수용태세 정비 · 관광종사원 고용확대와 관광 관련 업종에 파급효과 기대 등 – 호텔 및 관광시설을 연중으로 가동시켜 음식 및 토산품의 매상을 증진
도시재개발 효과	– 컨벤션센터를 도심지에 새롭게 단장해 다운타운을 중심으로 교통 및 주차장을 갖추고 호텔과 레스토랑 등을 출현하여 도시를 폐허로부터 재건 – 뉴욕 · 시카고 · 애틀랜타 · 파리 · 빈 · 베를린 등의 선진 도시는 근대적인 기능과 설비를 갖추어 도시의 명소 · 명물로서 컨벤션센터를 건립 – 뉴욕 컨벤션센터의 개업으로 인해 뉴욕시의 호텔 가동률이 향상됨

구분	내용
정보교환의 장소	–컨벤션으로 인해 얻어오는 정보량은 막대하며, 거기서 커다란 매력이 파생하므로 도시재개발의 수단으로서 컨벤션 유치가 필요 –컨벤션 추진으로 지역의 이미지 향상 · 정보이입 · 문화진흥 · 국제교류촉진 · 지역의 관광추진에 매우 유용하게 활용 –컨벤션으로 한꺼번에 많은 사람이 모이기 때문에 정보교환의 장소가 되고, 인적 교류를 통해 상품 및 기술개발을 이룩함

4. 컨벤션의 특성

컨벤션산업의 일반적 특성은 ① 공공성, ② 전문성, ③ 무형성, ④ 비분리성, ⑤ 이질성, ⑥ 소멸성, ⑦ 다양성 등을 들 수 있고, 운영상의 특성은 ① 시간과 공간적 상품, ② 사전예약제도, ③ 체계화된 커뮤니케이션, ④ 가격의 융통성 등을 들 수 있다.

그리고 시장의 특성을 살펴보면 ① 개인보다는 그룹이 참여, ② 전문화된 기획력 및 기획사 필요, ③ 전문화된 시설 및 서비스 필요, ④ 서비스의 모방이 용이하다는 점을 들 수 있다. 컨벤션산업의 특성을 정리하면 〈표 15-13〉과 같다.

〈표 15-13〉 컨벤션산업의 특성

구분	특성	내용
일반적 특성	공공성	–일반적으로 기업의 영리목적으로 개최하기도 하지만, 많은 경우 국가 또는 공공의 이익증진을 위해 개최
	전문성	–컨벤션의 유치 · 기획 · 준비 · 운영 · 사후관리에 이르기까지의 모든 과정에는 전문성이 요구
	무형성	–서비스의 물리적 실체를 가시적으로 볼 수 없고 만질 수도 없는 무형의 특징을 지님

구분	특성	내용
	비분리성	-생산과 소비가 동시에 이루어지며, 먼저 판매가 이루어지고 난 후에 다음 상품이 생산 · 소비되는 특징을 지님
	이질성	-동일한 서비스를 주고받는다 할지라도 시간과 상황에 따라 서비스의 내용과 질이 상이하게 느껴질 수 있음
	소멸성	-컨벤션 상품은 저장이 불가능하기 때문에 서비스를 제공하는 순간 그 상품의 가치는 소멸
	다양성	-숙박 · 음식 · 교통 등 다양한 서비스산업과 서로 연계되어 있어 상호의존관계를 이룸
운영상의 특성	시간과 공간적 상품	-상품 자체를 고객에게 전달하는 것이 아니라 일정 요금을 지불한 후에 시설사용에 대한 권한을 가지므로 적절한 시기에 판매되어야 함
	사전예약제도	-업무특성상 현장에서 즉시 상품을 생산해서 판매하는 것이 불가능하므로 사전예약이 필요
	체계화된 커뮤니케이션	-주최자 · 기획사 · 참가자 간의 체계적이고 조직적인 커뮤니케이션이 필요
	가격의 융통성	-참가단체의 규모 · 개최시기 · 체류기간 등에 따라 가격의 융통성 발휘
시장의 특성	그룹 위주의 참여	-일반적으로 개인보다는 단체가 참여하는 경우가 많음
	전문화된 기획력 및 기획사	-컨벤션 기획은 복잡하고 많은 시간이 필요하기 때문에 전문적인 기획사가 필요
	전문화된 시설 및 서비스	-회의실 · 전시공간 · 조명시설 · 음향시설 등 전문화된 시설과 서비스가 필요
	서비스의 모방 용이	-특허를 통해 보호받을 수 없기 때문에 제공되는 서비스에 대한 모방이 용이

제5절 Exhibition(전시회)

1. 전시회

전시회(exhibition · display · show)는 '어떤 특정한 물건을 벌여 놓고 일반인에게 참고가 되도록 보이는 모임'을 뜻한다. 최근 전시회(exhibition)는 전체적인 회의산업의 성장과 함께 매년 증가하고 있으며, 주로 협회시장 · 산업협회 · 기술협회 · 과학협회 · 전문가협회 등에서 이용한다.

특히 전시회는 특정산업이나 분야를 일정한 장소와 기간 동안 새로운 제품이나 서비스를 소개하면서 국내외의 방문객을 상대로 계약을 체결하거나 거래 상담을 통해 일반 잠재고객에게 능동적으로 판매활동을 전개해 나가는 마케팅 수단의 일종이다. 즉 업체가 고객에게 상품을 직접 판매하는 것보다 전시회가 더 효과적인 마케팅 수단이 된다.

전시회의 유형은 ① 전문전시회, ② 소비자전시회의 2가지가 있다. 첫째, 전문전시회는 기업인이나 연구원을 대상으로 한 전시회를 말하고, 둘째, 소비자전시회는 일반대중을 상대로 하는 전시회를 뜻한다.

'엑시비션(exhibition)'이라는 단어는 17세기 로마에서 개최된 미술전시회에서 처음으로 사용되었는데, 주로 미술전시회에서 사용되어 오다가 오늘날 많은 국가에서 '전문전시회'라는 용어로 사용하고 있다. 이외에도 'trade show, trade exposition' 등 다양한 용어도 사용된다. 독일에서는 메세(messe : 산업견본시), 일본에서는 견본시(見本市 : 상품을 전시해 놓고 상담하는 시장)라는 단어를 사용한다. 특히 전시회는 이익창출과 참가자 유치라는 측면에서 매우 중요하다.

2. 교역전

교역(trade · barter · commerce)이란 '주로 나라와 나라 사이에서 물건을 사고팔고 하며 서로 교환함', '물건을 사고팔고 하여 서로 바꾸다'라는 뜻이다. 일반적으로 교역전(trade show)은 단순히 상품을 광고하는 데만 이용되어 왔다.

그러나 교역전은 1950년대 이후부터는 상품판매시장으로 이용되었는데, 오늘날에는 상당한 양의 상품거래가 교역전을 통해 이루어지고 있다. 벤더(판매자)들이 임대한 부스(booth) 공간에서는 다양한 상품을 전시해 잠재고객에게 홍보하고 있다.

1) 국제교역전

국제교역전은 제2차 세계대전 이후 유럽에서 시작되었으며, 독일은 그때부터 국제교역전을 주최하는 나라가 되었다. 국제교역전은 기업이 해외시장을 테스트하는 이상적인 방법이다.

기업은 교역전을 통해 전 세계의 바이어(buyer)나 유통업자를 만날 수 있다. 바이어와 판매자가 함께 만남으로써 다양한 정보와 시간 · 비용 등을 절약할 수 있다. 따라서 교역전은 저렴한 비용으로 세계시장으로 진입할 수 있는 기회가 될 수 있다.

국제교역전을 통해서 얻을 수 있는 장점은, ① 판매 지향적이라는 점(사람들은 비즈니스 등의 목적으로 방문), ② 많은 사람이 다녀간다는 점(Hanover Fair : 8일 동안 50만 명 방문), ③ 개별 교역전시회는 미국교역전보다 정성을 들인다는 점(한 회사에서 단일 교역전시회에 약 1천 명의 직원이 근무. 전시공간과 미팅 룸 설치), ④

독특하고 국제적인 분위기라는 점(통역사들이 세계 각지에서 내방하는 방문객을 위해 대기)을 들 수 있다.

2) 미국교역전

미국교역전은 콘퍼런스의 확장과 함께 발전하였다. 미국교역전은 회의참석을 강조하고 있지만, 판매지향적인 것은 아니다. 또한 참가자의 수도 그렇게 많지는 않지만, 주최하는 지역은 중요한 수입원이 될 수 있다.

최근에 미국교역전은 뉴욕의 자비츠센터(Javits Center), 시카고의 매코믹 플레이스(McCormick Place), 라스베이거스 컨벤션센터 등 대형 컨벤션센터에서 개최되고 있다. 교역전의 파급효과를 정리하면 〈표 15-14〉와 같다.

〈표 15-14〉 교역전의 파급효과

구분	내용
경제적 효과	– 고용증대 · 세수증대 · 국민소득증대를 비롯해서 개최지역 내 정보의 고도화 · 지역 내 서비스산업 육성 · 새로운 비즈니스 창출 – 참가자의 장기 체제일수 · 높은 외화소비 등으로 외화획득 및 지역경제 활성화 효과
사회 · 문화적 효과	– 개최국의 사회 · 문화적 특성을 알릴 수 있으며, 국가의 홍보 · 긍정적 이미지 전달 효과
관광효과	– 개최지역의 컨벤션 기획가 · 여행사 · 호텔 · 항공사 · 백화점 등의 수요창출 및 이익증대 효과
지역 인프라 확충	– 개최활동에 필요한 개최지역의 사회기반 환경정비와 확충 – 지역민의 직간접적인 교류 증대로 지역민의 자긍심 고취 – 지역의 교통망 · 숙박시설 확충, 공항 · 항만시설 정비, 지역 내 생활 · 기반환경 개선

3. 박람회

박람회(exhibition · exposition · fair)의 역사는 오래되었으며, 중세의 유럽에서 시작되었다. 박람회는 많은 사람을 대상으로 일정기간을 요하는 규모가 큰 전람회를 말한다. 즉 '온갖 물품을 전시 · 진열하고 판매 · 선전 · 우열심사 등을 하여 생산물의 개량발전 및 산업진흥을 꾀하기 위해 여는 전람회'를 뜻한다.

박람회는 세계 각국이 모든 분야에 걸쳐 과거로부터 현재에 이르기까지 축적된 기술과 양식을 일정기간 일반대중에게 미래상을 제시하여 새 시대로의 출발을 촉진하는 행사이다. 박람회는 지방박람회(지방에서 개최되는 박람회의 총칭) · 만국박람회(1982년에 국제박람회 조약이 체결되어, 파리에 본부를 둔 사무국의 승인을 얻어서 개최) 등이 있다.

원래 농업과 상업이 박람회의 주종을 이루었지만, 중세 이후 레크리에이션의 한 형태가 되었다. 참가자는 상품을 비교 · 감상하거나 신기술혁신을 찾아 여러 전시장을 옮겨 다녔고, 주최측은 사람을 유인하기 위해 음식과 오락물을 제공하기 시작했다. 따라서 세계박람회는 다양한 산업이 국제적인 무대에서 그들의 상품을 전시하면서부터 시작되었다.

근대적 의미의 엑스포는 1851년에 영국의 '런던엑스포'에서 비롯된다. 엑스포는 보통 2~3년 간격으로 열려 6개월 미만의 기간 동안 노력으로 거둔 성과를 소개하고 있다.

최근에는 전문성 · 종합성을 혼합하고 정보 · 이벤트 관련산업을 접목시켜 정신적 가치를 함께 충족시키는 과학 · 예술의 제전으로 발전되고 있다. 우리나라는 1893년 시카고 엑스포 당시 기와집 · 관복 · 도자기 · 가마 등을 처음으로 전시하였다.

연습문제

01. 2009년에 정부가 발표한 신성장동력 산업으로 옳지 않은 것은?

① 소프트웨어　② 콘텐츠
③ 외식산업　④ MICE산업

02. MICE산업의 구성요소로 옳지 않은 것은?

① 교통　② 숙박
③ 음식　④ 안내

03. MICE산업의 공급자로 옳지 않은 것은?

① 시설산업　② 유통산업
③ 운영산업　④ 지원산업

04. MICE산업의 주최자로 옳지 않은 것은?

① 특수법인　② 정부기관
③ 기업 · 협회　④ 비영리단체

05. 다음 설명에 해당하는 용어는?

> 컨벤션의 개최를 희망하는 지역과 컨벤션 주최자의 중간에서 정보제공 · 기획 · 관리에 관한 전문적인 지식을 제공하여, 컨벤션이 성공적으로 개최될 수 있도록 중개 역할

① 통역사　② 랜드사
③ CVB　④ 여행사

06. 다음 설명에 해당하는 용어는?

> 컨벤션과 유사한 용어로 사용되며, 공식적인 상호의견교환 및 공통적인 관심사를 토의하기 위해 2명 이상의 사람들이 모이는 회의 또는 일반적인 문제보다는 특별한 문제를 다루며, 주로 과학 · 기술 · 국방 · 학문분야의 새로운 지식습득 및 특정 문제점 연구를 위한 회의에 사용

① 콩그레스　② 심포지엄
③ 패널토의　④ 콘퍼런스

07. 다음 설명에 해당하는 용어는?

> 특별한 기술을 훈련하고 교육하는 소모임으로서, 구체적인 문제점을 분석 · 해결하거나, 특정분야의 기술이나 지식을 습득하기 위한 집단회의

① 클리닉　② 렉처
③ 세미나　④ 워크숍

08. 다음 설명에 해당하는 용어는?

> 어떤 특정연구를 위해 본회의 참가자 중에서 지명된 사람들로 구성되어 본회의 진행기간 중에 또는 다른 시기 및 장소에서 개최. 의제는 단일논제를 다루며 참가범위는 약 10~15명 정도의 동일한 직종을 가진 사람들로 구성

① buzz group　② commission
③ council　④ committee

09. 회의의 목적별 분류로 옳지 않은 것은?

① 토론목적　② 조약채택
③ 사업목적　④ 서약회의

10. 포상여행 프로그램을 모두 고른 것은?

ㄱ. 순수포상여행	ㄴ. 판매포상여행	ㄷ. 우수포상여행
ㄹ. 시찰초대여행	ㅁ. 딜러포상여행	ㅂ. 관광포상여행

① ㄱ, ㄴ, ㄷ, ㄹ　　② ㄱ, ㄴ, ㄹ, ㅁ

③ ㄴ, ㄷ, ㄹ, ㅁ　　④ ㄴ, ㄷ, ㅁ, ㅂ

11. 컨벤션산업의 운영상의 특성으로 옳지 않은 것은?

① 시간과 공간적 상품　　② 가격의 융통성

③ 수시예약제도　　④ 체계화된 커뮤니케이션

정답

01 ③, **02** ④, **03** ②, **04** ①, **05** ③, **06** ④, **07** ①, **08** ②, **09** ③, **10** ②, **11** ③

■ 한국문헌

강한승 外(2010). 『의료관광마케팅』. 서울 : 대왕사.

강혜순 外(2011). 『생태학』. 서울 : 라이프사이언스.

고종원 外(2010). 『여행사경영론』. 서울 : 백산출판사.

고태규(2012). 『의료관광경영론』. 서울 : 무역경영사.

관광산업연구원(1986). 『관광연감』. 서울 : 관광산업연구원.

관광산업연구원(1987). 『THE TOURISM』. 서울 : 관광산업연구원.

국제의료관광코디네이터협회 편(2013). 『국제의료관광 코디네이터』. 시대고시기획.

김경덕 外(2000). 『서비스 경영문화』. 서울 : 학문사.

김경환(2013). 『호텔경영학』. 서울 : 백산출사.

김광근 外(2011). 『관광학의 이해』. 서울 : 백산출판사.

김미경 外(2010). 『신관광학』. 서울 : 백산출판사.

김병문(1998). 『관광자원학』. 서울 : 백산출판사.

김상무(2011). 『관광개발 이론과 실제』. 서울 : 백산출판사.

김성기(2005). 『관광개발계획론』. 서울 : 한올출판사.

김성혁 外(2011). 『관광마케팅』. 서울 : 백산출판사.

김성혁 外(2011). 『MICE산업론』. 서울 : 백산출판사.

김성혁 外(2013). 『최신관광사업개론』. 서울 : 백산출판사.

김영국 外(2003). 『프랜차이즈조직의 이해』. 서울 : 백산출판사.

김용상 外(2011). 『관광학』. 서울 : 백산출판사.

김의균 外(2013). 『외식사업경영론』. 서울 : 백산출판사.

김정옥(2009). 『관광자원관리론』. 서울 : 대왕사.

김종은 外(2009). 『관광지리자원론』. 서울 : 백산출판사.

김준호 外(2011). 『생태학』. 서울 : 교문사.
김철원(2008). 『컨벤션마케팅』. 서울 : 법문사.
김태환(2010). 『재난관리론』. 서울 : 백산출판사.
김학훈 外(2013). 『개발과 환경』. 서울 : 동화기술.
도미경(2010). 『관광서비스의 이해』. 서울 : 백산출판사.
도철웅(2012). 『교통공학원론』. 서울 : 청문각.
문형태 外(2013). 『생태학』. 서울 : 라이프사이언스.
문화관광부(2003). 『Image of Korea』. 문화관광부.
문화재청. 『한국의 세계문화유산』(http://www.ocp.go.kr). 문화재청.
문화재청(2018). 『문화재연감』. 문화재청.
문화체육관광부(2008). 『관광동향에 관한 연차보고서』. 문화체육관광부.
문화체육관광부(2012). 『관광동향에 관한 연차보고서』. 문화체육관광부.
박문각국제의료관광코디네이터연구소 편(2013). 『국제의료관광 코디네이터』. 박문각.
박상수 外(2013). 『해설관광법규』. 서울 : 백산출판사.
박시범(2005). 『여행사경영론』. 서울 : 새로미.
박정선(2004). 『이벤트론』. 서울 : 형설출판사.
백 광(2005). 『외국의 의료관광 추진형황 및 시사점』. 한국관광공사.
백운일(2013). 『관광자원의 이해』. 서울 : 대왕사.
서범천(2004). 『레저백서』. 서울 : 한국레저산업연구소.
손대현(2008). 『한국문화의 매력과 관광이해』. 서울 : 일신사.
송재덕(2013). 『의료관계법규』. 서울 : 정문각.
신봉승(1986). 『대하소설 조선왕조 500년』. 서울 : 금성출판사.
신현정(2013). 『심리학개론』. 서울 : 시그마프레스.
엄서호 外(1998). 『관광레저연구』. 서울 : 백산출판사.
유재홍 外(2012). 『관광학의 이해』. 서울 : 백산출판사.
윤대순 外(2009). 『항공사실무론』. 서울 : 백산출판사.
윤대순 外(2011). 『관광경영학원론』. 서울 : 백산출판사.
윤지환(2007). 『여가와 사회』. 서울 : 백산출판사.

이광원(2012). 『관광자원론』. 서울 : 기문사.
이기주(2017). 『언어의 온도』. 경기 : 말글터.
이귀옥 外(2002). 『생태관광』. 서울 : 기문사.
이민룡(2006). 『에너지 위기의 생태정치학』. 서울 : 양서각.
이상춘(2014). 『관광자원론』. 서울 : 백산출판사.
이연택(2012). 『관광정책학』. 서울 : 백산출판사.
이원재 외(2004). 『관광학원론』. 서울 : 대학교육문화원.
이주영 外(2011). 『문화와 관광』. 서울 : 기문사.
이준호 外(2011). 『생태학』. 서울 : 바이오사이언스.
이호길 外(2013). 『MICE산업과 국제회의』. 서울 : 백산출판사.
이희천 外(2007). 『호텔경영론』. 서울 : 형설출판사.
임주환 外(1998). 『관광지개발론』. 서울 : 백산출판사.
전경수(1987). 『관광과 문화』. 서울 : 까치.
전홍진 外(2012). 『외식산업의 이해』. 서울 : 신정.
정강환(2007). 『관광이벤트』. 서울 : 백산출판사.
정용주(2012). 『외식경영론』. 서울 : 백산출판사.
정의선(2011). 『관광학원론』. 서울 : 백산출판사.
조명환(2010). 『관광문화론』. 서울 : 백산출판사.
조완묵(2006). 『우리민족의 놀이문화』 서울 : 정신세계.
조재문 外(2006). 『환경관광의 이해』. 서울 : 백산출판사.
조진호 外(2013). 『관광법규론』. 서울 : 현학사.
조진호 外(2020). 『최신관광법규론』. 서울 : 백산출판사.
천경화(1993). 『한국문화재총설』. 서울 : 백산출판사.
최규환(2008). 『관광학입문』. 서울 : 백산출판사.
최기종(2018). 『관광자원해설』. 서울 : 백산출판사.
최기종(2017). 『문화관광』. 서울 : 백산출판사.
최기종 外(2017). 『관광정보론』. 서울 : 백산출판사.
최기종 外(2006). 『CRS항공예약업무』. 서울 : 백산출판사.

최기종 外(2008). 『CRS항공운임업무』. 서울 : 백산출판사.
최기종(2006). 『Tour Conductor』. 서울 : 형설출판사.
최기종(2009). 『항공기초실무』. 서울 : 백산출판사.
최기종(2010). 『한국의 관광자원』. 서울 : 기문사.
최기종(2013). 『(의료)관광서비스지원관리』. 서울 : 이프레스.
최동렬(2001). 『관광서비스』. 서울 : 기문사.
최태광(2009). 『생태관광론』. 서울 : 백산출판사.
한경구 外(2011). 『문화인류학의 역사』. 서울 : 일조각.
한관순(2010). 『현대마케팅원론』. 서울 : 두남.
한국관광공사(1987). 『문화유산과 관광자원』. 한국관광공사.
한국관광학회(2010). 『관광학총론』. 서울 : 백산출판사.
한국관광학회(2012). 『한국현대관광사』. 서울 : 백산출판사.
한국자연지리연구회 편(2009). 『자연환경과 인간』. 서울 : 한올아카데미.
한국환경학회(2011). 『그린조경학』. 서울 : 문운당.
한영춘(1994). 『사회과학연구방법론』. 서울 : 법문사.
허원구 外(2013). 『알기쉬운 행정학』. 서울 : 진영사.

엄상권(2002). 「정서노동과 직무탈진 및 직무열의 관계 : 정서지능의 조절과 효과」. 『한국심리학회지』. 제21호 제3호.
이유재 外(1999). 「공연예술시장의 소비자 행동 연구에 대한 고찰」. 서울대학교 경영논집.
전명숙(2007). 「의료관광 활성화 방안 연구」. 한국항공경영학회 2007년 추계 학술발표대회.
조승행(2005). 「리조트관광객의 만족에 관한 연구」. 경기대학교 대학원 박사학위논문.
최승묵(2006). 「문화 및 생태 · 녹색 관광자원 개발사업 제도 개선 방안」. 한국문화관광정책연구원.
허갑중(1997). 「관광토산품 국제 경쟁력 강화방안 : 유통과 판촉을 중심으로」. 한국관광연구원.
황여임(2006). 「한국 의료관광시장 확대를 위한 마케팅 전략에 관한 연구」.

■ 일본문헌

呵部謹也(1992).『中世を旅する人びと』. 東京：平凡社.
皆川愼吾(1988).『旅行業界』. 東京：敎育社新書.
高井薫(1991).『觀光の構造』. 東京：行路社.
溝尾良隆(1993).「觀光の定義をめぐって」.『應用社會學硏究』. 第35集. 立敎大學 社會學部硏究所紀要.
溝尾良隆(1990).『觀光事業と經營』. 東京：東洋經濟新報社.
紀尾井町飛行機硏究會 編(2004).『飛行機の本』. 日刊工業新聞社.
淡野民雄(1991).『ホテルマーケティング讀本』. 東京：シタ書店.
德久球雄(1999).『キーワードでよむ 觀光』. 東京：學文社.
渡邊圭太郎(1981).『旅行業マンの世界』. 東京：ダイヤモンド社.
稻垣勉(1985).『觀光産業の智識』. 東京：日本經濟新聞社.
稻垣勉(1990).『ホテル用語事典』. 東京：トラベルジャーナル.
藤原武(1990).『ローマの道の物語』. 東京：原書房.
鈴木博(1989).『近代ホテル經營論』. 東京：シタ書店.
鈴木忠義(1974).『現代觀光論』. 東京：有裴閣.
鈴木忠義(1984).『現代觀光論』. 東京：有裴閣雙書.
末武直義(1974).『觀光學入門』. 東京：法律文化社.
末武直義(1984).『觀光事業論』. 東京：法律文化社.
梅澤忠雄(1997).「都市開發に觀光の視點を ： ラスベガスの都市戰略に學ぶ」.『月刊觀光』. 1月号. 日本觀光協會.
武城正長(1998).『國際交通論』. 東京：稅務經理協會.
山內義治(1997).『ポストモダンの消費と觀光：觀光の時代』. 溪水社.
山野義方(1988).『航空業界』. 東京：敎育社新書.
杉岡碩夫 外(1983).『旅行業』. 東京：東洋經濟新報社.
森谷トラベルエンタプライズ 編(1974).『旅行經營業戰略』. 森谷トラベルエンタプライズ.
三省堂編(1985).『新コンサイス辭典』. 東京：三省堂.

小谷達男(1998).『觀光事業論』. 東京：學文社.
小池洋一 外(1988).『觀光學槪論』. 東京：ミネルヴァ書房.
小澤建市(1983).『觀光の經濟學』. 東京：學文社.
鹽田正志(1974).『觀光學研究』. 東京：日本學術叢書.
原勉 外(1988).『ホテル産業界』. 東京：敎育社新書.
日本觀光協會 編(1985).『これからの觀光産業Ⅰ』. 日本觀光協會.
日本觀光協會 編(1996).『觀光魅力の創造』. 日本觀光協會.
日本交通公社 編(1984).『現代觀光用語事典』. 日本交通公社.
日本交通公社 編(1990).『觀光ビズネスの手引キ』. 東洋經濟新報社.
日本イベント協會 編(1993).『イベント・イノベンション』. イノベント白書.
日本ホテル硏究會 編(1985).『ホテル事業の組織と運營』. 東京：シタ書店.
長谷政弘(1997).『觀光學辭典』. 東京：同文館.
長谷政弘(1999).『觀光ビジネス論』. 東京：同文館.
長谷政弘(1999).『觀光マーケティング』. 東京：同文館.
前田勇(1978).『觀光槪論』. 東京：學文社.
前田勇(1986).『觀光槪論』. 東京：學文社.
田正志 外(1999).『觀光學』. 東京：同文館.
田正志(1975).『觀光學研究Ⅰ』. 東京：學術選書.
田正志(1991).『新觀光總論』. 東京：學術選書.
井上降雄 外(1993).『西國三十三カ所巡禮』. 東京：新潮社.
佐藤喜子光 監修(1998).『旅行業入門』. 東京：トラベルコンサルダンツ.
佐藤喜子光(1997).『旅行ビジネスの未來』. 東京：東洋經濟新報社.
池田誠(1986).『ホテルマンの基礎實務』. 東京：シタ書店.
津田昇(1969).『國際觀光論』. 東京：有裴閣.
土井厚(1982).『旅行業界』. 東京：敎育社新書.
土井厚(1984).『旅行業界』. 東京：敎育社.
住田俊一(1987).『ザ・国際觀光入門』. 東京：弘済出版社.
長友信人(1986).「1992年宇宙觀光旅行」. 読売新聞社.
宮本常一(1975).「祇ど觀光」. 東京：未來社.

航空政策研究會(1995).『現代の航空輸送』. 東京：草書房.
荒井政治(1990).『レザャーの社會經濟史』. 東京：東洋經濟新報社.
トラベルコンサルダンツ(1987).『旅行業入門』.
トラベルジャーナル(1982).『Travel Agent Manual』.

■ 서양문헌

American Medical Association(2008). "Setting the standards for medicaltourism." Editorial. Aug. 4. Available at : http://www.ama-assn.org/amednews/. Accessed Mar. 25, 2010.
Appadurai, Arjun(1990). Disjuncture and difference in the global cultural economy. *Public Culture*. 2(2).
Arnrin, D. L.(1979). *Travel and Tourism*. The Bobbs-Meril Co., Inc.
Bernadini, G.(1992). "Tourism and cultural tourism in EC policy." In Province Friesland, *Cultural Tourism and Regional Development*. Leeuwarden.
Bjork, P.(2000). "Ecotourism from a conceptual perspective, an extended definition of a unique tourism form." *International Journal of Tourism Research*. 2(3).
Boo, E.(1990). *Ecotourism : The Potentials and Pitfalls*. Washington, DC : World Wildlife Fund.
Bormann, A.(1931). *Die Lehre von Fremdenvekehr*. Berlin.
Boyton, L.(1996). "The Effect of Tourism on Amish Quilling Design." *Annals of Tourism Research*. Vol. 13.
Bryant, B. E., & Morrison, A. J.(1980). "Travel market segmentation and the implementation of market strategies." *Journal of Travel Research*. 19(3).
Connell, J.(2006). "Medical tourism : Sea, sun, sand and surgery." *Tourism Management*. 27.
Comes, A. J.(1985). *Hospitality in Transition*. Pannell Kerr Forster.
Donald, E. L.(1980). *The Tourist Business*. CBI, Publishing Company.

Edelheit, J. S.(2008). *Defining medical tourism or not?* Medical Tourism, Issue 5.

Gartner, W. C.(1996). *Tourism Development : Principles and Policies*. Van National Reinhold.

German Federal Agency for Nature Conservation(1999). *Biodiversity and Tourism*. Germany, Berlin : Springer.

Goodrich, J. N., & Goodrich, G. E.(1987). "Healthcare tourism–an exploratory study." *Tourism Management*. 8(3).

Goodrich, R.(1993). "Socialist Cuba : A study of health tourism." *Journal of Travel Research*. 32(1).

Gordon, B.(1986). "The Souvenir : Messenger of the Extraordinary." *Journal of Popular Culture*. 20(3).

Glucksmann, R.(1935). *Allgemenie Fremdenvekehrskunde*. Berlin.

Greene, Walter E., Gary D. Walls, and Lally J. Schrest(1994). "Internal Marketing : The Key to External Marketing Success." *Journal of the Services Marketing*. 8(4).

Gupta, A.(2004). "Medical tourism and public health." *People's Democracy*. 25(7).

Horowitz, M. D., Rosensweig, J. A., & Jones, C. A.(2007). "Medical Tourism : Globalization of the Healthcare Marketplace." *Medscape General Medicine*. 9(4).

Howell, D. W.(1993). *Passport*. New York: South–West Publishing.

Hsieh, S., O'Leary, J. T., & Morrison, A. M.(1992). "Segmenting the international travel market by activity." *Tourism Management*. 13(2).

Hunziker, W., & Krapf, K.(1942). *Grundriss Allgemeine Fremdenverkehrs*. Lebere, Zurich : Polygraphischer Verlag A. G.

Hughes, G.(1995). "The cultural construction of sustainable tourism." *Tourism Management*. 16(1).

Jansen–Verbeke, M.(1991). "Leisure shopping : A magic concept for the tourism industry." *Tourism Management*. 12(2).

Kraus, R.(1971). *Recreation and leisure in modern society*. New York : Harper

Collins.

Lang, C. T.(1996). "A typology of international travelers to nature-based tourism destinations." Unpublished Doctoral dissertation. Purdue University.

Lasswell, Harold D., & Abraham Kaplan(1970). *Power and Society*. New Haven : Yale University Press.

Laws, E.(1996). Health Tourism : A business opportunity approach. In S. Cliff, & S. J. Page(eds.). *Health and the International Tourists*. London : Routledge.

Liping, A., Cai, Bai, Billy, & Morrison Alastair M.(2001). "Meeting and Convention as a Segment of Rural Tourism : The Case of Rural Indiana." *Journal of Convention & Exhibition Management*. 3(3).

Littrell, M. A.(1990). "Symbolic Significance of Textiles Crafts for Tourists." *Annals of Tourism Research*. 17.

Lordkipanidze, M., Brezet, H., & Backman, M.(2005). "The entrepreneurship factor in sustainable tourism development." *Journal of Cleaner Production*. 13.

Nelson. J. G.(1994). "The Spread of Ecotourism : Some Planning Implications".

Meeth, L. R.(1978). "Interdisciplinary Studies : A Matter of Definition." Change : *Magazine of Higher Learning*. 6. August.

OECD(2010). *Tourism Trends and Policies*. Paris : OECD Publishing.

Ogilvie, F. W.(1933). *The Tourist Movement : An Economic Study*. Staples.

Plog. S. C.(1974). "Why Destination Areas Rise and Fall in Popularity." *Cornell Hotel and Restaurant Administration Quartery*. Vol. 14. Feb.

Pearce, D.(1989). *Tourism Development*, 2nd Edition. Longman Scientific & Technical.

Pearce, D.(1989). *Tourist Development*. Longman Scientific & Technical.

Pridgen. J. D.(1991). *Dimensions of Tourism*.

Ryan, Chris(2001). "Equity, management, power sharing and sustainability-issues of the 'new tourism'". *Tourism Management*. 23(1).

Shock, P. J., & Stefanelli, J. M.(2001). *On-Premise Catering*. NY : John Wiley & Son.

Sigala, M.(2008). "A supply chain management approach for investigating the role of tour operators on sustainable tourism : the case of TUI." *Journal of Cleaner Production*. 16.

Singh, G.(2003). *Medical Tourism in India : Strategy for its development*. India Institute of Management, Bangalore.

Stephen J. Page, Paul Brunt, Grahan Busby, & Jo Connell(2001). *Tourism : A Modern Synthesis*. Thomson Learning.

Thompson, P.(1995). "The errant e–word : Putting ecotourism back on track." *Explore*. 73.

Thorburn, A.(1986). "Marketing cultural heritage : Does it work within Europe." *Travel and Tourism Analyst*. December.

Tuner, L. W., & Reisinger, Y.(2001). "Shopping satisfaction for domestic tourist." *Journal of Retailing and Consumer Services*. 8(1).

UNWTO(2012). Compendium of Tourism Statistics. Madrid : UNWTO.

Weaver(1991). "Alternative tourism in Dominica." *Annals of Tourism Research*. 18.

Weaver(1993). "Ecotourism in the small island Caribbean." *GeoJournal*. 3.

Weaver, D., and Martin Opperman(2000). *Tourism Management*. Wiley.

Wiliams, P. W., & Ponsford, I. F.(2009). "Confronting tourism's environmental paradox : Transitioning for sustainable Tourism." *Futures*. article in press. 9.

WTO(1985). *Tourism Bill of Rights and Tourist Code Adopted in Sofia*.

WTO(1992). *Agenda 21 for the Travel and tourism Industry*.

WTO(1992). *What Tourism Manager Need to Know*.

WTO(1992). "Guide for Local Authorities on Developing Sustainable Tourism." *Environmental Conservation*. 21(1).

저자 소개

錦堂 최기종

e-mail : choicgj1110@daum.net

최종학력

세종대학교 일반대학원 경영학 박사/관광학자/미래학자

주요 경력

1992 - 2011 경복대학교 관광학부 정교수/관광교육원 원장

2007 - 2020 문학세계 '시', '작사' 등단, 스토리문학 '수필' 등단

2007 - 2022 행정안전부 합동평가 · 규제개혁 · 지표개발 위원

2008 - 2010 대통령직속 지방분권촉진위원회 실무위원

2010 - 2010 국무총리실 정부업무평가위원회 평가위원

2011 - (현) 한국산업인력공단 국가자격시험 출제위원

2014 - 2016 숭실대학교 경영대학원 의료관광학과 겸임교수

2015 - (현) 인사혁신처 국가인재DB 등록

2016 - 2018 국가보훈부 자체평가위원회 위원

2018 - 2018 포천시 명성산억새꽃축제 추진위원회 위원장

2019 - (현) 춘천시 홍보대사

2019 - 2020 춘천시 막국수닭갈비축제 조직위원회 총감독

2022 - (현) 민생정치연구원 원장

대표곡

소양강 봄바람(노래 : 금잔디), 동해 울릉도(노래 : 윤수현)

부산항(노래 : 홍원빈)

저서 · 시집

성공하는 대통령의 그릇, 갑부의 기운, 문화관광

관광학개론, 서비스실무, 관광자원해설 外 다수

어머니와 인절미(1시집), 추억의 갯배(2시집)

소양강의 봄(3시집), 상큼한 사랑(4시집) 外 다수

표창장 · 문학상

대통령 표창, 국무총리 표창, 교육부장관 표창

문학세계문학상 '작사'부문 대상

국제PEN 대한민국문화예술 명인대전 '시'부문 명인대상 外 다수

관광학개론

2014년 9월 10일 초　판 1쇄 발행
2019년 1월 10일 개정판 1쇄 발행
2021년 2월 10일 제3판 1쇄 발행
2024년 5월 10일 제4판 1쇄 발행

지은이 최기종
펴낸이 진욱상
펴낸곳 백산출판사
교　정 박시내
본문디자인 신화정
표지디자인 오정은

등　록 1974년 1월 9일 제406-1974-000001호
주　소 경기도 파주시 회동길 370(백산빌딩 3층)
전　화 02-914-1621(代)
팩　스 031-955-9911
이메일 edit@ibaeksan.kr
홈페이지 www.ibaeksan.kr

ISBN 979-11-6639-433-1 93980
값 27,000원